“十二五”普通高等教育本科国家级规划教材

Physics

大学物理学

（第7版）（上）

主　编　赵近芳　王登龙

主　审　颜晓红

本书资源使用说明

北京邮电大学出版社

·北京·

内容简介

本书是在“十二五”普通高等教育本科国家级规划教材《大学物理学》(第6版)的基础上修订而成的。全书分为上、下两册。上册包括力学基础、气体动理论和热力学;下册包括电磁学、波动光学和量子论。本书作为工科及理科非物理专业大学物理教材改革的成果,采用了“高、宽、新、活、宜”的原则,即高视角选择经典内容,努力拓宽知识面,尽量反映新科技发展概况,注意各部分知识之间的活化联系,同时保持教材内容难度适宜。将大学物理学中的一些重点、难点知识以基于手机端的数字资源形式呈现,学生可通过下载助学助教平台手机端APP进行学习,方便学生自学。本书配有学习指导书,同时还配备了多媒体课件、电子教案、教学大纲、组卷题库系统等立体化教学资源。

本书可作为高等工科院校各专业的大学物理教材,也可作为综合性大学和师范院校非物理专业的大学物理教材或参考书。

图书在版编目(CIP)数据

大学物理学. 上 / 赵近芳,王登龙主编. -- 7版. -- 北京 :北京邮电大学出版社,2024.9(2025.2重印)
ISBN 978-7-5635-7139-0

Ⅰ. ①大… Ⅱ. ①赵… ②王… Ⅲ. ①物理学—高等学校—教材 Ⅳ. ①O4

中国国家版本馆CIP数据核字(2023)第248918号

Daxue Wulixue

责任编辑:唐咸荣　　**封面设计**:广信达雅

出版发行:北京邮电大学出版社
社　　址:北京市海淀区西土城路10号(100876)
电话传真:010-82333010　62282185(发行部)　010-82333009　62283578(传真)
网　　址:www.buptpress3.com
电子信箱:buptpress3@163.com
经　　销:各地新华书店
印　　刷:鸿博睿特(天津)印刷科技有限公司
开　　本:787 mm×1 092 mm　1/16
印　　张:15.5
字　　数:382千字
版　　次:2002年9月第1版　2024年9月第7版
印　　次:2025年2月第3次印刷

ISBN 978-7-5635-7139-0　　　　定价:54.00元

第 7 版前言

《大学物理学》(第 7 版)是在“十二五”普通高等教育本科国家级规划教材《大学物理学》(第 6 版)的基础上修订而成的。在党的二十大报告提出的“加强教材建设和管理”精神的指引下,在使用本教材第 6 版的各兄弟院校师生提出的很多宝贵意见的基础上,我们进行了充分的教学调研和会议研讨,邀请多位教学经验丰富的一线教师参与稿件审议,综合各方意见,最终确定第 7 版书稿内容。

根据教育部对高等教育优质课程“金课”建设的要求,以及适应目前基于移动互联网和智慧教室等手段的混合式教学需求,本次改版中,侧重教学资源、课程设计、教材内容等之间的融合,对教材进行了全方位的互联网立体化建设和优质提升,扩充了教学知识,优化了教学手段,以提高教学效率。全书修订过程始终遵循“高、宽、新、活、宜”的原则,即高视角选择经典内容,努力拓宽知识面,尽量反映新科技发展概况,注意各部分知识之间的活化联系,同时保持教材内容难度适宜。

全书分为上、下两册。上册包括力学基础、气体动理论和热力学;下册包括电磁学、波动光学和量子论。在本次改版中,我们尽量保留第 6 版的核心内容,主要从以下几个方面进行修订。

(1)对部分章节进行了删改,以适应大学物理课程教学的发展需要。

(2)对例题进行了适当调整,替换了部分运算复杂、综合性较强的例题,选用了一些重在考查物理思想和方法应用的题目。

(3)对 AR 交互动画资源进行了优化,以便于教师在教学过程中随时使用,同时有利于学生通过手机或平板电脑等设备进行学习。

(4)对每章的重点、难点内容重构了学习视频,视频讲解清晰到位,可以满足不同层次学生对大学物理课程的学习需求,也可以用来组建课前预习云课。

(5)丰富了拓展阅读、科学家简介和参考数据等内容,在原有的课程思政内容的基础上,对全书进行了检查和梳理,进一步完善和丰富了课程思政元素。不仅为教师提供了大量的教学素材,还有利于拓宽学生的知识面,培养学生的爱国主义情怀。

(6)教材与课程建设紧密结合,配备了一套具有特色的教学资源,主要包括多媒体课件、电子教案、教学大纲、组卷题库系统和助学助教平台等。另外,本书还配有慕课,学生可通过慕课进行线上学习。

不同院校不同专业的大学物理课程教学计划可能存在差异，在使用本书时可根据具体情况对内容进行重组或取舍，学时数一般在72～128范围内。

在本次修订中，张志纯负责修订力学基础篇（狭义相对论除外）及相应章节的阅读材料和习题；杨友田负责修订气体动理论和热力学篇、量子论篇的所有内容；胡柯负责修订电磁学篇的所有内容；王登龙负责修订狭义相对论、波动光学篇的全部内容。赵近芳教授和王登龙教授负责全书的修改和定稿工作。在修订过程中，马双武参与了大纲讨论和编写，范军怀、唐咸荣构思并设计了教学资源的结构和配置，刘国辉、杜立、张展华参与了AR及动画方案的设计，王鑫、肖玉坤编辑了教学资源的内容。教育部高等学校大学物理课程教学指导委员会委员颜晓红教授仔细审查了本书。北京邮电大学出版社有关人员在本书的编辑出版过程中付出了大量的辛勤劳动。在此一并表示感谢。

编写适应教学需求的教材是一种持续性探索，永无止境。由于编者水平有限，书中的疏漏和不足之处在所难免，恳请读者批评指正。

编　者

课程思政目录

绪论

物理学的研究对象

物理学是关于自然界最基本形态的科学，它研究物质的结构、运动及物体间的相互作用.

存在于人的周围和人的意识之外的客观实在都是物质. 物质有两种不同的形态：一种是实物，另一种是场. 实物包括微观粒子和宏观物体，它的范围是从基本粒子的亚核世界到整个宇宙. 场包括引力场、电磁场和量子场等.

物质运动和物质间的相互作用是物质的普遍属性. 物质的物理运动具有粒子和波动两种特性. 物体的机械运动，包括天体运动和分子的无规则热运动，呈现粒子性；而场运动呈现波动性. 在微观领域，无论实物还是场都呈现波粒二象性. 物质间有四种基本的相互作用，即引力相互作用、电磁相互作用、强相互作用和弱相互作用. 20 世纪 70 年代末，电磁相互作用和弱相互作用已经统一为电弱相互作用. 研究发现，实物间的相互作用是由场来传递的，实物激发出场，场再作用于另一实物.

物质的运动和相互作用总是在一定的空间和一定的时间内发生. 空间是物质运动广延性的反映，时间则是物质运动过程持续性的体现. 在时空均匀和各向同性条件下，物质的运动和相互作用遵循一系列守恒定律；而在高速和强场情况下，时空的几何性质和量度与物质的分布和运动有密切关系.

大学物理课程的内容体系可以按以下顺序编制.

(1)力学和相对论——讨论机械运动和时空性质.

(2)振动与波——讨论宏观领域的波动规律.

(3)热学——讨论由大量分子组成的热力学系统的统计规律和宏观表现.

(4)电磁学——讨论电磁场的运动规律和电磁相互作用.

(5)波动光学——讨论光的干涉、衍射和偏振.

(6)量子物理学——讨论微观粒子的波粒二象性和量子运动特征.

物理学和科学技术的关系

物理学是其他一切自然科学的基础，在诸多自然科学学科中处于核心地位.物理学研究的粒子和原子构成了蛋白质、基因、器官、生物体，以及广袤的陆地、海洋、大气，甚至整个宇宙.因此，物理学是化学、生物学、材料科学、地球物理学和天体物理学等学科的基础.今天，物理学和这些学科之间的边缘领域中又形成了一系列分支学科和交叉学科，如粒子物理学、核物理学、凝聚态物理学、原子分子物理学、物理电子学、生物物理学等.这些学科领域的研究都取得了引人注目的成就.

物理学的发展，广泛而直接地推动着技术的革命和社会文明的进步.18 世纪 60 年代开始的第一次科技革命，以蒸汽机应用为标志，是牛顿力学和热力学发展的结果.19 世纪 70 年代开始的第二次科技革命，以电力的广泛应用和无线电通信为标志，是电磁学发展的结果.20 世纪 40 年代兴起并一直延续至今的第三次科技革命，是相对论和量子论发展的结果.事实证明，几乎所有重大的新技术领域（如电子学、原子能、激光和信息技术等），都是在物理学中经过长期的酝酿，并在理论和实验两方面积累了大量知识后，才得以发展起来的.物理学是科技生产力发展的不竭源泉.

当前，全世界范围内正面临着以信息、能源、材料、生物工程和空间技术等为核心的一场新的科技革命.在这些高科技领域中必将不断涌现出人们今天尚不知道的一系列新技术和新产品.物理学以其最广泛和最基本的内容正成为各个新兴学科的先导.近代物理在量子论和粒子物理等研究方向上的突破和成熟，可能孕育和萌发科学与技术的新芽.建立在物理学等自然科学基础上的高科技，在 21 世纪推动人类文明进入更高级的阶段.

努力学好物理学

物理学的理论是利用观察、实验、抽象、假设等研究方法并通过实践的检验而建立起来的.实践是检验科学真理的唯一标准.学习物理应遵循实践—理论—再实践的方法，独立思考、判断，不必迷信或屈从权威.以实事求是、脚踏实地的态度对待科学真理是绝对必要的.作为大学理工科各专业的学生，学习物理首先要注重课程内容的内在联系，扎扎实实学好基本概念和基本理论.这包括对物理概念、规律、图像等的透彻理解，对物理学的研究方法、数学描述语言和推演技巧的熟练掌握，因此适当的记忆、模仿和练习是很有必要的.但是，掌握现有的书本知识还远远不够.物理学和其他一切自然科学的发展是永不停息的，纷繁的自然界中人类未知的事物还远超于已经了解的事物，发现和创新是自然科学的生命和灵魂.科学工作者应当争取有所发现、有所创新，学生应当通过学习和掌握物理知识的过程来增强自己的创新意识和创造能力.

在增强创新意识方面，学会“体会式”的学习方法是十分重要的. 著名物理学家、诺贝尔物理学奖获得者杨振宁先生多次谈到中美两国的教育差异. 他提到中国的传统教育方式强调知识的系统性，提倡循序渐进地学习，这有利于学生打下扎实的基础. 而美国的教育方式注重知识的广泛性，提倡“渗透式”教学，其优点是学生有较强的独立思考能力和创新意识，易于接触科学发展的前沿. 这两种教育方式各具特色，我们应当努力把两者的优点和谐地统一起来，中西兼蓄，为我所用. 基于这些考虑，本书在适当章节插入一些对学生来说不太熟悉或感觉较难的内容，目的就是渗透一些近代技术特别是高新技术的信息，以开拓学生视野，希望学生能以富于进取的精神来对待这些内容.

目录

第一篇　力学基础

PHYSICS

第一篇 力学基础

力学是物理学中最古老、发展最完善的学科. 力学起源于公元前 4 世纪古希腊学者亚里士多德关于力产生运动的说法，以及我国《墨经》中关于杠杆原理的论述等. 但其成为一门科学则始于 17 世纪伽利略论述惯性运动，继而牛顿提出了力学的三大运动定律. 以牛顿运动定律为基础的力学理论称为经典力学或牛顿力学，所研究的对象是物体的机械运动. 经典力学有严谨的理论体系和完备的研究方法，如观察现象，分析和综合实验结果，建立物理模型，应用数学表述，作出推论和预言，以及用实践检验和校正结果等. 因此，经典力学曾被人们誉为完美、普遍的理论，兴盛了约 300 年. 直至 20 世纪初才发现经典力学在高速和微观领域的局限性，之后经典力学在这两个领域分别被相对论和量子力学取代. 但在一般的技术领域，如机械制造、土木建筑、水利设施、航空航天等工程技术中，经典力学仍然是必不可少的重要的基础理论.

本篇主要讲述质点力学、刚体的定轴转动、机械振动、机械波以及狭义相对论，着重阐明动量、角动量和能量等概念及相应的守恒定律.

第 1 章 质点运动学

本章提要

力学研究的是物体机械运动的规律.宏观物体之间(或物体内各部分之间)相对位置的改变称为机械运动.在经典力学中,通常将力学分为运动学、动力学和静力学.本章只研究运动学规律.运动学是从几何的观点来描述物体的运动,即研究物体的空间位置随时间变化的关系,不涉及引发物体运动和改变运动状态的原因.

1.1 参考系 坐标系 物理模型

为了描述物体的运动，必须做三点准备，即选择参考系、建立坐标系、提出物理模型.

1.1.1 运动的绝对性和相对性

众所周知，运动是物质的存在形式，也是物质的固有属性. 从这种意义上讲，运动是绝对的. 任何物体在任何时刻都在不停地运动着. 例如，地球在自转的同时绕太阳公转，太阳又相对于银河系中心以大约 234 km/s 的速率运动，而银河系又相对于其他星系以大约 600 km/s 的速率运动. 总之，绝对不运动的物体是不存在的.

然而运动又是相对的. 例如，一列火车开动了，这显然是指火车相对于地球(车站)而言的. 离开特定的环境和条件谈论运动没有任何意义. 本书所研究的物体的运动都是在一定环境和特定条件下的运动.

1.1.2 参考系

运动是绝对的，但对运动的描述却是相对的. 因此，在确定研究对象的位置时，必须先选定一个物体(或相对静止的几个物体)作为基准. 这个被选作基准的物体或物体群，就称为**参考系**.

同一物体，由于所选参考系不同，对其运动的描述就会不同. 例如，在做匀速直线运动的车厢中，物体自由下落时，相对于车厢做直线运动，相对于地面做抛物线运动，相对于太阳或其他天体，其运动则更为复杂. 这一事实充分说明了对运动的描述是相对的.

从运动学的角度讲，参考系的选择是任意的，通常以对问题的研究最方便、最简单为原则. 研究地球上物体的运动时，在大多数情况下，以地球为参考系最为方便(以后如不作特别说明，研究地面上物体的运动时，都是以地球为参考系). 但是，当在地球上发射人造“宇宙小天体”时，则应以太阳为参考系.

1.1.3 坐标系

要想定量地描述物体的运动，就必须在参考系上建立适当的**坐标系**. 力学中常用的是直角坐标系. 根据需要，也可选用极坐标系、自然坐标系、球面坐标系或柱面坐标系等.

当参考系选定后，无论选择何种坐标系，物体的运动性质都不会改变. 坐标系选择得当，可使计算简化.

科研成果介绍

北斗导航系统

1.1.4 物理模型

任何一个真实的物理过程都是极其复杂的. 为了寻找某过程中最基本的规律，

物理中的模型化

人们总是根据所提问题（或所要回答的问题），对真实过程进行理想化的简化，然后经过抽象，提出一个可用数学语言描述的**物理模型**.

当物体的线度比它运动的空间范围小很多时，如绕太阳公转的地球和调度室中铁路运行图上的列车等；或当物体做平动，物体上各部分的运动情况（轨迹、速度、加速度）完全相同时，可以忽略物体的形状、大小，而把它看作一个具有一定质量的几何点，称为**质点**.

若物体的运动在上述两种情形之外，还可提出**质点系**的概念. 即把这个物体看作由许许多多满足第一种情况的质点所组成的系统. 如果弄清楚了组成这个物体的各个质点的运动情况，也就描述了整个物体的运动.

在力学中除了质点模型，在后续章节中还会遇到刚体、理想流体、谐振子及理想弹性介质等物理模型.

综上所述：**选择合适的参考系，有利于确定物体的运动性质；建立恰当的坐标系，可定量地描述物体的运动；提出恰当的物理模型，可确定最基本的运动规律.**

1.2 位置矢量 位移 速度 加速度

1.2.1 位置矢量

为了表示运动质点的位置，首先应该选定参考系，然后在参考系上选定坐标系的原点和坐标轴. 如图 1.1 所示，质点 P 在直角坐标系中的位置可由 P 点的三个坐标 x、y、z 来确定，或者用从原点 O 到 P 点的有向线段 $\overrightarrow{OP}=\boldsymbol{r}$ 来表示，矢量 $\boldsymbol{r}$ 称为**位置矢量**（简称**位矢**，又称**矢径**）. 坐标 x、y、z 也就是位矢 $\boldsymbol{r}$ 在坐标轴上的三个分量.

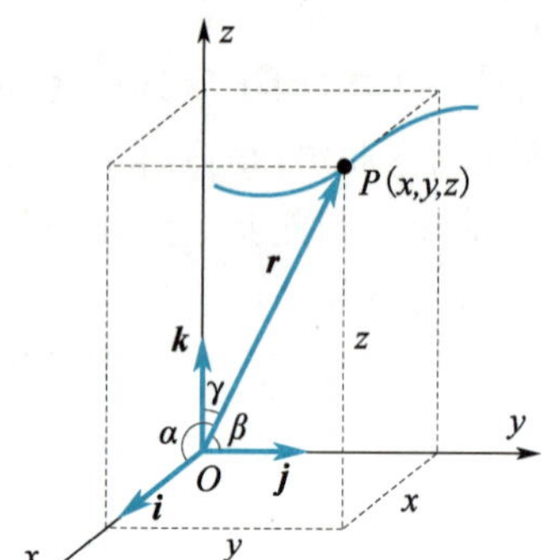

图 1.1 直角坐标系下的位矢

在直角坐标系中，位矢 $\boldsymbol{r}$ 可以表示成

$$\boldsymbol{r}=x\boldsymbol{i}+y\boldsymbol{j}+z\boldsymbol{k} \tag{1.1}$$

式中，$\boldsymbol{i}$、$\boldsymbol{j}$、$\boldsymbol{k}$ 分别表示沿 x 轴、y 轴、z 轴正方向的单位矢量. 位矢 $\boldsymbol{r}$ 的大小为

$$|\boldsymbol{r}|=r=\sqrt{x^2+y^2+z^2} \tag{1.2}$$

位矢的方向余弦为

$$\cos\alpha=\frac{x}{r},\quad \cos\beta=\frac{y}{r},\quad \cos\gamma=\frac{z}{r}$$

质点的运动是质点的空间位置随时间变化的过程. 这时质点的坐标 x、y、z 和位矢 $\boldsymbol{r}$ 都是时间 t 的函数. 表示运动过程的函数式称为**运动方程**，可以写作

$$x=x(t),\quad y=y(t),\quad z=z(t) \tag{1.3a}$$

或

$$\boldsymbol{r}=\boldsymbol{r}(t) \tag{1.3b}$$

知道了运动方程，就能确定任意时刻质点的位置，从而确定质点的运动. 力学的主要任务之一，正是根据各种问题的具体条件，求解质点的运动方程.

质点在空间的运动路径称为**轨迹**. 质点的运动轨迹为直线时，称为直线运动. 质点的运动轨迹为曲线时，称为曲线运动. 从式(1.3a) 中消去 t 即可得到**轨迹方程**. 式(1.3a) 就是轨迹的参数方程.

轨迹方程和运动方程最明显的区别就在于，轨迹方程不是时间 t 的显函数. 例如，已知某质点的运动方程为

$$x = 3\sin\frac{\pi}{6}t,\quad y = 3\cos\frac{\pi}{6}t,\quad z = 0$$

式中，t 以 s 为单位，x、y、z 均以 m 为单位. 从 x、y 的表达式中消去 t 后，得轨迹方程为

$$x^2 + y^2 = 9,\quad z = 0$$

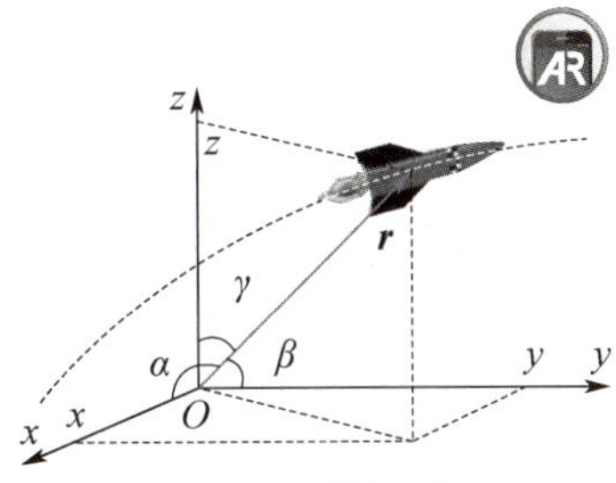

质点运动的描述

其表明质点在平面 $z = 0$ 内做以坐标原点为圆心、半径为 3 m 的圆周运动.

1.2.2 位移

位移和路程的计算及理解

如图 1.2 所示，设质点沿曲线轨迹运动，在 t 时刻，质点在 A 点处，在 $t+\Delta t$ 时刻，质点运动到 B 点处，A、B 两点的位矢分别用 $\boldsymbol{r}_1$ 和 $\boldsymbol{r}_2$ 表示. 在 Δt 时间间隔内质点位矢的增量

$$\Delta\boldsymbol{r} = \boldsymbol{r}_2 - \boldsymbol{r}_1 \tag{1.4}$$

称为**位移**，它是描述物体位置变化大小和方向的物理量，在图 1.2 中就是由起始位置 A 指向终止位置 B 的一个矢量. 位移是矢量，它的运算遵循矢量加法的平行四边形定则(或三角形定则).

位移的大小只能记作 $|\Delta\boldsymbol{r}|$，不能记作 Δr. Δr 通常表示位矢大小的增量，即 $\Delta r = |\boldsymbol{r}_2| - |\boldsymbol{r}_1|$，而 $|\Delta\boldsymbol{r}|$ 则是位矢增量的模(位移的大小)，如图 1.3 所示. 在通常情况下，$|\Delta\boldsymbol{r}| \neq \Delta r$.

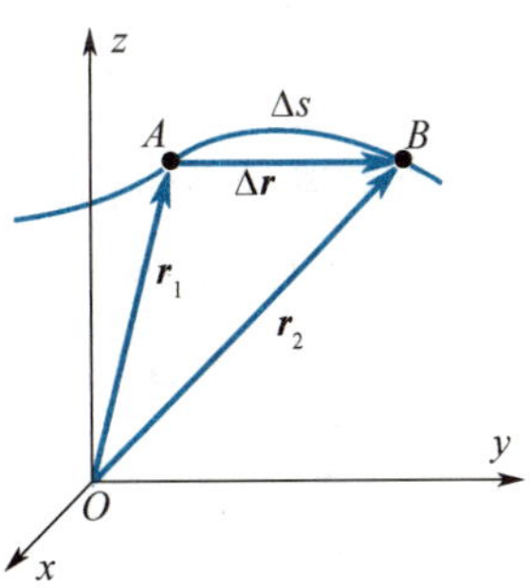

图 1.2　位移

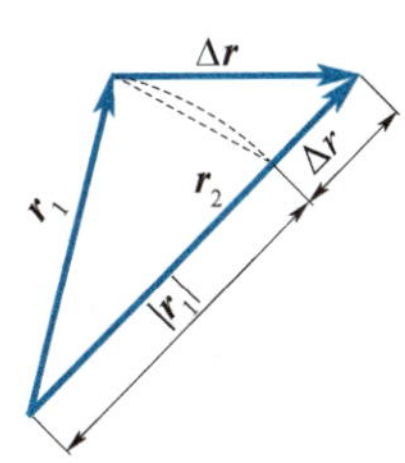

图 1.3　位移的大小

必须注意，位移表示物体位置的改变，并非质点所经历的路程. 例如，在图 1.2 中，位移是有向线段 $\overrightarrow{AB}$，它的量值 $|\Delta\boldsymbol{r}|$ 为割线段 AB 的长度. 路程是标量，即曲线段 $\overset{\frown}{AB}$ 的长度，通常记作 Δs. 一般来说，$|\Delta\boldsymbol{r}| \neq \Delta s$. 显然，只有在 Δt 趋近于零时，才有 $|\mathrm{d}\boldsymbol{r}| = \mathrm{d}s$. 应当指出，即使 $\Delta t \to 0$，$|\mathrm{d}\boldsymbol{r}| = \mathrm{d}r$ 这个等式也不成立.

在直角坐标系中，位移的表达式为

$$\begin{aligned}\Delta \boldsymbol{r} &= (x_2 - x_1)\boldsymbol{i} + (y_2 - y_1)\boldsymbol{j} + (z_2 - z_1)\boldsymbol{k} \\ &= \Delta x\,\boldsymbol{i} + \Delta y\,\boldsymbol{j} + \Delta z\,\boldsymbol{k}\end{aligned} \tag{1.5}$$

位移的模为

$$\begin{aligned}|\Delta \boldsymbol{r}| &= \sqrt{(x_2 - x_1)^2 + (y_2 - y_1)^2 + (z_2 - z_1)^2} \\ &= \sqrt{\Delta x^2 + \Delta y^2 + \Delta z^2}\end{aligned} \tag{1.6}$$

位移和路程的单位均是长度的单位，在国际单位制（SI）中为 m.

1.2.3 速度

研究质点的运动，不仅要知道质点的位移，还必须知道在多长时间内通过这段位移，亦即要知道质点运动的快慢程度.

如图 1.2 所示，在时刻 t 到 $t+\Delta t$ 这段时间内，质点的位移为 $\Delta \boldsymbol{r}$，那么 $\Delta \boldsymbol{r}$ 与 Δt 的比值，称为质点在时刻 t 附近 Δt 时间内的**平均速度**，即

$$\overline{\boldsymbol{v}} = \frac{\overrightarrow{AB}}{\Delta t} = \frac{\Delta \boldsymbol{r}}{\Delta t} \tag{1.7}$$

这就是说，平均速度的方向与位移 $\Delta \boldsymbol{r}$ 的方向相同，平均速度的大小与在相应的时间 Δt 内单位时间的位移大小相同.

显然，用平均速度描述物体的运动是比较粗糙的. 因为在 Δt 时间内，质点在各个时刻的运动情况不一定相同，质点的运动可以时快时慢，方向也可以不断地改变，平均速度不能反映质点运动的真实状态. 如果要精确地知道质点在某一时刻或某一位置的实际运动状态，应使 Δt 尽可能小，即 $\Delta t \to 0$，用平均速度的极限值——**瞬时速度**（简称**速度**）来描述.

质点在某一时刻或某一位置的瞬时速度，等于该时刻附近 Δt 趋近于零时平均速度的极限值，数学表达式为

$$\boldsymbol{v} = \lim_{\Delta t \to 0} \frac{\Delta \boldsymbol{r}}{\Delta t} = \frac{\mathrm{d}\boldsymbol{r}}{\mathrm{d}t} \tag{1.8}$$

可见，**速度等于位矢对时间的一阶导数.**

速度的方向就是 Δt 趋近于零时，平均速度 $\dfrac{\Delta \boldsymbol{r}}{\Delta t}$ 或位移 $\Delta \boldsymbol{r}$ 的极限方向，即沿质点所在处轨迹的切线方向，并指向质点前进的一方.

速度是矢量，具有大小和方向. 描述质点运动时，也常采用一个叫作**速率**的物理量. 速率是标量，等于质点在单位时间内所行经的路程，而不考虑质点运动的方向. 如图 1.2 所示，在 Δt 时间内质点所行经的路程为曲线段 $\overset{\frown}{AB}$. 设曲线段 $\overset{\frown}{AB}$ 的长度为 Δs，那么 Δs 与 Δt 的比值就称为 t 时刻附近 Δt 时间内的平均速率，即

$$\overline{v} = \frac{\Delta s}{\Delta t} \tag{1.9}$$

平均速率与平均速度不能等同看待. 例如，在某一段时间内，质点环行了一个闭合路径，显然质点的位移等于零，平均速度也为零，而质点的平均速率则不等于零.

尽管如此，在 $\Delta t \to 0$ 的极限条件下，曲线段 $\overset{\frown}{AB}$ 的长度 Δs 与线段 AB 的长度 $|\Delta \boldsymbol{r}|$ 相等，即在 $\Delta t \to 0$ 时，$\mathrm{d}s = |\mathrm{d}\boldsymbol{r}|$，所以瞬时速率

$$v = \lim_{\Delta t \to 0} \frac{\Delta s}{\Delta t} = \frac{\mathrm{d}s}{\mathrm{d}t} = \frac{|\mathrm{d}\boldsymbol{r}|}{\mathrm{d}t} = |\boldsymbol{v}| \tag{1.10}$$

即瞬时速率等于瞬时速度的大小. 瞬时速率也称速率.

由式(1.1)可知,在直角坐标系中,速度可表示成

$$\boldsymbol{v}=\frac{\mathrm{d}\boldsymbol{r}}{\mathrm{d}t}=\frac{\mathrm{d}x}{\mathrm{d}t}\boldsymbol{i}+\frac{\mathrm{d}y}{\mathrm{d}t}\boldsymbol{j}+\frac{\mathrm{d}z}{\mathrm{d}t}\boldsymbol{k}=v_x\boldsymbol{i}+v_y\boldsymbol{j}+v_z\boldsymbol{k} \tag{1.11}$$

式中,$v_x=\frac{\mathrm{d}x}{\mathrm{d}t}$,$v_y=\frac{\mathrm{d}y}{\mathrm{d}t}$,$v_z=\frac{\mathrm{d}z}{\mathrm{d}t}$,分别称为速度$\boldsymbol{v}$在$x$轴、$y$轴、$z$轴方向上的分量.这时速度$\boldsymbol{v}$的模可以表示成

$$v=|\boldsymbol{v}|=\sqrt{v_x^2+v_y^2+v_z^2} \tag{1.12}$$

速度和速率在量值上都是长度与时间的比值,其单位为 m/s.

1.2.4 加速度

在力学中,位矢$\boldsymbol{r}$和速度$\boldsymbol{v}$都是描述物体机械运动的状态参量,即若$\boldsymbol{r}$和$\boldsymbol{v}$已知,质点的力学运动状态就确定了.下面即将引入的加速度则是用来描述速度随时间的变化率的物理量.

在变速运动中,物体的速度是随时间变化的.这个变化可以是运动快慢的变化,也可以是运动方向的变化,一般情况下速度的方向和大小都在变化.加速度就是描述质点的速度(大小和方向)随时间变化快慢的物理量.如图1.4所示,$\boldsymbol{v}_A$表示质点在时刻t、位置A处的速度,$\boldsymbol{v}_B$表示质点在时刻$t+\Delta t$、位置B处的速度.从速度矢量图可以看出,在Δt时间内质点速度的增量为

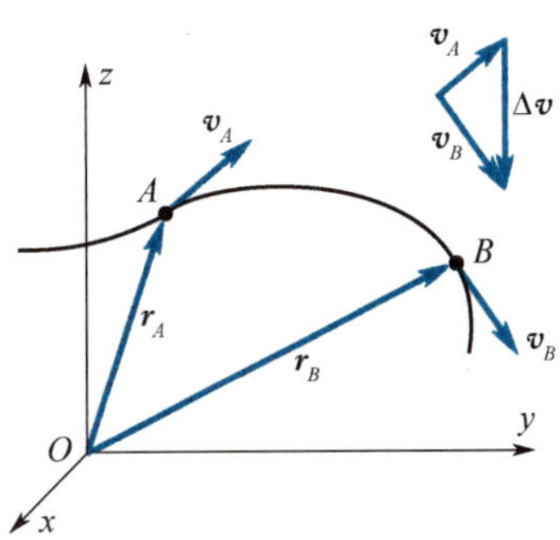

图 1.4 速度的增量

$$\Delta\boldsymbol{v}=\boldsymbol{v}_B-\boldsymbol{v}_A$$

与平均速度的定义类似,比值$\frac{\Delta\boldsymbol{v}}{\Delta t}$称为时刻$t$附近$\Delta t$时间内的**平均加速度**,记为$\overline{\boldsymbol{a}}$,即

$$\overline{\boldsymbol{a}}=\frac{\boldsymbol{v}_B-\boldsymbol{v}_A}{\Delta t}=\frac{\Delta\boldsymbol{v}}{\Delta t} \tag{1.13}$$

平均加速度只反映在Δt时间内速度的平均变化率.为了准确地描述质点在某一时刻t(或某一位置处)的速度变化率,须引入瞬时加速度.

质点在某一时刻或某一位置处的**瞬时加速度**(简称**加速度**)等于该时刻附近Δt趋近于零时平均加速度的极限值,其数学表达式为

$$\boldsymbol{a}=\lim_{\Delta t\to 0}\frac{\Delta\boldsymbol{v}}{\Delta t}=\frac{\mathrm{d}\boldsymbol{v}}{\mathrm{d}t}=\frac{\mathrm{d}^2\boldsymbol{r}}{\mathrm{d}t^2} \tag{1.14}$$

可见,**加速度是速度对时间的一阶导数,或位矢对时间的二阶导数.**

在直角坐标系中,加速度的表达式为

$$\boldsymbol{a}=\frac{\mathrm{d}^2\boldsymbol{r}}{\mathrm{d}t^2}=\frac{\mathrm{d}^2x}{\mathrm{d}t^2}\boldsymbol{i}+\frac{\mathrm{d}^2y}{\mathrm{d}t^2}\boldsymbol{j}+\frac{\mathrm{d}^2z}{\mathrm{d}t^2}\boldsymbol{k}=a_x\boldsymbol{i}+a_y\boldsymbol{j}+a_z\boldsymbol{k} \tag{1.15}$$

式中,$a_x=\frac{\mathrm{d}v_x}{\mathrm{d}t}=\frac{\mathrm{d}^2x}{\mathrm{d}t^2}$,$a_y=\frac{\mathrm{d}v_y}{\mathrm{d}t}=\frac{\mathrm{d}^2y}{\mathrm{d}t^2}$,$a_z=\frac{\mathrm{d}v_z}{\mathrm{d}t}=\frac{\mathrm{d}^2z}{\mathrm{d}t^2}$,分别称为加速度$\boldsymbol{a}$在$x$轴、$y$轴、$z$轴方向上的分量.加速度的模为

$$a=|\boldsymbol{a}|=\sqrt{a_x^2+a_y^2+a_z^2} \tag{1.16}$$

加速度的方向是当 $\Delta t\to 0$ 时平均加速度 $\dfrac{\Delta \boldsymbol{v}}{\Delta t}$ 或速度增量的极限方向.

例 1.1

如图 1.5 所示，一人用绳子拉着小车前进，小车位于高出绳端 h 的平台上，人的速率 v_0 不变，求小车的速度和加速度的大小.

解 小车沿直线运动，以小车前进方向为 x 轴正方向，以定滑轮为坐标原点 O，小车的坐标为 x，人的坐标为 ξ，由速度的定义知，小车和人的速度大小应分别为

$$v_{车}=\frac{\mathrm{d}x}{\mathrm{d}t},\quad v_{人}=\frac{\mathrm{d}\xi}{\mathrm{d}t}=v_0$$

由于定滑轮不改变绳长，所以小车坐标的变化率等于定滑轮与人之间的绳长的变化率，即

$$v_{车}=\frac{\mathrm{d}x}{\mathrm{d}t}=\frac{\mathrm{d}l}{\mathrm{d}t}$$

又由图 1.5 可得 $l^2=\xi^2+h^2$，两边对 t 求导得

$$2l\frac{\mathrm{d}l}{\mathrm{d}t}=2\xi\frac{\mathrm{d}\xi}{\mathrm{d}t}$$

联立以上各式，得

$$v_{车}=\frac{v_{人}\xi}{l}=v_{人}\frac{\xi}{\sqrt{\xi^2+h^2}}=\frac{v_0\xi}{\sqrt{\xi^2+h^2}}$$

小车的加速度大小为

$$a=\frac{\mathrm{d}v_{车}}{\mathrm{d}t}=\frac{v_0^2h^2}{(\xi^2+h^2)^{\frac{3}{2}}}$$

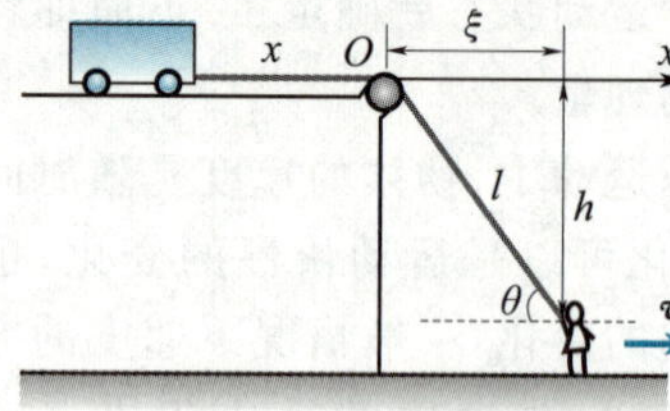

图 1.5 例 1.1 图

1.3 曲线运动的描述 运动学中的两类问题

1.3.1 曲线运动的描述

若质点的运动轨迹为曲线，则质点所做的运动称为曲线运动. 为了描述曲线的弯曲程度，通常引入曲率和曲率半径. 这里仅讨论平面上的二维曲线运动.

从曲线上邻近的两点 P_1、P_2 各引一条切线，这两条切线间的夹角为 $\Delta\theta$，P_1、P_2 两点间的弧长为 Δs，则 P_1 点的曲率定义为

$$k=\lim_{\Delta s\to 0}\frac{\Delta\theta}{\Delta s}=\frac{\mathrm{d}\theta}{\mathrm{d}s} \tag{1.17}$$

将曲线上无限邻近的两点处的两条切线的夹角 $\mathrm{d}\theta$ 称为邻切角. 式(1.17) 表明，曲线上某点的曲率等于邻切角 $\mathrm{d}\theta$ 与所对应的弧元 $\mathrm{d}s$ 之比.

一般情况下，曲线在不同点处有不同的曲率. 曲率越大，则曲线弯曲得越厉害. 显然，同一圆周上各点的曲率相同.

过曲线上某点作一圆，若该圆的曲率与曲线在该点的曲率相等，则称它为该点的曲率圆，而其圆心 O 和半径 ρ 分别称为曲线上该点的曲率中心和曲率半径(见图 1.6)，且有

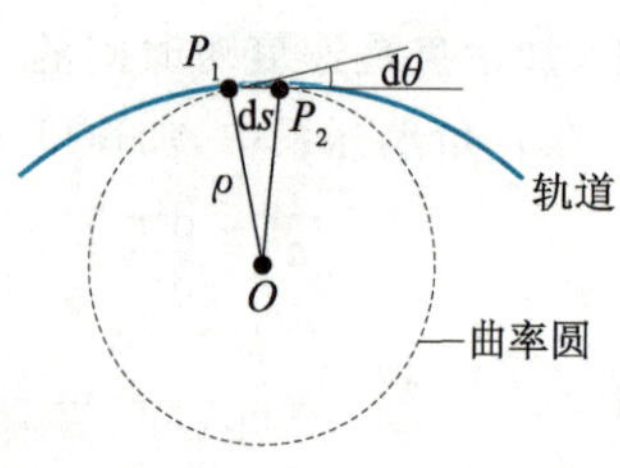

图 1.6 曲率、曲率圆、曲率半径

$$\rho=\frac{1}{k}=\frac{\mathrm{d}s}{\mathrm{d}\theta} \tag{1.18}$$

1. 平面曲线运动

质点做曲线运动时，$\Delta\boldsymbol{v}$ 的方向和$\dfrac{\Delta\boldsymbol{v}}{\Delta t}$的极限方向一般不同于速度$\boldsymbol{v}$的方向，而且加速度的方向总是指向曲线凹进的一边. 如果速率是减小的($|\boldsymbol{v}_B|<|\boldsymbol{v}_A|$)，则 $\boldsymbol{a}$ 与 $\boldsymbol{v}$ 成钝角；如果速率是增大的($|\boldsymbol{v}_B|>|\boldsymbol{v}_A|$)，则 $\boldsymbol{a}$ 与 $\boldsymbol{v}$ 成锐角；如果速率不变($|\boldsymbol{v}_B|=|\boldsymbol{v}_A|$)，则 $\boldsymbol{a}$ 与 $\boldsymbol{v}$ 成直角，如图 1.7 所示.

切向加速度

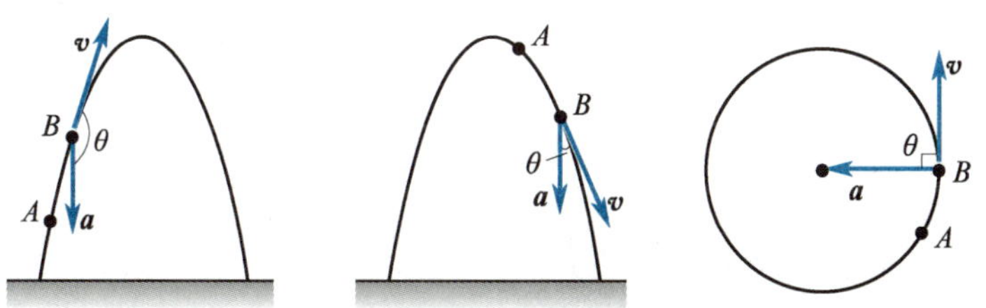

图 1.7　曲线运动中的加速度

为了运算方便，常采用平面自然坐标系讨论加速度，即将加速度沿着质点所在处轨迹的切线方向和法线方向进行分解，这样得到的加速度分量分别叫作**切向加速度和法向加速度**.

设质点的运动轨迹如图 1.8(a) 所示，时刻 t 质点在 P_1 点，速度为$\boldsymbol{v}_1$，时刻 $t+\Delta t$ 质点运动到 P_2 点，速度为$\boldsymbol{v}_2$，P_1、P_2 两点的邻切角为 $\Delta\theta$，在 Δt 时间内，速度增量为 $\Delta\boldsymbol{v}$. 图 1.8(b) 表示了$\boldsymbol{v}_1$、$\boldsymbol{v}_2$、$\Delta\boldsymbol{v}$ 三者之间的关系. 图中 $\Delta\boldsymbol{v}$ 就是矢量$\overrightarrow{BC}$. 如果在$\overrightarrow{AC}$上截取 $|\overrightarrow{AD}|=|\overrightarrow{AB}|=|\boldsymbol{v}_1|$，则剩下的部分

$$|\overrightarrow{DC}|=|\overrightarrow{AC}|-|\overrightarrow{AB}|=|\boldsymbol{v}_2|-|\boldsymbol{v}_1|=|\Delta\boldsymbol{v}_\tau|=\Delta v$$

即 $|\Delta\boldsymbol{v}_\tau|=\Delta v$ 反映了速度模的增量. 连接$\overrightarrow{BD}$，并记作 $\Delta\boldsymbol{v}_n$，其反映了速度由于方向改变(大小保持不变) 而产生的增量. 于是速度增量 $\Delta\boldsymbol{v}$ 所包含的速度大小的增量和速度方向的增量这两个方面的含义，通过 $\Delta\boldsymbol{v}_\tau$ 和$\Delta\boldsymbol{v}_n$ 得到了定量的描述，即 $\Delta\boldsymbol{v}=\Delta\boldsymbol{v}_\tau+\Delta\boldsymbol{v}_n$.

由图 1.8(c) 可看出，当 $\Delta t\to 0$ 时，$\Delta\theta\to 0$，则 $\angle ABD\to\dfrac{\pi}{2}$，即在极限条件下，$\Delta\boldsymbol{v}_n$ 的方向垂直于过 P_1 点的切线，亦即沿曲线在 P_1 点的法线方向；同时，在 $\Delta\theta\to 0$ 的极限条件下，$\Delta\boldsymbol{v}_\tau$ 的方向就是 $\boldsymbol{v}_1$ 的方向，亦即沿 P_1 点的切线方向.

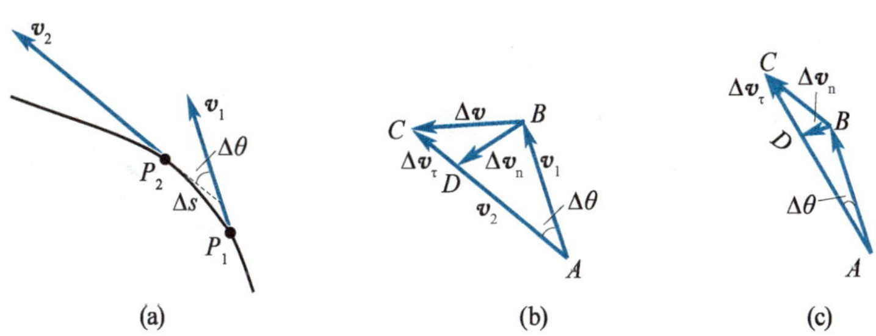

图 1.8　切向加速度与法向加速度

由图 1.8(c) 还可看出，当 $\Delta\theta\to 0$ 时，$|\Delta\boldsymbol{v}_n|=v\Delta\theta$($v$ 为质点运动到 P_1 点时的速

率),如果以 $\boldsymbol{n}_0$ 表示 P_1 点内法线方向的单位矢量,以 $\boldsymbol{\tau}_0$ 表示 P_1 点切线方向(且指向质点前进方向)的单位矢量,则有

$$\boldsymbol{a}=\lim_{\Delta t\to 0}\frac{\Delta \boldsymbol{v}}{\Delta t}=\lim_{\Delta t\to 0}\frac{\Delta \boldsymbol{v}_\tau}{\Delta t}+\lim_{\Delta t\to 0}\frac{\Delta \boldsymbol{v}_n}{\Delta t}=\frac{dv}{dt}\boldsymbol{\tau}_0+v\frac{d\theta}{dt}\boldsymbol{n}_0 \tag{1.19}$$

由于 $\frac{d\theta}{dt}=\frac{d\theta}{ds}\frac{ds}{dt}=v\frac{1}{\rho}$,式中 ρ 为过 P_1 点的曲率圆的半径,则式(1.19)可写为

$$\boldsymbol{a}=\frac{dv}{dt}\boldsymbol{\tau}_0+\frac{v^2}{\rho}\boldsymbol{n}_0=a_\tau\boldsymbol{\tau}_0+a_n\boldsymbol{n}_0 \tag{1.20}$$

式中,$a_\tau=\frac{dv}{dt}$,$a_n=\frac{v^2}{\rho}$ 分别为加速度的切向分量和法向分量. $a_\tau=\frac{dv}{dt}$,反映速度大小的变化;$a_n=\frac{v^2}{\rho}$,反映速度方向的变化.加速度的模为

$$|\boldsymbol{a}|=\sqrt{a_\tau^2+a_n^2} \tag{1.21}$$

在国际单位制中,加速度的单位是 m/s^2.

例 1.2

以速度 $\boldsymbol{v}_0$ 平抛一小球,不计空气阻力,求 t 时刻小球的切向加速度的大小 a_τ、法向加速度的大小 a_n 和轨迹的曲率半径 ρ.

解 由图 1.9 可知

$$a_\tau=g\sin\theta=g\frac{v_y}{v}=g\frac{gt}{\sqrt{v_0^2+g^2t^2}}$$

$$=\frac{g^2t}{\sqrt{v_0^2+g^2t^2}}$$

$$a_n=g\cos\theta=g\frac{v_x}{v}=\frac{gv_0}{\sqrt{v_0^2+g^2t^2}}$$

$$\rho=\frac{v^2}{a_n}=\frac{v_x^2+v_y^2}{a_n}=\frac{(v_0^2+g^2t^2)^{3/2}}{gv_0}$$

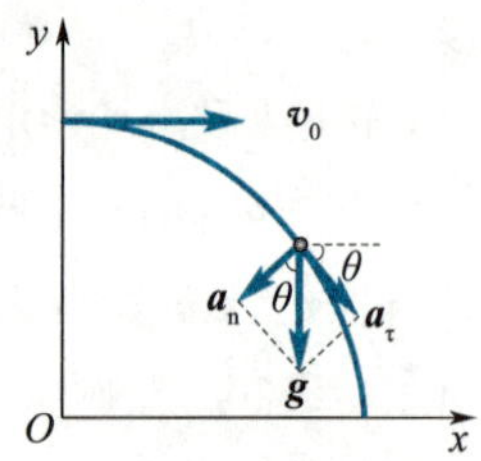

图 1.9 例 1.2 图

2. 圆周运动

质点做圆周运动时,由于其轨迹的曲率半径处处相等,而速度方向始终在圆周的切线上,因此对圆周运动的描述,常常采用以平面自然坐标系为基础的线量描述和以平面极坐标系为基础的角量描述,现分别简单介绍如下.

在自然坐标系中,位矢 $\boldsymbol{r}$ 是轨迹 s 的函数,即

$$\boldsymbol{r}=\boldsymbol{r}(s)$$

如图 1.10 所示,O' 为自然坐标系原点,$\boldsymbol{\tau}_0$ 和 $\boldsymbol{n}_0$ 分别为切向单位矢量和法向单位矢量. 由 $|d\boldsymbol{r}|=ds$ 可知,在自然坐标系中位移、速度可分别表示为

$$d\boldsymbol{r}=ds\boldsymbol{\tau}_0$$

$$\boldsymbol{v}=\frac{d\boldsymbol{r}}{dt}=\frac{ds}{dt}\boldsymbol{\tau}_0=v\boldsymbol{\tau}_0 \tag{1.22}$$

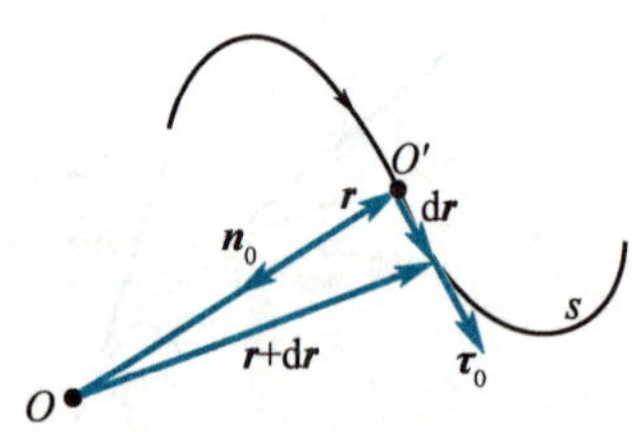

图 1.10 用自然坐标系表示质点的位置

根据式(1.20),圆周运动中的切向加速度和

法向加速度分别为

$$\begin{cases} \boldsymbol{a}_\tau = \dfrac{\mathrm{d}v}{\mathrm{d}t}\boldsymbol{\tau}_0 = \dfrac{\mathrm{d}^2 s}{\mathrm{d}t^2}\boldsymbol{\tau}_0 \\ \boldsymbol{a}_\mathrm{n} = \dfrac{v^2}{\rho}\boldsymbol{n}_0 = \dfrac{v^2}{R}\boldsymbol{n}_0 \end{cases} \tag{1.23}$$

式中,R 是圆半径.于是,所谓匀速圆周运动,就是指切向加速度为零的圆周运动,即匀速率圆周运动.

如果以圆心为**极点**,并任意引一条射线为**极轴**,那么质点位置对极点的矢径 $\boldsymbol{r}$ 与极轴的夹角 θ 就叫作质点的**角位置**.用 $\mathrm{d}\theta$ 表示位矢在 $\mathrm{d}t$ 时间内转过的**角位移**.角位移既有大小又有方向,其方向的规定为:右手四指沿质点的旋转方向弯曲,与四指垂直的大拇指的指向则表示角位移的方向,即角位移的方向是按右手螺旋定则规定的.在图 1.11 中,质点逆时针转动,这时角位移的方向垂直于纸面向外.但有限大小的角位移不是矢量(因为其合成不服从交换律).可以证明,只有在 $\Delta t \to 0$ 时的角位移才是矢量.质点做圆周运动时,其角位移只有两种可能的方向,因此,也可以在角位移前冠以正、负号来表示它的方向.如果过圆心作一垂直于圆面的直线作为坐标轴,任选一个方向规定为坐标轴的正方向,则由上述规定的角位移,其方向与坐标轴正方向相同则取正号,反之则取负号.

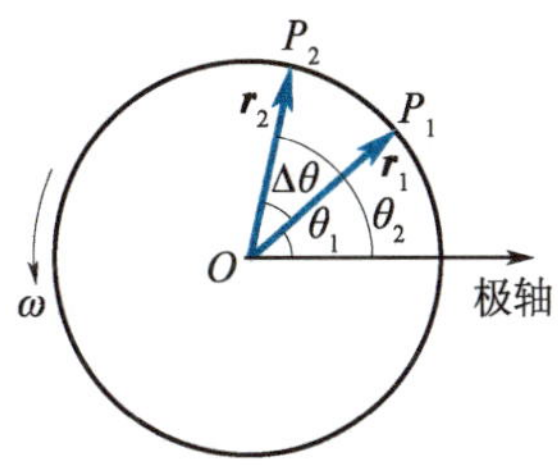

图 1.11 角位移

和前面引进速度、加速度的方法一样,也可以引进**角速度**和**角加速度**,其大小分别为

$$\omega = \lim_{\Delta t \to 0} \frac{\Delta\theta}{\Delta t} = \frac{\mathrm{d}\theta}{\mathrm{d}t} \tag{1.24}$$

$$\alpha = \lim_{\Delta t \to 0} \frac{\Delta\omega}{\Delta t} = \frac{\mathrm{d}\omega}{\mathrm{d}t} = \frac{\mathrm{d}^2\theta}{\mathrm{d}t^2} \tag{1.25}$$

角速度和角加速度的方向参考角位移方向的规定.

当质点做圆周运动时,$R=$ 常数,只有角位置是 t 的函数,这样只需一个坐标(即角位置 θ)就可描述质点的位置.这和质点的直线运动颇为类似.因此,在匀角加速圆周运动中有

$$\begin{cases} \omega = \omega_0 + \alpha t \\ \theta = \theta_0 + \omega_0 t + \dfrac{1}{2}\alpha t^2 \\ \omega^2 - \omega_0^2 = 2\alpha(\theta - \theta_0) \end{cases} \tag{1.26}$$

不难证明,在圆周运动中,线量和角量之间存在如下关系,即

$$\begin{cases} \mathrm{d}s = R\mathrm{d}\theta \\ v = \dfrac{\mathrm{d}s}{\mathrm{d}t} = R\dfrac{\mathrm{d}\theta}{\mathrm{d}t} = R\omega \\ a_\tau = \dfrac{\mathrm{d}v}{\mathrm{d}t} = R\dfrac{\mathrm{d}\omega}{\mathrm{d}t} = R\alpha \\ a_\mathrm{n} = \dfrac{v^2}{R} = R\omega^2 \end{cases} \tag{1.27}$$

角速度的方向就是角位移的方向，如图 1.12 所示. 按照矢量的矢积运算法则，角速度矢量与线速度矢量之间的关系为

$$\boldsymbol{v}=\boldsymbol{\omega}\times\boldsymbol{r}$$

如图 1.13 所示.

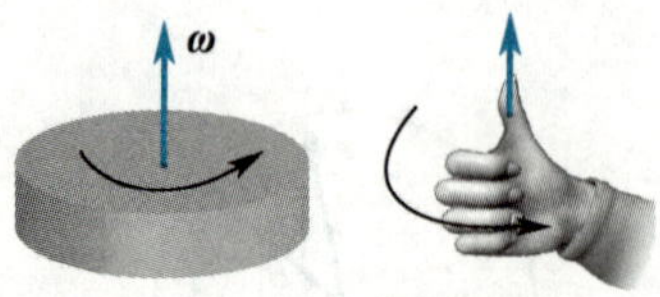

图 1.12　角速度方向

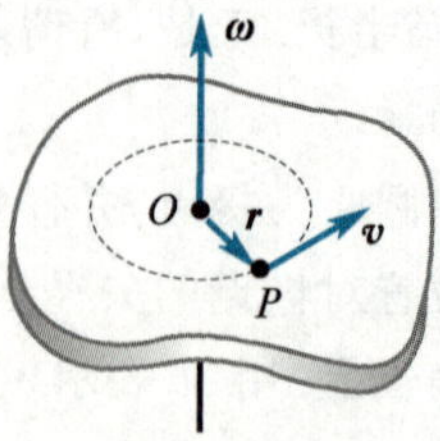

图 1.13　角速度矢量与线速度矢量的关系

例 1.3

一质点做匀减速圆周运动，初始转速 $n=1\ 500$ r/min（转每分钟），经 $t=50$ s 后静止. (1) 求角加速度 α 和从开始到静止质点的转数 N；(2) 求 $t=25$ s 时质点的角速度 ω；(3) 设圆的半径 $R=1$ m，求 $t=25$ s 时质点的速度和加速度的大小.

解　(1) 由题意知 $\omega_0=2\pi n=2\pi\times\frac{1\ 500}{60}$ rad/s $=50\pi$ rad/s，当 $t=50$ s 时 $\omega=0$，故由式(1.26)可得

$$\alpha=\frac{\omega-\omega_0}{t}=\frac{-50\pi}{50}\ \text{rad/s}^2=-\pi\ \text{rad/s}^2$$

从开始到静止，质点的角位移及转数分别为

$$\theta-\theta_0=\omega_0 t+\frac{1}{2}\alpha t^2=50\pi\times 50\ \text{rad}-\frac{\pi}{2}\times 50^2\ \text{rad}=1\ 250\pi\ \text{rad}$$

$$N=\frac{1\ 250\pi}{2\pi}\ \text{r}=625\ \text{r}$$

(2) $t=25$ s 时质点的角速度为

$$\omega=\omega_0+\alpha t=50\pi\ \text{rad/s}-25\pi\ \text{rad/s}=25\pi\ \text{rad/s}$$

(3) $t=25$ s 时质点的速度为

$$v=R\omega=1\times 25\pi\ \text{m/s}=78.5\ \text{m/s}$$

相应的切向加速度和法向加速度分别为

$$a_\tau=R\alpha=-\pi\ \text{m/s}^2=-3.14\ \text{m/s}^2$$

$$a_\text{n}=R\omega^2=1\times(25\pi)^2\ \text{m/s}^2=6.16\times 10^3\ \text{m/s}^2$$

*** 有限角位移不是矢量的说明**

矢量的严格定义为：矢量是在空间中有一定方向和数值，并遵循平行四边形定则的量.

物体绕某一固定轴的有限转动可以用具有大小和方向的线段表示，线段长度表示物体所转过的角度，其方向沿着转动轴的方向（右手螺旋定则）. 但两个连续的有限转动不能应用平行四边形定则相加，因为它不符合交换律. 例如，一本书先绕轴 1 转一有限角度 θ_1（如 90°），再绕轴 2 转一有限角度 θ_2（如 90°），合成后的结果和使书先绕轴 2 转角度 θ_2，再绕轴 1 转角度 θ_1 的合成结果不同（见图 1.14）. 就是说，这种合成结果和相加的次序有关，不符合矢量加法的平行四边形定则，所以有限角位移不是矢量.

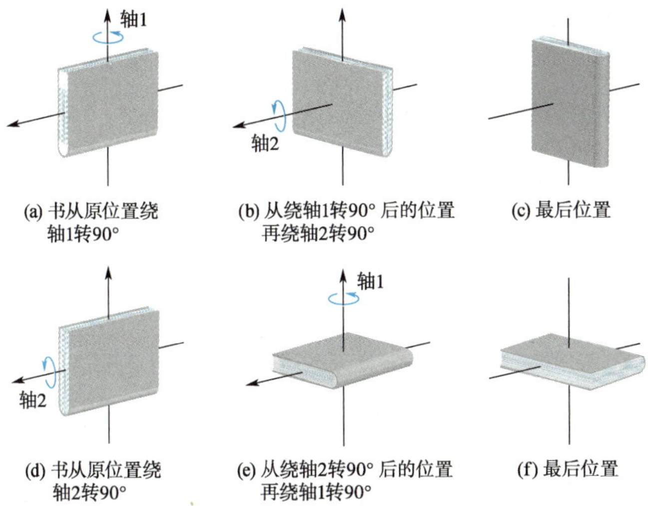

图 1.14 有限角位移不是矢量

运动学中的两类问题

1.3.2 运动学中的两类问题

(1) 由已知的运动方程求速度、加速度. 求解这类问题主要是运用求导的方法.

例 1.4

已知一质点的运动方程为 $\boldsymbol{r} = 3t\boldsymbol{i} - 4t^2\boldsymbol{j}$,式中 $\boldsymbol{r}$ 以 m 为单位,t 以 s 为单位,求质点的运动轨迹、速度和加速度.

解 将运动方程写成分量式,即

$$x = 3t, \quad y = -4t^2$$

消去参变量 t,得轨迹方程为 $4x^2 + 9y = 0(x > 0)$,这是顶点在坐标原点的抛物线的一部分,如图 1.15 所示.

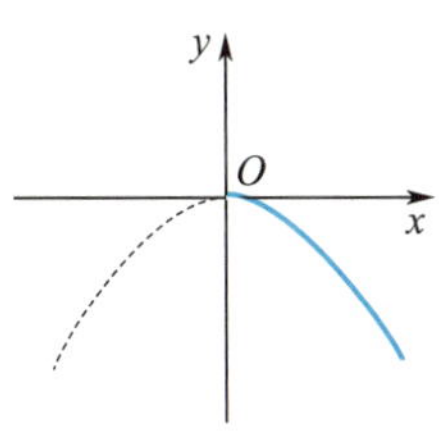

图 1.15 例 1.4 图

由速度的定义得

$$\boldsymbol{v} = \frac{\mathrm{d}\boldsymbol{r}}{\mathrm{d}t} = 3\boldsymbol{i} - 8t\boldsymbol{j}$$

其模为 $v = \sqrt{3^2 + (8t)^2}$,与 x 轴正方向的夹角 $\theta = \arctan\frac{-8t}{3}$.

由加速度的定义得

$$\boldsymbol{a} = \frac{\mathrm{d}\boldsymbol{v}}{\mathrm{d}t} = -8\boldsymbol{j}$$

即加速度的方向沿 y 轴负方向,大小为 8 $\mathrm{m/s^2}$.

例 1.5

一质点沿半径为 1 m 的圆周运动,它通过的弧长 s 按 $s = t + 2t^2$ 的规律变化. 该质点在 2 s 时的速率、切向加速度和法向加速度分别是多少?

解 由速率的定义得

$$v = \frac{\mathrm{d}s}{\mathrm{d}t} = 1 + 4t$$

将 $t = 2$ s 代入,得 2 s 时的速率为

$$v = (1 + 4 \times 2)\ \mathrm{m/s} = 9\ \mathrm{m/s}$$

其法向加速度为

$$a_{\mathrm{n}} = \frac{v^2}{R} = 81\ \mathrm{m/s^2}$$

由切向加速度的定义得 $a_{\tau} = \frac{\mathrm{d}^2 s}{\mathrm{d}t^2} = 4\ \mathrm{m/s^2}$.

例 1.6

一质点沿半径为 1 m 的圆周运动，其角量运动方程为 $\theta = 2 + 3t - 4t^3$ (SI)，求质点在 2 s 时的速率和切向加速度.

解 因为

$$\omega = \frac{d\theta}{dt} = 3 - 12t^2$$

$$\alpha = \frac{d\omega}{dt} = -24t$$

将 $t = 2$ s 代入，得 2 s 时的角速度为

$$\omega = (3 - 12 \times 2^2)\ \text{rad/s} = -45\ \text{rad/s}$$

2 s 时的角加速度为

$$\alpha = -24 \times 2\ \text{rad/s}^2 = -48\ \text{rad/s}^2$$

质点的速率为

$$v = R\omega = -45\ \text{m/s}$$

切向加速度为

$$a_\tau = R\alpha = -48\ \text{m/s}^2$$

(2) 已知加速度和初始条件，求速度和运动方程. 求解这类问题要用积分的方法.

例 1.7

一质点沿 x 轴运动，其加速度 $a = -kv^2$，式中 k 为正常数. 设 $t = 0$ 时，$x = 0$，$v = v_0$. (1) 求 v 和 x 作为 t 的函数的表达式；(2) 求 v 作为 x 的函数的表达式.

解 (1) 因为 $dv = a dt = -kv^2 dt$

分离变量得

$$\frac{dv}{v^2} = -k dt$$

积分得

$$kt = \frac{1}{v} + c_1$$

因为 $t = 0$ 时，$v = v_0$，所以 $c_1 = -\frac{1}{v_0}$. 代入上式，并整理得

$$v = \frac{v_0}{1 + v_0 kt}$$

再由 $dx = v dt$，将 v 的表达式代入，并积分得

$$x = \int \frac{v_0 dt}{1 + v_0 kt} = \frac{1}{k}\ln(1 + kv_0 t) + c_2$$

因为 $t = 0$ 时，$x = 0$，所以 $c_2 = 0$. 于是

$$x = \frac{1}{k}\ln(1 + kv_0 t)$$

(2) 因为 $a = \frac{dv}{dt} = \frac{dv}{dx}\frac{dx}{dt} = v\frac{dv}{dx}$

所以有 $\frac{v dv}{dx} = -kv^2$

分离变量，并积分得

$$-\int k dx = \int \frac{dv}{v}$$

$$-kx = \ln v + c_3$$

因为 $x = 0$ 时，$v = v_0$，所以 $c_3 = -\ln v_0$. 代入上式，并整理得

$$v = v_0 e^{-kx}$$

例 1.8

一质点受阻力作用沿圆周做减速运动，其角加速度与角位置 θ 成正比，比例系数为 k ($k > 0$)，且当 $t = 0$ 时，$\theta_0 = 0$，$\omega = \omega_0$. (1) 求角速度 ω 作为 θ 的函数的表达式；(2) 求最大角位移.

解 (1) 依题意得 $\alpha = -k\theta$，即

$$\alpha = \frac{d\omega}{dt} = \frac{d\omega}{d\theta}\frac{d\theta}{dt} = \frac{d\omega}{d\theta}\omega$$

所以有

$$-k\theta = \frac{d\omega}{d\theta}\omega$$

分离变量并积分，且考虑到 $t = 0$ 时，$\theta_0 = 0$，$\omega = \omega_0$，有

$$-\int_0^\theta k\,\theta d\theta = \int_{\omega_0}^{\omega} \omega d\omega$$

得

$$\frac{\omega^2}{2} - \frac{\omega_0^2}{2} = -k\frac{\theta^2}{2}$$

所以

$$\omega = \sqrt{\omega_0^2 - k\theta^2} \quad (\text{取正值})$$

(2) 最大角位移发生在 $\omega = 0$ 时，所以

$$\theta = \frac{1}{\sqrt{k}}\omega_0 \quad (\text{只能取正值})$$

1.4 相对运动

在 1.1 节中曾指出，选取不同的参考系，对同一物体运动的描述就会不同，这反映了运动描述的相对性. 下面研究同一质点在有相对运动的两个参考系中的位移、速度和加速度之间的关系.

相对运动

当研究大轮船上物体的运动时，既要知道该物体相对于河岸的运动，又要知道该物体相对于轮船的运动. 设观察者在河岸，为此把河岸（地球）定义为静止参考系，而把轮船定义为运动参考系. 但是，当研究宇宙飞船的发射时，则只能把太阳作为静止参考系，而把地球作为运动参考系. 这就是说，**"静止参考系""运动参考系"的称谓都是相对的**. 一般情况下，研究地面上物体的运动时，把地球作为静止参考系比较方便.

当定义了静止参考系后，对于一个处于运动参考系中的物体，把它相对于静止参考系的运动称为**绝对运动**，把运动参考系相对于静止参考系的运动称为**牵连运动**，把物体相对于运动参考系的运动称为**相对运动**. 显然，这些称谓也是相对的.

如图 1.16 所示，设 S 为静止参考系，S' 为运动参考系. 为简单计，假定相应坐标轴保持相互平行，S' 系相对于 S 系沿 x 轴正方向做直线运动. 这时两参考系间的相对运动情况，可用 S' 系的坐标原点 O' 相对于 S 系的坐标原点 O 的运动来代表. 设有一质点位于 S' 系中的 P 点，它对 S 系的位矢为 $\boldsymbol{r}$（绝对位矢），对 S' 系的位矢为 $\boldsymbol{r}'$（相对位矢），而 O' 点对 O 点的位矢为 $\boldsymbol{r}_0$（牵连位矢）. 由矢量加法的三角形定则可知，$\boldsymbol{r}$、$\boldsymbol{r}'$、$\boldsymbol{r}_0$ 之间有如下关系：

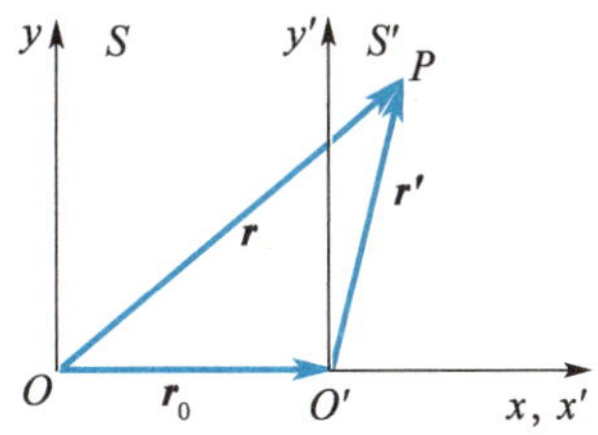

图 1.16 运动描述的相对性

$$\boldsymbol{r}=\boldsymbol{r}_0+\boldsymbol{r}' \tag{1.28}$$

即绝对位矢等于牵连位矢与相对位矢的矢量和.

将式(1.28) 两边对时间求导，可得

$$\boldsymbol{v}=\boldsymbol{v}_0+\boldsymbol{v}' \tag{1.29}$$

式中，$\boldsymbol{v}$ 为**绝对速度**，$\boldsymbol{v}_0$ 为**牵连速度**，$\boldsymbol{v}'$ 为**相对速度**.

将式(1.29) 两边对时间求导，可得

$$\boldsymbol{a}=\boldsymbol{a}_0+\boldsymbol{a}' \tag{1.30}$$

式中，$\boldsymbol{a}$ 为**绝对加速度**，$\boldsymbol{a}_0$ 为**牵连加速度**，$\boldsymbol{a}'$ 为**相对加速度**.

需要说明的是，式(1.28)、式(1.29)、式(1.30) 所表示的位矢、速度、加速度的合成定则，只在物体的运动速度远小于光速时才成立. 当物体的运动速度与光速接近时，上述三式不再成立，此时遵循的是相对论时空坐标、速度、加速度的变换法则. 另外，当两个参考系之间还有相对转动时，它们的速度、加速度之间的关系要复杂得多，此处就不作讨论了.

在雨中走还是跑淋雨少？

当讨论处于同一参考系内质点系中各质点间的相对运动时，可以利用以上结论表示质点间的相对位矢和相对速度.

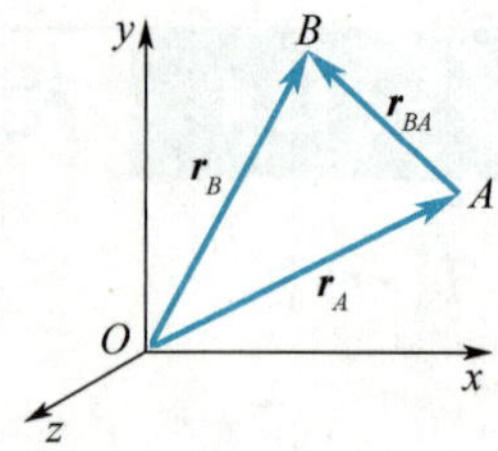

图 1.17　相对位矢

设某质点系由 A、B 两质点组成. 它们对某一参考系的位矢分别为 $\boldsymbol{r}_A$ 和 $\boldsymbol{r}_B$，如图 1.17 所示. 质点系内质点 B 对质点 A 的位矢显然是由质点 A 引向质点 B 的矢量 $\boldsymbol{r}_{BA}$. 由图 1.17 可知，应用矢量减法的三角形定则，则有

$$\boldsymbol{r}_{BA} = \boldsymbol{r}_B - \boldsymbol{r}_A \tag{1.31}$$

$\boldsymbol{r}_{BA}$ 称为质点 B 对质点 A 的相对位矢.

将式(1.31) 对时间求一阶导数，可得质点 B 对质点 A 的相对速度为

$$\boldsymbol{v}_{BA} = \boldsymbol{v}_B - \boldsymbol{v}_A \tag{1.32}$$

例 1.9

如图 1.18(a) 所示，河宽为 L，河水以恒定速度 $\boldsymbol{u}$ 流动，岸边有 A、B 两码头，A、B 的连线与岸边垂直，码头 A 处有船相对于河水以恒定速率 v_0 开动，证明：船在 A、B 两码头间往返一次所需时间为

$$t = \frac{\frac{2L}{v_0}}{\sqrt{1-\left(\frac{u}{v_0}\right)^2}}$$

(船换向时间忽略不计).

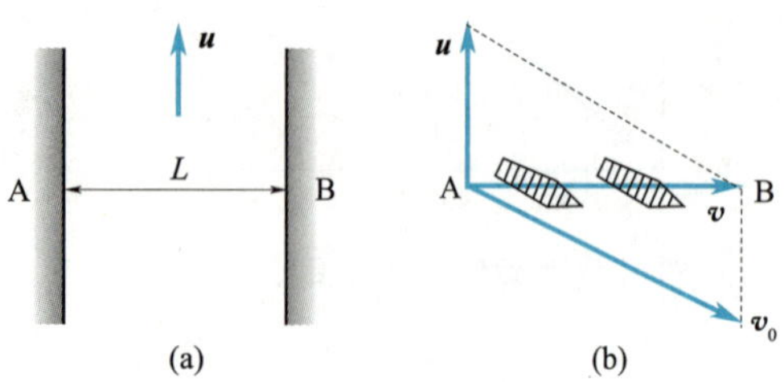

图 1.18　例 1.9 图

证　设船相对于岸边的速度(绝对速度) 为 $\boldsymbol{v}$，由题意知，$\boldsymbol{v}$ 的方向必须指向 A、B 的连线，此时河水流速 $\boldsymbol{u}$ 为牵连速度，船对水的速度 $\boldsymbol{v}_0$ 为相对速度，于是有

$$\boldsymbol{v} = \boldsymbol{u} + \boldsymbol{v}_0$$

据此作出矢量图，如图 1.18(b) 所示，由图知

$$v = \sqrt{v_0^2 - u^2}$$

读者自己可证当船由 B 返回 A 时，船对岸的速度的模亦由上式给出. 因为在 A、B 两码头往返一次的路程为 $2L$，故所需时间为

$$t = \frac{2L}{v} = \frac{2L}{\sqrt{v_0^2 - u^2}} = \frac{\frac{2L}{v_0}}{\sqrt{1-\left(\frac{u}{v_0}\right)^2}}$$

讨论：

(1) 若 $u = 0$，即河水静止，则 $t = \frac{2L}{v_0}$，这是显然的.

(2) 若 $u = v_0$，即河水流速 u 等于船对水的速率 v_0，则 $t \to \infty$，即船由码头 A(或 B) 出发后就永远不能再回到原出发点了.

(3) 若 $u > v_0$，则 t 为一虚数，这是没有物理意义的，即船不能在 A、B 间往返.

综合上述讨论可知，船在 A、B 间往返的必要条件是

$$v_0 > u$$

例 1.10

如图 1.19(a) 所示，一汽车在雨中沿直线行驶，其速率为 v_1，下落雨滴的速度方向与铅直方向成 θ 角，偏向汽车前进方向，速率为 v_2，车后有一物体 M[尺寸如图 1.19(a) 所示]，车速 v_1 为多大时，物体 M 刚好不会被雨水淋湿？

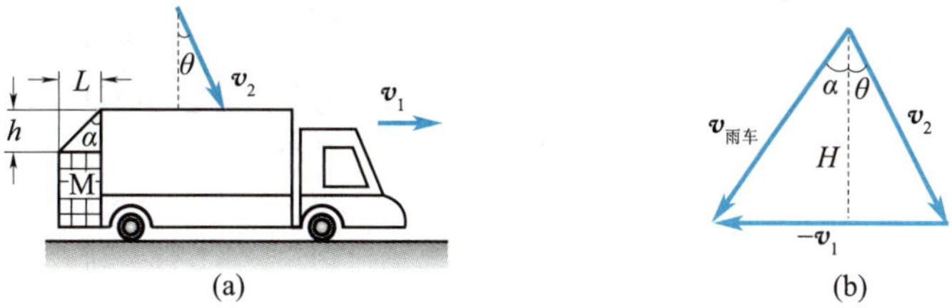

图 1.19　例 1.10 图

解　根据式(1.32)可得

$$\boldsymbol{v}_{雨车}=\boldsymbol{v}_{雨}-\boldsymbol{v}_{车}=\boldsymbol{v}_2-\boldsymbol{v}_1=\boldsymbol{v}_2+(-\boldsymbol{v}_1)$$

据此可作出矢量图,如图 1.19(b) 所示. 即此时$\boldsymbol{v}_{雨车}$与铅直方向的夹角为 α,而由图 1.19(a) 有

$$\tan\alpha=\frac{L}{h}$$

由图 1.19(b) 可算得

$$H=v_2\cos\theta$$

$$v_1=v_2\sin\theta+H\tan\alpha=v_2\sin\theta+v_2\frac{L}{h}\cos\theta$$

习　题　1

习题参考答案

1.1 选择题

1.1.1 一运动质点在某瞬时位于矢径 $\boldsymbol{r}(x,y)$ 的端点处,其速度大小为　　(　　)

A. $\frac{\mathrm{d}r}{\mathrm{d}t}$.　B. $\frac{\mathrm{d}\boldsymbol{r}}{\mathrm{d}t}$.　C. $\frac{\mathrm{d}|\boldsymbol{r}|}{\mathrm{d}t}$.　D. $\sqrt{\left(\frac{\mathrm{d}x}{\mathrm{d}t}\right)^2+\left(\frac{\mathrm{d}y}{\mathrm{d}t}\right)^2}$.

1.1.2 一质点做直线运动,某时刻的瞬时速度 $v=2\ \mathrm{m/s}$,瞬时加速度 $a=-2\ \mathrm{m/s^2}$,则 1 s 后质点的速度　　(　　)

A. 等于零.　B. 等于 -2 m/s.　C. 等于 2 m/s.　D. 不能确定.

1.1.3 一质点沿半径为 R 的圆周做匀速率运动,每 t 时间转一圈,在 $2t$ 时间间隔中,其平均速度大小和平均速率大小分别为　　(　　)

A. $\frac{2\pi R}{t}$,$\frac{2\pi R}{t}$.　B. 0,$\frac{2\pi R}{t}$.　C. 0,0.　D. $\frac{2\pi R}{t}$,0.

1.2 填空题

1.2.1 一质点以 π m/s 的速率做半径为 5 m 的圆周运动,则该质点在 5 s 内位移的大小是__________,经过的路程是__________.

1.2.2 一质点沿 x 轴正方向运动,其加速度大小随时间的变化关系为 $a=3+2t$ (SI),如果初始时刻质点的速率 $v_0=5$ m/s,则当 $t=3$ s 时,质点的速率 $v=$__________.

1.2.3 轮船在水上以相对于水的速度$\boldsymbol{v}_1$航行,水流速度为$\boldsymbol{v}_2$,一人相对于甲板以速度$\boldsymbol{v}_3$行走. 若人相对于岸静止,则$\boldsymbol{v}_1$、$\boldsymbol{v}_2$和$\boldsymbol{v}_3$的关系是__________.

1.3 解答题

1.3.1 一个物体能否被看作质点,主要由以下三个因素中的哪个因素决定?

(1) 物体的大小和形状;　(2) 物体的内部结构;　(3) 所研究问题的性质.

1.3.2 下面几个质点运动学方程，哪个表示匀变速直线运动？

(1)$x=4t-3$；　(2)$x=-4t^3+3t^2+6$；　(3)$x=-2t^2+8t+4$；　(4)$x=2t^{-2}-4t^{-1}$.

给出这个匀变速直线运动在 $t=3$ s 时的速度和加速度，并说明该时刻的运动是加速的还是减速的.(x 的单位为 m，t 的单位为 s)

1.3.3 在以下几种运动中，质点的切向加速度、法向加速度及加速度，哪些为零？哪些不为零？

(1) 匀速直线运动；(2) 匀速曲线运动；(3) 变速直线运动；(4) 变速曲线运动.

1.3.4 $|\Delta \boldsymbol{r}|$ 与 Δr 有无不同？$\left|\frac{\mathrm{d}\boldsymbol{r}}{\mathrm{d}t}\right|$ 和 $\frac{\mathrm{d}r}{\mathrm{d}t}$ 有无不同？$\left|\frac{\mathrm{d}\boldsymbol{v}}{\mathrm{d}t}\right|$ 和 $\frac{\mathrm{d}v}{\mathrm{d}t}$ 有无不同？若有不同，其不同之处分别是什么？试举例说明.

1.3.5 设质点的运动方程为 $x=x(t)$，$y=y(t)$，在计算质点的速度和加速度时，有人先求出 $r=\sqrt{x^2+y^2}$，然后根据 $v=\frac{\mathrm{d}r}{\mathrm{d}t}$ 及 $a=\frac{\mathrm{d}^2 r}{\mathrm{d}t^2}$ 求得结果；又有人先计算速度和加速度的分量，再合成求得结果，即

$$v=\sqrt{\left(\frac{\mathrm{d}x}{\mathrm{d}t}\right)^2+\left(\frac{\mathrm{d}y}{\mathrm{d}t}\right)^2},\quad a=\sqrt{\left(\frac{\mathrm{d}^2 x}{\mathrm{d}t^2}\right)^2+\left(\frac{\mathrm{d}^2 y}{\mathrm{d}t^2}\right)^2}$$

请问两种方法中哪一种正确？为什么？两者差别何在？

1.3.6 一质点在 xOy 平面上运动，运动方程为

$$x=3t+5,\quad y=\frac{1}{2}t^2+3t-4$$

式中 t 的单位为 s，x、y 的单位为 m.

(1) 以时间 t 为变量，写出质点位置矢量的表达式；

(2) 求出 $t=1$ s 时刻和 $t=2$ s 时刻的位置矢量，计算这 1 s 内质点的位移；

(3) 计算 $t=0$ 到 $t=4$ s 时间内质点的平均速度；

(4) 求出质点速度矢量表达式，计算 $t=4$ s 时质点的速度；

(5) 计算 $t=0$ 到 $t=4$ s 时间内质点的平均加速度；

(6) 求出质点加速度矢量的表达式，计算 $t=4$ s 时质点的加速度(请把位置矢量、位移、平均速度、瞬时速度、平均加速度、瞬时加速度都表示成直角坐标系中的矢量式).

1.3.7 一质点沿 x 轴运动，其加速度和位置的关系为 $a=2+6x^2$，式中 a 的单位为 $\mathrm{m/s^2}$，x 的单位为 m. 质点在 $x=0$ 处的速度为 10 m/s，试求质点在任意坐标处的速度值.

1.3.8 已知一质点做直线运动，其加速度为 $a=4+3t(\mathrm{m/s^2})$，开始运动时，$x=5$ m，$v=0$. 求该质点在 $t=10$ s 时的速度和位置.

1.3.9 一质点沿半径为 1 m 的圆周运动，运动方程为 $\theta=2+3t^3$，式中 θ 的单位为 rad，t 的单位为 s.

(1) 求 $t=2$ s 时，质点的切向加速度和法向加速度；

(2) 当加速度的方向和半径成 45° 角时，其角位移是多少？

1.3.10 一质点沿半径为 R 的圆周按 $s=v_0 t-\frac{1}{2}bt^2$ 的规律运动，式中 s 为质点所在位置与圆周上某点之间的弧长，v_0、b 都是常量.

(1) 求 t 时刻质点的加速度；

(2) t 为何值时，加速度在数值上等于 b？

1.3.11 一质点在半径为 0.4 m 的圆形轨道上自静止开始做匀角加速运动，其角加速度为 $\alpha=0.2\ \mathrm{rad/s^2}$，求 $t=2$ s 时质点的速度、法向加速度、切向加速度和合加速度.

1.3.12 一船以速率 $v_1=30$ km/h 沿直线向东行驶，另一小艇在其前方以速率 $v_2=40$ km/h 沿直线向北行驶，在船上看小艇的速度为多少？在小艇上看船的速度又为多少？

第2章 质点动力学

本章提要

运动是物质的固有属性，但物质如何运动，既与其自身的内在因素有关，又与物质间的相互作用有关. 在力学中将**物体间的相互作用称为力**. 研究物体在力的作用下的运动规律的学科称为**动力学**.

动力学问题中既有以牛顿运动定律为代表所描述的力的瞬时效应，又有通过动量守恒定律、机械能守恒定律、角动量守恒定律等所描述的力在时空过程中的积累效应. 而反映力在时空过程中积累效应的这些守恒定律又是与时空的某种对称性具有紧密联系的.

以牛顿运动定律为基础的经典力学历经了3个多世纪的检验，在低速、宏观领域是成立的. 但是人们发现，在高速微观领域，经典力学不再成立，物质的运动需要用更高级的理论（相对论与量子力学）来描述. 经典力学是机械制造、土木建筑、交通运输乃至航天技术等领域中不可或缺的理论基础.

2.1 牛顿运动定律

2.1.1 牛顿第一定律 惯性参考系

牛顿

设想有一宇宙飞船远离所有星体，它的运动便不会受到其他物体的影响. 这种不受其他物体作用或离其他物体都足够远的质点，称为孤立质点.

牛顿第一定律指出：一孤立质点将永远保持其原来静止或匀速直线运动状态. 物体的这种运动状态通常称为惯性运动，而物体保持原有运动状态的特性称为**惯性**. 任何物体在任何状态下都具有惯性，**惯性是物体的固有属性**. 牛顿第一定律又称为**惯性定律**.

实验表明，一孤立质点并不是在任何参考系中都能保持加速度为零的静止或匀速直线运动状态. 例如，在一个做加速运动的车厢内去观察水平方向上可视为孤立质点的小球的运动状态，则小球相对于车厢参考系就有加速度，而相对于地面参考系，其加速度为零，如图 2.1 所示.

如何从运动的车里跳下来？

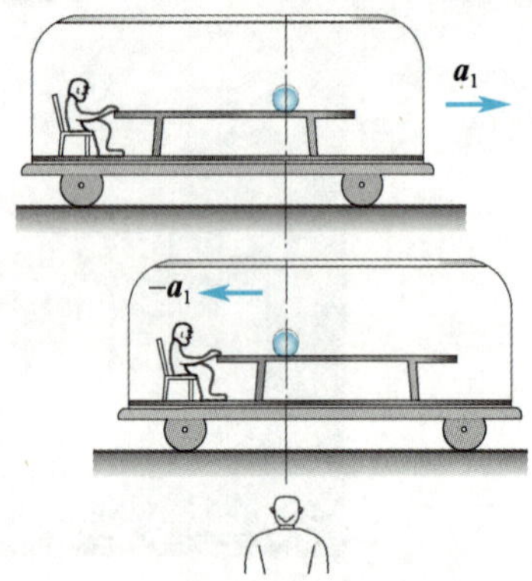

图 2.1 在加速运动的车厢内惯性定律不成立

上述现象表明惯性定律只能在某些特殊的参考系中成立. 通常把孤立质点相对于它静止或做匀速直线运动的参考系称为**惯性参考系**，简称惯性系. 上例中的地面就是惯性系，而加速运动的车厢不是惯性系.

那么，哪些参考系是惯性系呢？严格地讲，要根据大量的观察和实验结果来判断.

例如，在研究天体的运动时，常把某些不受其他星体作用的孤立星体（或星体群）作为惯性系. 但完全不受其他星体作用的孤立星体（或星体群）是不存在的. 所以，以孤立星体（或星体群）作为惯性系也只能是近似的.

地球是最常用的惯性系. 但精确观察表明，地球不是严格的惯性系. 离地球最近的恒星是太阳，两者相距 1.5×10^{11} m. 太阳的存在，使地球具有 5.9×10^{-3} m/s^2 的公转加速度；地球的自转加速度更大，为 3.4×10^{-2} m/s^2. 但对大多数精度要求不太高的实验，上述效应可以忽略，地球可以作为近似程度很好的惯性系.

太阳参考系通常是指以太阳为坐标原点，以太阳与其他恒星的连线为坐标轴的参考系. 这是一个精确度很好的惯性系. 但进一步的研究表明，由于太阳受整个银河系分布质量的作用，它与整个银河系的其他星体一起绕银河系中心旋转，加速度为 10^{-10} m/s^2.

可以证明（见 4.1 节），凡相对于某惯性系静止或做匀速直线运动的其他参考系都是惯性系.

2.1.2 牛顿第二定律 惯性质量 引力质量

牛顿第二定律指出：物体受到外力作用时，它所获得的加速度 $\boldsymbol{a}$ 的大小与合外力的大小成正比，与物体的质量成反比；加速度 $\boldsymbol{a}$ 的方向与合外力 $\boldsymbol{F}$ 的方向相同.

牛顿第二定律的理解

牛顿第二定律的数学形式为

$$\boldsymbol{F} = km\boldsymbol{a} \tag{2.1}$$

比例系数 k 与单位制有关. 在国际单位制中 $k = 1$.

牛顿第一定律只是说明任何物体都具有惯性，但没有给予惯性的量度. 牛顿第二定律指出，同一个外力作用在不同的物体上，质量大的物体获得的加速度小，质量小的物体获得的加速度大. 这意味着对于质量大的物体，要改变其运动状态比较困难；对于质量小的物体，要改变其运动状态比较容易. 因此，**质量就是物体惯性大小的量度**. 牛顿第二定律中的质量也常称为**惯性质量**.

确定论系统中的随机行为

任何两个物体之间都存在着万有引力作用，万有引力定律的数学形式为

$$\boldsymbol{F} = -G\frac{m_1 m_2}{r^2}\boldsymbol{r}_0 \tag{2.2}$$

式中，$G = 6.67\times10^{-11}\ \mathrm{N\cdot m^2/kg^2}$，称为引力常量；$r$ 为两物体间的距离；$\boldsymbol{r}_0$ 为由施力物体指向受力物体的单位矢量；m_1、m_2 称为**引力质量**.

牛顿等许多人做过实验，都证明引力质量等于惯性质量. 所以今后在经典力学的讨论中不再区分引力质量和惯性质量. 惯性质量与引力质量等价是广义相对论的基本出发点之一.

2.1.3 牛顿第三定律

牛顿第三定律：当物体 A 以力 $\boldsymbol{F}_1$ 作用在物体 B 上时，物体 B 也必定同时以力 $\boldsymbol{F}_2$ 作用在物体 A 上，$\boldsymbol{F}_1$ 和 $\boldsymbol{F}_2$ 大小相等，方向相反，且力的作用线在同一直线上. 即

$$\boldsymbol{F}_1 = -\boldsymbol{F}_2 \tag{2.3}$$

对于牛顿第三定律，必须注意如下几点.

(1) 作用力与反作用力总是成对出现，且作用力与反作用力之间的关系是一一对应的.

(2) 作用力与反作用力分别作用在两个物体上，因此它们绝对不是一对平衡力.

(3) 作用力与反作用力一定属于同一性质的力. 如果作用力是万有引力，反作用力也一定是万有引力；如果作用力是摩擦力，反作用力也一定是摩擦力；如果作用力是弹性力，反作用力也一定是弹性力.

2.1.4 牛顿运动定律的应用

牛顿第二定律描述的是力和加速度之间的瞬时关系. 它表明只要物体所受合外力不为零，物体就有相应的加速度，力改变时相应的加速度也随之改变，物体所受合外力为恒量时物体的加速度是常数.

牛顿第二定律 $\boldsymbol{F} = m\boldsymbol{a} = m\dfrac{\mathrm{d}^2\boldsymbol{r}}{\mathrm{d}t^2}$ 是矢量式. 在具体运算时，一般要先选定合适的坐标系，然后将牛顿第二定律写成该坐标系下的分量式. 例如，在直角坐标系中它的

是否能逆风行舟？

分量式为

$$\begin{cases} F_x = ma_x = m\dfrac{\mathrm{d}v_x}{\mathrm{d}t} = m\dfrac{\mathrm{d}^2 x}{\mathrm{d}t^2} \\ F_y = ma_y = m\dfrac{\mathrm{d}v_y}{\mathrm{d}t} = m\dfrac{\mathrm{d}^2 y}{\mathrm{d}t^2} \\ F_z = ma_z = m\dfrac{\mathrm{d}v_z}{\mathrm{d}t} = m\dfrac{\mathrm{d}^2 z}{\mathrm{d}t^2} \end{cases} \tag{2.4}$$

在研究曲线运动时，也可以用自然坐标系中的分量式：

$$\begin{cases} F_\tau = ma_\tau = m\dfrac{\mathrm{d}v}{\mathrm{d}t} \\ F_\mathrm{n} = ma_\mathrm{n} = m\dfrac{v^2}{\rho} \end{cases} \tag{2.5}$$

式中，F_τ、F_n 分别代表切向分力和法向分力的大小.

牛顿第二定律概括了力的叠加原理. 如果有几个力同时作用在一个物体上，则这些力的合力所产生的加速度等于这些分力单独作用在该物体上所产生的加速度的矢量和.

注意：牛顿运动定律只适用于质点模型，只在惯性系中成立. 可以证明，牛顿运动定律、动量定理、动量守恒定律、动能定理、功能原理、机械能守恒定律、角动量定理和角动量守恒定律等都只在惯性系中成立，并且牛顿运动定律只在低速（不考虑相对论效应时）、宏观（不考虑量子效应时）的情况下适用.

例 2.1 一细绳跨过一轴承光滑的定滑轮，绳的两端分别悬有质量为 m_1 和 m_2 的物体（$m_1 < m_2$），如图 2.2 所示. 设定滑轮和绳的质量可忽略不计，绳不能伸长，试求物体的加速度及连接定滑轮的杆中的张力.

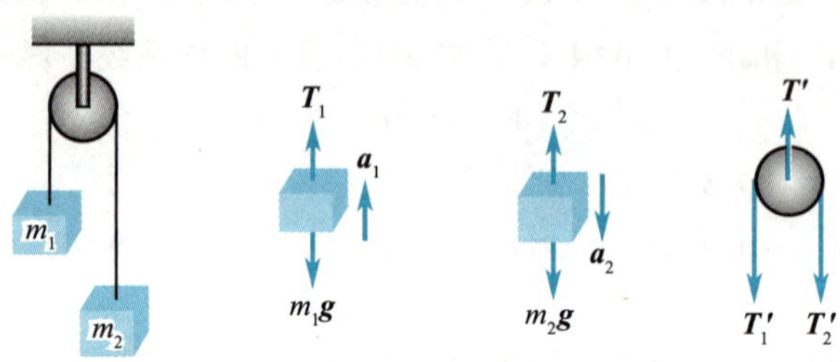

图 2.2　例 2.1 图

解　分别以物体 m_1、物体 m_2、定滑轮为研究对象，其受力如图 2.2 所示.

对物体 m_1，它在绳子拉力 $\boldsymbol{T}_1$ 及重力 $m_1\boldsymbol{g}$ 的作用下以加速度 $\boldsymbol{a}_1$ 向上运动，取向上为正方向，则有

$$T_1 - m_1 g = m_1 a_1 \tag{①}$$

对物体 m_2，它在绳子拉力 $\boldsymbol{T}_2$ 及重力 $m_2\boldsymbol{g}$ 的作用下以加速度 $\boldsymbol{a}_2$ 向下运动，取向下为正方向，则有

$$m_2 g - T_2 = m_2 a_2 \tag{②}$$

由于定滑轮轴承光滑，定滑轮和绳的质量可以略去，所以绳上各部分的张力都相等；又因为绳不能伸长，所以 m_1 和 m_2 的加速度大小相等. 即有

$$T_1 = T_2 = T,\quad a_1 = a_2 = a$$

联立 ① 和 ② 两式，解得

$$a = \frac{m_2 - m_1}{m_1 + m_2}g,\quad T = \frac{2m_1 m_2}{m_1 + m_2}g$$

由牛顿第三定律知：$T_1' = T_1 = T$，$T_2' = T_2 = T$，又考虑到定滑轮质量不计，所以

$$T' = 2T = \frac{4m_1 m_2}{m_1 + m_2}g$$

容易证明　$T' < (m_1 + m_2)g$

例 2.2 升降机内有一光滑斜面，固定在底板上，斜面倾角为 θ. 当升降机以加速度 $\boldsymbol{a}_1$ 竖直上升时，质量为 m 的物体从斜面顶端沿斜面开始下滑，如图 2.3 所示. 已知斜面长为 l，求物体对斜面的压力，以及物体从斜面顶端滑到底部所需的时间.

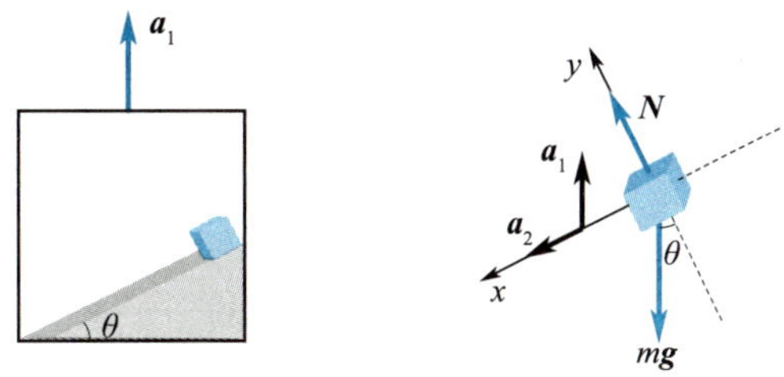

图 2.3 例 2.2 图

解 以物体为研究对象. 其受到斜面的正压力 $\boldsymbol{N}$ 和重力 $m\boldsymbol{g}$ 的作用. 以地面为参考系，设物体相对于斜面的加速度为 $\boldsymbol{a}_2$，方向沿斜面向下，则物体相对于地面的加速度为

$$\boldsymbol{a} = \boldsymbol{a}_1 + \boldsymbol{a}_2$$

设 x 轴正方向沿斜面向下，y 轴正方向垂直于斜面向上，则对物体应用牛顿运动定律，列方程如下：

x 轴方向 $\quad mg\sin\theta = m(a_2 - a_1\sin\theta)$

y 轴方向 $\quad N - mg\cos\theta = ma_1\cos\theta$

解这两个方程，得 $\quad a_2 = (g + a_1)\sin\theta$

$$N = m(g + a_1)\cos\theta$$

由牛顿第三定律可知，物体对斜面的压力 $\boldsymbol{N}'$ 与斜面对物体的正压力 $\boldsymbol{N}$ 大小相等，方向相反，即物体对斜面的压力的大小为

$$N' = m(g + a_1)\cos\theta$$

方向垂直于斜面向下.

因为物体相对于斜面以加速度

$$a_2 = (g + a_1)\sin\theta$$

沿斜面向下做匀变速直线运动，所以

$$l = \frac{1}{2}a_2t^2 = \frac{1}{2}(g + a_1)t^2\sin\theta$$

得

$$t = \sqrt{\frac{2l}{(g + a_1)\sin\theta}}$$

例 2.3 在跳伞运动员张伞前的俯冲阶段，由于受到随速度增加而增大的空气阻力，其速度不会像自由落体那样增大. 当空气阻力增大到与重力相等时，跳伞运动员就达到其下落的最大速度，称为终极速度. 一般在跳离飞机大约 10 s，下落 300 ～ 400 m 时，就会达到此速度(约50 m/s). 设跳伞运动员下落过程中受到的空气阻力为 $F = kv^2$（k 为常量），如图 2.4(a) 所示. 试求跳伞运动员在任意时刻的下落速度.

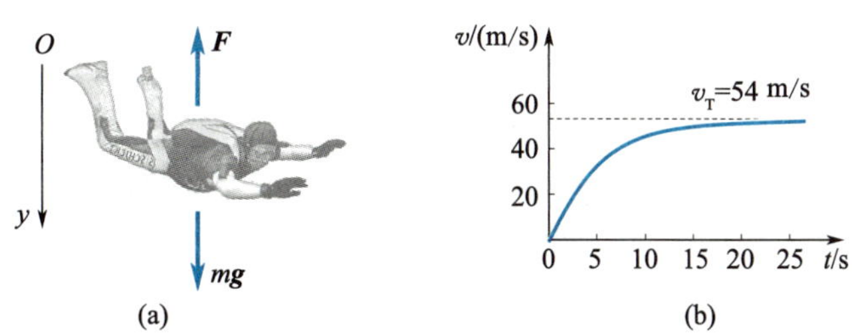

图 2.4 例 2.3 图

解 跳伞运动员的运动方程为

$$mg - kv^2 = m\frac{\mathrm{d}v}{\mathrm{d}t}$$

显然，在 $kv^2 = mg$ 的条件下对应的速度即为终极速度，并用 v_{T} 表示：

$$v_{\mathrm{T}} = \sqrt{\frac{mg}{k}}$$

改写运动方程为 $\quad v_{\mathrm{T}}^2 - v^2 = \dfrac{m\mathrm{d}v}{k\mathrm{d}t}$

分离变量得 $\quad \dfrac{\mathrm{d}v}{v_{\mathrm{T}}^2 - v^2} = \dfrac{k}{m}\mathrm{d}t$

因为 $t = 0$ 时，$v = 0$；并设 t 时刻，速度为 v，对上式两边取定积分，有

$$\int_0^v \frac{dv}{v_T^2 - v^2} = \frac{k}{m}\int_0^t dt = \frac{g}{v_T^2}\int_0^t dt$$

由基本积分公式得

$$\frac{1}{2v_T}\ln\left(\frac{v_T + v}{v_T - v}\right) = \frac{g}{v_T^2}t$$

解得

$$v = \frac{1 - e^{\frac{-2gt}{v_T}}}{1 + e^{\frac{-2gt}{v_T}}} v_T$$

当 $t \gg \frac{v_T}{2g}$ 时，$v \rightarrow v_T$.

设跳伞运动员的质量 $m = 70$ kg，测得终极速度 $v_T = 54$ m/s，则可推算出

$$k = \frac{mg}{v_T^2} = 0.24\ \mathrm{N \cdot s^2/m^2}$$

以此 v_T 值代入 v 的表达式，可得到如图2.4(b) 所示的 v-t 函数曲线.

*2.1.5 国际单位制和量纲

各国使用的单位制种类繁多，这给国际科学技术交流带来很大不便. 为此在第十四届国际计量大会上选择了 7 个物理量作为**基本量**，规定其相应单位为**基本单位**，在此基础上建立了**国际单位制**. 我国国务院在 1984 年把国际单位制的单位定为法定计量单位.

国际单位制的 7 个基本量为长度、质量、时间、电流、热力学温度、物质的量和发光强度，其相应的单位见书后附录 Ⅲ.

有了基本单位，通过物理量的定义或物理定律就可导出其他物理量的单位. 从基本量导出的量称为**导出量**，相应的单位称为**导出单位**. 例如，在国际单位制中，速度的单位是 m/s，力的单位是 N，用基本单位表示为 $\mathrm{kg \cdot m/s^2}$. 因为导出量是由基本量导出的，所以导出量可用基本量的某种组合（乘、除、幂等）表示. 这种由基本量的组合来表示物理量的式子称为物理量的量纲式. 如果用 L、M 和 T 分别表示长度、质量和时间，则力学中其他物理量的量纲式可表示为

$$[Q] = \mathrm{L}^p \mathrm{M}^q \mathrm{T}^r$$

例如，在国际单位制中力的量纲式为

$$[F] = \mathrm{LMT}^{-2}$$

量纲式和量纲在物理学中很有用处. 只有量纲式相同的量才能相加、相减或用等式相连，这一法则称为**量纲法则**. 所以，可以用量纲法则进行单位换算，检验新建方程，或检验公式的正确性和完整性，还可为探索复杂的物理规律提供线索. 量纲分析法在科学研究中具有重要作用.

在物理学中，除采用国际单位制外，基于不同需要，还常用一些其他单位. 如长度在原子线度和光波中常用纳米(nm) 作单位：

$$1\ \mathrm{nm} = 10^{-9}\ \mathrm{m}$$

原子核线度常用飞米(fm) 作单位：

$$1\ \mathrm{fm} = 10^{-15}\ \mathrm{m}$$

在天体物理学中，常用天文单位(AU) 和光年(l. y.) 作长度单位. 一天文单位定义为地球和太阳的平均距离，光年是光在一年时间内通过的距离，即

$$1\ \mathrm{AU} = 1.496 \times 10^{11}\ \mathrm{m}$$

$$1\ \mathrm{l.y.} = 9.46 \times 10^{15}\ \mathrm{m}$$

*2.2 非惯性系 惯性力

凡相对于惯性系有加速度的参考系都称为**非惯性系**. 如前所述，牛顿运动定律在非惯性系中

不成立. 可是，在实际问题中，人们常常需要在非惯性系中处理力学问题. 下面的讨论将表明，为了能在非惯性系中沿用牛顿运动定律的形式，需要引入惯性力的概念.

1. 在变速直线运动参考系中的惯性力

如图 2.5 所示，有一相对地面以加速度 $\boldsymbol{a}_s$ 做直线运动的车厢，车厢地板上有一质量为 m 的物体，其所受合外力为 $\boldsymbol{F}$，相对于车厢以加速度 $\boldsymbol{a}'$ 运动. 因为车厢有加速度 $\boldsymbol{a}_s$，所以是非惯性系，故在车厢参考系中牛顿运动定律不成立，即

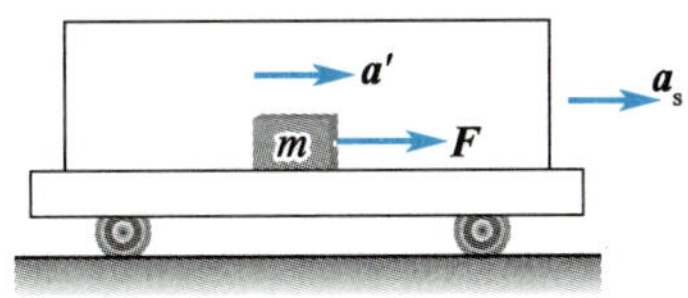

图 2.5　惯性力的引入

$$\boldsymbol{F} \neq m\boldsymbol{a}'$$

若以地面为参考系，则牛顿运动定律成立，应有

$$\boldsymbol{F} = m\boldsymbol{a}_{地} = m(\boldsymbol{a}_s + \boldsymbol{a}') = m\boldsymbol{a}_s + m\boldsymbol{a}'$$

如果将 $m\boldsymbol{a}_s$ 移至等式左边，令

$$\boldsymbol{F}_{惯} = -m\boldsymbol{a}_s \tag{2.6}$$

并称 $\boldsymbol{F}_{惯}$ 为**惯性力**，则上式可写为

$$\boldsymbol{F} + \boldsymbol{F}_{惯} = m\boldsymbol{a}' \tag{2.7}$$

式(2.7) 表明，若仍要在非惯性系中沿用牛顿运动定律的形式，则在受力分析时，除了应考虑物体间的相互作用力外，还必须加上惯性力的作用.

而式(2.6) 说明，惯性力的方向与牵连运动参考系（这里即车厢）相对于惯性系（地面）的加速度 $\boldsymbol{a}_s$ 的方向相反，其大小等于研究对象的质量 m 与 a_s 的乘积.

注意：惯性力不是物体间的相互作用，故惯性力无施力物体，无反作用力. 惯性力仅是参考系非惯性运动的表现，其具体形式与非惯性运动的形式有关.

中国物理学家

钱伟长

例 2.4

一个电梯具有 $g/3$ 且方向向下的加速度，电梯内装有一定滑轮，其质量和摩擦均不计，一轻且不可伸长的细绳跨过定滑轮两边，分别与质量为 $3m$ 和 m 的两物体相连，如图 2.6 所示.(1) 计算质量为 $3m$ 的物体相对于电梯的加速度；(2) 计算连接杆对定滑轮的作用力；(3) 一个完全隔离在电梯中的观察者如何借助弹簧秤测出的力来测量电梯相对于地面的加速度？

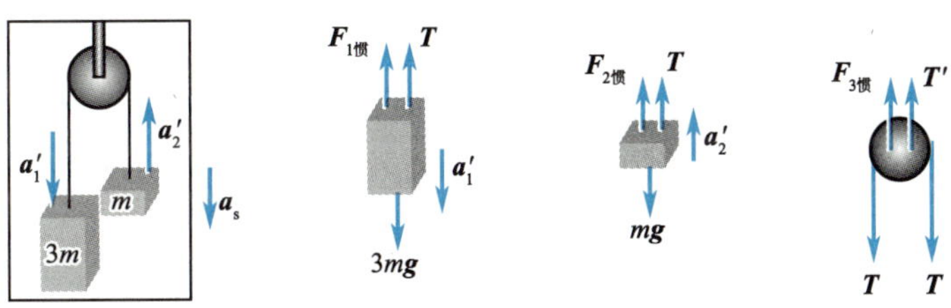

图 2.6　例 2.4 图

解　分别以质量为 $3m$、m 的两物体和定滑轮为研究对象，受力分析如图 2.6 所示，并设两物体对电梯的加速度分别为 $\boldsymbol{a}'_1$、$\boldsymbol{a}'_2$.

(1) 分别对两物体运用非惯性系中的牛顿运动定律，得

$$\begin{cases} 3mg - T - F_{1惯} = 3ma'_1 \\ F_{2惯} + T - mg = ma'_2 \end{cases}$$

式中，$F_{1惯} = 3m\dfrac{g}{3} = mg$，$F_{2惯} = \dfrac{1}{3}mg$，$a'_1 = a'_2$. 解得

$$a'_1 = a'_2 = g/3,\quad T = mg$$

即质量为 $3m$ 的物体相对于电梯以 $g/3$ 的加速度向下运动.

(2) 因为定滑轮质量不计，所以 $F_{3惯} = 0$. 故连杆对定滑轮的作用力为

$$T' = 2T = 2mg$$

(3) 完全被隔离于电梯里的观察者观察到的两物体的加速度只能是相对于电梯的，弹簧秤测出的力并没有包括惯性力的效果，若其测出的力为 T，则由

$F_{2惯}+T-mg=ma'_2$ 得 $F_{2惯}=m(a'_2+g)-T$	故电梯相对于地面的加速度为 $a_s=\dfrac{F_{2惯}}{m}=(a'_2+g)-\dfrac{T}{m}=\dfrac{4}{3}g-\dfrac{T}{m}$

2. 在匀角速转动的非惯性系中的惯性力 —— 惯性离心力 $\boldsymbol{f}_c^*$

如图2.7所示，在光滑水平圆盘上，用一轻弹簧拴一小球，圆盘以角速度ω匀速转动，弹簧被拉伸后相对圆盘静止.

地面上的观察者认为：小球受到指向轴心的弹簧拉力的作用，所以随圆盘一起做圆周运动，符合牛顿运动定律.

圆盘上的观察者认为：小球受到指向轴心的弹簧拉力的作用而仍处于静止状态，不符合牛顿运动定律. 圆盘上的观察者若仍要用牛顿运动定律解释这一现象，就必须引入一个惯性力 —— **惯性离心力$\boldsymbol{f}_c^*$**，即

$$\boldsymbol{f}_c^*=-m\boldsymbol{a}_s=m\omega^2\boldsymbol{r} \tag{2.8}$$

值得注意的是，有些读者常把惯性离心力误认为向心力的反作用力，这是完全错误的：其一，惯性离心力不是物体间的相互作用力，故谈不上有反作用力；其二，惯性离心力作用在小球上，作为向心力的弹簧拉力也作用在小球上，从圆盘上的观察者的角度来看，这是一对"平衡"力.

惯性离心力也是日常生活中常见的力. 例如，物体的重量随纬度的变化而变化，就是由与地球自转相关的惯性离心力引起的. 如图2.8所示，一质量为m的物体静止在纬度为φ处，其重力等于地球引力与自转效应的惯性离心力的合力，即

$$\boldsymbol{W}=\boldsymbol{F}_{引}+\boldsymbol{f}_{惯}$$

可以证明

$$W\approx F_{引}-m\omega^2R\cos^2\varphi$$

但由于地球自转角速度很小$\left(\omega=\dfrac{2\pi}{24\times 3\ 600}\ \text{rad/s}\approx 7.3\times 10^{-5}\ \text{rad/s}\right)$，故除精密计算外，通常把$\boldsymbol{F}_{引}$视为物体的重力.

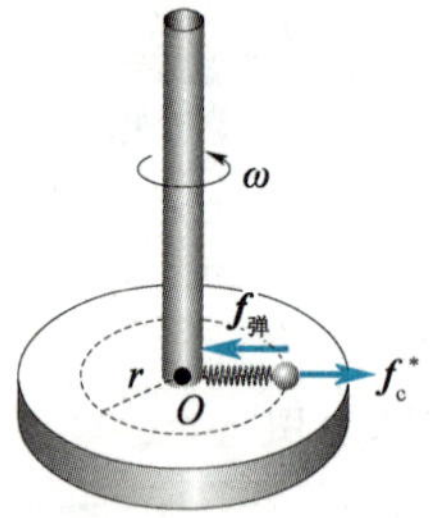

图 2.7　转动参考系中的惯性离心力

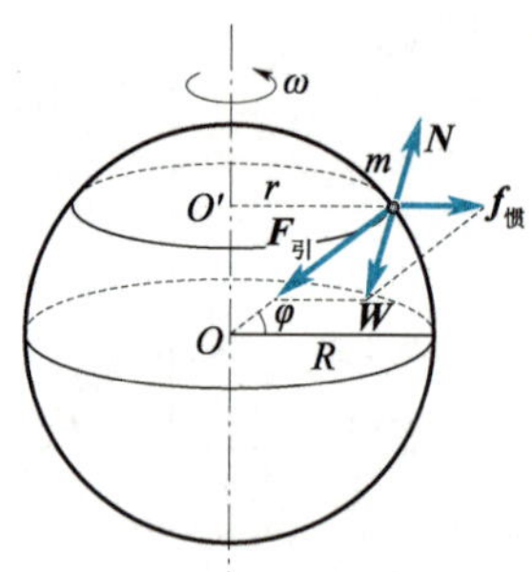

图 2.8　重力与纬度的关系

3. 科里奥利力 $\boldsymbol{f}_k^*$

设想有一圆盘绕铅直轴以角速度ω转动. 盘心有一光滑小孔，沿半径方向有一光滑小槽. 槽中有一小球被穿过小孔的细线控制，使其只能沿槽做匀速运动，假定小球沿槽以速度$\boldsymbol{u}_{相}$向外运动，如图2.9(a)所示.

现以圆盘为参考系. 圆盘上的观察者认为小球仅有径向匀速运动，即小球处于平衡态. 因此，由图2.9(b)可以看出，小球在径向受细绳的张力$\boldsymbol{T}$与惯性离心力$\boldsymbol{f}_c^*$的作用而平衡，而在横向上必须有与槽的侧向推力$\boldsymbol{N}$相平衡的力$\boldsymbol{f}_k^*$存在，才能实现小球在圆盘参考系中的平衡状态.

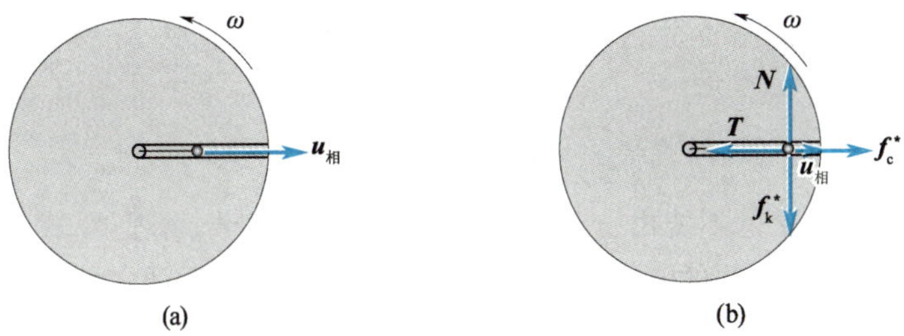

图 2.9 科里奥利力的引入

显然，与 **N** 相平衡的 f_k^* 不属于相互作用的范畴（无施力者），而应属于惯性力的范畴. 通常将这种既与牵连运动（ω）有关，又与物体对牵连运动参考系（圆盘）的相对运动（$\boldsymbol{u}_相$）有关的惯性力称为**科里奥利力**，记作 f_k^*.

可以证明，若质量为 m 的物体相对于转动角速度为 ω 的参考系具有运动速度 $\boldsymbol{u}_相$，则科里奥利力为

$$f_k^* = 2m\boldsymbol{u}_相 \times \boldsymbol{\omega} \tag{2.9}$$

严格地讲，地球是一个做匀角速转动的参考系，因此凡在地球上运动的物体都会受到科里奥利力的影响，只是由于地球自转的角速度 ω 很小，所以往往不易被人们觉察，但在许多自然现象中仍留下了科里奥利力存在的痕迹. 例如，北京天文馆内的傅科摆（摆长为 10 m）的摆平面每隔 37 h 15 min 转动一周；北半球南北向的河流，人面对下游方向观察时，发现右侧河岸被冲刷得厉害些；还有，南、北半球各自有着自己的“信风”…… 这些都可以用科里奥利力的影响来加以解释.

自然界中的科里奥利效应

2.3 动量 动量守恒定律 质心运动定理

从本节开始，我们将从力的时间和空间积累效应出发，根据牛顿运动定律，导出动量定理、动能定理这两个运动定理，并进一步讨论动量守恒定律、能量守恒定律. 在求解质点力学问题时，在一定条件下运用上述运动定理和守恒定律，往往比直接运用牛顿运动定律更为方便.

2.3.1 质点的动量定理

牛顿在研究碰撞过程中所建立起来的牛顿第二定律并不是大家熟知的 $\boldsymbol{F} = m\boldsymbol{a}$ 这种形式. 他所选择的是

$$\boldsymbol{F} = \frac{\mathrm{d}}{\mathrm{d}t}(m\boldsymbol{v}) \tag{2.10}$$

只是因为在经典力学中，质量 m 是一个常数，$\boldsymbol{F} = m\boldsymbol{a}$ 在形式上与式(2.10) 等价. 由近代物理知识可知，惯性质量与物体的运动状态有关，不能看成常数. 这就是说，从近代物理观点来看，式(2.10) 具有更广泛的适应性.

但是，牛顿在写式(2.10) 时并没有意识到 m 不是常数，他采用式(2.10)，是因为他认为“$m\boldsymbol{v}$”是一个独立的物理量. 也就是说，$m\boldsymbol{v}$ 是由质量和速度联合确定的，而不能是由 m 和 $\boldsymbol{v}$ 分开而确定的物理量. 如果引入 $\boldsymbol{p} = m\boldsymbol{v}$，那么式(2.10) 可写成

$$\boldsymbol{F} = \frac{\mathrm{d}\boldsymbol{p}}{\mathrm{d}t} \tag{2.11}$$

将式(2.11) 分离变量得

$$\boldsymbol{F}\mathrm{d}t=\mathrm{d}\boldsymbol{p}=\mathrm{d}(m\boldsymbol{v})$$

两边积分得

$$\int_0^t \boldsymbol{F}\mathrm{d}t=\int_{p_0}^{p}\mathrm{d}\boldsymbol{p}=\boldsymbol{p}-\boldsymbol{p}_0=m\boldsymbol{v}-m\boldsymbol{v}_0 \qquad (2.12)$$

可见，物理量 $\boldsymbol{p}=m\boldsymbol{v}$ 是不能由 m 和 $\boldsymbol{v}$ 的分离值取代的独立物理量. 式(2.12) 表明力对时间的积累效应使物体的 $m\boldsymbol{v}$ 发生了变化. 牛顿称 $m\boldsymbol{v}$ 为“运动之量”，通常简称**动量**.

动量是一个矢量，它的方向与物体的运动方向一致；动量也是一个相对量，与参考系的选择有关. 在国际单位制中，动量的单位为 kg·m/s.

若将式(2.12) 中力对时间的积分$\int_{t_0}^{t}\boldsymbol{F}\mathrm{d}t$ 称为**力的冲量**，并且用 $\boldsymbol{I}$ 记之，即 $\boldsymbol{I}=\int_{t_0}^{t}\boldsymbol{F}\mathrm{d}t$，则式(2.12) 又可写成

$$\boldsymbol{I}=\boldsymbol{p}-\boldsymbol{p}_0 \qquad (2.13)$$

冲量与动量定理

它表明**作用于物体上的合外力的冲量等于物体动量的增量**，这就是**质点的动量定理**. 式(2.11) 就是动量定理的微分形式.

由式(2.12) 知，要使物体的动量发生变化，作用于物体上的力和相互作用持续的时间是两个同样重要的因素. 因此，在实践中，当物体动量的变化量给定时，常常用延长作用时间(或缩短作用时间) 来减小(或增大) 力.

冲量是矢量. 在恒力作用的情况下，冲量的方向与恒力的方向相同. 在变力作用的情况下，Δt 时间内的冲量是各个瞬时冲量 $\boldsymbol{F}\mathrm{d}t$ 的矢量和，即这时的冲量是由$\int_{t_0}^{t}\boldsymbol{F}\mathrm{d}t$ 决定的. 但无论过程多么复杂，Δt 时间内的冲量总是等于这段时间内质点动量的增量.

动量定理在处理冲击和碰撞等问题时特别有用. 将两个物体在碰撞的极短时间内相互作用的力称为冲力. 由于在冲击和碰撞这类问题中，冲力作用时间极短，其值变化迅速，所以较难准确测量冲力的瞬时值(图 2.10 所示为冲力瞬变示意图). 但是两个物体在碰撞前后的动量和作用持续的时间都较容易测定. 这样就可根据动量定理求出冲力的平均值，然后根据实际需要来估算冲力. 在实际问题中，如果作用时间极短，两物体内部的冲力远大于外部有限大小的主动冲力(如重力)，则有限大小的主动冲力往往可以忽略而使对问题的分析得到简化.

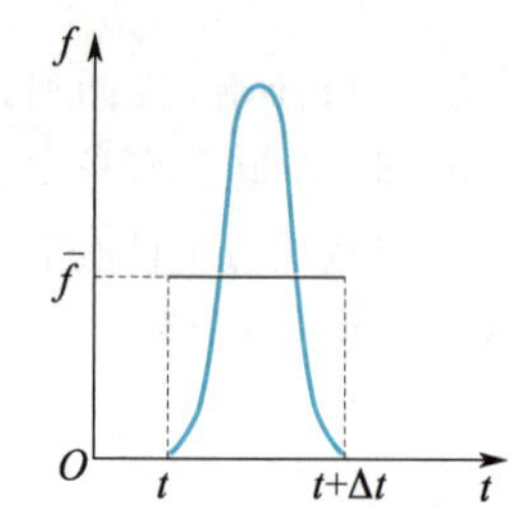

图 2.10　冲力瞬变示意图

动量定理在直角坐标系中的坐标分量式为

$$\begin{cases}\int_{t_1}^{t_2}F_x\mathrm{d}t=mv_{2x}-mv_{1x}\\ \int_{t_1}^{t_2}F_y\mathrm{d}t=mv_{2y}-mv_{1y}\\ \int_{t_1}^{t_2}F_z\mathrm{d}t=mv_{2z}-mv_{1z}\end{cases} \qquad (2.14)$$

2.3.2　质点系的动量定理

研究对象如果是多个质点，则称为**质点系**. 一个不能抽象为质点的物体也可认

为是由多个(直至无限个)质点组成的. 从这种意义上讲,力学又可分为质点力学和质点系力学.

当研究对象是质点系时,其受力就可分为内力和外力. 质点系内各质点之间的作用力称为**内力**(见图 2.11),质点系以外物体对质点系内质点的作用力称为**外力**. 由牛顿第三定律可知,质点系内质点间相互作用的内力是成对出现的,且每对内力都沿两个质点连线的方向. 这些就是研究质点系力学的基本观点.

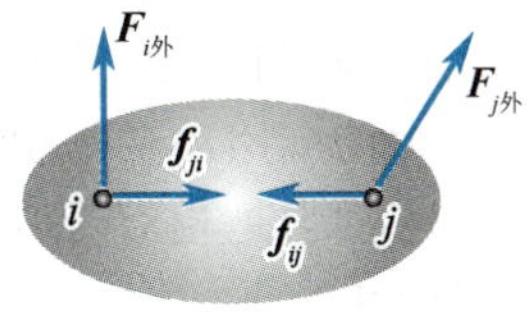

图 2.11　内力示意图

设质点系是由相互作用的 n 个质点组成的,现考察第 i 个质点的受力情况. 首先考察质点 i 所受内力的矢量和. 设质点系内第 j 个质点对质点 i 的作用力为 $\boldsymbol{f}_{ji}$,则质点 i 所受内力为

$$\sum_{j=1,j\neq i}^{n} \boldsymbol{f}_{ji} \tag{2.15}$$

科研成果介绍

中国空间站

设质点 i 受到的外力为 $\boldsymbol{F}_{i外}$,则质点 i 受到的合力为 $\boldsymbol{F}_{i外}+\sum\limits_{j=1,j\neq i}^{n}\boldsymbol{f}_{ji}$. 对质点 i 应用动量定理有

$$\int_{t_1}^{t_2}\left(\boldsymbol{F}_{i外}+\sum_{j=1,j\neq i}^{n}\boldsymbol{f}_{ji}\right)\mathrm{d}t = m_i\boldsymbol{v}_{i2}-m_i\boldsymbol{v}_{i1} \tag{2.16}$$

对 i 求和,并认为所有质点相互作用的时间 $\mathrm{d}t$ 都相同,于是得

$$\int_{t_1}^{t_2}\left(\sum_{i=1}^{n}\boldsymbol{F}_{i外}\right)\mathrm{d}t+\int_{t_1}^{t_2}\left(\sum_{i=1}^{n}\sum_{j=1,j\neq i}^{n}\boldsymbol{f}_{ji}\right)\mathrm{d}t = \sum_{i=1}^{n}m_i\boldsymbol{v}_{i2}-\sum_{i=1}^{n}m_i\boldsymbol{v}_{i1}$$

由于内力总是成对出现,且每对内力都等值反向,因此所有内力的矢量和为

$$\sum_{i=1}^{n}\sum_{j=1,j\neq i}^{n}\boldsymbol{f}_{ji}=\boldsymbol{0}$$

于是有

$$\int_{t_1}^{t_2}\left(\sum_{i=1}^{n}\boldsymbol{F}_{i外}\right)\mathrm{d}t = \sum_{i=1}^{n}m_i\boldsymbol{v}_{i2}-\sum_{i=1}^{n}m_i\boldsymbol{v}_{i1} \tag{2.17}$$

这就是质点系动量定理的数学表达式. 即**质点系总动量的增量等于作用于该系统的合外力的冲量**. 这个结论说明内力对质点系的总动量无贡献. 但由式(2.16)知,在质点系内部动量的传递和交换中,起作用的是内力.

2.3.3　质点系的动量守恒定律

动量守恒定律

由式(2.17)知,若 $\sum\limits_{i=1}^{n}\boldsymbol{F}_{i外}=\boldsymbol{0}$,则有

$$\sum_{i=1}^{n}m_i\boldsymbol{v}_{i2}-\sum_{i=1}^{n}m_i\boldsymbol{v}_{i1}=\boldsymbol{0} \tag{2.18}$$

或

$$\sum_{i-1}^{n}m_i\boldsymbol{v}_{i2}=\sum_{i=1}^{n}m_i\boldsymbol{v}_{i1}$$

这就是说,**一个孤立的力学系统(系统不受外力作用)或合外力为零的系统,系统内各质点间动量可以交换,但系统的总动量保持不变**. 这就是**动量守恒定律**.

科研成果介绍

长征系列火箭

动量守恒定律的应用

动量守恒式(2.18)是矢量式.因此,当$\sum_{i=1}^{n}\boldsymbol{F}_{i外}=\mathbf{0}$时,质点系在任何一个方向上(沿任何一个坐标方向)都满足动量守恒的条件.**如果质点系所受合外力的矢量和不为零,但合外力在某一方向上的分量为零,则质点系在该方向上的动量也满足守恒定律.**在实际问题中,若能判断出内力远大于有限主动外力(如重力),也可忽略有限主动外力而应用动量守恒定律.

由于动量是相对量,所以运用动量守恒定律时,必须将各质点的动量统一到同一惯性系中.

需要说明的是,虽然在讨论动量守恒定律的过程中,是从牛顿第二定律出发,并运用了牛顿第三定律$\left(\sum_{i=1}^{n}\sum_{j=1,j\neq i}^{n}\boldsymbol{f}_{ji}=\mathbf{0}\right)$,但不能认为动量守恒定律只是牛顿运动定律的推论.相反,动量守恒定律是比牛顿运动定律更为普遍的规律.在某些过程中,特别是微观领域中,牛顿运动定律不成立,但动量守恒定律依然成立.

例 2.5

一弹性球,质量$m=0.20$ kg,以速度$v=5$ m/s与墙碰撞后弹回.设弹回时球的速度大小不变,碰撞前后球的运动方向和墙的法线的夹角都是α(见图2.12),设球和墙碰撞的时间$\Delta t=0.05$ s,$\alpha=60°$,求在碰撞时间内,球和墙的平均相互作用力.

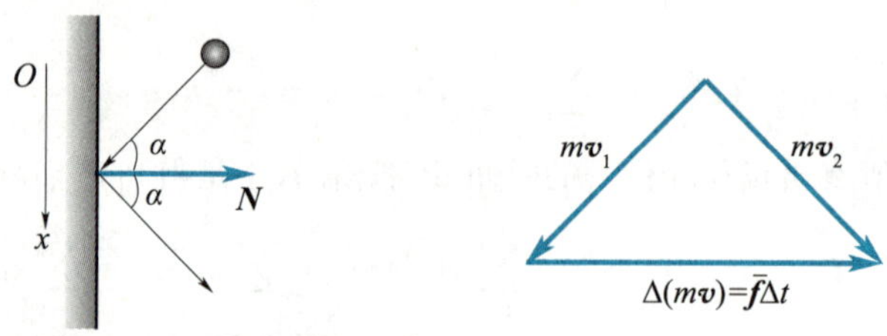

图 2.12　例 2.5 图

解　以球为研究对象.设墙对球的平均作用力为$\bar{\boldsymbol{f}}$,球在碰撞前后的速度分别为$\boldsymbol{v}_1$和$\boldsymbol{v}_2$,由动量定理可得

$$\bar{\boldsymbol{f}}\Delta t=m\boldsymbol{v}_2-m\boldsymbol{v}_1=m\Delta\boldsymbol{v}$$

将冲量和动量分别沿x轴和$\boldsymbol{N}$两个方向分解得

$$\bar{f}_x\Delta t=mv\sin\alpha-mv\sin\alpha=0$$

$$\bar{f}_N\Delta t=mv\cos\alpha-(-mv\cos\alpha)=2mv\cos\alpha$$

解得

$$\bar{f}_x=0$$

$$\bar{f}_N=\frac{2mv\cos\alpha}{\Delta t}=\frac{2\times0.2\times5\times0.5}{0.05}\ \text{N}=20\ \text{N}$$

由牛顿第三定律可知,球对墙的平均作用力和$\bar{\boldsymbol{f}}_N$方向相反而等值,即垂直于墙面向里.

例 2.6

如图2.13所示,一辆装矿砂的车厢以$v=4$ m/s的速率从漏斗下通过,矿砂从漏斗落入车厢.车厢内矿砂质量的增加率为$k=200$ kg/s,如欲使车厢速率保持不变,必须对车厢施加多大的牵引力?(忽略车厢与地面的摩擦.)

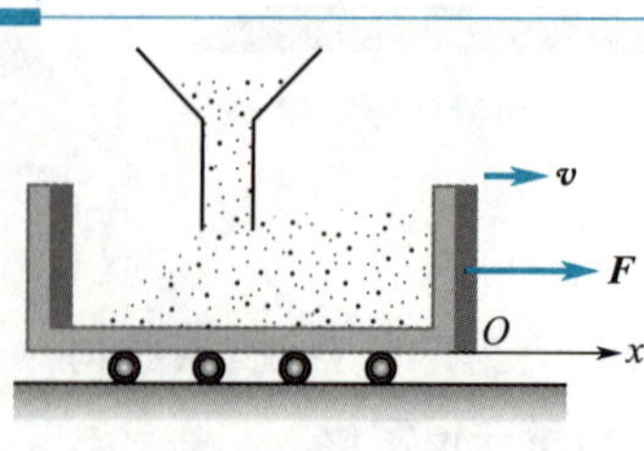

图 2.13　例 2.6 图

解　设t时刻已落入车厢的矿砂质量为m,经过时间$\mathrm{d}t$后又有质量为$\mathrm{d}m=k\mathrm{d}t$的矿砂落入车厢.取质量为m和$\mathrm{d}m$的矿砂为研究对象,则沿x轴方向由动量定理有

$$F\mathrm{d}t=(m+\mathrm{d}m)v-(mv+\mathrm{d}m\cdot0)=v\mathrm{d}m=vk\mathrm{d}t$$

则

$$F=kv=200\times4\ \text{N}=8\times10^2\ \text{N}$$

例 2.7

如图 2.14 所示，一质量为 m 的小球在质量为 M 的 1/4 圆弧形滑槽中从静止滑下. 设圆弧形滑槽的半径为 R，如所有摩擦都可忽略，求当小球 m 滑到槽底时，滑槽在水平方向上移动的距离.

解 以小球和滑槽为研究系统，其在水平方向上不受外力作用(图 2.14 中所画是小球和滑槽所受的竖直方向上的外力)，故在水平方向上动量守恒. 设在下滑过程中，小球相对于滑槽的滑动速度为 $\boldsymbol{v}$，滑槽对地的速度为 $\boldsymbol{V}$，以水平向右为 x 轴正方向，则在水平方向上有

$$m(v_x - V) - MV = 0$$

解得

$$v_x = \frac{M+m}{m}V$$

设小球在滑槽上运动的时间为 t，而小球相对于滑槽在水平方向上移动的距离为 R，故有

$$R = \int_0^t v_x \mathrm{d}t = \frac{M+m}{m}\int_0^t V\mathrm{d}t$$

于是滑槽在水平方向上移动的距离为

$$s = \int_0^t V\mathrm{d}t = \frac{m}{M+m}R$$

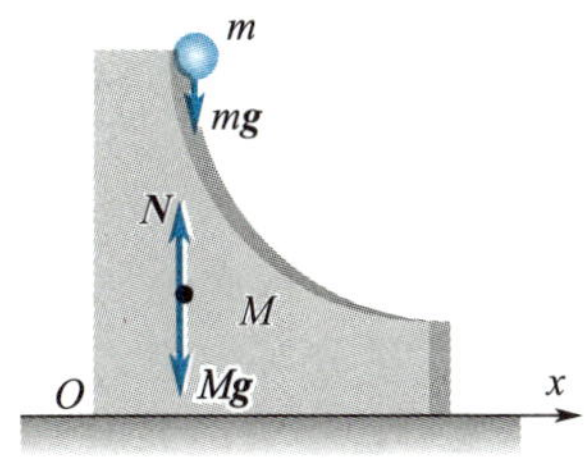

图 2.14 例 2.7 图

2.3.4 质心和质心运动定理

1. 问题的提出

一个质点系内各个质点由于内力和外力的作用，它们的运动情况可能很复杂. 但此质点系有一个特殊的点，即质心，它的运动情况一般较简单，只由质点系所受的合外力决定. 例如，一颗手榴弹可以看作一个质点系，投掷手榴弹时，将看到它一面翻转，一面前进，其中各点的运动情况相当复杂，但由于它受的外力只有重力(忽略空气阻力的作用)，它的质心在空中的运动和一个质点被抛出后的运动一样，其轨迹是一条抛物线(见图 2.15). 又如，高台跳水运动员离开跳台后，其身体可以做各种优美的翻滚伸缩动作，但是其质心却只能沿着一条抛物线运动.

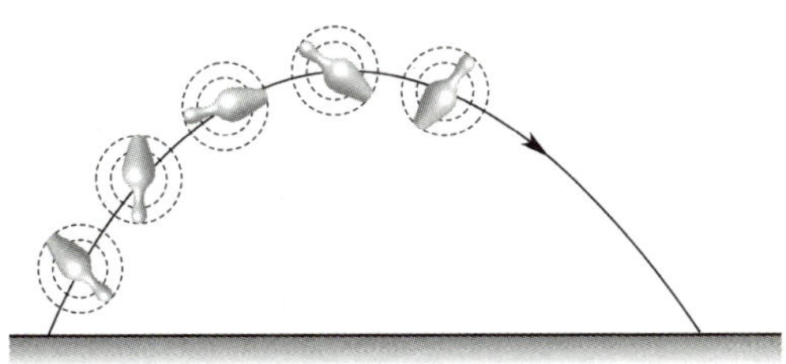
图 2.15 手榴弹质心的运动轨迹

下面对质心的位置进行分析.

由式(2.17) 可写出质点系动量定理的微分式为

$$\left(\sum_{i=1}^{n}\boldsymbol{F}_{i外}\right)\mathrm{d}t = \mathrm{d}\left(\sum_{i=1}^{n}m_i\boldsymbol{v}_i\right) = \mathrm{d}\left(\sum_{i=1}^{n}m_i\frac{\mathrm{d}\boldsymbol{r}_i}{\mathrm{d}t}\right)$$

或

$$\sum_{i=1}^{n}\boldsymbol{F}_{i外} = \frac{\mathrm{d}}{\mathrm{d}t}\left(\sum_{i=1}^{n}m_i\frac{\mathrm{d}\boldsymbol{r}_i}{\mathrm{d}t}\right) = \frac{\mathrm{d}^2}{\mathrm{d}t^2}\left(\sum_{i=1}^{n}m_i\boldsymbol{r}_i\right)$$

令
$$m\boldsymbol{r}_c=\sum_{i=1}^{n}m_i\boldsymbol{r}_i \tag{2.19}$$
式中，m 为质点系的全部质量．于是有
$$\sum_{i=1}^{n}\boldsymbol{F}_{i外}=\frac{\mathrm{d}^2}{\mathrm{d}t^2}\left(\sum_{i=1}^{n}m_i\boldsymbol{r}_i\right)=\frac{\mathrm{d}^2}{\mathrm{d}t^2}(m\boldsymbol{r}_c)=m\frac{\mathrm{d}^2\boldsymbol{r}_c}{\mathrm{d}t^2}=m\boldsymbol{a}_c \tag{2.20}$$

式(2.20)说明，质点系中有一个特殊点，这个特殊点对其惯性系的位矢 $\boldsymbol{r}_c$ 可由式(2.19)确定，即
$$\boldsymbol{r}_c=\frac{1}{m}\sum_{i=1}^{n}m_i\boldsymbol{r}_i \tag{2.21}$$
该点的运动代表了质点系整体的平动特征．为此把与 $\boldsymbol{r}_c$ 的端点所对应的点叫作质点系的质量分布中心，简称**质心**．式(2.21)即为质心位置的定义式．

2. 质心运动定理

式(2.20)即为质心运动定理的数学表达式．该式表明，**不管质点系所受外力如何分布，质心的运动就像是把质点系的全部质量集中于质心，所有外力的矢量和也作用于质心时的一个质点的运动．**

由式(2.20)可知，利用质心运动定理只能求出质心的加速度．另外，质心运动定理是由质点系动量定理的微分式导出的，因此，内力对质心的运动没有影响．式(2.20)还可表示为
$$\sum_{i=1}^{n}\boldsymbol{F}_{i外}=\frac{\mathrm{d}\boldsymbol{p}}{\mathrm{d}t}$$
式中，$\boldsymbol{p}$ 是质点系的总动量．

3. 质心的含义及其坐标计算

由式(2.21)可知，在直角坐标系内，当质量分布不连续时，有
$$\begin{cases}x_c=\dfrac{1}{m}\sum\limits_{i=1}^{n}m_ix_i\\[2ex] y_c=\dfrac{1}{m}\sum\limits_{i=1}^{n}m_iy_i\\[2ex] z_c=\dfrac{1}{m}\sum\limits_{i=1}^{n}m_iz_i\end{cases} \tag{2.22a}$$
当质量分布连续时，有
$$\begin{cases}x_c=\displaystyle\int\frac{x\mathrm{d}m}{m}\\[2ex] y_c=\displaystyle\int\frac{y\mathrm{d}m}{m}\\[2ex] z_c=\displaystyle\int\frac{z\mathrm{d}m}{m}\end{cases} \tag{2.22b}$$
计算表明，一个质量分布均匀且有规则几何形状的物体，其质心就在其几何中心．

我们知道，重心是重力的合力作用线通过的那一点．设有一个由几个质点所组成的质点系，每个质点所受重力大小为 m_ig_i，则仿照质心坐标的建立方法，可设重心坐标为

$$\begin{cases} X_c = \dfrac{\sum m_i g_i x_i}{W} \\ Y_c = \dfrac{\sum m_i g_i y_i}{W} \\ Z_c = \dfrac{\sum m_i g_i z_i}{W} \end{cases} \qquad (2.22c)$$

式中,W 为质点系所受总重力大小.这表明质心与重心是两个不同的概念.例如,脱离地球引力范围的飞船已不受重力作用,就没有重心可言,而其质心依然存在,且仍遵循质心运动定理.比较式(2.22a)和式(2.22c)可以看出,若质点系所在区域各质点的重力加速度 $\boldsymbol{g}_i$ 都相同,即总重力$\boldsymbol{W}=m\boldsymbol{g}$,则式(2.22c)可自行退回到式(2.22a).这时系统的重心和质心就会重合为一点.也就是说,只有当物体的线度与它到地心的距离相比很小时,才可近似认为质点系内各质点所受重力的作用线相互平行.这时重力的合力作用线通过的那一点才与质心重合.

例 2.8

一质量 $m_1=50$ kg的人站在一条质量 $m_2=200$ kg、长度 $l=4$ m的船的船头.开始时船静止,人由船头走到船尾.求当人到达船尾时船移动的距离(水的阻力忽略不计).

解 以船和人作为系统,该系统在水平方向上不受外力作用.因此,在水平方向上系统的质心速度不变.因为开始时系统的质心静止,所以在人走动过程中系统的质心始终静止,则质心的位置坐标不变.

如图 2.16 所示,C_b 点为人在船头时船的质心位置,C_b'点为人在船尾时船的质心位置.当人在船头时,系统的质心的位置坐标为

$$x_c=\frac{m_1x_1+m_2x_2}{m_1+m_2}$$

当人到达船尾时,系统的质心的位置坐标为

$$x_c'=\frac{m_1x_1'+m_2x_2'}{m_1+m_2}$$

由于 $x_c=x_c'$,故

$$m_1x_1+m_2x_2=m_1x_1'+m_2x_2'$$

即

$$m_2(x_2-x_2')=m_1(x_1'-x_1) \qquad ①$$

由图 2.16 可知

$$x_2-x_2'=d \qquad ②$$

$$x_1'-x_1=l-d \qquad ③$$

式①、式②、式③联立,解得

$$d=0.8\ \text{m}$$

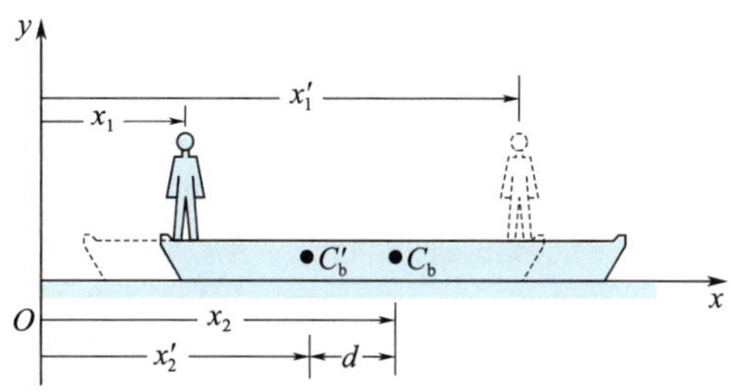

图 2.16 例 2.8 图

2.4 功 动能 势能 机械能守恒定律

本节讨论力的空间积累效应,进而讨论功和能的关系.

2.4.1 功 功率

1. 功

在力学中，功的最基本的定义是恒力的功. 如图 2.17 所示，一物体做直线运动，在恒力 $\boldsymbol{F}$ 的作用下物体发生位移 $\Delta\boldsymbol{r}$，$\boldsymbol{F}$ 与 $\Delta\boldsymbol{r}$ 的夹角为 α，**则恒力 $\boldsymbol{F}$ 所做的功定义为：力在位移方向上的投影与该物体位移大小的乘积.** 一般用 W 表示功，则有

$$W = F\,|\,\Delta\boldsymbol{r}\,|\cos\alpha \tag{2.23}$$

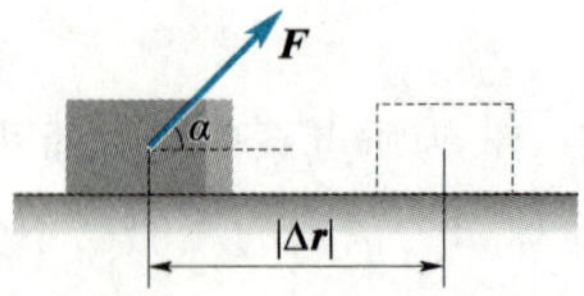

图 2.17 恒力的功

按矢量内积的定义，式(2.23) 可写为

$$W = \boldsymbol{F}\cdot\Delta\boldsymbol{r} \tag{2.24}$$

即恒力的功等于力与质点位移的内积（或称标量积）.

功是标量，它只有大小，没有方向. 功的正负由 α 决定. 当 $\alpha > \frac{\pi}{2}$ 时，功为负值，此时说某力做负功，或说克服某力做功；当 $\alpha < \frac{\pi}{2}$ 时，功为正值，此时说某力做正功；当 $\alpha = \frac{\pi}{2}$ 时，功值为零，此时说某力不做功，如物体做曲线运动时法向力就不做功. 另外，因为位移的值与参考系有关，所以功值是一个相对量.

变力的功

如果物体受到变力作用或做曲线运动，上面所讨论的功的计算公式就不能直接套用. 但如果将运动的轨迹曲线分割成许多个足够小的位移元 $\mathrm{d}\boldsymbol{r}$，使得每段位移元 $\mathrm{d}\boldsymbol{r}$ 中，作用在质点上的力 $\boldsymbol{F}$ 都能看成恒力（见图 2.18），则力 $\boldsymbol{F}$ 在这段位移元上所做的元功为

$$\mathrm{d}W = \boldsymbol{F}\cdot\mathrm{d}\boldsymbol{r}$$

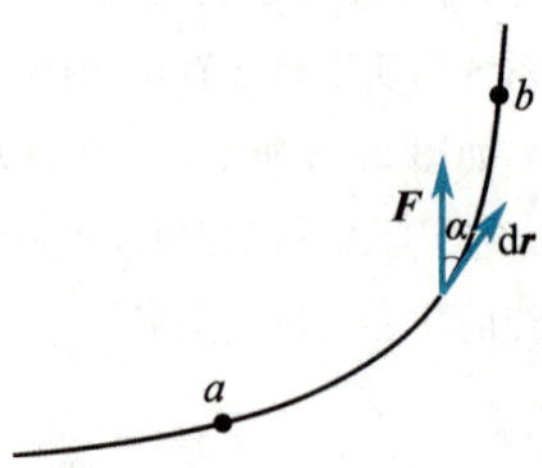

图 2.18 变力的功

力 $\boldsymbol{F}$ 在轨迹 ab 上所做的总功就等于各小段上元功的代数和，即

$$W = \int_a^b \boldsymbol{F}\cdot\mathrm{d}\boldsymbol{r} = \int_a^b F\cos\alpha\,|\,\mathrm{d}\boldsymbol{r}\,| = \int_a^b F_\tau\,\mathrm{d}s \tag{2.25}$$

式中，$\mathrm{d}s = |\,\mathrm{d}\boldsymbol{r}\,|$；$F_\tau$ 是力 $\boldsymbol{F}$ 在位移元 $\mathrm{d}\boldsymbol{r}$ 方向上的投影，$F_\tau = F\cos\alpha$. 式(2.25) 是计算变力做功的一般公式. 在直角坐标系中，因为

$$\boldsymbol{F} = F_x\boldsymbol{i} + F_y\boldsymbol{j} + F_z\boldsymbol{k}$$
$$\mathrm{d}\boldsymbol{r} = \mathrm{d}x\boldsymbol{i} + \mathrm{d}y\boldsymbol{j} + \mathrm{d}z\boldsymbol{k}$$

所以式(2.25) 可表示为

$$\begin{aligned} W &= \int_a^b (F_x\mathrm{d}x + F_y\mathrm{d}y + F_z\mathrm{d}z) \\ &= \int_{(x_0,y_0,z_0)}^{(x,y,z)} (F_x\mathrm{d}x + F_y\mathrm{d}y + F_z\mathrm{d}z) \end{aligned} \tag{2.26}$$

功也可以用图解法计算. 以路程 s 为横坐标，F_τ 为纵坐标，根据 $\boldsymbol{F}$ 随路程变化而变化的关系所描绘的曲线称为示功图. 在图 2.19 中，阴影部分的面积等于力 $\boldsymbol{F}_{\tau i}$ 在

ds_i 上做的元功. 曲线与边界线所围的面积就是变力 $\boldsymbol{F}$ 在整个路程上所做的总功. 用示功图求功较为直接、方便，所以工程上常采用此方法.

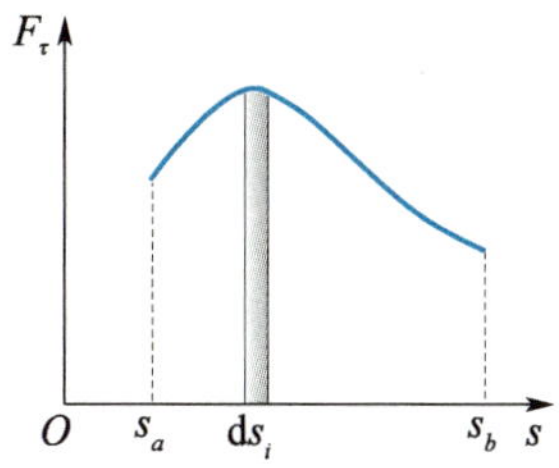

图 2.19 变力做功的示功图

2. 功率

力在单位时间内做的功称为功率. 设力 $\boldsymbol{F}$ 在 Δt 时间内做的功为 ΔW，则这段时间内力 $\boldsymbol{F}$ 的平均功率为

$$\overline{P} = \frac{\Delta W}{\Delta t}$$

当 $\Delta t \to 0$ 时，则某一时刻力 $\boldsymbol{F}$ 的瞬时功率为

$$P = \lim_{\Delta t \to 0} \frac{\Delta W}{\Delta t} = \frac{dW}{dt} = \boldsymbol{F} \cdot \boldsymbol{v} \tag{2.27}$$

即瞬时功率等于力和速度的内积.

在国际单位制中，功的单位名称是焦耳，简称焦，符号是 J；功率的单位名称是瓦特，简称瓦，符号是 W. 1 W = 1 J/s.

3. 保守力的功

下面通过分析重力、万有引力、弹性力做功的特点，引入保守力的概念.

1) 重力的功

这里讨论的重力是指地面附近几百米高度范围内的重力，故可视为恒力.

设质量为 m 的质点在重力作用下由 A 点沿任意路径移到 B 点，如图 2.20(a) 所示，选取地面为坐标原点，z 轴垂直于地面，向上为正. 重力只有 z 轴方向的分量，即 $F_z = -mg$，应用式(2.26)，有

$$W = \int_{z_0}^{z} F_z dz = \int_{z_0}^{z} -mg\, dz = -(mgz - mgz_0) \tag{2.28}$$

式(2.28) 表明，重力的功只由质点相对于地面的始末位置 z_0 和 z 决定，而与所通过的路径无关.

2) 万有引力的功

考虑质量分别为 m 和 M 的两个质点，质点 m 相对于质点 M 的初位置为 $\boldsymbol{r}_A$，末位置为 $\boldsymbol{r}_B$，如图 2.20(b) 所示. 质点 m 受到质点 M 的万有引力的矢量式为

$$\boldsymbol{F} = -G\frac{mM}{r^2}\boldsymbol{r}_0$$

式中，$\boldsymbol{r}_0$ 表示质点 m 相对于质点 M 的位矢方向的单位矢量. 则万有引力的元功为

$$dW = \boldsymbol{F} \cdot d\boldsymbol{r} = -G\frac{mM}{r^2}\boldsymbol{r}_0 \cdot d\boldsymbol{r}$$

因为矢量模的平方等于矢量自身的标积，即 $|\boldsymbol{A}|^2 = \boldsymbol{A} \cdot \boldsymbol{A}$，所以

万有引力是保守力的证明

$$d(A^2) = d(\boldsymbol{A}\cdot\boldsymbol{A}) = 2\boldsymbol{A}\cdot d\boldsymbol{A}$$

而
$$d(A^2) = 2AdA$$

故有
$$\boldsymbol{A}\cdot d\boldsymbol{A} = AdA$$

同理，有
$$\boldsymbol{r}\cdot d\boldsymbol{r} = rdr \tag{2.29}$$

又考虑到 $\boldsymbol{r}_0 = \dfrac{\boldsymbol{r}}{r}$，所以

$$dW = -G\frac{mM}{r^2}dr$$

于是质点 m 由 A 点移到 B 点时，万有引力做的功为

$$W = \int_{r_A}^{r_B} -G\frac{mM}{r^2}dr = -\left[\left(-G\frac{mM}{r_B}\right) - \left(-G\frac{mM}{r_A}\right)\right] \tag{2.30}$$

这说明万有引力的功也只与始末位置有关，而与具体的路径无关.

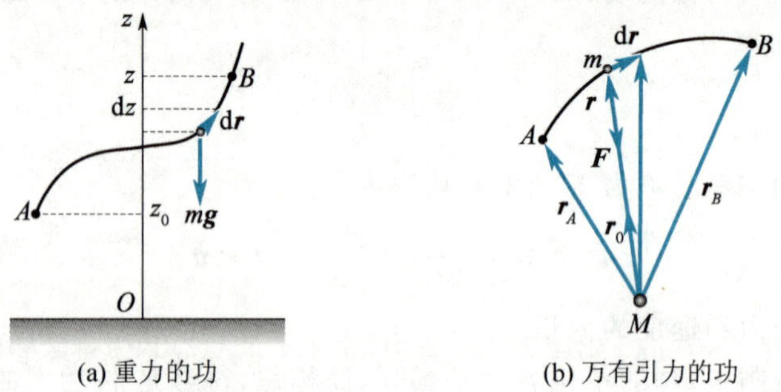

图 2.20 重力与万有引力的功

3) 弹性力的功

如图 2.21 所示，选取弹簧自然伸长处为坐标原点，则当弹簧形变量为 x 时，弹簧对质点的弹性力为

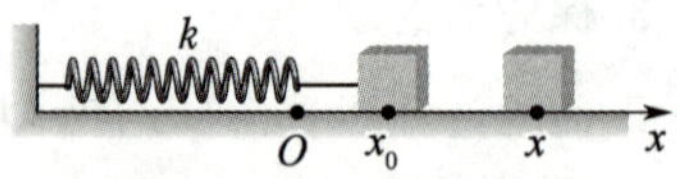

图 2.21 弹性力的功

$$F = -kx$$

式中，负号表示弹性力的方向总是指向弹簧的平衡位置，即坐标原点. k 为弹簧的刚度系数，单位是 N/m. 因为作用力只有 x 轴分量，故由式(2.26) 可得

$$W = \int_{x_0}^{x} F_x dx = \int_{x_0}^{x} -kx\,dx = -\left(\frac{1}{2}kx^2 - \frac{1}{2}kx_0^2\right) \tag{2.31}$$

这说明弹性力的功只与始末位置有关，而与弹簧的中间形变过程无关.

综上所述，重力、万有引力、弹性力的功的共同特点是，它们都只与物体的始末位置有关，而与具体路径无关. 或者说，当在这些力作用下的物体沿任意闭合路径绕行一周时，它们的功值均为零. 在物理学中，除了这些力，静电力、分子力等也具有这种特性，把具有这种特性的力统称为**保守力**. 保守力可用下面的数学表达式来定义，即

$$\oint_l \boldsymbol{F}_{保}\cdot d\boldsymbol{r} = 0 \tag{2.32}$$

如果某力的功与路径有关，或该力沿任意闭合路径的功值不等于零，则称这种力为**非保守力**，如摩擦力、爆炸力等.

例 2.9

在离水面的高度为 H 的岸上，有人用大小不变的力 $\boldsymbol{F}$ 拉绳使船靠岸，如图 2.22 所示. 求船从离岸 x_1 处移到 x_2 处的过程中，力 $\boldsymbol{F}$ 对船所做的功.

解 由题意知，虽然力的大小不变，但其方向在不断变化，故仍然是变力做功.

如图 2.22 所示，以岸边为坐标原点，向左为 x 轴正方向，则力 $\boldsymbol{F}$ 在坐标为 x 处的任意一小段位移元 $\mathrm{d}\boldsymbol{x}$ 上所做的元功为

$$\mathrm{d}W = \boldsymbol{F}\cdot\mathrm{d}\boldsymbol{x} = F\cos\alpha(-\mathrm{d}x)$$

$$= -F\frac{x}{\sqrt{x^2+H^2}}\mathrm{d}x$$

于是
$$W = \int_{x_1}^{x_2} -F\frac{x\,\mathrm{d}x}{\sqrt{x^2+H^2}}$$

$$= F\left(\sqrt{H^2+x_1^2}-\sqrt{H^2+x_2^2}\right)$$

由于 $x_1 > x_2$，所以力 $\boldsymbol{F}$ 做正功.

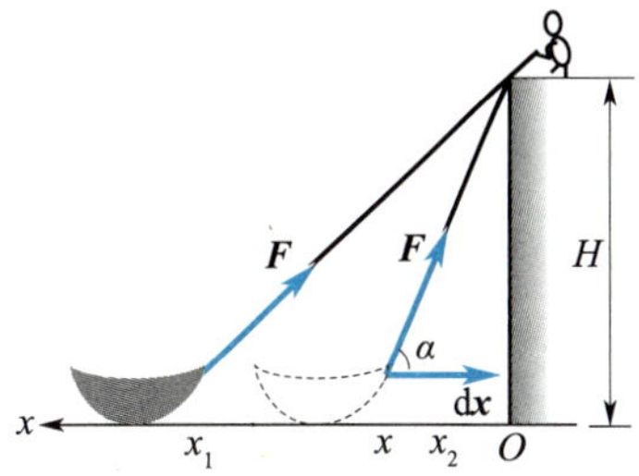

图 2.22 例 2.9 图

例 2.10

一质点所受外力 $\boldsymbol{F}=(y^2-x^2)\boldsymbol{i}+3xy\boldsymbol{j}$ (SI)，求质点由点(0,0)运动到点(2,4)的过程中力 $\boldsymbol{F}$ 所做的功：(1) 先沿 x 轴由点(0,0)运动到点(2,0)，再平行于 y 轴由点(2,0)运动到点(2,4)；(2) 沿连接(0,0)、(2,4)两点的直线运动；(3) 沿抛物线 $y=x^2$ 由点(0,0)运动到点(2,4).

解 (1) 由点(0,0)沿 x 轴运动到点(2,0)，此时 $y=0$，$\mathrm{d}y=0$，所以

$$W_1 = \int_0^2 F_x\mathrm{d}x = \int_0^2(-x^2)\mathrm{d}x = -\frac{8}{3}\ \mathrm{J}$$

由点(2,0)平行于 y 轴运动到点(2,4)，此时 $x=2$，$\mathrm{d}x=0$，故

$$W_2 = \int_0^4 F_y\mathrm{d}y = \int_0^4 6y\mathrm{d}y = 48\ \mathrm{J}$$

$$W = W_1 + W_2 = 45\frac{1}{3}\ \mathrm{J}$$

(2) 因为由坐标原点到点(2,4)的直线方程为 $y=2x$，所以

$$W = \int_0^2 F_x\mathrm{d}x + \int_0^4 F_y\mathrm{d}y$$

$$= \int_0^2(4x^2-x^2)\mathrm{d}x + \int_0^4\frac{3}{2}y^2\mathrm{d}y = 40\ \mathrm{J}$$

(3) 因为 $y=x^2$，所以

$$W = \int_0^2(x^4-x^2)\mathrm{d}x + \int_0^4 3y^{\frac{3}{2}}\mathrm{d}y = \frac{632}{15}\ \mathrm{J}$$

可见题中所示力是非保守力.

2.4.2 动能 动能定理

下面讨论力对物体做功后，物体的运动状态将发生的变化.

设有一质点沿任一曲线运动. 在曲线上任取一位移元 $\mathrm{d}\boldsymbol{r}$，则力 $\boldsymbol{F}$ 在这段位移元上的功为

$$\mathrm{d}W = \boldsymbol{F}\cdot\mathrm{d}\boldsymbol{r} = \frac{\mathrm{d}(m\boldsymbol{v})}{\mathrm{d}t}\cdot\boldsymbol{v}\,\mathrm{d}t = m\boldsymbol{v}\cdot\mathrm{d}\boldsymbol{v}$$

与 $\boldsymbol{r}\cdot\mathrm{d}\boldsymbol{r}$ 类似[见式(2.29)]，可得

$$\boldsymbol{v}\cdot\mathrm{d}\boldsymbol{v} = v\mathrm{d}v$$

所以
$$\mathrm{d}W - mv\mathrm{d}v = \mathrm{d}\left(\frac{1}{2}mv^2\right)$$

若质点由初位置 1 处运动到末位置 2 处，其速率由 v_1 增至 v_2，则有

$$W = \int_1^2\mathrm{d}W = \int_{v_1}^{v_2}\mathrm{d}\left(\frac{1}{2}mv^2\right) = \frac{1}{2}mv_2^2 - \frac{1}{2}mv_1^2$$

即
$$\int_1^2 \boldsymbol{F}\cdot \mathrm{d}\boldsymbol{r}=\frac{1}{2}mv_2^2-\frac{1}{2}mv_1^2 \tag{2.33}$$

由式(2.33)可知，如果把$\frac{1}{2}mv^2$看作一个独立的物理量，就可发现$\frac{1}{2}mv^2$是与力在空间上的积累效应相联系的. $\frac{1}{2}mv^2$称为质点的动能. 动能是标量，是与参考系的选择有关的相对量. 如果令$E_k=\frac{1}{2}mv^2$，则式(2.33)又可写成
$$W_{1-2}=E_{k2}-E_{k1} \tag{2.34}$$
式(2.34)说明**外力对质点所做的功等于质点动能的增量**. 式(2.33)就是质点**动能定理**的数学表达式.

例 2.11

一质量为 10 kg 的物体沿 x 轴无摩擦地滑动，$t=0$ 时物体静止于原点. (1) 物体在力$F=3+4t$(N)的作用下运动了 3 s 时，它的速度增至多大？(2) 物体在力 $F=3+4x$(N) 的作用下移动了 3 m 时，它的速度增至多大？

解 (1) 由动量定理$\int_0^t F\mathrm{d}t=mv$，得
$$v=\int_0^t \frac{F}{m}\mathrm{d}t=\int_0^3 \frac{3+4t}{10}\mathrm{d}t=2.7\ \mathrm{m/s}$$

(2) 由动能定理$\int_0^x F\mathrm{d}x=\frac{1}{2}mv^2$，得
$$v=\sqrt{\int_0^x \frac{2F}{m}\mathrm{d}x}=\sqrt{\int_0^3 \frac{2(3+4x)}{10}\mathrm{d}x}$$
$$=2.3\ \mathrm{m/s}$$

2.4.3 势能

势能的定义和意义

在第 1 章已指出，描述质点机械运动状态的参量是位矢 $\boldsymbol{r}$ 和速度 $\boldsymbol{v}$. 对应于状态参量 $\boldsymbol{v}$ 引入了动能$E_k=E_k(v)$，那么对应于状态参量 $\boldsymbol{r}$ 可引入什么样的能量形式呢？下面讨论这个问题.

在前面的讨论中已指出，保守力的功与质点运动的路径无关，仅取决于相互作用的两个物体的初态和末态的相对位置. 如重力、万有引力、弹性力的功，其值分别为
$$W_{重}=-(mgz-mgz_0)$$
$$W_{引}=-\left[\left(-G\frac{mM}{r}\right)-\left(-G\frac{mM}{r_0}\right)\right]$$
$$W_{弹}=-\left(\frac{1}{2}kx^2-\frac{1}{2}kx_0^2\right)$$

可以看出，保守力做功的结果总是等于一个由相对位置决定的函数增量的负值. 而功总是与能量的改变量相联系. 因此，上述由相对位置决定的函数必定是某种能量的函数形式. 现在将其称为**势能函数**，用 E_p 表示. 即
$$\int_1^2 \boldsymbol{F}_{保}\cdot \mathrm{d}\boldsymbol{r}=-(E_p-E_{p0})=-\Delta E_p \tag{2.35}$$
式(2.35)定义的只是势能之差，而不是势能函数本身. 为了定义势能函数，可以将式(2.35)的定积分改写为不定积分，即
$$E_p=-\int \boldsymbol{F}_{保}\cdot \mathrm{d}\boldsymbol{r}+c \tag{2.36}$$
式中，c 是一个由系统的零势能点决定的积分常数.

式(2.36)表明只要已知一种保守力的力函数,即可求出与之相关的势能函数.例如,已知万有引力的力函数为

$$\boldsymbol{F}=-G\frac{mM}{r^2}\boldsymbol{r}_0$$

那么由式(2.36)知,与万有引力相对应的势能函数为

$$E_{p引}=-\int -G\frac{mM}{r^2}\boldsymbol{r}_0\cdot \mathrm{d}\boldsymbol{r}=-G\frac{mM}{r}+c$$

如果令 $r\to\infty$ 时 $E_{p引}=0$,则 $c=0$. 即取无穷远处为引力势能的零势能点时,引力势能函数为

$$E_{p引}=-G\frac{mM}{r} \tag{2.37}$$

读者自己可以证明:若取离地面的高度 $z=0$ 的点为重力势能的零势能点(此时 $c=0$),则重力势能函数为

$$E_{p重}=mgz \tag{2.38}$$

对于弹簧的弹性力,若取弹簧自然伸长处为坐标原点和弹性势能的零势能点(此时$c=0$),则弹性势能函数为

$$E_{p弹}=\frac{1}{2}kx^2 \tag{2.39}$$

有关势能的几点讨论如下.

(1) **势能是相对量,其值与零势能点的选择有关**. 零势能点的选择不同,式(2.36)中常数 c 就不同. 上面的讨论说明,对于给定的保守力的力函数,只要选取适当的零势能点,总可使 $c=0$. 在一般情况下,这时的势能函数较为简洁,如式(2.37)、式(2.38)、式(2.39)所示. 需要说明的是,并非在任何情况下,式(2.36)中的积分常数都一定能为零,这一点在静电场中尤为突出.

(2) **势能函数的形式与保守力的性质密切相关,对应于一种保守力的函数就可引进一种相关的势能函数**. 因此,势能函数的形式就不可能像动能那样有统一的表达式.

(3) **势能由以保守力形式相互作用的物体系统所共有**. 例如,式(2.37)所表示的实际上是物体 m、M 互以万有引力作用的结果;式(2.38)所表示的实际上是物体与地球互以重力作用的结果;式(2.39)所表示的是物体与弹簧以弹性力相互作用的结果. 在平常的叙述中,说某物体具有多少势能,这只是一种简便叙述,不能认为势能是某一物体所有.

(4) 由于势能由相互以保守力作用的系统所共有,因此式(2.35)的物理意义可解释为:**一对保守力的功等于相关势能增量的负值. 因此,当保守力做正功时,系统势能减少;当保守力做负功时,系统势能增加.**

*2.4.4 势能曲线

将势能随相对位置变化的函数关系用一条曲线描绘出来,就是势能曲线. 图 2.23(a)、(b)、(c)分别给出的就是重力势能、弹性势能及引力势能的势能曲线.

势能曲线可提供多种信息.

(1) 质点在轨迹上任意位置时,质点系所具有的势能值可由势能曲线读出.

(2) 势能曲线上任意一点处切线的斜率($\mathrm{d}E_p/\mathrm{d}l$)的负值,表示质点在该处所受的保守力.

设有一保守系统,其中一质点沿 x 轴方向做一维运动,则由式(2.36)有

$$\mathrm{d}E_p=-F(x)\mathrm{d}x$$

故可知

$$F(x)=-\frac{\mathrm{d}E_p}{\mathrm{d}x} \tag{2.40}$$

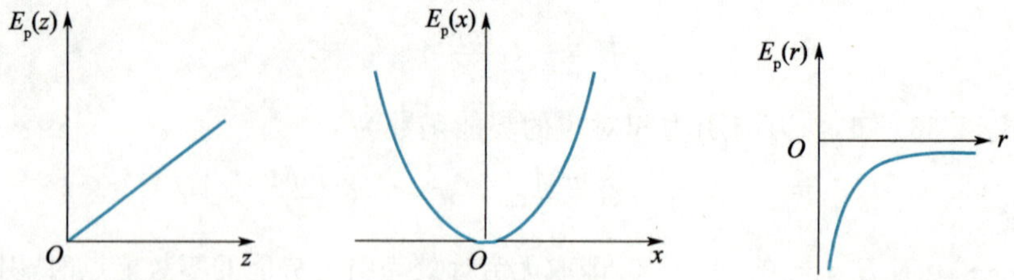

(a) 重力势能的势能曲线　(b) 弹性势能的势能曲线　(c) 引力势能的势能曲线

图 2.23　势能曲线

势能函数取极值时，势能曲线的切线斜率为零，物体在相应位置受力为零，这些位置即为平衡位置. 进一步的理论指出，势能曲线的极大值点是不稳定平衡位置，势能曲线的极小值点是稳定平衡位置，如图 2.24 所示[图 2.24(c) 表示随遇平衡位置].

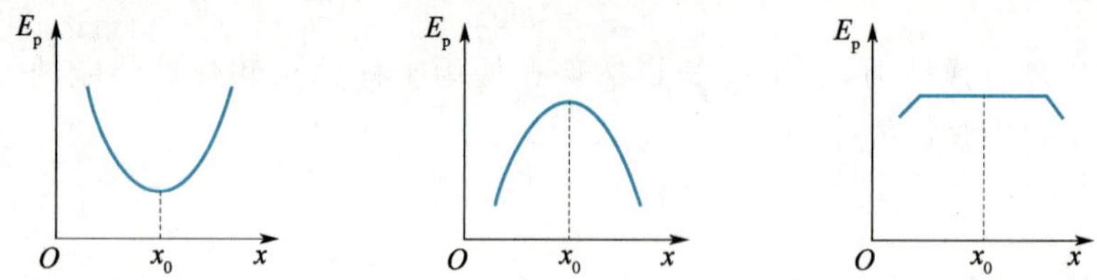

(a) 稳定平衡位置　(b) 不稳定平衡位置　(c) 随遇平衡位置

图 2.24　势能曲线的极值点与平衡位置的对应关系

若质点做三维运动，则有

$$\boldsymbol{F}=F_x\boldsymbol{i}+F_y\boldsymbol{j}+F_z\boldsymbol{k}=-\left(\frac{\partial E_p}{\partial x}\boldsymbol{i}+\frac{\partial E_p}{\partial y}\boldsymbol{j}+\frac{\partial E_p}{\partial z}\boldsymbol{k}\right) \tag{2.41}$$

这是直角坐标系中由势能函数求保守力的一般式.

例 2.12

一刚度系数为 k 的轻弹簧，下悬一质量为 m 的物体而处于静止状态. 今以该平衡位置为坐标原点，并作为系统的重力势能和弹性势能的零势能点，那么当物体 m 偏离平衡位置的位移为 x 时，整个系统的总势能为多少？

解　题中所指系统是由地球、弹簧、物体 m 所组成的系统. 为便于叙述，以弹簧原长处(即自然伸长处)为坐标原点 O'，并以向下为 x 轴正方向(见图 2.25)，则当物体 m 位于平衡位置 O 点时，其坐标值为

$$x_1'=\frac{mg}{k}$$

由势能函数的定义可知，弹性势能为

$$E_{p弹}=\frac{1}{2}kx'^2+c$$

根据题意，物体 m 在 O 点时 $E_{p弹}=0$，所以 $c=-\frac{1}{2}kx_1'^2$. 即以 O 点为弹性势能的零势能点时，系统的弹性势能表达式为

$$E_{p弹}=\frac{1}{2}kx'^2-\frac{1}{2}kx_1'^2$$

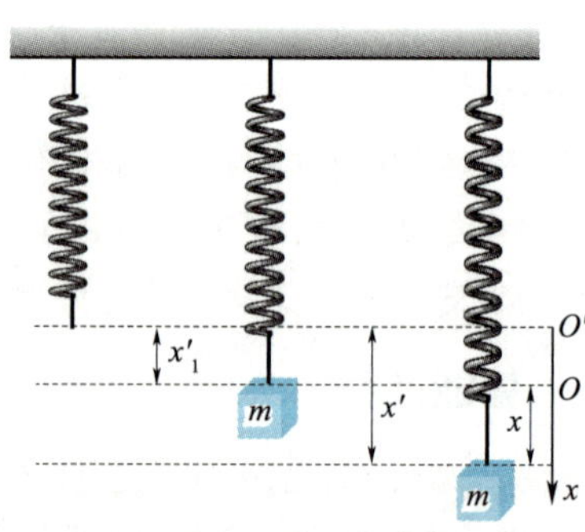

图 2.25　例 2.12 图

当物体 m 到 O 点的距离为 x 时，它相对于 O' 点的坐标 $x'=x+x_1'$，所以此时系统的弹性势能为

$$E_{p弹}=\frac{1}{2}k(x+x_1')^2-\frac{1}{2}kx_1'^2$$

$$= \frac{1}{2}kx^2 + kx'_1x = \frac{1}{2}kx^2 + mgx$$

同时，题中又设 O 点处重力势能为零，故 x 处的重力势能为

$$E_{\text{p重}} = -mgx$$

则总势能为

$$E_{\text{p}} = E_{\text{p弹}} + E_{\text{p重}} = \frac{1}{2}kx^2 + mgx - mgx$$

$$= \frac{1}{2}kx^2$$

这说明，对于竖直悬挂的弹簧，若以平衡位置为坐标原点及重力势能、弹性势能的零势能点，则此系统的总势能(或称系统的振动势能)为 $\frac{1}{2}kx^2$. 这种处理方法在讨论弹簧振子的简谐振动能量时极为方便.

2.4.5 质点系的动能定理与功能原理

质点系的动能定理与功能原理

设一质点系有 n 个质点，现考察第 i 个质点. 由 2.3 节可知，质点 i 所受合力为 $\boldsymbol{F}_{i\text{外}} + \sum\limits_{j=1,j\neq i}^{n}\boldsymbol{f}_{ji}$，则对质点 i 应用动能定理有

$$\int_1^2 \boldsymbol{F}_{i\text{外}} \cdot \mathrm{d}\boldsymbol{r}_i + \int \sum_{j=1,j\neq i}^{n} \boldsymbol{f}_{ji} \cdot \mathrm{d}\boldsymbol{r}_i = \frac{1}{2}m_i v_{i2}^2 - \frac{1}{2}m_i v_{i1}^2$$

对所有质点求和可得

$$\sum_{i=1}^{n}\int_1^2 \boldsymbol{F}_{i\text{外}} \cdot \mathrm{d}\boldsymbol{r}_i + \sum_{i=1}^{n}\int \sum_{j=1,j\neq i}^{n} \boldsymbol{f}_{ji} \cdot \mathrm{d}\boldsymbol{r}_i = \sum_{i=1}^{n} \frac{1}{2}m_i v_{i2}^2 - \sum_{i=1}^{n} \frac{1}{2}m_i v_{i1}^2 \tag{2.42}$$

式(2.42)便是质点系的动能定理的数学表达式.

注意：在式(2.42)中，不能先求合力，再求合力的功. 这是因为在质点系内各质点的位移 $\mathrm{d}\boldsymbol{r}_i$ 是不同的，不能作为公因子提到求和符号之外. 因此，在计算质点系的功时，只能先求每个力的功，再对这些功求和.

在质点系内，内力总是成对出现. 可以把内力分为保守内力和非保守内力. 于是内力的功可分为两部分，即保守内力的功和非保守内力的功，现分别用 $W_{\text{内保}}$ 和 $W_{\text{内非}}$ 表示. 如果再用 $W_{\text{外}}$ 表示质点系外力的功，用 E_{k} 表示质点系的总动能，则式(2.42)可表示为

$$W_{\text{外}} + W_{\text{内非}} + W_{\text{内保}} = E_{\text{k2}} - E_{\text{k1}} \tag{2.43}$$

即质点系总动能的增量等于外力的功、质点系内保守内力的功和质点系内非保守内力的功三者之和，这称为质点系的动能定理.

考虑到一对保守内力的功之和等于相关势能增量的负值，即有 $W_{\text{内保}} = -\Delta E_{\text{p}} = -(E_{\text{p2}} - E_{\text{p1}})$(式中 E_{p} 表示系统内各种势能的和)，则式(2.43)又可进一步表示成

$$W_{\text{外}} + W_{\text{内非}} = (E_{\text{k2}} - E_{\text{k1}}) + (E_{\text{p2}} - E_{\text{p1}}) \tag{2.44}$$

如果令

$$E = E_{\text{k}} + E_{\text{p}} \tag{2.45}$$

表示系统的**机械能**，则有

$$W_{\text{外}} + W_{\text{内非}} = E_2 - E_1 \tag{2.46}$$

这就是质点系的**功能原理**的数学表达式. 即**系统机械能的增量等于外力所做的功与非保守内力所做的功之和.**

顺便指出，由于势能的大小与零势能点的选择有关，因此在运用功能原理解题时，应先指明系统的范围，并确定零势能点.

例 2.13 一轻弹簧的一端系于固定斜面的上端，另一端连着质量为m的物块(见图 2.26)，物块与斜面的滑动摩擦系数为μ，弹簧的刚度系数为k，斜面倾角为θ，今将物块由弹簧的自然长度拉伸l后由静止释放，物块开始运动，物块第一次静止在什么位置上？

解 以弹簧、物块、地球为系统，取弹簧自然伸长处为坐标原点，沿斜面向下为x轴正方向，且以坐标原点为弹性势能和重力势能的零势能点，则由功能原理[式(2.46)]，在物块向上滑至x处时，有

$$\left(\frac{1}{2}mv^2+\frac{1}{2}kx^2-mgx\sin\theta\right)-\left(\frac{1}{2}kl^2-mgl\sin\theta\right)=-\mu mg\cos\theta(l-x)$$

物块静止位置与$v=0$对应，故有

$$\frac{1}{2}kx^2-mgx(\sin\theta+\mu\cos\theta)+mgl(\sin\theta+\mu\cos\theta)-\frac{1}{2}kl^2=0$$

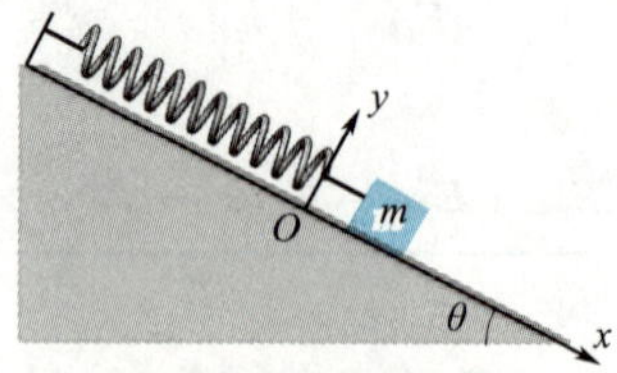

图 2.26 例 2.13 图

解得

$$x=\frac{2mg(\sin\theta+\mu\cos\theta)}{k}-l$$

方程的另一根$x=l$，即初始位置，舍去.

2.4.6 机械能守恒定律

由功能原理[式(2.46)]可知：

若$W_{外}+W_{内非}>0$，则系统的机械能增加；

若$W_{外}+W_{内非}<0$，则系统的机械能减少；

若$W_{外}+W_{内非}=0$，则系统的机械能保持不变.

现考虑$W_{外}=0$的情况.

若$W_{内非}>0$，则系统的机械能增加. 如炸弹爆炸，人从静止开始走动，就属于这种情形(这里伴随有其他形式能量转化为机械能的过程).

若$W_{内非}<0$，则系统的机械能减少. 如克服摩擦力做功，这样的非保守力常称为耗散力(这时伴随有机械能转化为其他形式能量的过程).

若$W_{内非}=0$，则系统的机械能守恒.

由以上分析可知，**当系统所受合外力所做的功及非保守内力所做的功均为零时，系统的机械能保持不变. 这就是机械能守恒定律.**

当系统的机械能守恒时，有

$$E_{k1}+E_{p1}=E_{k2}+E_{p2} \tag{2.47}$$

或

$$E_{p2}-E_{p1}=-(E_{k2}-E_{k1})$$

即

$$\Delta E_p=-\Delta E_k \tag{2.48}$$

这表明系统势能的增量等于系统动能减少的量.

2.4.7 能量守恒定律

上面的讨论已指出，当$W_{外}=0$，$W_{内非}\neq 0$时，虽然系统与外界无机械能的交换，但系统的机械能仍不守恒. 那么，系统增加(或减少)的机械能是从何处来的(或向何处去了)呢？现在讨论$W_{外}=0$的孤立系统情况.

大量事实证明，在孤立系统内，若系统的机械能发生了变化，必然伴随着等值的其他形式能量（如内能、电磁能、化学能、生物能及核能等）的增加或减少. 这说明能量既不能消失也不会创生，只能从一种形式转化成另一种形式. 也就是说，**在一个孤立系统内，不论发生何种变化过程，各种形式的能量之间怎样转化，系统的总能量都将保持不变. 这就是能量守恒定律.**

时空对称性和守恒定律

能量守恒定律是自然界中的普遍规律. 它不仅适用于物质的机械运动、热运动、电磁运动、核子运动等物理运动形式，而且适用于化学运动、生物运动等运动形式. 由于运动是物质的存在形式，而能量又是物质运动的量度，因此，能量守恒定律的深刻含义是，运动既不能消失也不能创造，它只能由一种形式转化为另一种形式. 能量的守恒在数量上体现了运动的守恒.

例 2.14 在光滑的水平台面上放有质量为 M 的沙箱，一颗从左方飞来的质量为 m 的子弹从沙箱左侧击入，在沙箱中前进一段距离 l 后停止. 在这段时间内沙箱向右运动的距离为 ξ，此后沙箱带着子弹匀速运动. 求此过程中内力所做的功.（假定子弹所受阻力为一恒力）

解 如图 2.27 所示，设子弹对沙箱的作用力为 $\boldsymbol{f}'$，沙箱的位移大小为 ξ；沙箱对子弹的作用力为 $\boldsymbol{f}$. 子弹的位移大小为 $\xi+l$，$\boldsymbol{f}=-\boldsymbol{f}'$. 则这一对内力做的功为

$$W=-f(\xi+l)+f'\xi=-fl\neq 0$$

说明 沙箱对子弹做的功 $-f(\xi+l)$ 与子弹对沙箱做的功 $f'\xi=-f\xi$ 两者不相等；而这一对内力做的功之和不为零，它等于子弹与沙箱组成的系统的机械能的损失. 损失的机械能转化为热能.

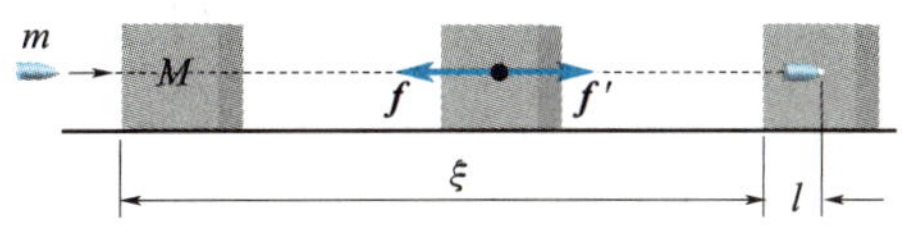

图 2.27 例 2.14 图

关于一对内力做的功之和的一般证明：

考虑质点系内第 i 个质点和第 j 个质点，设质点 j 对质点 i 的作用力为 $\boldsymbol{F}_{ji}$，质点 i 对质点 j 的作用力为 $\boldsymbol{F}_{ij}$. 当 i 和 j 两个质点运动时，这一对作用与反作用内力均要做功. 这两个力所做的元功之和应为

$$\mathrm{d}W=\boldsymbol{F}_{ji}\cdot\mathrm{d}\boldsymbol{r}_i+\boldsymbol{F}_{ij}\cdot\mathrm{d}\boldsymbol{r}_j$$

由 $\boldsymbol{F}_{ij}=-\boldsymbol{F}_{ji}$ 可以得到

$$\mathrm{d}W=\boldsymbol{F}_{ji}\cdot(\mathrm{d}\boldsymbol{r}_i-\mathrm{d}\boldsymbol{r}_j)=\boldsymbol{F}_{ji}\cdot\mathrm{d}(\boldsymbol{r}_i-\boldsymbol{r}_j)=\boldsymbol{F}_{ji}\cdot\mathrm{d}\boldsymbol{r}_{ij}$$

式中，$\boldsymbol{r}_i$ 和 $\boldsymbol{r}_j$ 分别为 i 和 j 两个质点对参考系坐标原点的位矢，$\boldsymbol{r}_{ij}$ 是质点 i 对质点 j 的相对位矢，$\mathrm{d}\boldsymbol{r}_i$ 和 $\mathrm{d}\boldsymbol{r}_j$ 则分别是两个质点的位移元，$\mathrm{d}\boldsymbol{r}_{ij}$ 为两个质点间的相对位移元（见图 2.28）.

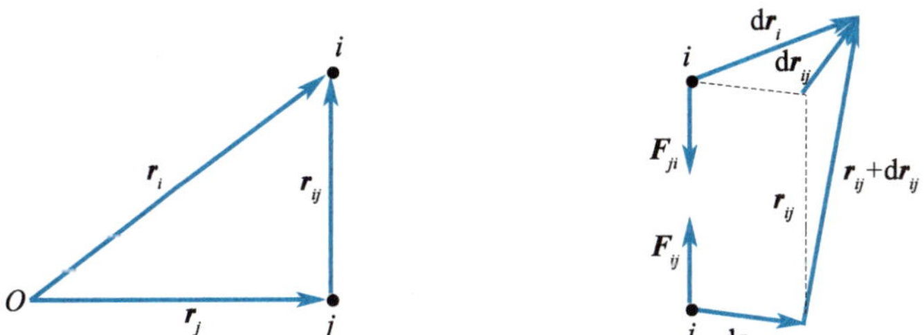

图 2.28 一对内力做功之和

由以上讨论可得到两点结论：

(1) 由于 $\mathrm{d}\boldsymbol{r}_i$ 与 $\mathrm{d}\boldsymbol{r}_j$ 不一定相同，$\mathrm{d}\boldsymbol{r}_{ij}$ 一般不为零，故一对内力的元功之和一般不为零，一对内力做的功之和一般也不为零；

(2) 因相对位矢 $\boldsymbol{r}_{ij}$ 及相对位移元 $\mathrm{d}\boldsymbol{r}_{ij}$ 与参考系无关，故一对内力做的功之和也与参考系的选择无关.

例 2.15

如图 2.29 所示，一链条长为 l，质量为 m，放在桌面上并使其一部分下垂，下垂部分的长度为 a. 设链条与桌面间的滑动摩擦系数为 μ，令链条从静止开始运动.（1）从开始运动到链条离开桌面的过程中，摩擦力对链条做了多少功？（2）链条离开桌面时的速率是多少？

解 （1）建立坐标系，如图 2.29 所示. 设某时刻链条下垂部分的长度为 x，则保留在桌面上的长度为 $l-x$，剩余长度所受摩擦力 $f=\mu mg(l-x)/l$，方向与滑动方向相反.

在链条滑落过程中，摩擦力做的功为

$$W_f=\int_a^l[-\mu mg(l-x)\mathrm{d}x]/l$$

$$=-\left[\frac{\mu mg}{l}\left(lx-\frac{1}{2}x^2\right)\right]_a^l$$

$$=-\frac{\mu mg}{2l}(l-a)^2$$

（2）链条所受重力、摩擦力两个力做功，依据动能定理，则有

$$\sum W=W_G+W_f=\frac{1}{2}mv^2-\frac{1}{2}mv_0^2$$

而在滑落过程中，重力做的功为

$$W_G=\int_a^l\frac{mg}{l}x\mathrm{d}x=\frac{mg(l^2-a^2)}{2l}$$

又 $v_0=0$，则

$$\sum W=\frac{mg(l^2-a^2)}{2l}-\frac{\mu mg(l-a)^2}{2l}=\frac{1}{2}mv^2$$

解得链条离开桌面时的速率为

$$v=\sqrt{g[(l^2-a^2)-\mu(l-a)^2]/l}$$

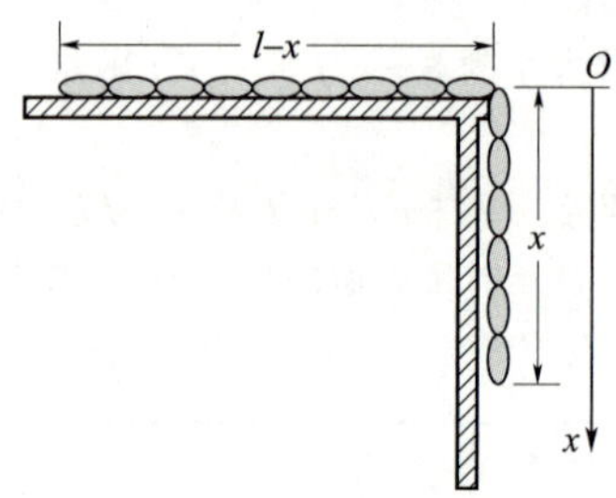

图 2.29　例 2.15 图

例 2.16

试分析航天器的三种宇宙速度.

解 （1）第一宇宙速度. 航天器绕地球运动所需的最小速度，称为第一宇宙速度. 以地心为坐标原点，航天器在距地心 r 处绕地球做圆周运动的速度为 v_1，则有

$$G\frac{mM_{地}}{r^2}=m\frac{v_1^2}{r}$$

$$v_1=\sqrt{G\frac{M_{地}}{r}}=\sqrt{\frac{R^2}{r}g_0}$$

式中，m 为航天器的质量，$M_{地}$ 为地球的质量，R 为地球半径，$g_0=G\dfrac{M_{地}}{R^2}$ 为地球表面处的重力加速度. 若 $r=R$，则

$$v_1=\sqrt{Rg_0}\approx 7.9\ \mathrm{km/s}$$

这就是第一宇宙速度.

（2）第二宇宙速度. 在地球表面处的航天器要脱离地球引力范围所需的最小速度，称为第二宇宙速度. 以地球和航天器为系统，航天器在地球表面处的引力势能为 $-G\dfrac{mM_{地}}{R}$，动能为 $\dfrac{1}{2}mv_2^2$，航天器能脱离地球时，地球的引力可忽略不计，系统势能为零，动能的最小量为零，由机械能守恒定律，有

$$\frac{1}{2}mv_2^2-G\frac{mM_{地}}{R}=0$$

$$v_2=\sqrt{2Rg_0}=\sqrt{2}v_1\approx 11.2\ \mathrm{km/s}$$

这就是第二宇宙速度.

（3）第三宇宙速度. 在地球表面发射的航天器，能逃逸出太阳系所需的最小速度，称为第三宇宙速度. 作为近似处理，可分两步进行：第一步，从地球表面把航天器送出地球引力圈，在此过程中略去太阳引力，这一步的计算方法与分析第二宇宙速度类似，所不同的是航天器还必须有剩余动能 $\dfrac{1}{2}mv^2$，因此有

$$\frac{1}{2}mv_3^2 - G\frac{mM_{地}}{R} = \frac{1}{2}mv^2$$

由前面的讨论知：$G\frac{mM_{地}}{R} = \frac{1}{2}mv_2^2$，代入上式，有 $v_3^2 = v_2^2 + v^2$.

第二步，航天器由脱离地球引力圈的地点（近似为地球公转的轨道上）出发，继续运动，逃离太阳系，在此过程中，忽略地球的引力．以太阳为参考系，地球绕太阳的公转速度（相当于计算地球相对于太阳的第一宇宙速度）为

$$v_1' = \sqrt{G\frac{M_{太}}{r_0}} \approx 30\ \text{km/s}$$

式中，$M_{太}$ 为太阳的质量，r_0 为太阳中心到地球中心的距离．航天器逃离太阳引力范围所需的速度（相当于计算地球相对于太阳的第二宇宙速度）为

$$\frac{1}{2}mv_2'^2 - G\frac{mM_{太}}{r_0} = 0$$

$$v_2' = \sqrt{\frac{2GM_{太}}{r_0}} = \sqrt{2}\,v_1' \approx 42.4\ \text{km/s}$$

为了充分利用地球的公转速度，必须使航天器在第二步开始时的速度沿公转方向，这样，在第二步开始时，航天器所需的相对地球速度为

$$v = v_2' - v_1' = 12.4\ \text{km/s}$$

这就是第一步航天器所需的剩余动能所对应的速度．因此

$$v_3^2 = v_2^2 + v^2 = 11.2^2\ \text{km}^2/\text{s}^2 + 12.4^2\ \text{km}^2/\text{s}^2 = 16.7^2\ \text{km}^2/\text{s}^2$$

即

$$v_3 = 16.7\ \text{km/s}$$

这就是第三宇宙速度．

以上三种宇宙速度仅为理论上的最小速度，没有考虑空气阻力的影响．

*2.5 理想流体的伯努利方程

流体是指质量连续分布且具有流动性的质点系．一般来说，流体不具备保持原来形状的弹性．地面上的水顺沟槽弯弯曲曲地伸展并分成支流，绝无回到原来形状的可能，这就是流体的流动性．连续性是指系统由一个紧挨一个的无穷多个无穷小的流团组成．

流体力学包含许多部分，如流体静力学、水力学、气体动力学、磁流体力学、高温流体动力学、湍流理论和相对论流体动力学等．本节所介绍的用功能原理处理理想流体的方法是除流体静力学外的其他部分的基础．

2.5.1 理想流体

无论气体还是液体，都是可以压缩的．在500个标准大气压下，每增加一个标准大气压，水的体积的减少量不到原体积的两万分之一，水银体积的减少量不到原体积的百万分之四，所以通常不考虑液体的可压缩性．气体的可压缩性非常明显，譬如用不太大的力推动活塞即可使气缸中的气体明显地压缩．但由于其良好的流动性，因此在一定的条件下，气体也是不易压缩的．例如，对一根光滑管中的气体，当其流动速度较小时，因流动而引起的压缩使管中气体的密度发生的变化是非常微小的．反之，在打喷嚏或咳嗽这类情境中，即当气体的流速可与声速相比时，则应考虑可压缩性．为此定义一个马赫数 $M=$ 流速 / 声速，若 $M^2 \ll 1$，则气体可视为不可压缩．总之，在一定问题中，若可以不考虑流体的可压缩性，便可将它抽象为不可压缩流体的理想模型．

中国物理学家

钱学森

流体流动时，会表现出或多或少的黏性，即当流体运动时，层与层之间会出现阻碍相对运动的内摩擦力．例如，河流中心的水流动较快，由于黏性，靠近岸边的水却几乎不动．在某些问题中，若流体的流动性是主要的，黏性居于次要地位，则可以认为流体完全没有黏性，这样的理想流体叫作非黏性流体．

所谓理想流体，是指不可压缩的无黏性的流体．

2.5.2 不可压缩流体的连续性方程

1. 定常流、流线和流管

流体可视为由无穷多个流体微团组成的质点系. 显然,跟踪每个流体微团并求出它们各自的运动规律是非常困难的. 但是,如果把注意力移到各空间点,观察各流体微团经过这些空间点的流速,则比较方便. 这时空间的每一点均有一定的流速矢量与之对应,这样的空间区域称为**速度场**.

流体的运动在一般情况下,既与观察点的位置有关,又与观察时刻有关. 在同一时刻,不同的观察点看到的流体的情况不一样,这时描述流体运动的物理量,如速度,既是位置的函数,又是时间的函数,即

$$\boldsymbol{v}=\boldsymbol{v}(r,t)$$

但在流体运动中,有一种简单而重要的运动,即流体的速度仅为位置的函数,而与时间无关,即$\boldsymbol{v}=\boldsymbol{v}(r)$,这种流动称为**定常流**或**稳定流动**. 例如,水龙头中的细流、水渠中的缓流、石油输送管中的石油流动,在不太长的时间内,均可看作定常流.

在定常流中,流体的运动速度只与其经过的空间位置有关,而与具体的质点无关. 例如,在流体所流经的空间中取1,2,3,… 点,则不管流体的哪一部分体元流经1,2,3,… 位置,都必定以v_1,v_2,v_3,… 的速度运动. 设1,2,3,… 是一些连续的点,当流体流出1点后,则必然顺次流经2、3等点,则这样的一些点的轨迹称为流线. **在速度场中,作一簇曲线,使曲线上每一点的切线方向都与流体流经该点时的流速矢量一致,这样的一簇曲线称为流线.**

在定常流中,流线的形状是稳定不变的. 流线上每一点的速度只可能有一个方向,故流线不能相交,如图2.30(a)、(b)、(c) 所示.

由于在流线上每一点的流体运动方向与流线相切,而在定常流中流线又不会相交,因此可以选取一束流线,形成一条管道,则管外的流体不会流入管内,而管内的流体也不会流出管外. 把这**种由流线形成的管道称为流管.**

在定常流中,流管的形状与实际的管道非常相似,于是可以将管道内的流体划分为许多相邻的流管,那么研究了每个流管中流体运动的情况,就可以知道整个管道内全部流体运动的情况. 因此,流管就相当于流体力学中的隔离体,如图2.30(d) 所示.

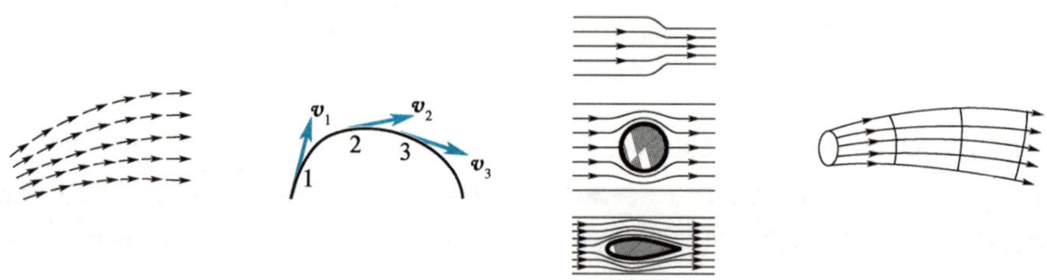

(a) (b) (c) (d)

图 2.30 流线和流管

2. 不可压缩流体的连续性方程

在流体中任取一流管,在流管中任取两点1、2,过1、2两点作垂直于流管的横截面ΔS_1、ΔS_2(横截面的面积亦用ΔS_1、ΔS_2表示),并令ΔS_1、ΔS_2足够小,即使得ΔS_1、ΔS_2面上各点的流速分别为1、2两点的流速$\boldsymbol{v}_1$和$\boldsymbol{v}_2$,如图2.31(a) 所示. 由于流体是不可压缩的,因此,在Δt时间内通过横截面ΔS_1的流体的体积与通过横截面ΔS_2的流体的体积应该相等,即有

$$v_1\Delta t\Delta S_1=v_2\Delta t\Delta S_2$$

亦即

$$v_1\Delta S_1=v_2\Delta S_2$$

由于1、2两点是在流管中任取的，因此上式对任何垂直于流管的横截面 ΔS 都是正确的[见图2.31(b)]，即

$$v\Delta S = \text{恒量}$$

该式称为连续性方程. 令 $Q = v\Delta S$，则 Q 称为流量，即单位时间内通过流管中某一横截面的流体体积. 上式表明：**对于不可压缩的流体，通过流管各横截面的流量相等，这就是连续性原理.**

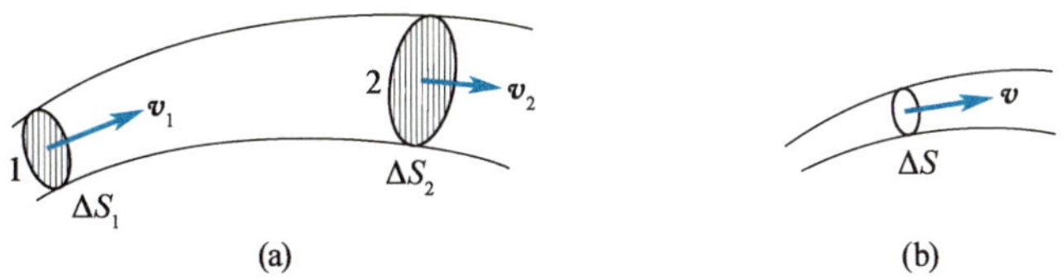

图2.31 连续性方程的推导

由连续性方程可以看出，同一流管中，横截面面积大的地方的流速小，而横截面面积小的地方的流速大. 例如，若把整个河道看成一个流管，则可知河道狭窄处，水流湍急，而河道宽阔处，流速缓慢. 流管中横截面面积小处流速大，而横截面面积小的地方也正是流线密集之处. 由此可见，对于不可压缩的流体，流线密集处流速大，流线稀疏处流速小.

2.5.3 流体动力学的处理方法 —— 伯努利方程

解决动力学问题有三种方法：一是突出过程的矢量性与瞬时性的牛顿运动定律；二是突出始末状态的矢量关系的动量定理与角动量定理；三是突出始末状态的标量关系的功能原理. 对于流体，由于它的流动性和连续性，过程中瞬时性和矢量性相当复杂，故在处理流体力学问题时，通常采用功能原理，而伯努利方程就是功能原理在理想流体定常流中的具体表达形式.

下面在惯性系中讨论理想流体在重力作用下做定常流的情况. 如图2.32所示，在理想流体内某一细流管中任取微团 ab，其自位置1运动至位置2，形状发生变化，在1和2处的长度各为 Δl_1 和 Δl_2，底面积各为 ΔS_1 和 ΔS_2. 由于不可压缩，密度 ρ 不变，微团 ab 的质量 $m = \rho\Delta l_1 \Delta S_1 = \rho\Delta l_2 \Delta S_2$. 另外，微团 ab 的体积相对于流体流过的空间很小，微团范围内各点的压强和流速也可认为是均匀的，1和2处的压强与流速分别用 p_1 与 p_2、v_1 与 v_2 表示. 设微团始末位置距重力势能的零势能点的高度分别为 h_1 和 h_2. 由于考虑到微团 ab 本身的线度和它所经过的路径相比非常小，在应用动力学原理时可将它视为质点. 现应用质点系功能原理，有

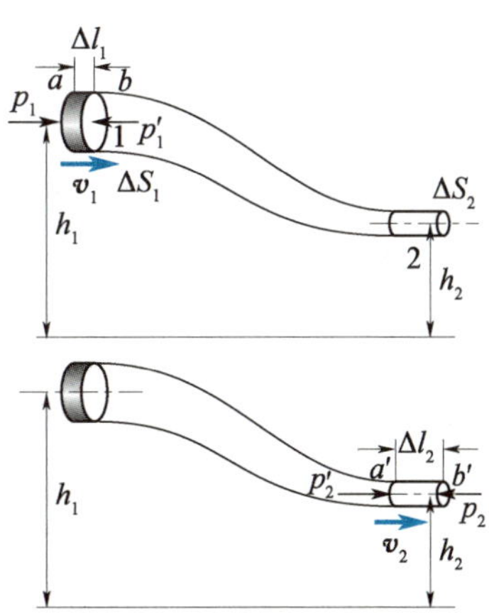

图2.32 伯努利方程的推导

$$W_{外} + W_{内非} = (E_k + E_p) - (E_{k_0} + E_{p_0})$$

微团的动能增量为

$$E_k - E_{k_0} = \frac{1}{2}mv_2^2 - \frac{1}{2}mv_1^2$$

$$= \frac{1}{2}\rho\Delta l_2 \Delta S_2 v_2^2 - \frac{1}{2}\rho\Delta l_1 \Delta S_1 v_1^2$$

微团的势能增量为

$$E_p - E_{p_0} = mgh_2 - mgh_1 = \rho g \Delta l_2 \Delta S_2 h_2 - \rho g \Delta l_1 \Delta S_1 h_1$$

因为理想流体没有黏性(即没有切向力)，故不存在黏性力的功，只需考虑周围流体对微团的压力所做的功. 但压力总与所取横截面垂直，因此作用于微团侧面上的压力不做功，只有作用于微团前后两底面的压力做功. 它包括两部分：作用于后底面的压力由 a 至 a' 做的正功及作用于前底面的压力由 b 至 b' 做的负功. 值得注意的是，前底面和后底面都经过路程 ba'. 因为是定常流，它们先后通过这段路程同一位置时的横截面积相同，压强也相等，不同的只是一力做正功，另一力做负功，其和恰好为零. 所以，压力所做的功只包括压力推后底面由 a 至 b 做的正功及压力阻止前底面由 a' 至 b' 做的负功，即

$$W_{外} + W_{内非} = p_1 \Delta S_1 \Delta l_1 - p_2 \Delta S_2 \Delta l_2$$

代入功能原理，得

$$\frac{1}{2}\rho v_2^2 \Delta l_2 \Delta S_2 + \rho g h_2 \Delta l_2 \Delta S_2 - \frac{1}{2}\rho v_1^2 \Delta l_1 \Delta S_1 - \rho g h_1 \Delta l_1 \Delta S_1$$
$$= p_1 \Delta S_1 \Delta l_1 - p_2 \Delta S_2 \Delta l_2$$

因理想流体不可压缩，由连续性原理有

$$\Delta l_1 \Delta S_1 = \Delta l_2 \Delta S_2 = \Delta V$$

代入上式，并用 ΔV 除等式两端，整理得

$$\frac{1}{2}\rho v_1^2 + \rho g h_1 + p_1 = \frac{1}{2}\rho v_2^2 + \rho g h_2 + p_2 \tag{2.49}$$

位置 1、2 是任意选定的，所以对同一细流管内各个不同横截面，有

$$\frac{1}{2}\rho v^2 + \rho g h + p = 恒量 \tag{2.50}$$

式(2.49) 和式(2.50) 称为**伯努利方程**.

科研成果介绍

C919 国产大型客机

在以上推导过程中，选择了一定的流体微团并研究其沿细流管的运动，因此涉及的压强 p 和流速 v 实际上指细流管横截面上的平均值. 可以在推导的最后阶段，令 $\Delta S \to 0$，于是流管演变为流线，而式(2.49) 中各量则表示在同一流线上不同的两点 1 和 2 的取值. 于是得到下面的结论：**在惯性系中，当理想流体在重力作用下做定常流时，一定流线上(或细流管内) 各点的量 $\frac{1}{2}\rho v^2 + \rho g h + p$ 为一恒量.**

一般来说，恒量 $\frac{1}{2}\rho v^2 + \rho g h + p$ 的数值因流线而异. 但在特殊情况下，不同流线上的恒量相同. 其中一种值得提出的情况是，在均匀流场中，即在某个空间中当各流体微团以相同的速度沿水平方向做匀速直线运动时，若在这个空间选取一个竖直方向的柱形隔离体，其上、下底面包含 A 点、B 点，此隔离体必将沿水平方向匀速运动，而在竖直方向上无加速度，根据平衡条件可得出与静止液体中类似的公式：

$$p_B = p_A + \rho g h \tag{2.51}$$

式中，h 表示 A、B 两点的高度差. 以 B 点为重力势能的零势能点，则对 A 点所在流线上各点有

$$\frac{1}{2}\rho v^2 + \rho g h + p_A = C_A \tag{2.52}$$

式中，C_A 为恒量. 对 B 点所在流线上各点有

$$\frac{1}{2}\rho v^2 + p_B = C_B \tag{2.53}$$

式中，C_B 亦为恒量. 由式(2.51) ~ 式(2.53) 得 $C_A = C_B$，故不同流线上伯努利方程中的恒量是相等的. 例如，在图 2.33 中 A 点、B 点、C 点和 D 点等处伯努利方程中的恒量都一样. 上面仅论述了流速沿水平方向的情况，不难证明，只要流线来自这样的空间，该处的流体微团均以相同的速率沿同一方向做匀速运动，上面的结论总是正确的. 现在看另一种情况. 图 2.33 中，诸流线均来自彼此平行的空间，但流速不同. 因在竖直方向上可按平衡问题处理，故式(2.51) 仍成立. 然而因式(2.52) 和式(2.53) 中的流速不同，故 $C_A \neq C_B$. 于是，伯努利方程只适用于同一流线的情况.

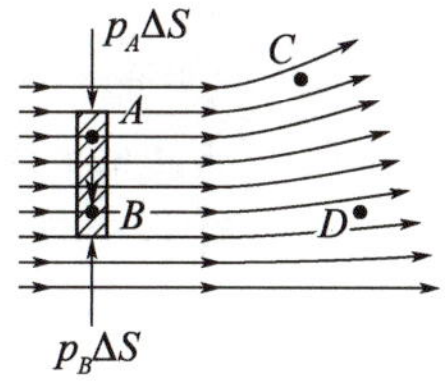

图 2.33　各流线上伯努利方程中恒量取相同数值的特例

例 2.17

文丘里(Venturi)流量计(文丘里管)的原理. 文丘里流量计常用于测量液体在管中的流量或流速. 如图 2.34 所示,在变截面管的下方,装有U形管,内装水银. 测量水平管道内的流速时,可将文丘里流量计串联于管道中,根据水银表面的高度差,即可求出流量或流速.

已知管道1和2处的横截面面积分别为 S_1 和 S_2,水银与液体的密度分别为 $\rho_{汞}$ 与 ρ,水银面高度差为 h,求液体流量. 设管中为理想流体,并做定常流.

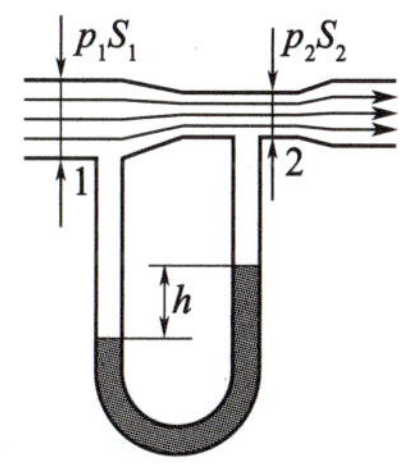

图 2.34　文丘里流量计

解　在惯性系中,文丘里流量计内理想流体在重力作用下做定常流,可运用伯努利方程. 根据伯努利方程,在管道中心轴线处取细流线,对流线上1、2两处,有

$$\frac{1}{2}\rho v_1^2 + p_1 = \frac{1}{2}\rho v_2^2 + p_2$$

在1、2处与管道垂直的横截面的面积分别为 S_1 和 S_2,根据连续性方程有

$$v_1 S_1 = v_2 S_2$$

由于通过1、2两处横截面的流线是平行的,横截面上压强随高度分布的规律与静止流体中相同(参考图 2.33 及有关论述). U形管内显然为静止流体. 因此,自1处经U形管到2处,可运用不可压缩静止流体的压强公式,由此得出管道中心线上1处与2处的压强差为

$$p_1 - p_2 = (\rho_{汞} - \rho)gh$$

将以上三式联立,可解出流量为

$$Q = v_1 S_1 = v_2 S_2 = \sqrt{\frac{2(\rho_{汞} - \rho)ghS_1^2S_2^2}{\rho(S_1^2 - S_2^2)}}$$

等式右端除 h 外均为常数,因此可根据高度差求出流量.

例 2.18

皮托(Pitot)管原理. 皮托管常用来测量气体的流速. 如图 2.35 所示,开口1和1′与气体流动的方向平行,开口2则垂直于气体流动的方向. 开口1(1′)和开口2分别通向U形管压强计的两端,根据液面的高度差便可求出气体的流速.

已知空气密度为 ρ,液体密度为 $\rho_{液}$,管内液面高度差为 h,求空气流速. 空气沿水平方向流动,皮托管也水平放置. 空气视作理想流体,并做定常流.

解　因空气可视作理想流体,又知空气做定常流,并在惯性系的重力场中,故可应用伯努利方程.

用皮托管测流速,相当于在流体内放一障碍物,流体将被迫分成两路绕过此物体,在物体前方流体开始分开的地方,流线流速等于零的一点,称为驻点(如图 2.35 中的2点). 如图 2.35 所示,通过1、2两点的各流线均来自远处,在远处未受皮托管干扰的地方,流体内各部分均相对于仪器以相同的速度做匀速直线运动(例如,飞机在空中沿直线匀速飞行,远处空气相

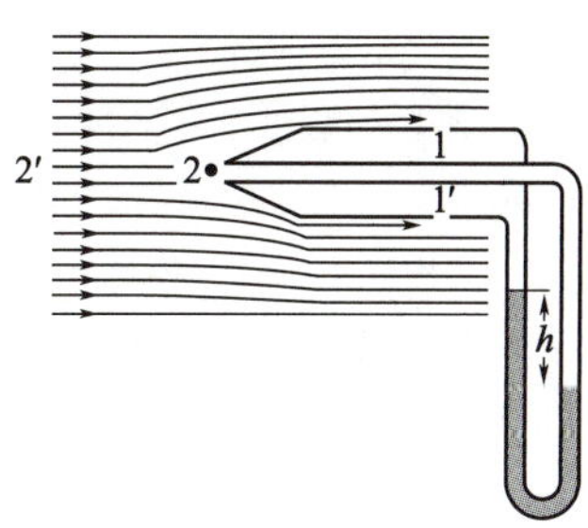

图 2.35　皮托管

对于机身均以相同的速度做匀速直线运动)，空间各点的$\frac{1}{2}\rho v^2+\rho gh+p$为一恒量. 对于1、2两点，有

$$\frac{1}{2}\rho v_1^2+\rho gh_1+p_1=\rho gh_2+p_2$$

h_1和h_2分别表示1、2两点相对于零势能点的高度，这两点的高度差很小，可不予考虑，因此

$$\frac{1}{2}\rho v_1^2=p_2-p_1$$

皮托管的大小和气体流动的范围相比是微乎其微的，仪器的放置对流速分布的影响不大，可近似认为v_1即为欲测流速v，于是

$$v=\sqrt{\frac{2(p_2-p_1)}{\rho}}$$

又 $$p_2-p_1=\rho_{液}gh$$

故流速 $$v=\sqrt{2\rho_{液}gh/\rho}$$

这里介绍一下"驻点压强". 将伯努利方程应用于图2.35中的流线$2'2$，$2'$点的压强为大气压p_0，流速为v，而p_2表示驻点压强，驻点处流速为零，则

$$p_2=p_0+\frac{1}{2}\rho v^2$$

由于$\frac{1}{2}\rho v^2>0$，所以$p_2>p_0$，即驻点处有较高的压强.

将皮托管用在飞机上，可测飞机相对于空气的航速. 但飞机上不宜用U形管，而应采用金属盒，其内、外空气分别与图2.35中的1和2两点相通，根据金属盒因内、外压强差发生的形变来测飞机航速.

例 2.19 水库放水、水塔经管道向城市输水及利用挂瓶为病人输液等，其共同特点是液体自大容器经小孔流出. 由此得到下面研究的理想模型：大容器下部有一小孔，小孔的线度与容器内液体自由表面至小孔处的高度h相比很小，液体可视作理想流体. 求在重力场中液体从小孔流出的速度.

解 随着液面的下降，小孔处的流速也会逐渐降低，严格说来，液体并不做定常流. 但因孔径极小，若观测时间较短，液面高度没有明显变化，仍然可以看作定常流. 选择小孔中心为零势能点，并对从自由表面到小孔的流线运用伯努利方程. 因为可认为液体自由表面的流速为零，故

$$\rho gh+p_0=\frac{1}{2}\rho v^2+p_0$$

式中，p_0表示大气压，v表示小孔处流速，ρ表示液体密度. 解出v即得

$$v=\sqrt{2gh}$$

结果表明，小孔处流速和物体自高度h处自由下落得到的速度是相同的.

图2.36(a)中，若喷嘴与容器内壁的接合处呈圆滑曲线，则流束横截面面积将与孔口面积相同. 如果是直壁孔口，如图2.36(b)所示，情况就不同了. 由于流体微团的惯性，沿壁面流出小孔的流体微团不可能突然改变自己的运动方向而必然沿着光滑的曲线运动. 小孔外流管(又称流束)的直径比孔口直径小，这种现象称为**流束收缩**. 流束横截面面积与孔口面积之比称为**收缩系数**，自薄壁圆孔出来的射流，收缩系数为0.61～0.64.

已知小孔流速，还可求出流量. 若无流束收缩，又不计黏性影响，则流量$Q=vS=S\sqrt{2gh}$，其中S为孔口面积. 若有流束收缩，又考虑黏性，则流量表达式应加以改进，为$Q=\mu S\sqrt{2gh}$，其中，$\mu<1$. μ称为流量系数，可由实验测出. 根据理想模型推出公式，再根据实验加以修正，这是很常见的方法.

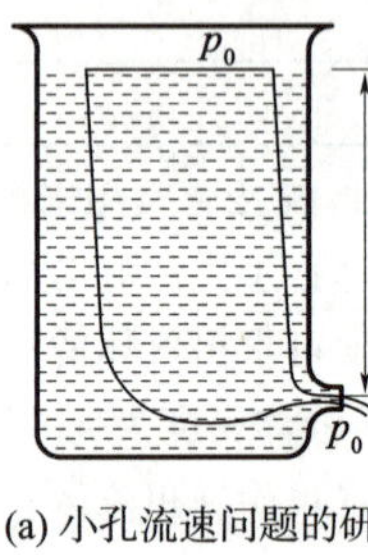

(a) 小孔流速问题的研究

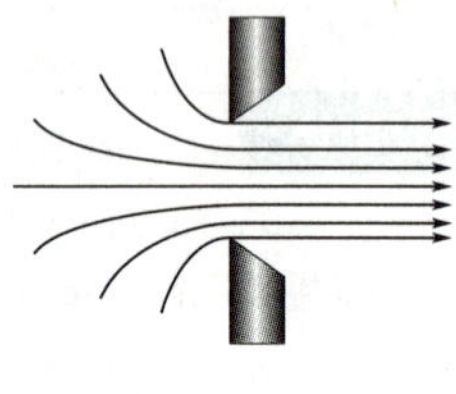
(b) 流束收缩

图 2.36 理想流体的小孔流速

习 题 2

习题参考答案

2.1 选择题

2.1.1 一质量为 M 的斜面原来静止于光滑水平面上，将一质量为 m 的木块轻轻放于斜面上，如题 2.1.1 图所示. 如果此后木块能静止于斜面上，则斜面将 (　　)

A. 保持静止. B. 向右加速运动. C. 向右匀速运动. D. 向左加速运动.

2.1.2 质量分别为 m_1 和 m_2 的两滑块 A 和 B 通过一轻弹簧水平连接后置于水平桌面上，两滑块与桌面间的滑动摩擦系数均为 μ，系统在水平拉力 $\boldsymbol{F}$ 的作用下匀速运动，如题 2.1.2 图所示. 若突然撤去拉力，则刚撤去的瞬间，两滑块的加速度 a_A 和 a_B 分别为 (　　)

A. $a_A = 0, a_B = 0$. B. $a_A > 0, a_B < 0$. C. $a_A < 0, a_B > 0$. D. $a_A < 0, a_B = 0$.

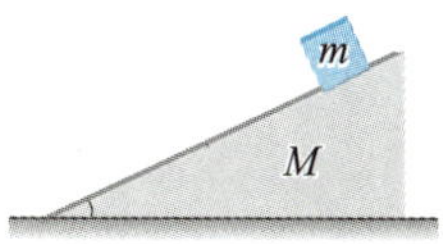

题 2.1.1 图

题 2.1.2 图

2.1.3 对功的概念有以下几种说法：

① 保守力做正功时，系统内相应的势能增加；

② 质点沿一闭合路径运动，保守力对质点做的功为零；

③ 作用力与反作用力大小相等，方向相反，所以两者所做功的代数和必为零.

在上述说法中 (　　)

A. ①、② 是正确的. B. ②、③ 是正确的.

C. 只有 ② 是正确的. D. 只有 ③ 是正确的.

2.2 填空题

2.2.1 某质点在力 $\boldsymbol{F} = (4 + 5x)\boldsymbol{i}$(SI) 的作用下沿 x 轴做直线运动. 在从 $x = 0$ 移动到 $x = 10$ m 的过程中，力 $\boldsymbol{F}$ 所做的功为________.

2.2.2 质量为 m 的物体在水平面上做直线运动，当其速度为 $\boldsymbol{v}$ 时，物体仅在摩擦力的作用下开始做匀减速运动，经过距离 s 后速度减为零，则物体加速度的大小为________，物体与水平面间的滑动摩擦系数为________.

2.2.3 在光滑的水平面内有两个物体 A 和 B，已知 $m_A = 2m_B$. ① 物体 A 以一定的动能 E_k 与静止的物体 B 发生完全弹性碰撞，则碰撞后两物体的总动能为________；② 物体 A 以一定的动能 E_k 与静止的物体 B 发生完全非弹性碰撞，则碰撞后两物体的总动能为________.

2.3 解答题

2.3.1 在下列情况下，说明质点所受合力的特点.

(1) 质点做匀速直线运动；

(2) 质点做匀减速直线运动；

(3) 质点做匀速圆周运动；

(4) 质点做匀加速圆周运动.

2.3.2 举例说明以下两种说法是不正确的.

(1) 物体受到的摩擦力的方向总是与物体的运动方向相反；

(2) 摩擦力总是阻碍物体的运动.

2.3.3 质点系动量守恒的条件是什么？在什么情况下，即使外力不为零，也可用动量守恒定律近似求解？

2.3.4 在经典力学中，下列哪些物理量与参考系的选取有关：质量、动量、冲量、动能、势能、功？

2.3.5 一细绳跨过一定滑轮，绳的一端悬有一质量为 m_1 的物体，另一端穿过质量为 m_2 的圆柱体的竖直细孔，圆柱体可沿绳子滑动，如题 2.3.5 图所示. 今看到绳子从圆柱体的细孔中加速上升，圆柱体相对于绳子以匀加速度 a' 下滑，求物体与圆柱体相对于地面的加速度、绳的张力及圆柱体与绳子间的摩擦力(绳轻且不可伸长，定滑轮的质量及轮与轴间的摩擦忽略不计).

2.3.6 一个质量为 m 的质点 P，在光滑的固定斜面(倾角为 α) 上以初速度 $\boldsymbol{v}_0$ 运动，$\boldsymbol{v}_0$ 的方向与斜面底边的水平线 AB 平行，如题 2.3.6 图所示，求该质点的轨迹方程.

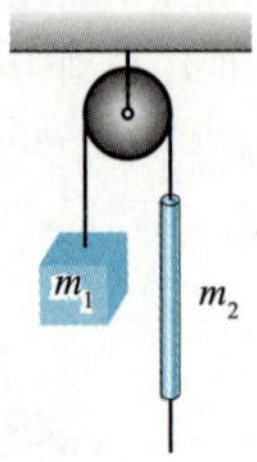

题 2.3.5 图

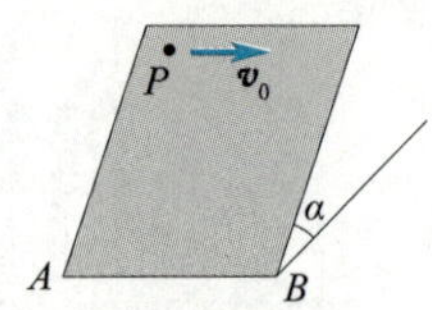

题 2.3.6 图

2.3.7 质量为 16 kg 的质点在 xOy 平面内运动，受一恒力作用，力的分量为 $f_x = 6$ N，$f_y = -7$ N. 当 $t = 0$ 时，$x = y = 0$，$v_x = -2$ m/s，$v_y = 0$. 求当 $t = 2$ s 时质点的位矢和速度.

2.3.8 质点在流体中做直线运动，受与速率成正比的阻力 kv(k 为常数) 作用，$t = 0$ 时质点的速率为 v_0，证明：(1) t 时刻质点的速率为 $v = v_0 e^{-\frac{k}{m}t}$；(2) 由 0 到 t 的时间间隔内质点通过的距离为 $x = (mv_0/k)[1 - e^{-\frac{k}{m}t}]$；(3) 停止运动前质点通过的距离为 $\frac{m}{k}v_0$；(4) 当 $t = m/k$ 时，质点的速率减至 $\frac{v_0}{e}$.(m 为质点的质量)

2.3.9 一质量为 m 的质点以与地面的仰角 $\theta = 30°$ 的初速度 $\boldsymbol{v}_0$ 从地面抛出，若忽略空气阻力，求质点落地时相对抛射时的动量增量.

2.3.10 一质量为 m 的小球从某一高度处水平抛出，落在水平桌面上发生弹性碰撞，并在抛出 1 s 后，跳回到原高度，速度仍是水平方向，速度大小也与抛出时相等. 求小球与桌面碰撞过程中，桌面给予小球的冲量的大小和方向，并指出在碰撞过程中小球的动量是否守恒.

2.3.11 作用在质量为 10 kg 的物体上的力为 $\boldsymbol{F} = (10 + 2t)\boldsymbol{i}$(N)，式中 t 的单位是 s. (1) 求 4 s 后，该物体的动量和速度的改变量，以及力给予物体的冲量；(2) 为了使该力的冲量为200 N·s，该力应在物体上作用多久？试就一原来静止的物体和一个具有初速度 $-6\boldsymbol{j}$ m/s 的物体，回答这两个问题.

2.3.12 一质量为 m 的质点在 xOy 平面上运动，其位矢为

$$\boldsymbol{r} = a\cos\omega t\boldsymbol{i} + b\sin\omega t\boldsymbol{j}$$

求质点的动量及 $t = 0$ 到 $t = \frac{\pi}{2\omega}$ 时间间隔内质点所受的合力的冲量和质点动量的改变量.

2.3.13 一颗子弹由枪口射出时速率为 v_0(SI)，当子弹在枪筒内被加速时，它所受的合力大小为 $F = a - bt$(N) (a、b 均为常数)，式中 t 以 s 为单位. (1) 假设子弹飞行到枪口处时合力刚好为零，试计算子弹走完枪筒全长所需的时间；(2) 求子弹所受的冲量；(3) 求子弹的质量.

2.3.14 一炮弹质量为 m，以速率 v 飞行，其内部炸药爆炸使其分裂为两块，爆炸后弹片增加的动能为 T，且其中一块弹片的质量为另一块弹片质量的 k 倍，如两者仍沿原方向飞行，试证其速率分别为

$$v+\sqrt{\frac{2kT}{m}},\quad v-\sqrt{\frac{2T}{km}}$$

2.3.15 设一质点所受合外力 $\boldsymbol{F}_{合}=7\boldsymbol{i}-6\boldsymbol{j}(\mathrm{N})$.(1) 当质点从坐标原点运动到位矢为 $\boldsymbol{r}=-3\boldsymbol{i}+4\boldsymbol{j}+16\boldsymbol{k}(\mathrm{m})$ 处时,求 $\boldsymbol{F}_{合}$ 所做的功;(2) 如果质点运动到位矢为 $\boldsymbol{r}$ 处时需 0.6 s,试求平均功率;(3) 如果质点的质量为1 kg,试求动能的改变量.

2.3.16 用铁锤将一铁钉击入木板,设木板对铁钉的阻力与铁钉进入木板内的深度成正比,在第一次击打时,能将铁钉击入木板内 1 cm,则第二次击打时能击入多深?假定铁锤两次击打铁钉时的速度相同.

2.3.17 已知一质点(质量为 m)在其保守力场中位矢为 $\boldsymbol{r}$ 处的势能为 $E_{\mathrm{p}}(\boldsymbol{r})=-k/r^{n}$,试求质点所受保守力的大小和方向.

2.3.18 一根刚度系数为 k_1 的轻弹簧 A 的下端,挂一根刚度系数为 k_2 的轻弹簧 B,B 的下端又挂一重物 C,C 的质量为 M,如题 2.3.18 图所示.求这一系统静止时两弹簧的伸长量之比和弹性势能之比.

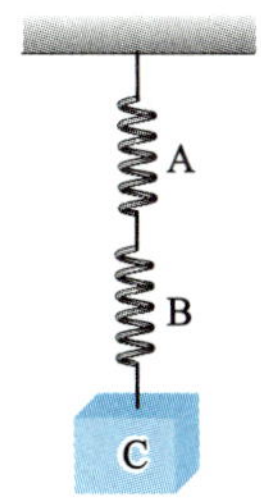

题 2.3.18 图

2.3.19 (1) 月球和地球对质量为 m 的物体的引力相抵消的一点 P,到月球表面的距离是多少?地球质量为 5.98×10^{24} kg,地球中心到月球中心的距离为 3.84×10^{8} m,月球质量为 7.35×10^{22} kg,月球半径为 1.74×10^{6} m.

(2) 如果一个 1 kg 的物体在与月球和地球的距离均为无限远处的势能为零,那么它在 P 点的势能为多少?

2.3.20 如题 2.3.20 图所示,一物体质量为 2 kg,以初速率 $v_0=3$ m/s 从斜面上 A 点处下滑,它与斜面的摩擦力为8 N,到达 B 点后压缩弹簧0.2 m后停止,然后又被弹回,求弹簧的刚度系数和物体第一次被弹回的最大高度.

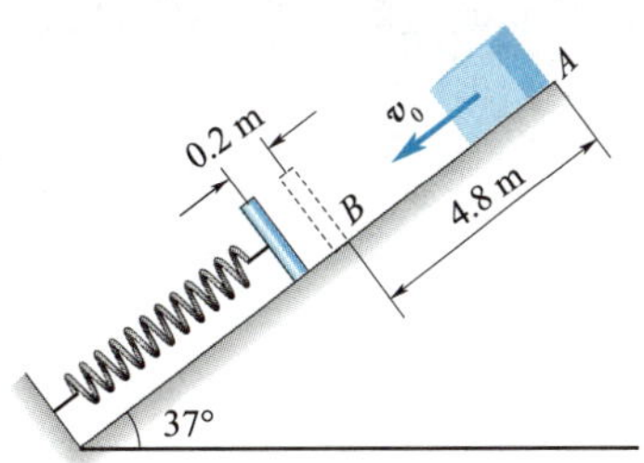

题 2.3.20 图

2.3.21 一质量为 M 的大木块具有半径为 R 的四分之一弧形槽,如题 2.3.21 图所示.将大木块放在光滑水平面上,质量为 m 的小木块从弧形槽的顶端滑下,二者都做无摩擦的运动,而且都从静止开始运动,求小木块脱离大木块时的速度.

2.3.22 一个小球与一质量相等的静止小球发生非对心弹性碰撞,如题 2.3.22 图所示,试证明碰撞后两小球的运动方向互相垂直.

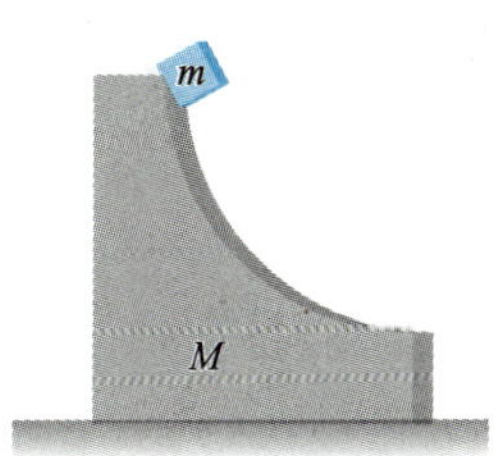

题 2.3.21 图

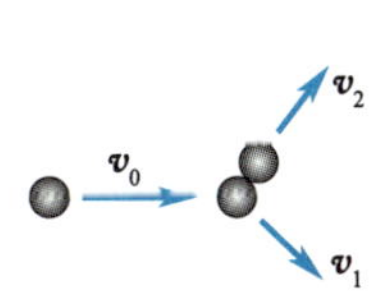

题 2.3.22 图

第3章 刚体力学基础

本章提要

在研究物体的机械运动规律时，仅仅讨论质点的情况是不全面的. 在许多实际力学问题中，研究的对象往往是由许多质点组成的系统，刚体便是其中一种特殊的系统.

本章将介绍有关刚体运动的基本概念和规律，主要包括刚体做定轴转动时的转动定律、动能定理、转动惯量、角动量定理及角动量守恒定律等.

3.1 刚体 刚体定轴转动的描述

3.1.1 刚体的引入

通过前面的学习，我们知道，在物理学中研究物体的运动规律时，有时需要对实际物体进行一定的简化. 例如，当物体的形状和大小在所研究的问题中产生的影响很小而可以忽略时，提出了质点这一理想模型. 通过质点概念的引入，物理学对物体运动的描述变得简明而深刻. 但是，不是在所有情况下物体的形状和大小都可以忽略. 例如，研究跳水运动员在空中的翻转动作时，就不能将人体视为一个质点(见图 3.1). 同样，研究地球的自转运动时，也不能将地球视为质点. 这样的例子还有很多，如电机转子的转动、车轮的滚动等. 在研究这些问题时，物体的形状和大小有着重要的影响，因此必须予以考虑.

图 3.1 跳水运动员的翻转动作

在外力作用下，物体的形状和大小一般都要发生变化. 对这一类问题的研究，往往都是相当复杂的. 为了使问题简化，对于在外力作用下形变很小，对所研究的结果影响甚微的物体，物理学中引入刚体这一理想模型. 所谓**刚体**(rigid body)，就是**在任何外力作用下，其形状和大小完全不变的物体**.

在研究刚体的运动规律时，可以将刚体看成是由许多质点组成的. 每一个质点叫作刚体的一个质元. 由刚体的定义可知，在外力作用下，刚体内各质元之间的相对位置总是保持不变. 对于刚体这一特殊的质点系，可以运用前面讨论的质点系的运动规律进行分析和研究.

3.1.2 刚体的基本运动

刚体最基本的运动形式是平动和转动. 任何复杂的刚体运动都可以分解为平动和转动的叠加.

1. 刚体的平动

如图 3.2 所示，在运动过程中，若刚体内部任意两质元间的连线在各个时刻的位置都和初始时刻的位置保持平行，这样的运动称为**刚体的平动**. 不难证明，刚体在平动过程中的任意一段时间内，所有质元的运动轨迹和位移都是相同的，并且在任意时刻，各个质元均具有相同的速度和加速度. 所以，当刚体做平动时，可以选取刚体中任一质元的运动来表示整

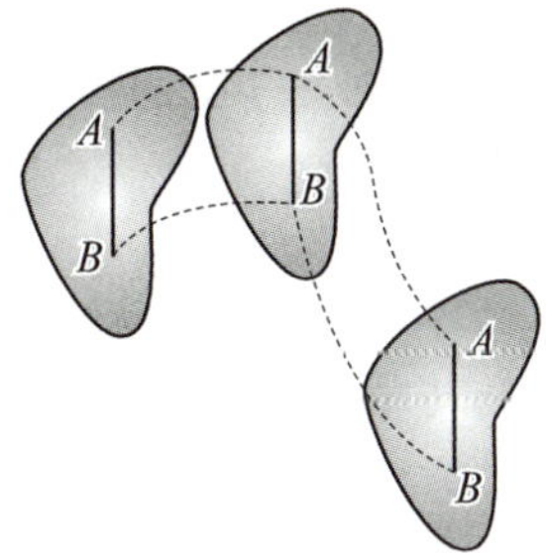

图 3.2 刚体的平动

个刚体的运动. 由此，平动的刚体可当成一个质点来处理.

2. 刚体的转动

若刚体上各个质元都绕同一直线做圆周运动，这样的运动称为**刚体的转动**(rotation)，这条直线称为转动轴(转动轴可在刚体之内，也可在刚体之外). 在刚体转动过程中，若转动轴的方向或位置随时间变化，这样的运动称为刚体的非定轴转动，该转动轴称为转动瞬轴. 如图 3.3 所示，车轮的滚动就是非定轴转动. 若转动轴固定不动，即既不改变方向又不发生平移，这样的运动称为刚体的定轴转动，该转动轴称为固定轴，如门绕门轴的转动、电机转子的转动等. 本章主要介绍刚体定轴转动的一些基本规律.

图 3.3　车轮朝左滚动

3.1.3　刚体定轴转动的描述

为了研究刚体的定轴转动，定义垂直于固定轴的平面为转动平面. 显然，转动平面不止一个，可以有无数多个. 如果以某转动平面与转动轴的交点为坐标原点，则该转动平面上的所有质元都绕着这个坐标原点做圆周运动. 下面就讨论怎样来描述刚体的定轴转动.

1. 角位移、角速度和角加速度

刚体定轴转动的基本特征是，轴上各点都保持不动，轴外各点在同一时间间隔内转过的角度都一样. 所以，可以采用类似质点做圆周运动时的角位移、角速度、角加速度的定义方法来定义绕定轴转动刚体的角位移、角速度、角加速度.

如图 3.4 所示，在刚体上任取一个转动平面，以该转动平面与转动轴的交点为坐标原点，在该平面内作一射线，将其作为参考方向(或称极轴)，转动平面上任一质元对坐标原点的位矢 $\boldsymbol{r}$ 与极轴的夹角称为角位置 θ. 刚体在一段时间内转过的角度(末时刻与初始时刻的角位置之差)$\Delta\theta=\theta_2-\theta_1$ 称为**角位移**.

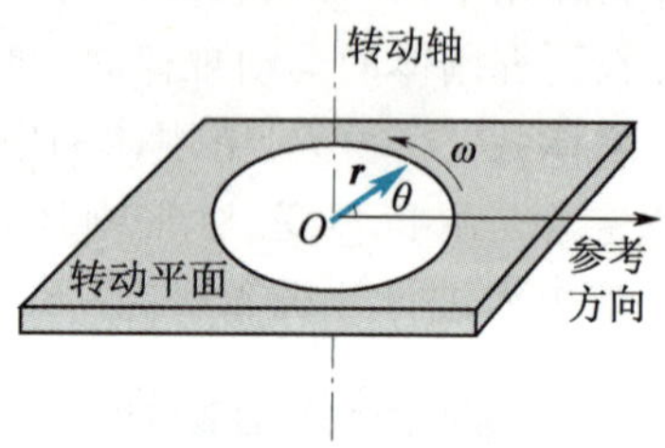

图 3.4　转动平面

在 t 到 $t+\Delta t$ 时间内的角位移 $\Delta\theta$ 与 Δt 的比值称为刚体的平均角速度，用 $\bar{\omega}$ 表示：

$$\bar{\omega}=\frac{\Delta\theta}{\Delta t}$$

当 $\Delta t\to 0$ 时，平均角速度的极限称为瞬时角速度，简称**角速度**，用 ω 表示：

$$\omega=\lim_{\Delta t\to 0}\frac{\Delta\theta}{\Delta t}=\frac{\mathrm{d}\theta}{\mathrm{d}t}\tag{3.1}$$

刚体的定轴转动有两种不同的转动方向，顺着转动轴观察时，刚体可以按顺时针方向转动，也可以按逆时针方向转动. 如果把一种转动方向的角速度取为正，另一种转动方向的角速度取为负，则角速度的大小反映了定轴转动的快慢，角速度的正负反映了定轴转动的方向. 角速度的单位名称是弧度每秒，符号是 rad/s.

* 角速度矢量

在研究质点的圆周运动时，我们曾把圆周运动的角速度看作矢量，其方向沿垂直于圆周平面的轴线，方向满足右手螺旋定则. 在刚体的转动中，虽然对于刚体定轴转动（转动轴在空间的方位不变），只有“正”和“反”两种转动方向，角速度 ω 的方向可通过角速度的正负来指明，但对于刚体的一般转动，转动轴可在空间取各种方位，只用正负号不足以表明转动方向，因而需要引入角速度矢量. 我们规定**角速度矢量的方向是沿转动轴的，且和刚体的旋转运动组成右手螺旋系统**.

将角速度看作矢量后，定轴转动中的线量与角量之间的关系可表示成简洁的形式. 但是，这样规定的角速度矢量是否具有矢量的性质呢？尽管在定轴转动中，我们规定了角速度的大小和方向，但有大小、有方向的量不一定是矢量. 矢量的一个重要特征是满足平行四边形定则. 角速度矢量是否满足这一定则？可以证明（见第 1 章），有限大角位移并不符合矢量相加的平行四边形定则，因为平行四边形定则表明矢量求和满足交换律，而有限大角位移相加时不满足交换律. 但无限小角位移满足交换律.

角速度总是与无限小角位移相联系. 它是无限小角位移与相应无限小时间间隔的比值，既然无限小角位移是矢量，那么角速度也是矢量.

在 Δt 时间内，角速度的改变量 $\Delta\omega$ 与 Δt 的比值称为该段时间内刚体的平均角加速度，用 $\bar{\alpha}$ 表示：

$$\bar{\alpha}=\frac{\Delta\omega}{\Delta t}$$

当 $\Delta t\to 0$ 时，平均角加速度的极限称为瞬时角加速度，简称**角加速度**，用 α 表示：

$$\alpha=\lim_{\Delta t\to 0}\frac{\Delta\omega}{\Delta t}=\frac{\mathrm{d}\omega}{\mathrm{d}t}$$

角加速度的单位名称是弧度每二次方秒，符号是 $\mathrm{rad/s^2}$.

由以上讨论可知，刚体的定轴转动与质点的直线运动相似，只要在描述质点直线运动的各物理量（位移、速度、加速度）前加一个“角”字，就成了描述刚体定轴转动的各相应物理量（角位移、角速度、角加速度），两者的运动学关系亦完全相似.

定轴转动	直线运动
$\omega=\dfrac{\mathrm{d}\theta}{\mathrm{d}t}$	$v=\dfrac{\mathrm{d}x}{\mathrm{d}t}$
$\alpha=\dfrac{\mathrm{d}\omega}{\mathrm{d}t}$	$a=\dfrac{\mathrm{d}v}{\mathrm{d}t}$
$\omega-\omega_0=\int_0^t\alpha\mathrm{d}t$	$v-v_0=\int_0^t a\mathrm{d}t$
$\theta-\theta_0=\int_0^t\omega\mathrm{d}t$	$x-x_0=\int_0^t v\mathrm{d}t$

2. 角量与线量的关系

当刚体绕固定轴转动时，尽管刚体上各质元的角位移、角速度和角加速度均相同，但由于各质元做圆周运动的半径不一定相同，因此各质元的速度和加速度的大小也不一定相同.

由前面所学质点做圆周运动的知识可知，刚体定轴转动的角速度和角加速度确定后，刚体内任一质元的速度和加速度也就可以完全确定了. 若刚体上某质元 i 到转动轴的距离为 r_i，则该质元的线速度为

$$v_i=\omega r_i \tag{3.2}$$

加速度的切向分量和法向分量分别为

$$a_{i\tau}=\alpha r_i \tag{3.3}$$

$$a_{in}=\omega^2 r_i \tag{3.4}$$

由此可见，尽管刚体是一个复杂的质点系，但引入角量后，刚体定轴转动的描述就显得十分简单. 刚体上各质元的角量(角位移、角速度、角加速度) 相同，而各质元的线量(线位移、线速度、线加速度) 大小与质元到转动轴的距离成正比.

3.2 力矩 刚体定轴转动的转动定律

力是使物体平动状态发生改变的原因，而力矩是使物体转动状态发生改变的原因. 本节先介绍力矩的概念，然后讨论刚体做定轴转动时的动力学关系.

3.2.1 力矩

力矩可分为力对点的力矩和力对轴的力矩. 在此，先分析力对某固定点的力矩.

如图 3.5 所示，$\boldsymbol{r}$ 为由固定点 O 指向力 $\boldsymbol{F}$ 的作用点的矢径，φ 为 $\boldsymbol{r}$ 与 $\boldsymbol{F}$ 的夹角. 力 $\boldsymbol{F}$ 对 O 点的力矩的大小等于此力和力臂的乘积，即

$$M=Fr\sin\varphi \tag{3.5}$$

力矩是矢量，定义为

$$\boldsymbol{M}=\boldsymbol{r}\times\boldsymbol{F} \tag{3.6a}$$

即 $\boldsymbol{M}$ 的方向垂直于 $\boldsymbol{r}$ 和 $\boldsymbol{F}$ 所确定的平面，其指向用右手螺旋定则确定.

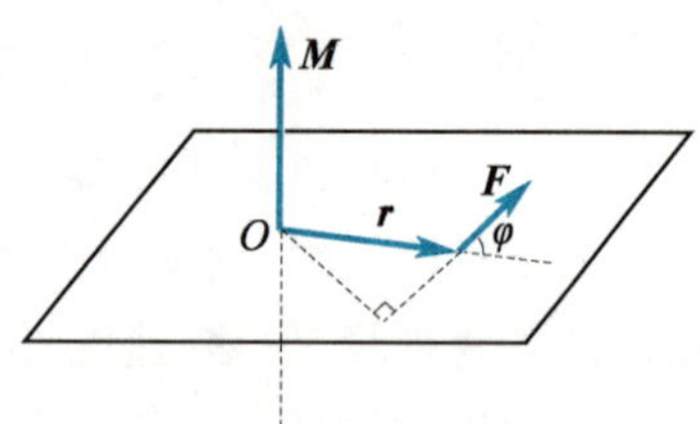

图 3.5 力对点的力矩

$\boldsymbol{M}$ 在直角坐标系中各坐标轴上的分量为

$$\begin{cases}M_x=yF_z-zF_y\\M_y=zF_x-xF_z\\M_z=xF_y-yF_x\end{cases} \tag{3.6b}$$

M_x、M_y、M_z 分别称为对 x 轴、y 轴、z 轴的力矩.

力 $\boldsymbol{F}$ 对固定点 O 的力矩为零有两种情况：一是力 $\boldsymbol{F}$ 等于零；二是力 $\boldsymbol{F}$ 的作用线与矢径 $\boldsymbol{r}$ 共线(力 $\boldsymbol{F}$ 的作用线穿过 O 点)，此时 $\sin\varphi=0$. 如果一个物体所受的力始终指向(或背离) 某一固定点，这种力称为**有心力**，此固定点称为**力心**. 显然，有心力 $\boldsymbol{F}$ 与矢径 $\boldsymbol{r}$ 是共线的. 因此，**有心力对力心的力矩恒为零**.

刚体做定轴转动时，刚体所受合外力对轴上一点的力矩在该轴上的投影为力对轴的力矩. 不难证明，力对轴的力矩为零也有两种情况：一是力的作用线与轴平行；二是力的作用线与轴相交. 掌握这些特点，对后面讲到的判断系统是否满足角动量守恒的条件，非常方便.

在国际单位制中，力矩的单位名称是牛[顿] 米，符号是 N · m.

3.2.2 刚体定轴转动的转动定律

理论与实践证明，当刚体绕固定轴转动时，作用在刚体上的力，若其作用线与转动轴平行，或其作用线的延长线与转动轴相交，则该力对转动轴的力矩为零，即该力对转动轴没有转动效应. 只有力的作用线在转动平面内而又不与轴相交的力才对转动轴产生力矩，从而使刚体转动状态发生改变. 因此，在研究引起做定轴转动刚体的转动状态发生改变的原因时，只需考虑外力在转动平面内的分量对转动轴的力矩.

刚体定轴转动的转动惯量和转动定律

如图 3.6 所示，刚体绕定轴 z 转动. 在刚体上任取一质元 Δm_i，它绕 z 轴做圆周运动的轨道的半径为 r_i，设它所受的合外力在转动平面内的分量为 $\boldsymbol{F}_i$，刚体内其他质元对 Δm_i 作用的合内力在转动平面内的分量为 $\boldsymbol{f}_i$，它们与矢径 $\boldsymbol{r}_i$ 的夹角分别为 φ_i 和 θ_i. 设刚体绕定轴转动的角速度和角加速度分别为 ω 和 α. 根据牛顿第二定律，采用自然坐标系，可得质元 Δm_i 的法向方程和切向方程分别为

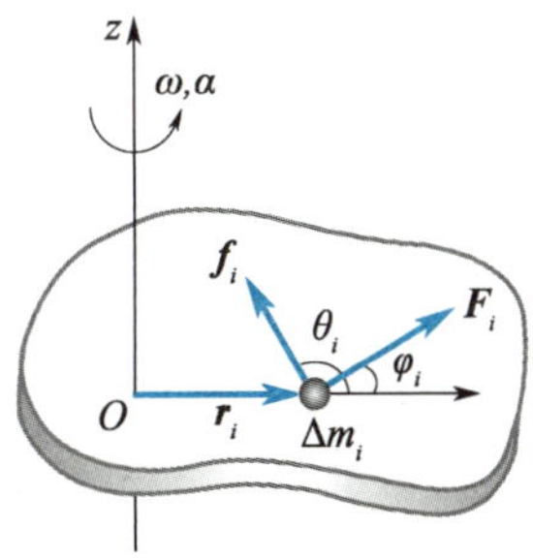

图 3.6 推导转动定律示意图

$$-(F_i\cos\varphi_i + f_i\cos\theta_i) = \Delta m_i a_{in} = \Delta m_i r_i\omega^2$$

$$F_i\sin\varphi_i + f_i\sin\theta_i = \Delta m_i a_{i\tau} = \Delta m_i r_i\alpha$$

式中，$a_{in} = r_i\omega^2$，$a_{i\tau} = r_i\alpha$ 分别是质元的加速度的法向分量和切向分量. 由于向心力的作用线穿过转动轴，其力矩为零，所以法向方程不予考虑，只讨论切向方程. 将切向方程的两端分别乘以 r_i，可得

$$F_i r_i\sin\varphi_i + f_i r_i\sin\theta_i = \Delta m_i r_i^2\alpha \tag{3.7}$$

式中，左端第一项和第二项分别为外力和内力对转动轴的力矩. 由于在定轴转动中，力矩的方向只可能沿转动轴的正方向或负方向，因此，当有几个力同时作用在刚体上时，这些力对转动轴的力矩的矢量和就可用代数和来计算. 利用式(3.7) 对刚体的所有质元进行相关计算，并考虑到各质元的角加速度相同，有

$$\sum_i F_i r_i\sin\varphi_i + \sum_i f_i r_i\sin\theta_i = \left(\sum_i \Delta m_i r_i^2\right)\alpha \tag{3.8}$$

由于内力总是成对出现，而且可以证明每对内力对同一轴的力矩之和必定为零. 因此式(3.8) 中左端第二项为零.

令 $M = \sum_i F_i r_i\sin\varphi_i$，则 M 表示作用在刚体上的所有外力的力矩的和，称为合外力矩.

令
$$J = \sum_i \Delta m_i r_i^2 \tag{3.9}$$

则 J 与刚体的运动及所受的外力无关，仅由各质元相对于转动轴的分布决定，称 J 为刚体绕轴转动的**转动惯量**.

于是式(3.8) 可表示为

$$M = J\alpha \tag{3.10}$$

式(3.10) 表示：刚体绕定轴转动时，作用于刚体上的合外力矩等于刚体对转动轴的转动惯量与角加速度的乘积. 或者说，**绕定轴转动的刚体的角加速度与作用于刚体上的合外力矩成正比，与刚体的转动惯量成反比**. 这就是**刚体定轴转动的转动定律**.

转动定律是力矩的瞬时作用规律. 式(3.10) 中各量均是对同一刚体、同一转动轴而言的. 转动定律在定轴转动中的地位相当于牛顿第二定律在平动中的地位.

3.2.3 转动惯量

由式(3.10) 可知，当将相同的外力矩作用于两个转动惯量大小不同的刚体时，转动惯量大的刚体获得的角加速度反而小，这说明刚体转动惯量越大，其原有的转动状态越难改变，转动惯量是刚体转动时惯性大小的量度. 下面就来讨论如何计算刚体的转动惯量.

根据转动惯量的定义式，可知刚体的转动惯量就是组成刚体的各质元的质量与其到转动轴的距离的平方的乘积之和.

如果是单个质点绕某轴转动，其转动惯量为

$$J = mr^2$$

如果是分立质点组成的质点系绕同一轴转动，其转动惯量为

$$J = \sum_i m_i r_i^2$$

如果是质量连续分布的刚体绕同一轴转动，其转动惯量为

$$J = \int_m r^2 \mathrm{d}m \tag{3.11}$$

以上各式中的 r 均应理解成质点(或质元) 到转动轴的距离.

转动惯量的单位名称是千克二次方米，符号是 kg · m².

例 3.1

如图 3.7 所示，求质量为 m、长为 l 的均匀细棒的转动惯量. (1) 转动轴通过棒的中心并与棒垂直；(2) 转动轴通过棒的一端并与棒垂直.

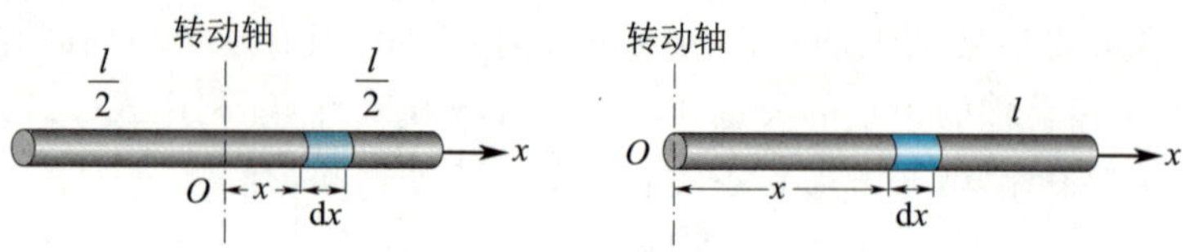

图 3.7 例 3.1 图

解 (1) 转动轴通过棒的中心并与棒垂直.

在棒上任取一质元，其长度为 dx，到转动轴 O 的距离为 x，设棒的线密度(即单位长度上的质量) 为 $\lambda = \frac{m}{l}$，则该质元的质量 $\mathrm{d}m = \lambda \mathrm{d}x$. 该质元对中心轴的转动惯量为

$$\mathrm{d}J = x^2 \mathrm{d}m = \lambda x^2 \mathrm{d}x$$

整个棒对中心轴的转动惯量为

$$J = \int \mathrm{d}J = \int_{-\frac{l}{2}}^{\frac{l}{2}} \lambda x^2 \mathrm{d}x = \frac{1}{12} m l^2$$

(2) 转动轴通过棒的一端并与棒垂直时，整个棒对该转动轴的转动惯量为

$$J = \int_0^l \lambda x^2 \mathrm{d}x = \frac{1}{3}\lambda l^3 = \frac{1}{3} m l^2$$

由此可以看出，同一均匀细棒，转动轴位置不同，转动惯量也不同.

例 3.2

质量均为 m、半径均为 R 的细圆环和均匀圆盘，分别绕通过各自中心并与圆面垂直的轴转动，求细圆环和圆盘的转动惯量.

解 (1) 求质量为 m、半径为 R 的细圆环对中心轴的转动惯量. 如图 3.8(a) 所示，在环上任取一质元，

其质量为 $\mathrm{d}m$，该质元到转动轴的距离为 R，则该质元对转动轴的转动惯量为

$$\mathrm{d}J = R^2\mathrm{d}m$$

考虑到所有质元到转动轴的距离均为 R，所以细圆环对中心轴的转动惯量为

$$J = \int \mathrm{d}J = \int_m R^2\mathrm{d}m = R^2\int_m \mathrm{d}m = mR^2$$

(2) 求质量为 m、半径为 R 的圆盘对中心轴的转动惯量. 整个圆盘可以看成由许多半径不同的同心圆环构成. 为此，在到转动轴的距离为 r 处取一小圆环，如图 3.8(b) 所示，其面积为 $\mathrm{d}S = 2\pi r\mathrm{d}r$. 设圆盘的面密度(单位面积上的质量) $\sigma = m/(\pi R^2)$，则小圆环的质量 $\mathrm{d}m = \sigma\mathrm{d}S = \sigma 2\pi r\mathrm{d}r$，该小圆环对中心轴的转动惯量为

$$\mathrm{d}J = r^2\mathrm{d}m = 2\pi\sigma r^3\mathrm{d}r$$

则整个圆盘对中心轴的转动惯量为

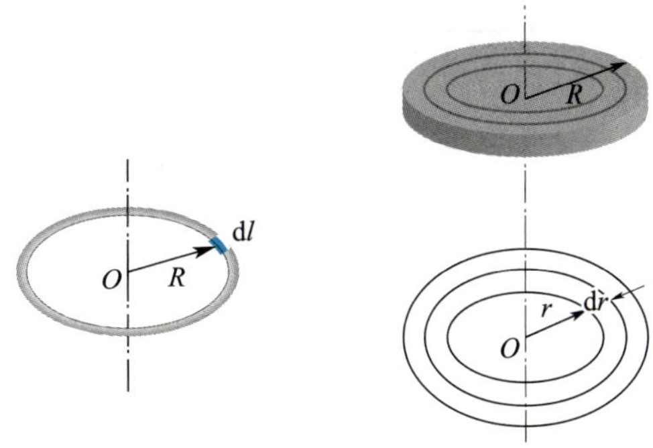

(a) (b)

图 3.8 例 3.2 图

$$J = \int \mathrm{d}J = \int_0^R 2\pi\sigma r^3\mathrm{d}r = \frac{1}{2}\sigma\pi R^4 = \frac{1}{2}mR^2$$

以上计算结果表明，质量相同、转动轴位置相同的刚体，由于质量分布不同，因此转动惯量不同.

由以上两例可以归纳出，刚体转动惯量的大小与三个因素有关：① 与刚体的总质量有关；② 与刚体质量对轴的分布有关，质量分布离轴越远，转动惯量越大；③ 与轴的位置有关，质量分布均匀的物体，其对中心轴的转动惯量最小.

上述计算方法只适用于形状规则的刚体. 对于形状不规则的刚体，可以用实验方法测定其转动惯量. 表 3.1 列出了几种质量分布均匀、具有简单几何形状的刚体对于不同轴的转动惯量.

表 3.1 刚体的转动惯量

刚体形状	转动惯量	刚体形状	转动惯量
圆环 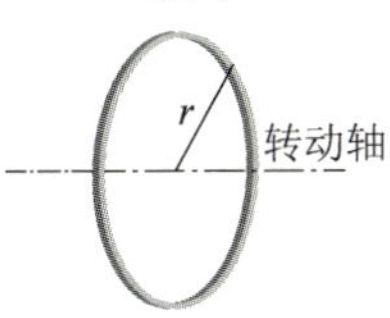	转动轴通过中心且与环面垂直 $J = mr^2$	圆环 转动轴 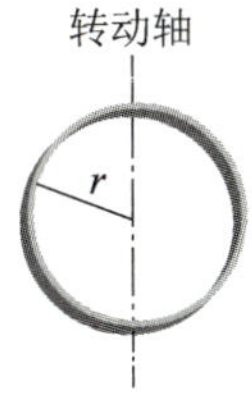	转动轴沿直径 $J = \frac{mr^2}{2}$
薄圆盘 转动轴 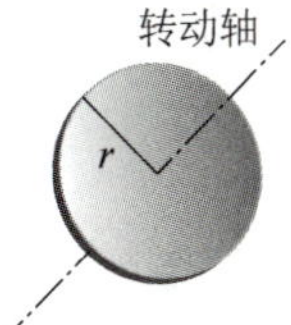	转动轴通过中心且与盘面垂直 $J = \frac{mr^2}{2}$	圆筒 转动轴 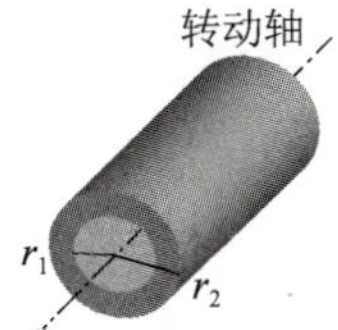	转动轴沿几何轴 $J = \frac{m}{2}(r_1^2 + r_2^2)$

续表

刚体形状	转动惯量	刚体形状	转动惯量
圆柱体 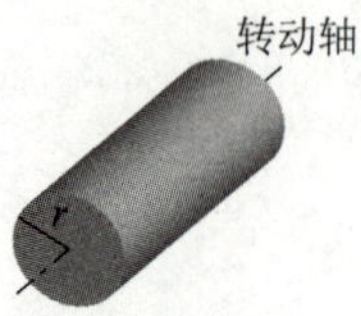	转动轴沿几何轴 $J=\frac{mr^2}{2}$	圆柱体 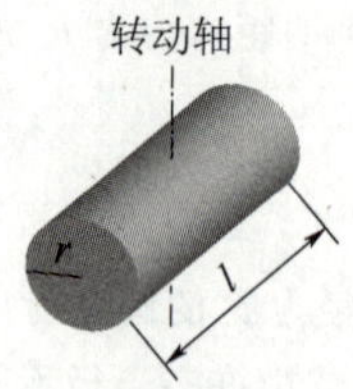	转动轴通过中心且与几何轴垂直 $J=\frac{mr^2}{4}+\frac{ml^2}{12}$
细棒 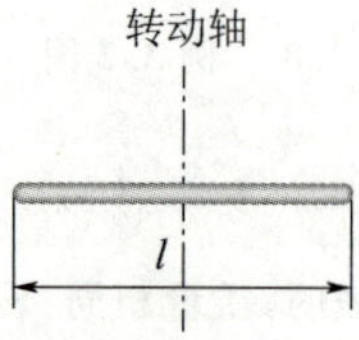	转动轴通过中心且与棒垂直 $J=\frac{ml^2}{12}$	细棒 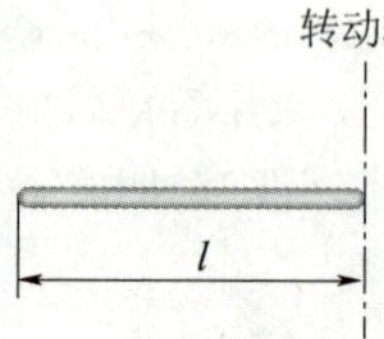	转动轴通过端点且与棒垂直 $J=\frac{ml^2}{3}$
球体 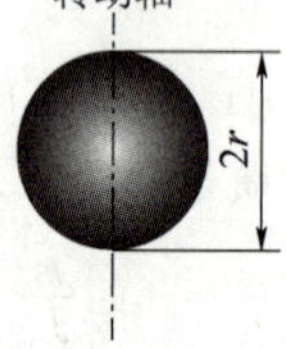	转动轴沿直径 $J=\frac{2mr^2}{5}$	球壳 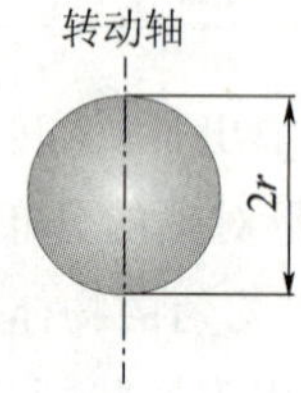	转动轴沿直径 $J=\frac{2mr^2}{3}$

3.2.4 转动定律的应用

运用刚体的定轴转动定律，结合牛顿运动定律，可以讨论许多有关转动的动力学问题. 值得注意的是，由于角加速度具有瞬时性，所以式(3.10) 和牛顿第二定律一样都是瞬时方程，它只能确定某一时刻刚体所受力矩与其角加速度之间的关系. 因此，根据角加速度的定义，式(3.10) 也可表示为

$$M=J\alpha=J\frac{\mathrm{d}\omega}{\mathrm{d}t} \tag{3.12}$$

例 3.3 如图 3.9(a) 所示，质量均为 m 的两物体 A、B，A 放在倾角为 θ 的光滑斜面上，通过定滑轮由不可伸长的轻绳与 B 相连. 定滑轮是半径为 R 的圆盘，其质量也为 m. 物体运动时，绳与定滑轮无相对滑动. 求绳中张力 $\boldsymbol{T}_1$ 和 $\boldsymbol{T}_2$ 及物体的加速度的大小(轮轴光滑).

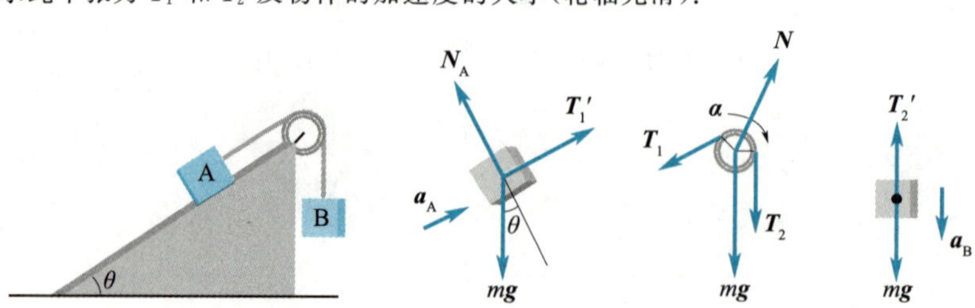

(a)　　　(b)

图 3.9　例 3.3 图

解 物体 A、B 及定滑轮受力图如图 3.9(b) 所示. 对于做平动的物体 A、B,由牛顿第二定律得

$$T_1' - mg\sin\theta = ma_A$$

$$mg - T_2' = ma_B$$

又 $$T_1' = T_1,\quad T_2' = T_2$$

对定滑轮,由转动定律得

$$T_2R - T_1R = J\alpha$$

由于绳不可伸长,所以

$$a_A = a_B = R\alpha$$

又 $$J = \frac{1}{2}mR^2$$

联立以上各式得

$$T_1 = \frac{2+3\sin\theta}{5}mg$$

$$T_2 = \frac{3+2\sin\theta}{5}mg$$

$$a_A = a_B = \frac{2(1-\sin\theta)}{5}g$$

例 3.4 转动着的飞轮的转动惯量为 J,在 $t=0$ 时角速度为 ω_0. 此后飞轮经历制动过程,阻力矩 $\boldsymbol{M}$ 的大小与角速度 ω 的平方成正比,比例系数为 k(k 为大于零的常数). 当 $\omega = \frac{1}{3}\omega_0$ 时,飞轮的角加速度是多少? 从开始制动到此时经历的时间是多少?

解 由题意知 $M = -k\omega^2$,故由转动定律有

$$-k\omega^2 = J\alpha$$

即 $$\alpha = -\frac{k\omega^2}{J}$$

将 $\omega = \frac{1}{3}\omega_0$ 代入,求得这时飞轮的角加速度为

$$\alpha = -\frac{k\omega_0^2}{9J}$$

为求从开始制动到此时经历的时间 t,可将转动定律写成微分方程的形式,即

$$M = J\alpha = J\frac{d\omega}{dt}$$

$$-k\omega^2 = J\frac{d\omega}{dt}$$

分离变量,并考虑到 $t=0$ 时 $\omega=\omega_0$,两边积分得

$$\int_{\omega_0}^{\frac{1}{3}\omega_0}\frac{d\omega}{\omega^2} = -\int_0^t \frac{k}{J}dt$$

解得 $$t = \frac{2J}{k\omega_0}$$

3.3 转动动能 刚体定轴转动的动能定理

3.3.1 转动动能

刚体绕定轴转动时的动能,称为**转动动能**. 设刚体以角速度 ω 绕定轴转动,其中每一质元都在各自的转动平面内以角速度 ω 做圆周运动. 设第 i 个质元的质量为 Δm_i,到轴的距离为 r_i,它的线速度为 $v_i = r_i\omega$,则质元 i 的动能为 $\frac{1}{2}\Delta m_i v_i^2 = \frac{1}{2}\Delta m_i(r_i\omega)^2$,整个刚体的转动动能为

$$E_k = \sum_{i=1}^{n}\frac{1}{2}\Delta m_i r_i^2\omega^2 = \frac{1}{2}\left(\sum_{i=1}^{n}\Delta m_i r_i^2\right)\omega^2 = \frac{1}{2}J\omega^2 \qquad (3.13)$$

这说明:**刚体绕定轴转动时的转动动能等于刚体的转动惯量与角速度平方的乘积的二分之一**. 与物体的平动动能(质点的动能)$\frac{1}{2}mv^2$ 相比较,二者在形式上十分相似.

其中转动惯量与质量相对应，角速度与线速度对应. 由于转动惯量与轴的位置有关，因此，转动动能也与轴的位置有关.

3.3.2 力矩的功

如图 3.10 所示，设在转动平面内的外力 $\boldsymbol{F}_i$ 作用于 P 点（注：此处之所以不考虑内力的功，是因为一对内力做的功之和仅与相对位移有关，而刚体各质元之间不存在相对位移，内力做的功之和始终为零），经 $\mathrm{d}t$ 时间后 P 点沿一圆周轨道移动了 $\mathrm{d}s_i$ 弧长，矢径 $\boldsymbol{r}_i$ 扫过 $\mathrm{d}\theta$ 角，则有 $|\mathrm{d}\boldsymbol{r}_i| = \mathrm{d}s_i = r_i\mathrm{d}\theta$，由功的定义式(2.24) 有

$$\mathrm{d}W_i = F_{\tau i}\mathrm{d}s_i = F_{\tau i}r_i\mathrm{d}\theta = M_i\mathrm{d}\theta$$

式中，$F_{\tau i} = F_i\cos\alpha_i$，$M_i = F_{\tau i}r_i$. 然后关于 i 求和，得

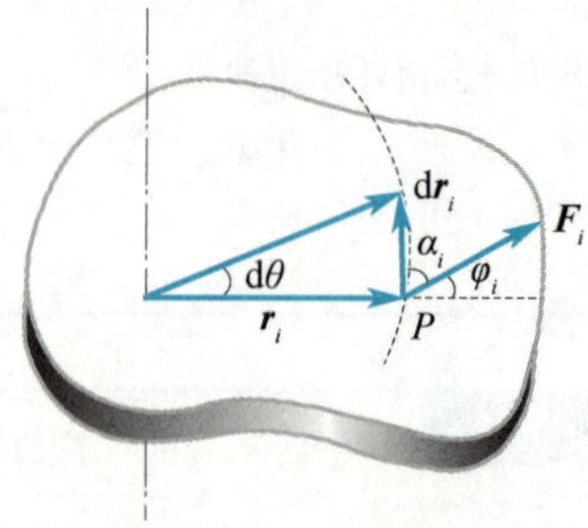

图 3.10 力矩的功

$$\mathrm{d}W = \left(\sum_{i=1}^{n} M_i\right)\mathrm{d}\theta = M\mathrm{d}\theta \tag{3.14}$$

式中，M 为作用于刚体上的外力矩的大小之和. 式(3.14) 说明，力矩所做的元功等于力矩和角位移的乘积. 当刚体在力矩 $\boldsymbol{M}$ 的作用下由 θ_1 转到 θ_2 时，力矩做的功为

$$W = \int_{\theta_1}^{\theta_2} M\mathrm{d}\theta \tag{3.15}$$

力矩的功率为

$$P = \frac{\mathrm{d}W}{\mathrm{d}t} = M\frac{\mathrm{d}\theta}{\mathrm{d}t} = M\omega \tag{3.16}$$

当功率一定时，力矩与角速度成反比.

3.3.3 刚体定轴转动的动能定理

如果将转动定律写成如下形式：

$$M = J\alpha = J\frac{\mathrm{d}\omega}{\mathrm{d}t} = J\frac{\mathrm{d}\omega}{\mathrm{d}\theta}\frac{\mathrm{d}\theta}{\mathrm{d}t} = J\omega\frac{\mathrm{d}\omega}{\mathrm{d}\theta}$$

刚体定轴转动的功能推导

分离变量并积分，又因为 $\theta = \theta_1$ 时 $\omega = \omega_1$，$\theta = \theta_2$ 时 $\omega = \omega_2$，所以

$$\int_{\theta_1}^{\theta_2} M\mathrm{d}\theta = \int_{\omega_1}^{\omega_2} J\omega\mathrm{d}\omega$$

于是

$$\int_{\theta_1}^{\theta_2} M\mathrm{d}\theta = \frac{1}{2}J\omega_2^2 - \frac{1}{2}J\omega_1^2 \tag{3.17}$$

此式表明，**合外力矩对定轴转动的刚体所做的功等于刚体转动动能的增量**. 这就是**刚体定轴转动的动能定理**.

例 3.5

如图 3.11 所示，一根质量为 m、长为 l 的均匀细棒 OA，可绕固定点 O 在竖直平面内转动. 今使细棒从水平位置开始自由下摆，求细棒摆到与水平位置成 30° 角时中心点 C 和端点 A 的速度大小.

解 细棒受力如图 3.11 所示，其中重力 $\boldsymbol{G}$ 对 O 轴的力矩的大小为 $mg\dfrac{l}{2}\cos\theta$，是 θ 的函数，轴的支持力对 O 轴的力矩为零. 由转动动能定理，有

$$\int_0^{\frac{\pi}{6}} mg\frac{l}{2}\cos\theta\mathrm{d}\theta = \frac{1}{2}J\omega^2 - \frac{1}{2}J\omega_0^2 = \frac{1}{2}J\omega^2 \quad ①$$

等式左边的积分为重力矩的功，而

$$W_G = \int_0^{\frac{\pi}{6}} mg\frac{l}{2}\cos\theta\mathrm{d}\theta = \frac{l}{4}mg = -mg(h_{C末} - h_{C初})$$

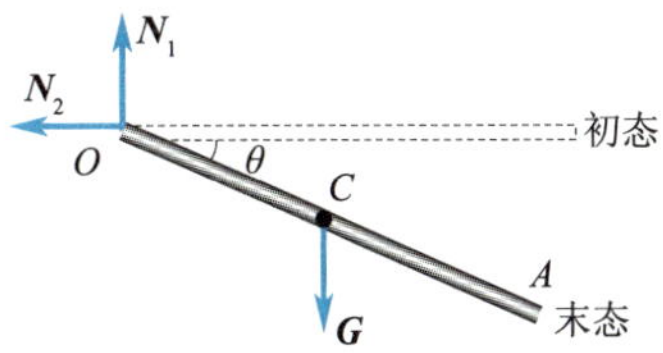

图 3.11 例 3.5 图

式中，$h_{C初}$ 和 $h_{C末}$ 分别为初态和末态细棒的质心所在处相对细棒的质心 C 在最低点（细棒在竖直位置处）的高度. 这说明，重力矩所做的功，也等于细棒的质心 C 的重力势能增量的负值. 可以证明：刚体的重力势能等于将刚体的全部质量都集中在质心处时所具有的重力势能，而与刚体的方位无关. **即刚体的重力势能可表示为 mgh_C，h_C 表示质心相对重力势能的零势能点的高度.** 因此，对于刚体，同样可引入机械能守恒定律，其守恒条件与质点系的条件相同.

将 $W_G = mg\dfrac{l}{4}$ 及 $J = \dfrac{1}{3}ml^2$ 代入式 ①，得

$$\omega = \sqrt{\frac{3g}{2l}}$$

则中心点 C 和端点 A 的速度大小分别为

$$v_C = \omega\frac{l}{2} = \frac{1}{4}\sqrt{6gl}$$

$$v_A = \omega l = \frac{1}{2}\sqrt{6gl}$$

例 3.6 如图 3.12 所示，两物体的质量分别为 m_1 和 m_2，且 $m_1 > m_2$，开始时两物体处于同一高度. 两定滑轮的质量分别为 M_1 和 M_2，半径分别为 R_1 和 R_2，质量均匀分布. 绳轻且不可伸长，绳与定滑轮间无相对滑动，定滑轮轴承光滑. 试求当物体 m_1 下降了 x 距离时两物体的速度和加速度的大小.

解 以两物体、两定滑轮、地球为一系统，$W_{外} = 0$，$W_{内非} = 0$，故机械能守恒. 以物体 m_1 下降 x 距离时的位置为重力势能的零势能点，则有

$$m_1gx + m_2gx = m_2g2x + \frac{1}{2}m_1v^2 + \frac{1}{2}m_2v^2 + \frac{1}{2}J_1\omega_1^2 + \frac{1}{2}J_2\omega_2^2$$

由于 $v = \omega_1R_1 = \omega_2R_2$，$J_1 = \dfrac{1}{2}M_1R_1^2$，$J_2 = \dfrac{1}{2}M_2R_2^2$，可解得

$$v = 2\sqrt{\frac{(m_1 - m_2)gx}{2(m_1 + m_2) + M_1 + M_2}}$$

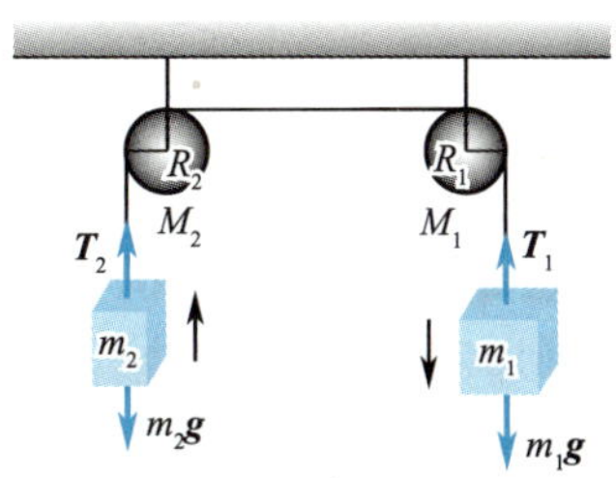

图 3.12 例 3.6 图

由于运动过程中物体所受合力为恒力，a 为常数，$v^2 = 2ax$，故有

$$a = \frac{2(m_1 - m_2)g}{2(m_1 + m_2) + M_1 + M_2}$$

3.4 刚体定轴转动的角动量定理和角动量守恒定律

在研究物体的平动问题时，我们用物体的动量来描述物体的运动状态. 当研究物体的转动问题，如研究匀质飞轮绕通过其中心并垂直于飞轮平面的定轴转动问题时，虽然飞轮在转动，但按质点系动量的定义，它的总动量为零. 这说明仅用动量来

描述物体的机械运动是不够的. 因此，还有必要引进另一个物理量 —— 角动量来描述物体的机械运动. 角动量的概念与动量、能量的概念一样，也是物理学中的基本概念. 大到天体，小到电子、质子等微观粒子，对它们的运动描述和研究都经常用到角动量.

3.4.1 角动量 质点的角动量定理及角动量守恒定律

1. 质点的角动量

与质点运动时的动量类似，角动量是物体“转动运动量”的量度，是与物体的一定转动状态相联系的物理量. 这里先引入运动质点对某一固定点的角动量.

如图 3.13 所示，一个质量为 m 的质点，以速度 $\boldsymbol{v}$ 运动，其相对于固定点 O 的矢径为 $\boldsymbol{r}$，**则把质点相对于 O 点的矢径 $\boldsymbol{r}$ 与质点的动量 $m\boldsymbol{v}$ 的矢积定义为该时刻质点相对于 O 点的角动量，用 $\boldsymbol{L}$ 表示.** 即

$$\boldsymbol{L}=\boldsymbol{r}\times m\boldsymbol{v} \tag{3.18}$$

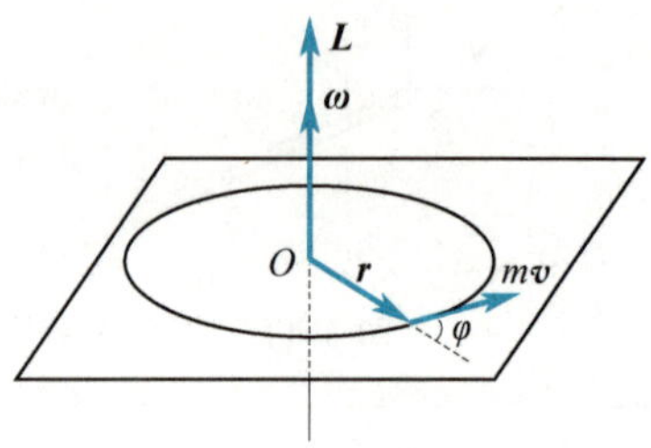

图 3.13 质点的角动量

角动量是矢量. 由矢积的定义可知，角动量 $\boldsymbol{L}$ 的方向垂直于 $\boldsymbol{r}$ 和 $m\boldsymbol{v}$ 所确定的平面，其指向可用右手螺旋定则确定. $\boldsymbol{L}$ 的大小为

$$L=rmv\sin\varphi \tag{3.19}$$

式中，φ 为 $\boldsymbol{r}$ 和 $m\boldsymbol{v}$ 间的夹角. 当质点做圆周运动时，$\varphi=\dfrac{\pi}{2}$，这时质点对圆心 O 的角动量的大小为

$$L=rmv=mr^2\omega \tag{3.20}$$

质点的角动量及角动量守恒定律

由定义式(3.18)可知，质点的角动量与质点对固定点 O 的矢径有关. 同一质点对不同固定点的位矢不同，因而角动量也不同. 因此，在讲质点的角动量时，必须指明是对哪一个给定点而言的.

由式(3.18)容易推出，在直角坐标系中，角动量 $\boldsymbol{L}$ 对各坐标轴的分量为

$$\begin{cases}L_x=yp_z-zp_y\\L_y=zp_x-xp_z\\L_z=xp_y-yp_x\end{cases} \tag{3.21}$$

猫从高处落下后为什么不会受伤?

它们分别称为角动量 $\boldsymbol{L}$ 在 x 轴、y 轴、z 轴上的分量式，或称为对 x 轴、y 轴、z 轴的角动量.

在国际单位制中，角动量的单位名称是千克二次方米每秒，符号是 $\mathrm{kg\cdot m^2/s}$.

2. 质点的角动量定理

如果将质点对 O 点的角动量 $\boldsymbol{L}=\boldsymbol{r}\times m\boldsymbol{v}$ 对时间 t 求导，可得

$$\frac{\mathrm{d}\boldsymbol{L}}{\mathrm{d}t}=\frac{\mathrm{d}}{\mathrm{d}t}(\boldsymbol{r}\times m\boldsymbol{v})=\boldsymbol{r}\times\frac{\mathrm{d}(m\boldsymbol{v})}{\mathrm{d}t}+\frac{\mathrm{d}\boldsymbol{r}}{\mathrm{d}t}\times m\boldsymbol{v}$$

由于

$$\boldsymbol{F}=\frac{\mathrm{d}(m\boldsymbol{v})}{\mathrm{d}t},\quad \boldsymbol{v}=\frac{\mathrm{d}\boldsymbol{r}}{\mathrm{d}t}$$

故上式可写为

$$\frac{\mathrm{d}\boldsymbol{L}}{\mathrm{d}t} = \boldsymbol{r} \times \boldsymbol{F} + \boldsymbol{v} \times m\boldsymbol{v}$$

根据矢积的性质，$\boldsymbol{v} \times m\boldsymbol{v}$ 为零，而 $\boldsymbol{r} \times \boldsymbol{F} = \boldsymbol{M}$，于是有

$$\boldsymbol{M} = \frac{\mathrm{d}\boldsymbol{L}}{\mathrm{d}t} \tag{3.22}$$

式(3.22)说明，**作用在质点上的力矩等于质点的角动量对时间的变化率. 这就是质点角动量定理的微分形式. 其积分形式为**

$$\int_{t_0}^{t} \boldsymbol{M}\mathrm{d}t = \boldsymbol{L} - \boldsymbol{L}_0 \tag{3.23}$$

式中，$\int_{t_0}^{t} \boldsymbol{M}\mathrm{d}t$ 称为**冲量矩**. 这说明，作用于质点的冲量矩，等于质点的角动量的增量. 在运用角动量定理时，一定要注意，等式两边的力矩和角动量必须是对同一固定点而言的.

3. 质点的角动量守恒定律

由式(3.22)知，若 $\boldsymbol{M} = \boldsymbol{0}$，则

$$\boldsymbol{L} = \boldsymbol{r} \times m\boldsymbol{v} = \text{常矢量}$$

即若质点所受外力对某固定点的力矩为零，则质点对该固定点的角动量守恒，这就是质点的角动量守恒定律.

在研究天体运动和微观粒子运动时，常遇到角动量守恒的问题. 例如，地球和其他行星绕太阳的转动，太阳可看作处于静止状态，而地球和行星所受太阳的引力是有心力(力心在太阳)，因此地球、行星对太阳的角动量守恒. 又如，带电微观粒子射到质量较大的原子核附近时，该粒子所受的原子核的电场力就是有心力(力心在原子核心)，所以微观粒子在与原子核的碰撞过程中对力心的角动量守恒.

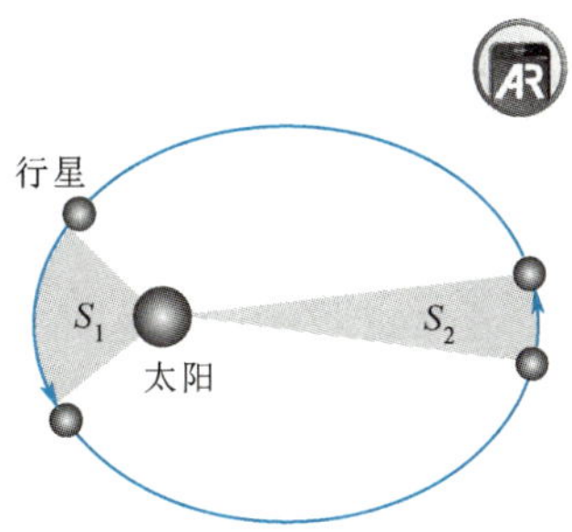

角动量守恒

例 3.7

在光滑的水平桌面上，放有质量为 M 的木块，木块与一弹簧相连，弹簧的另一端固定在 O 点，弹簧的刚度系数为 k，设有一质量为 m 的子弹以初速度 $\boldsymbol{v}_0$ 垂直于 OA 射向木块并留在木块内，如图 3.14 所示. 弹簧原长为 l_0，子弹击中木块后，木块运动到 B 点，弹簧长度变为 l，此时 OB 垂直于 OA. 求在 B 点时木块的运动速度 $\boldsymbol{v}_2$.

解 击中瞬间，在水平面内，设由子弹与木块组成的系统的速度为 $\boldsymbol{v}_1$，沿 $\boldsymbol{v}_0$ 方向动量守恒，即有

$$mv_0 = (m+M)v_1 \quad ①$$

在由 A 点运动到 B 点的过程中，系统的机械能守恒，即

$$\frac{1}{2}(m+M)v_1^2 = \frac{1}{2}(m+M)v_2^2 + \frac{1}{2}k(l-l_0)^2 \quad ②$$

在由 A 点运动到 B 点的过程中，木块在水平面内只受指向 O 点的弹性有心力，故木块对 O 点的角动量守恒. 设 $\boldsymbol{v}_2$ 与 OB 的夹角为 θ，则有

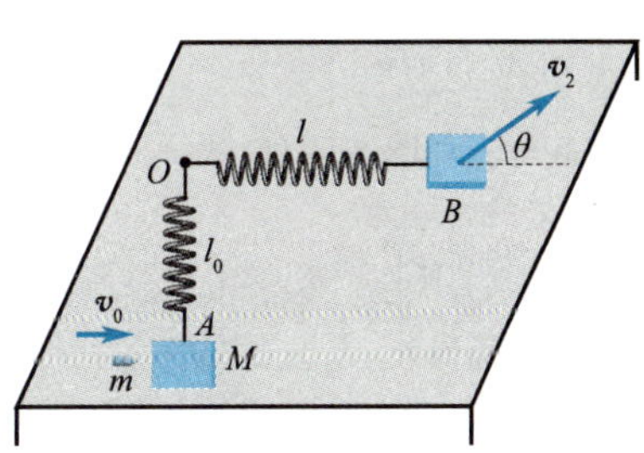

图 3.14 例 3.7 图

$$l_0(m+M)v_1 = l(m+M)v_2\sin\theta \qquad ③$$

联立①、②两式，得$\boldsymbol{v}_2$的大小为

$$v_2 = \sqrt{\frac{m^2}{(m+M)^2}v_0^2 - \frac{k(l-l_0)^2}{m+M}}$$

由式③得$\boldsymbol{v}_2$与OB的夹角为

$$\theta = \arcsin\frac{l_0 m v_0}{l\sqrt{m^2v_0^2 - k(l-l_0)^2(m+M)}}$$

例 3.8

一长为l的轻线一端固定于天花板上的B点，另一端系一质点m. 质点m在水平面内做角速度为ω的圆周运动，设圆轨道的半径为r.（1）求质点m对圆心O和悬点B的角动量$\boldsymbol{L}_O$和$\boldsymbol{L}_B$；（2）求作用在质点m上的重力$m\boldsymbol{g}$及张力$\boldsymbol{T}$对圆心O和悬点B的力矩$\boldsymbol{M}_O$和$\boldsymbol{M}_B$；（3）讨论质点m对O点或B点的角动量是否守恒（见图3.15）.

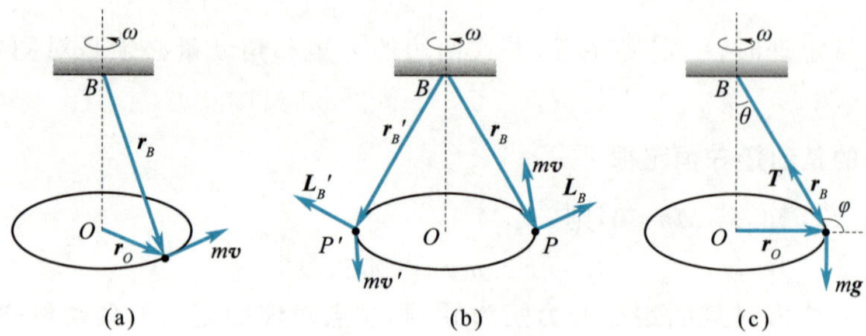

图 3.15 例 3.8 图

解 （1）在图3.15(a)中，由圆心O向质点m引矢量$\boldsymbol{r}_O$，则

$$\boldsymbol{L}_O = \boldsymbol{r}_O \times m\boldsymbol{v}$$

其方向垂直于轨道平面且沿OB方向向上，因为$\boldsymbol{r}_O \perp m\boldsymbol{v}$，所以

$$L_O = rmv = mr^2\omega$$

即质点m对圆心O的角动量$\boldsymbol{L}_O$是一个沿OB向上的大小和方向都不变的常矢量.

在图3.15(b)中，由悬点B向在某位置P处的质点m引矢径$\boldsymbol{r}_B$，则

$$\boldsymbol{L}_B = \boldsymbol{r}_B \times m\boldsymbol{v}$$

即$\boldsymbol{L}_B$的方向垂直于$\boldsymbol{r}_B$与$m\boldsymbol{v}$所确定的平面. 显然，质点m在不同的位置处，如P'点处，其矢径$\boldsymbol{r}'_B$和动量$m\boldsymbol{v}'$与$\boldsymbol{r}_B$和$m\boldsymbol{v}$均不相同，因此，其矢积$\boldsymbol{L}'_B$与$\boldsymbol{L}_B$也不相同，即$\boldsymbol{L}_B$的方向是不断变化的. 这时$\boldsymbol{L}_B$的大小为

$$|\boldsymbol{L}_B| = |\boldsymbol{r}_B||m\boldsymbol{v}|\sin\frac{\pi}{2} = lmv = mlr\omega$$

（2）质点m在如图3.15(c)所示的位置时，对于圆心O，张力$\boldsymbol{T}$的力矩为

$$\boldsymbol{M}_{T_O} = \boldsymbol{r}_O \times \boldsymbol{T}$$

其方向垂直于纸面向外，大小为

$$M_{T_O} = rT\sin\varphi = rT\cos\theta$$

因为在竖直方向上有$T\cos\theta = mg$，所以

$$M_{T_O} = rmg$$

此时重力对圆心O的力矩为

$$\boldsymbol{M}_{mg_O} = \boldsymbol{r}_O \times m\boldsymbol{g}$$

其方向垂直于纸面向里. 因为$m\boldsymbol{g}$始终垂直于轨道平面，所以$\boldsymbol{r}_O \perp m\boldsymbol{g}$，故$\boldsymbol{M}_{mg_O}$的大小为

$$M_{mg_O} = rmg$$

由上面的计算可以得出，作用在质点m上的张力$\boldsymbol{T}$和重力$m\boldsymbol{g}$对圆心O的合力矩为

$$\boldsymbol{M}_O = \boldsymbol{M}_{T_O} + \boldsymbol{M}_{mg_O} = \boldsymbol{0}$$

同样，质点m在如图3.15(c)所示的位置时，对于悬点B，张力$\boldsymbol{T}$因为与$\boldsymbol{r}_B$始终共线，故$\boldsymbol{T}$对B点的力矩为零. 而重力$m\boldsymbol{g}$对悬点B的力矩为

$$\boldsymbol{M}_{mg_B} = \boldsymbol{r}_B \times m\boldsymbol{g}$$

则

$$\boldsymbol{M}_B = \boldsymbol{M}_{T_B} + \boldsymbol{M}_{mg_B} = \boldsymbol{M}_{mg_B}$$

其方向始终垂直于$\boldsymbol{r}_B$与重力作用线$m\boldsymbol{g}$所确定的平面. 由于$\boldsymbol{r}_B$的方向在不断地变化，所以$\boldsymbol{M}_{mg_B}$的方向也在不断地变化，在如图3.15(c)所示位置，$\boldsymbol{M}_{mg_B}$的方向垂直于纸面向里.

（3）由（2）中的讨论可知，重力$m\boldsymbol{g}$和张力$\boldsymbol{T}$对圆心O的合力矩为零（实际上$m\boldsymbol{g}$与$\boldsymbol{T}$的合力构成了m做圆周运动的向心力，为有心力，其对圆心O的合力矩必定为零），所以质点m对圆心O的角动量守恒，这

与(1)中的讨论一致.

同样,由(2)中的讨论知,因为 mg 对悬点 B 的力矩的方向始终变化,即对悬点 B 的力矩不为零,故质点 m 对悬点 B 的角动量不守恒.这与前面的结果也是一致的.

3.4.2 刚体对轴的角动量 刚体定轴转动的角动量定理

1. 刚体对轴的角动量

根据前面质点对点和轴的角动量的分析,质点对某点的角动量在通过该点的任意轴上的投影称为质点对该轴的角动量.刚体是特殊的质点系,刚体定轴转动时各质元都以相同的角速度在各自的转动平面内做圆周运动.刚体对转动轴的角动量就是刚体上所有质元对转动轴的角动量之和.设质元 P 的质量为 Δm_i,其到转动轴的距离为 r_i,转动的角速度为 ω,则该质元对转动轴的圆心的角动量的大小为

$$L_i = \Delta m_i r_i^2 \omega$$

方向沿转动轴方向.对组成刚体的所有质元求和,得

$$L = \sum_i L_i = \sum_i (\Delta m_i r_i^2 \omega) = \left(\sum_i \Delta m_i r_i^2\right)\omega = J\omega \qquad (3.24)$$

式(3.24)就是刚体对轴的角动量的大小,即**刚体对某定轴的角动量的大小等于刚体对该轴的转动惯量与角速度的乘积,方向沿该转动轴,并与转动的角速度方向相同.**

2. 刚体定轴转动的角动量定理

当刚体做定轴转动时,其转动惯量保持不变.根据转动定律,有

$$M = J\alpha = J\frac{\mathrm{d}\omega}{\mathrm{d}t} = \frac{\mathrm{d}(J\omega)}{\mathrm{d}t} = \frac{\mathrm{d}L}{\mathrm{d}t}$$

即

$$M = \frac{\mathrm{d}L}{\mathrm{d}t} \qquad (3.25)$$

式(3.25)说明,**定轴转动的刚体所受的合外力矩等于此时刚体的角动量对时间的变化率**.这就是**刚体定轴转动的角动量定理.**

设 $t = t_0$ 时,$\omega = \omega_0$,$L = L_0$,把式(3.25)分离变量并积分,可得

$$\int_{t_0}^{t} M\mathrm{d}t = \int_{L_0}^{L} \mathrm{d}L = L - L_0 = J\omega - J\omega_0 \qquad (3.26)$$

式(3.26)说明,**定轴转动的刚体所受的合外力矩的冲量矩等于刚体在这段时间内对该轴的角动量的增量**.它是**刚体定轴转动的角动量定理的积分形式.**

3.4.3 刚体对轴的角动量守恒定律

由式(3.26)可知,若 $M = 0$,即刚体所受的合外力矩等于零,则有

$$J\omega = J\omega_0$$

即若外力对某轴的力矩之和为零,则该刚体对同一轴的角动量守恒.这就是**刚体定轴转动的角动量守恒定律.**

刚体对轴的角动量守恒定律

在推导式(3.25)时,我们强调了转动惯量在转动过程中是不变的.但是,可以证明,当转动的物体不能视为刚体时,即物体的转动惯量不是常数时,只要物体的各部分以同一角速度 ω 绕该轴转动,式(3.25)依然成立.其积分式相应地变为

$$\int_0^t M\mathrm{d}t = J\omega - J_0\omega_0 \qquad (3.27)$$

若物体所受合外力矩为零，即 $M=0$，则有

$$J\omega = J_0\omega_0$$

也就是说，**若外力对某轴的力矩之和为零，则该物体对同一轴的角动量守恒**. 这就是**对轴的角动量守恒定律**.

空中走钢丝时为什么要拿一根长杆？

对轴的角动量守恒定律在生产、生活中应用极广. 现仅从两方面作一些原理上的说明.

(1) 对于定轴转动的刚体，在转动过程中，若转动惯量 J 始终保持不变，只要满足合外力矩等于零，则刚体转动的角速度就不变. 即原来静止的保持静止，原来做匀角速转动的仍做匀角速转动. 例如，在飞机、火箭、轮船上用作定向装置的陀螺仪就是利用这一原理制成的.

如图 3.16 所示，陀螺仪的主要部件是绕几何对称轴高速旋转的边缘厚重的转子 D. 为了使陀螺仪的转动轴可取空间任何方位，陀螺仪设有对应三维空间坐标的三个支架 AA'、BB'、OO'. 三个支架的轴承处的摩擦极小. 当转子高速旋转时，由于摩擦力矩基本上可以忽略，因而在一个较长的时间内都可认为转子的角动量守恒. 由于转动惯量不变，因而角速度的大小、方向均不变，即 OO' 轴的方向保持不变. 这时无论怎样移动底座，也不会改变陀螺仪的自转方向，从而起到定向作用. 在航行时，只要将航行方向与陀螺仪的自转动轴方向核定，自动驾驶仪就会立即确定当前航行方向与预定方向间的偏离程度，从而及时纠正航行方向.

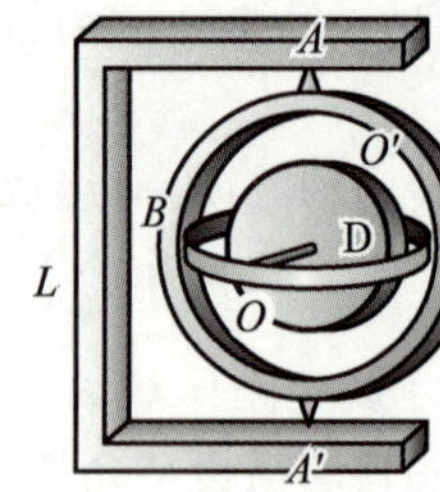

图 3.16　陀螺仪原理图

(2) 对于定轴转动的非刚性物体，物体上各质元对转动轴的距离是可以改变的，即转动惯量 J 是可变的. 当满足合外力矩等于零时，物体对轴的角动量守恒，即 $J\boldsymbol{\omega}=$ 常矢量. 这时 ω 与 J 成反比，即 J 增加时，ω 就变小；J 减少时，ω 就增大. 例如，如图 3.17 所示，一人站在可绕竖直光滑轴转动的转台上，两手各握一个哑铃，两臂伸开时他转动起来，然后他收拢两臂. 在此过程中，对竖直轴而言，没有外力矩作用，转台和人这一系统对竖直轴的角动量守恒. 所以，当两臂收拢后，J 变小了，旋转角速度就增大了. 如果将两臂伸开，J 增大了，旋转角速度又会减小. 同样，花样滑冰运动员、芭蕾舞演员在表演时，也是运用角动量守恒定律来增大或减小身体绕对称竖直轴转动的角速度的，从而做出许多优美的动作.

如果研究对象是相互关联的质点、刚体所组成的物体组，也可推得，**当物体组对某一定轴的合外力矩等于零时，整个物体组对该轴的角动量守恒**. 这时有

$$\sum J\omega + \sum r\,mv\sin\varphi' = \text{常数} \tag{3.28}$$

这个式子在解有关力学题时常常用到.

例如，由两个物体组成的系统，原来静止，总角动量为零，当通过内力使一个物体转动时，另一物体必沿反方向转动，而系统的总角动量仍为零. 这也可以用下述转台实验来验证：人站在可自由转动的转台上，手举一车轮，使轮轴与转台的转动轴重合，当用手推车轮使其转动时，人和转台就会反向转动. 在实际生活中也存在一些这样的例子. 例如，直升机在螺旋桨叶片旋转时，为防止机身的反向转动，必须在机尾

附加一侧向旋叶(见图 3.18).

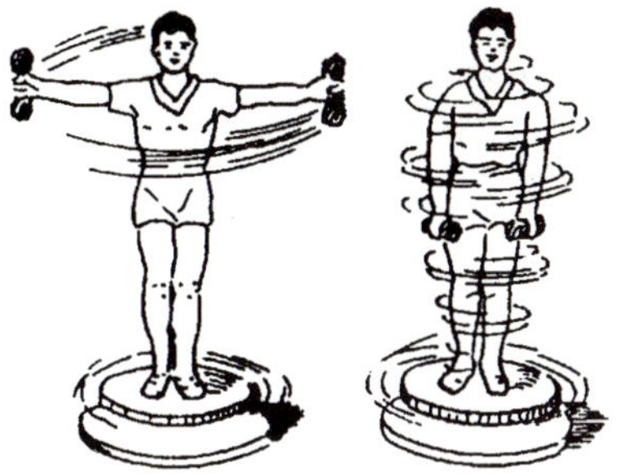

图 3.17 角动量守恒定律的演示实验

图 3.18 角动量守恒定律的应用实例

进动、岁差、章动

刚体和质点运动定理的比较

为便于读者对刚体的定轴转动有一个较系统的理解,表 3.2 列出了质点与刚体(定轴转动)力学规律的对照情况.

表 3.2 质点与刚体(定轴转动)力学规律的对照情况

质 点	刚体(定轴转动)
力 $\boldsymbol{F}$,质量 m	力矩 $\boldsymbol{M}=\boldsymbol{r}\times\boldsymbol{F}$,转动惯量 $J=\int r^2\mathrm{d}m$
牛顿第二定律 $\boldsymbol{F}=m\boldsymbol{a}$	转动定律 $\boldsymbol{M}=J\boldsymbol{\alpha}$
动量 $m\boldsymbol{v}$,冲量 $\int\boldsymbol{F}\mathrm{d}t$	角动量 $\boldsymbol{L}=J\boldsymbol{\omega}$,冲量矩 $\int\boldsymbol{M}\mathrm{d}t$
动量定理 $\int\boldsymbol{F}\mathrm{d}t=m\boldsymbol{v}-m\boldsymbol{v}_0$	角动量定理 $\int\boldsymbol{M}\mathrm{d}t=J\boldsymbol{\omega}-J_0\boldsymbol{\omega}_0$
动量守恒定律 $\sum\boldsymbol{F}_i=\boldsymbol{0}$	角动量守恒定律 $\boldsymbol{M}=\boldsymbol{0}$
$\sum m_i\boldsymbol{v}_i=$ 常矢量	$\sum J_i\boldsymbol{\omega}_i=$ 常矢量
平动动能 $\frac{1}{2}mv^2$	转动动能 $\frac{1}{2}J\omega^2$
力的功 $W=\int_a^b\boldsymbol{F}\cdot\mathrm{d}\boldsymbol{r}$	力矩的功 $W=\int_{\theta_0}^{\theta}M\mathrm{d}\theta$
动能定理 $W=\frac{1}{2}mv^2-\frac{1}{2}mv_0^2$	动能定理 $W=\frac{1}{2}J\omega^2-\frac{1}{2}J\omega_0^2$

例 3.9 质量很小、长度为 l 的均匀细棒,可绕通过中心 O 点且与纸面垂直的轴在竖直平面内转动.当细棒静止于水平位置时,有一只小虫以速率 v_0 垂直落在距 O 点 $\frac{1}{4}l$ 处,并背离 O 点向细棒的 A 端爬行,如图 3.19 所示.设小虫、细棒的质量均为 m.小虫以多大的速率向细棒的 A 端爬行,才能确保细棒以恒定的角速度转动?

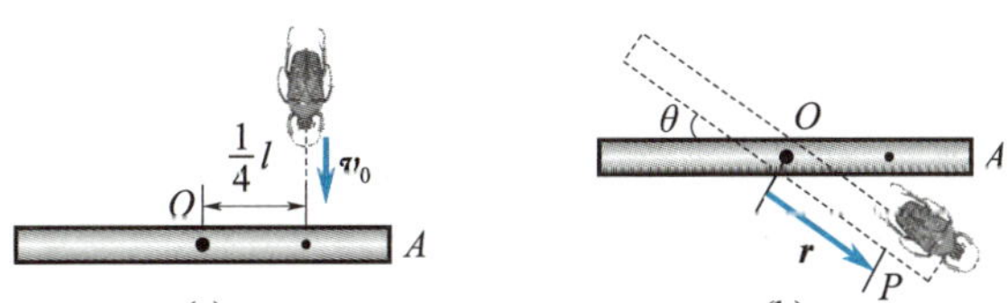

图 3.19 例 3.9 图

解 如图 3.19 所示，选择细棒中心为坐标原点，任意时刻 t 小虫所在细棒位置 P 点对坐标原点的位矢为 $\boldsymbol{r}$，小虫爬行的速率为 $\mathrm{d}r/\mathrm{d}t$.

小虫以速率 v_0 垂直落在细棒上，角动量守恒，即有

$$mv_0 l/4 = [ml^2/12 + m(l/4)^2]\omega$$

解得 $\omega = 12v_0/(7l)$，即 v_0、l 为定值时，ω 恒定.

依据角动量定理，得

$$M = \mathrm{d}L/\mathrm{d}t = \mathrm{d}(J\omega)/\mathrm{d}t = \omega \mathrm{d}J/\mathrm{d}t$$

而由小虫、细棒构成的系统所受合外力矩应为 $M = mgr\cos\theta$，转动惯量 J 为

$$J = ml^2/12 + mr^2$$

故

$$mgr\cos\theta = \omega\mathrm{d}(ml^2/12 + mr^2)/\mathrm{d}t = 2mr\omega\mathrm{d}r/\mathrm{d}t$$

再利用 $\theta = \omega t$，可得

$$v = \mathrm{d}r/\mathrm{d}t = g\cos\omega t/(2\omega) = 7lg\cos[12v_0 t/(7l)]/(24v_0)$$

例 3.10

如图 3.20 所示，质量为 m、长为 l 的均匀细棒，可绕过其一端的水平轴 O 转动. 现将细棒拉到水平位置（OA'）后放手，细棒下摆到竖直位置（OA）时，与静止放置在水平面上 A 点处的质量为 M 的物块做完全弹性碰撞，物块在水平面上向右滑行了一段距离 s 后停止. 设物块与水平面间的滑动摩擦系数 μ 处处相同，求证：

$$\mu = \frac{6m^2 l}{(m+3M)^2 s}$$

解 此题可分解为三个简单过程.

（1）细棒由水平位置下摆至竖直位置但尚未与物块相碰. 此过程机械能守恒. 以细棒、地球为一系统，以细棒的重心在竖直位置时为重力势能的零势能点，则

$$mg\frac{l}{2} = \frac{1}{2}J\omega^2 = \frac{1}{6}ml^2\omega^2 \quad ①$$

（2）细棒与物块做完全弹性碰撞. 此过程满足角动量守恒定律（并非动量守恒定律）和机械能守恒定律. 设碰撞后棒的角速度为 ω'，物块的速度为 $\boldsymbol{v}$，则

$$\frac{1}{3}ml^2\omega = \frac{1}{3}ml^2\omega' + lMv \quad ②$$

$$\frac{1}{2}\times\frac{1}{3}ml^2\omega^2 = \frac{1}{2}\times\frac{1}{3}ml^2\omega'^2 + \frac{1}{2}Mv^2 \quad ③$$

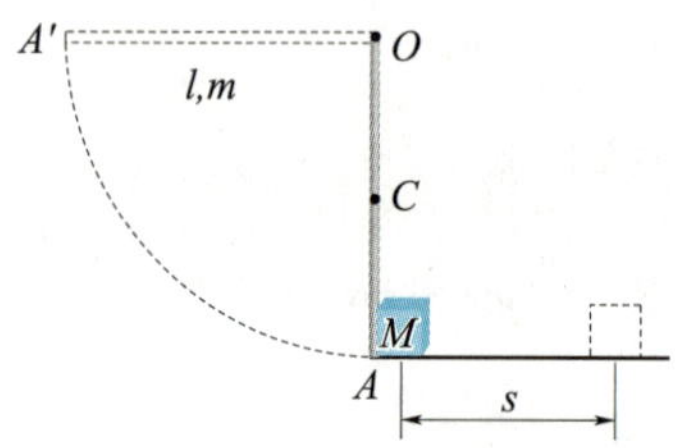

图 3.20 例 3.10 图

（3）碰撞后物块在水平面上滑行，其满足动能定理，则有

$$-\mu Mgs = 0 - \frac{1}{2}Mv^2 \quad ④$$

联立式 ①、式 ②、式 ③、式 ④，即可证：

$$\mu = \frac{6m^2 l}{(m+3M)^2 s}$$

习 题 3

习题参考答案

3.1 选择题

3.1.1 （1）有一半径为 R 的水平圆转台，可绕通过其中心的竖直固定光滑轴转动，转动惯量为 J，开始时转台以匀角速度 ω_0 转动，此时有一质量为 m 的人站在转台中心，随后人沿半径向外跑去，当人到达转台边缘时，转台的角速度为 （ ）

A. $\dfrac{J}{J+mR^2}\omega_0$. B. $\dfrac{J}{(J+m)R^2}\omega_0$. C. $\dfrac{J}{mR^2}\omega_0$. D. ω_0.

3.1.2 如题 3.1.2 图所示，一光滑的半球形碗的内表面半径为 10 cm，以匀角速度 ω 绕其对称轴 OC 旋转，已知放在碗内表面上的一个小球相对于碗静止，其位置 P 点高于碗底 4 cm，则由此可推知碗旋转的角速度约为 ( )

A. 13 rad/s.　　B. 17 rad/s.　　C. 10 rad/s.　　D. 18 rad/s.

3.1.3 如题 3.1.3 图所示，有一小块物体，置于光滑的水平桌面上，用一绳的一端连接此物体，另一端穿过桌面的小孔，该物体原以角速度 ω 在距孔 R 的圆周上转动，今将绳从小孔缓慢往下拉，则物体 ( )

A. 动能不变，动量改变.　　B. 动量不变，动能改变.

C. 角动量不变，动量不变.　　D. 角动量改变，动量改变.

E. 角动量不变，动能、动量都改变.

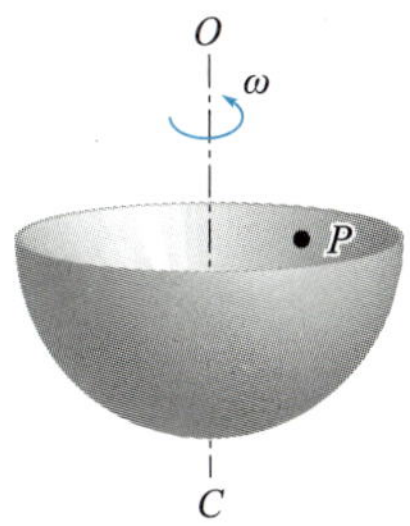

题 3.1.2 图

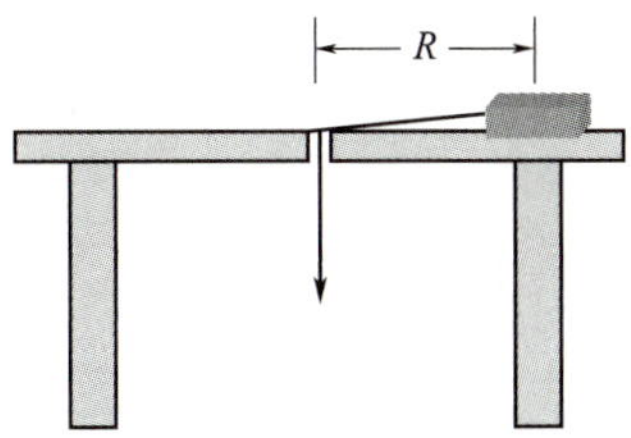

题 3.1.3 图

3.2 填空题

3.2.1 半径为 30 cm 的飞轮，从静止开始以 0.5 rad/s^2 的匀角加速度转动，则飞轮边缘上一点在飞轮转过 240° 时的切向加速度 a_τ = ________，法向加速度 a_n = ________.

3.2.2 如题 3.2.2 图所示，一匀质木球固结在一细棒下端，且可绕水平光滑固定轴 O 转动，今有一子弹沿着与水平面成一角度的方向击中木球而嵌于其中，则在此击中过程中，木球、子弹、细棒系统的________守恒，原因是________________. 木球被击中后，细棒和木球升高的过程中，木球、子弹、细棒、地球系统的________守恒.

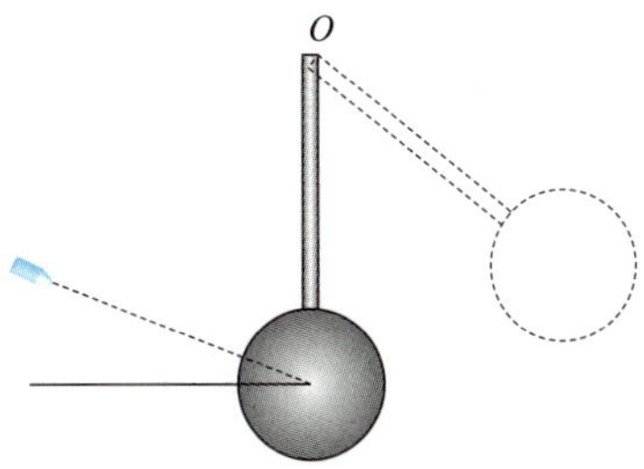

题 3.2.2 图

3.2.3 两个质量分布均匀的圆盘 A 和 B 的密度分别为 ρ_A 和 ρ_B ($\rho_A > \rho_B$)，且两圆盘的总质量和厚度均相同. 设两圆盘对通过盘心且垂直于盘面的轴的转动惯量分别为 J_A 和 J_B，则有 J_A ________ J_B（选填">"、"<"或"="）.

3.3 解答题

3.3.1 刚体平动的特点是什么？平动时刚体上的质元是否可以做曲线运动？

3.3.2 刚体定轴转动的特点是什么？刚体定轴转动时各质元的角速度、线速度、法向加速度、切向加速度是否相同？

3.3.3 刚体的转动惯量与哪些因素有关？请举例说明.

3.3.4 若刚体受到的合外力为零，其合力矩是否一定为零？若刚体受到的合力矩为零，其合外力是否一定为零？

3.3.5 一质量为 m 的质点位于 (x_1, y_1) 处，速度为 $\boldsymbol{v} = v_x\boldsymbol{i} + v_y\boldsymbol{j}$，质点受到一个沿 x 轴负方向的力 $\boldsymbol{f}$ 的作用，求相对于坐标原点的角动量及作用于质点上的力的力矩.

3.3.6 哈雷彗星绕太阳运动的轨道是一个椭圆.它到太阳的最近距离为 $r_1 = 8.75\times10^{10}$ m,在此位置时的速率 $v_1 = 5.46\times10^4$ m/s,它离太阳最远时的速率 $v_2 = 9.08\times10^2$ m/s,这时它到太阳的距离 r_2 是多少?(太阳位于椭圆的一个焦点处)

3.3.7 一物体的质量为 3 kg,$t=0$ 时位于 $\boldsymbol{r}=4\boldsymbol{i}$(m) 处,$\boldsymbol{v}=\boldsymbol{i}+6\boldsymbol{j}$(m/s),如一恒力 $\boldsymbol{f}=5\boldsymbol{j}$(N) 作用在该物体上,求 3 s 后:(1) 物体动量的变化量;(2) 相对 z 轴角动量的变化量.

3.3.8 一平板中央开一小孔,质量为 m 的小球用细线系住,细线穿过小孔后挂一质量为 M_1 的重物.小球做匀速圆周运动,当圆周半径为 r_0 时,重物达到平衡.今在 M_1 的下方再挂一质量为 M_2 的物体,如题 3.3.8 图所示.试问:这时小球做匀速圆周运动的角速度 ω' 和半径 r' 各为多少?

3.3.9 一飞轮的质量 $m=60$ kg,半径 $R=0.25$ m,绕其水平中心轴 O 转动,转速为900 r/min.现有一制动的闸杆,在闸杆的一端加一竖直方向的制动力 $\boldsymbol{F}$,可使飞轮减速.已知闸杆的尺寸如题 3.3.9 图所示,闸瓦与飞轮之间的滑动摩擦系数 $\mu=0.4$,计算飞轮的转动惯量时可将其看作匀质圆盘.

(1) 设 $F=100$ N,可使飞轮在多长时间内停止转动?在这段时间里飞轮转了几转?

(2) 如果在 2 s 内飞轮转速减少一半,需加多大的力?

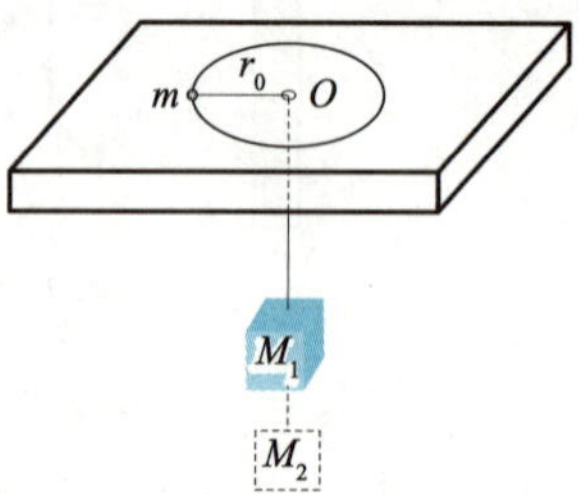

题 3.3.8 图

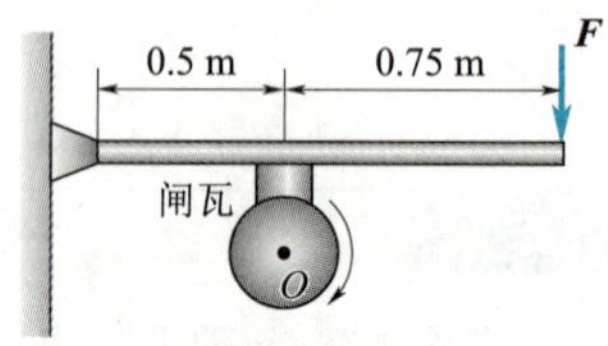

题 3.3.9 图

3.3.10 固定在一起的两个同轴均匀圆柱体可绕其光滑的水平对称轴 OO' 转动.设两个圆柱体的半径分别为 R 和 r,质量分别为 M 和 m.绕在两圆柱体上的细绳分别与物体 m_1 和 m_2 相连,m_1 和 m_2 挂在圆柱体的两侧,如题 3.3.10 图所示.设 $R=0.20$ m,$r=0.10$ m,$m=4$ kg,$M=10$ kg,$m_1=m_2=2$ kg,且开始时 m_1、m_2 离地的高度均为 $h=2$ m.求:

(1) 圆柱体转动时的角加速度;

(2) 两侧细绳的张力.

3.3.11 计算题 3.3.11 图所示的系统中物体的加速度.设滑轮为质量均匀分布的圆柱体,其质量为 M,半径为 r,在绳与轮缘的摩擦力的作用下旋转,忽略桌面与物体间的摩擦,设 $m_1=50$ kg,$m_2=200$ kg,$M=15$ kg,$r=0.1$ m.

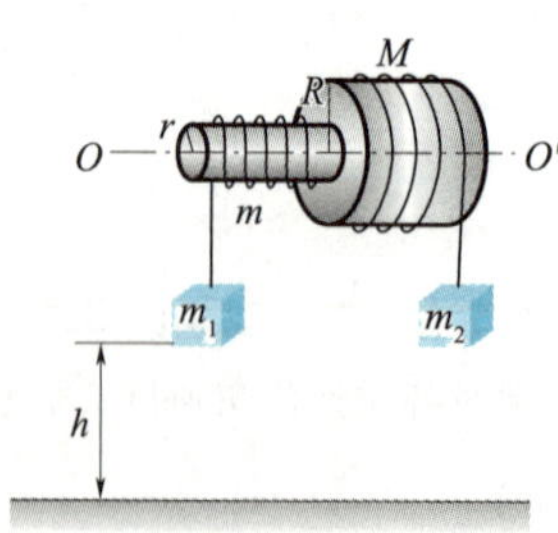

题 3.3.10 图

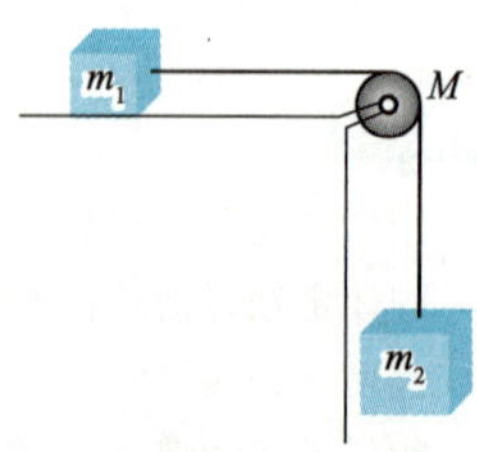

题 3.3.11 图

3.3.12 如题 3.3.12 图所示,一匀质细杆的质量为 m,长为 l,可绕过一端 O 的水平轴自由转动,杆于水平位置由静止开始摆下.求:

(1) 初始时刻杆的角加速度;

(2) 杆转过角度 θ 时的角速度.

3.3.13 如题 3.3.13 图所示，质量为 M、长为 l 的均匀直棒，可绕垂直于棒一端的水平轴 O 无摩擦地转动，它原来静止在平衡位置上. 现有一质量为 m 的弹性小球飞来，正好在棒的下端与棒垂直相撞. 碰撞后，棒从平衡位置处摆动到最大角度 $\theta = 30°$ 处.

(1) 设该碰撞为弹性碰撞，试计算小球的初速度 $\boldsymbol{v}_0$ 的大小；

(2) 相撞时小球受到多大的冲量？

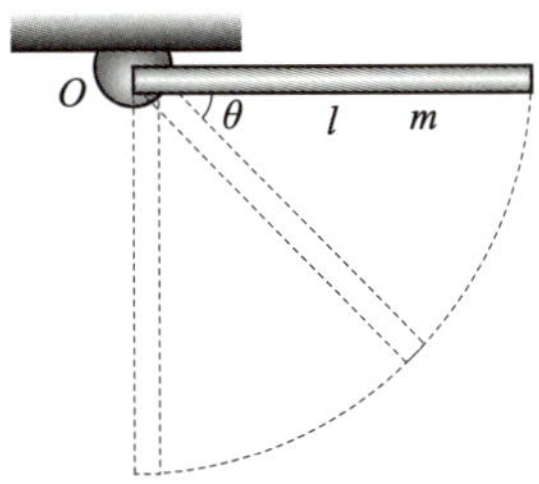

题 3.3.12 图

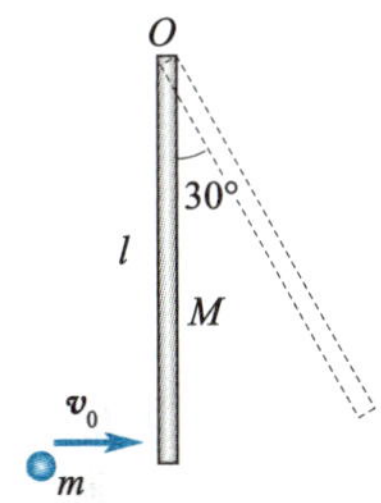

题 3.3.13 图

3.3.14 一个质量为 M、半径为 R 并以角速度 ω 旋转的飞轮(可看作匀质圆盘)，在某一瞬时突然有一片质量为 m 的碎片从飞轮的边缘上飞出，如题 3.3.14 图所示. 假定碎片脱离飞轮时的瞬时速度方向正好竖直向上.

(1) 碎片能升高多少？

(2) 求飞轮余下部分的角速度、角动量和转动动能.

3.3.15 一质量为 m、半径为 R 的自行车轮，假定质量均匀分布在轮缘上，可绕轴自由转动. 另一质量为 m_0 的子弹以速度 $\boldsymbol{v}_0$ 射入轮缘(如题 3.3.15 图所示方向).

(1) 开始时车轮是静止的，子弹射入后的角速度为多少？

(2) 用 m、m_0 和 θ 表示系统(包括车轮和子弹) 的末动能和初动能之比.

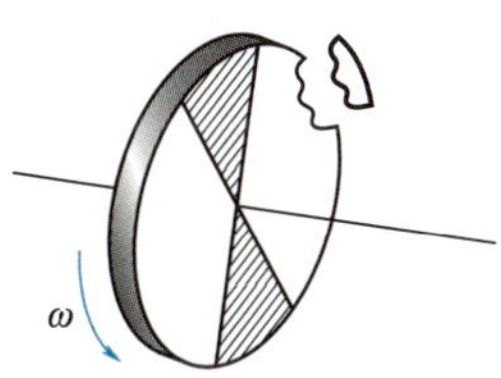

题 3.3.14 图

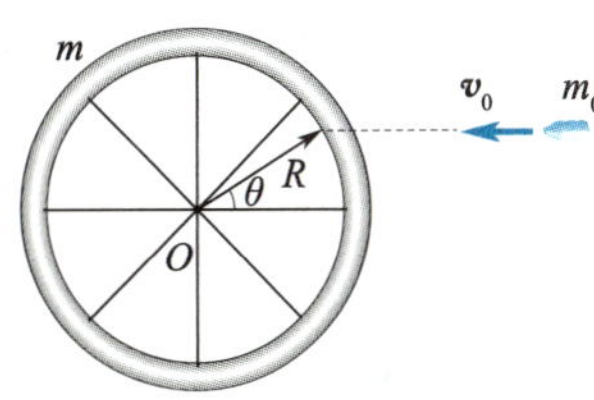

题 3.3.15 图

3.3.16 弹簧、定滑轮和物体的连接如题 3.3.16 图所示，弹簧的刚度系数为 2.0 N/m；定滑轮可以绕轴自由转动，其转动惯量为 0.5 kg · m^2，半径为 0.30 m，当质量为 6.0 kg 的物体落下0.40 m时，它的速率为多大？假设开始时物体静止且弹簧无伸长.

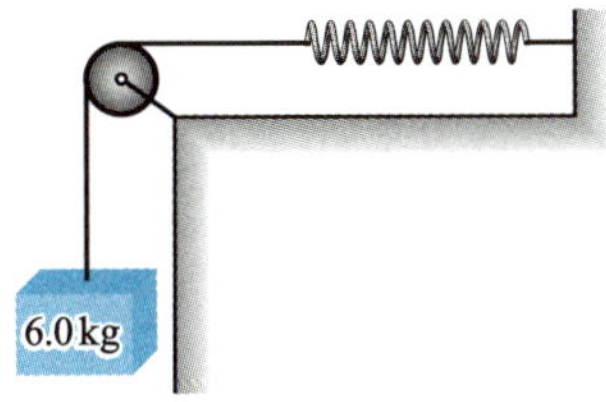

题 3.3.16 图

第 4 章 狭义相对论

本章提要

广义相对论

相对论和量子论是近代物理学的两大理论支柱，是现代高新技术的理论基础.

相对论是关于时间、空间和物质运动关系的理论，通常包括两部分：狭义相对论(又称特殊相对论）和广义相对论. 狭义相对论不考虑物质质量对时空的影响，是相对论的特殊情况. 1905 年，爱因斯坦发表了《论动体的电动力学》论文，创立了狭义相对论. 1915 年，爱因斯坦又创立了广义相对论. 广义相对论考虑质量对时空的影响，是关于引力的理论. 相对论自创立以来，已有百年，经受了大量实验的检验，至今还没发现有什么实验结果与其相违背.

本章重点介绍狭义相对论基础，并将广义相对论的内容作为阅读材料，有兴趣的读者可通过扫描二维码进行阅读.

4.1 伽利略变换和伽利略相对性原理

4.1.1 伽利略变换 经典力学时空观

在同一时刻,同一物体的坐标从一个坐标系变换到另一个坐标系,叫作坐标变换.联系这两组坐标的方程,叫作坐标变换方程.设有两个相对做匀速直线运动的参考系 S 和 S'.参考系 S'(如一节火车车厢)相对参考系 S(如地面)沿 x 轴(x' 轴)正方向做速度为 $\boldsymbol{u}$ 的匀速直线运动(见图 4.1).设时间 $t=t'=0$ 时,两坐标系的原点 O 与 O' 重合,某一时空点 P 在 S 系、S' 系的坐标分别为 (x,y,z,t) 和 (x',y',z',t').其坐标变换方程为

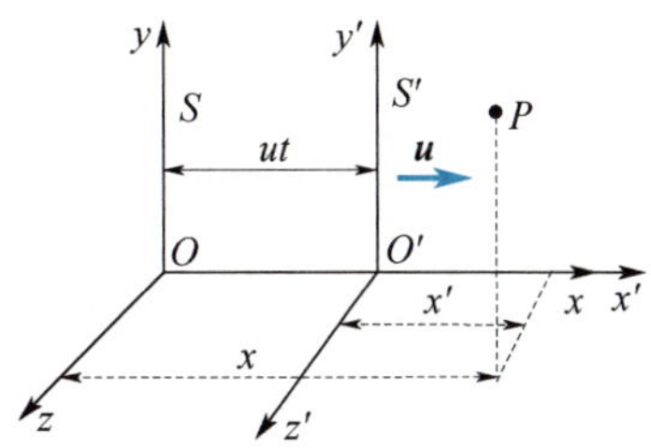

图 4.1 坐标变换

伽利略

$$\begin{cases} x'=x-ut \\ y'=y \\ z'=z \\ t'=t \end{cases} \quad 或 \quad \begin{cases} x=x'+ut' \\ y=y' \\ z=z' \\ t=t' \end{cases} \tag{4.1}$$

式(4.1)叫作**伽利略坐标变换方程**.这个变换方程已经对时间、空间性质作了某些假定.这些假定主要有两条.第一,假定了时间对于一切参考系、坐标系都是相同的,也就是假定存在与任何具体参考系的运动状态无关的同一时间,即 $t=t'$.既然时间是不变的,那么,时间间隔 $\Delta t=t_2-t_1=t_2'-t_1'=\Delta t'$ 在一切参考系中也都是相同的,时间间隔与空间坐标变换无关.时间是用时钟测量的数值,这相当于假定存在不受运动状态影响的时钟.第二,假定了在任意确定时刻,空间两点间的长度为

$$\Delta L=\sqrt{(x_2-x_1)^2+(y_2-y_1)^2+(z_2-z_1)^2}$$

对于一切参考系、坐标系都是相同的,也就是假定空间长度与任何具体参考系的运动状态无关.空间长度是用尺测量的数量,这相当于假定存在不受运动状态影响的直尺.用数学式表示就是

$$\Delta L=\Delta L'$$

或

$$\begin{aligned} &\sqrt{(x_2-x_1)^2+(y_2-y_1)^2+(z_2-z_1)^2} \\ =\ &\sqrt{(x_2'-x_1')^2+(y_2'-y_1')^2+(z_2'-z_1')^2} \end{aligned}$$

这些假定与经典力学时空观是一致的.牛顿说:"绝对的、真正的和数学的时间,就其本质而言,是永远均匀地流逝着,与任何外界事物无关","绝对空间,就其本质而言,是与任何外界事物无关的,它永远不动、永远不变",这就是**经典力学时空观**,也称**绝对时空观**.按照这种观点,时间和空间彼此独立,互不相关,并且不受物质和

运动的影响. 这种绝对时间可以形象地比拟为独立的不断流逝着的流水；绝对空间可以比拟为能容纳宇宙万物的一个无形的、永不运动的容器. 伽利略变换就是以这种绝对时空观为前提的. 可以说，伽利略变换是绝对时空观的数学表述.

4.1.2 伽利略相对性原理

伽利略曾对封闭的船舱里的力学现象作出过解释，他指出，在匀速运动的船舱中的人不能根据任何现象来判断船究竟是运动还是停止. 当人在船板上跳跃时，人所跳过的距离和在一条静止的船上跳跃时所跳过的距离完全相同. 也就是说，人向船尾跳时并不比人向船头跳时 —— 由于船的匀速运动 —— 跳得更远些，虽然当人跳向空中时，下面的船板正在向着和人跳跃方向相反的方向运动. 当一个人向另一个人抛一个东西时，如果两个人分别站在船头和船尾，这个人费的力并不比他们站在相反的位置时所费的力更大. 从挂在天花板下的装着水的水瓶里滴下的水滴，将竖直地落在地板上，没有任何一滴水偏向船尾方向滴落，虽然当水滴尚在空中时，船在向前走. 在这里，伽利略描述的种种现象表明：**一切彼此做匀速直线运动的惯性系，对描述运动的力学规律来说是完全相同的**. 在一个惯性系内所做的任何力学实验都不能确定这个惯性系是处于静止状态还是处于匀速直线运动状态. 或者说，**力学规律对一切惯性系都是等价的**. 这就是**力学的相对性原理**，也称**伽利略相对性原理**，或称**经典相对性原理**.

一个物理规律，它的基本定律用数学表述总可以写成一个数学方程式. 如果方程式的每一项都服从相同的变换法则，则称该方程在这个变换下是协变的（不变式是协变式的特例，方程式中的每一项在变换下都不变）. 在某个变换下协变的物理规律，它的基本定律在该变换联系的那些参考系中具有相同的数学表达式，通常称这个规律在该变换下不变. 经典力学的基本定律是牛顿运动定律，而牛顿运动定律对于由伽利略变换联系的所有惯性系都有相同的数学表达式，因此说经典力学服从伽利略变换，满足伽利略相对性原理.

把式(4.1)对时间 t 求一次导数，得

$$\begin{cases} v'_x = v_x - u \\ v'_y = v_y \\ v'_z = v_z \end{cases} \tag{4.2}$$

这就是 S 系和 S' 系之间的速度变换法则，称为**伽利略速度变换法则**或**经典速度相加定理**.

把式(4.2)对时间 t 求一次导数，得到 S 系和 S' 系的加速度变换关系为

$$\begin{cases} a'_x = a_x \\ a'_y = a_y \\ a'_z = a_z \end{cases} \tag{4.3}$$

式(4.3)说明在所有惯性系中，加速度是不变量. 经典力学中质量也是与参考系选择无关的物理量，即 $m = m'$. 于是，牛顿第二定律在所有惯性系中都具有相同的数学表述，即在 S 系中有 $\boldsymbol{F} = m\boldsymbol{a}$，则在 S' 系中一定有 $\boldsymbol{F}' = m'\boldsymbol{a}'$.

4.2 狭义相对论产生的实验基础和历史条件

在经典力学中，如声学的研究表明，波动是机械振动在弹性介质中的传播过程. 没有弹性介质，就不会有机械波. 当时的物理学家认为可以用这样的框架来解释一切波动现象. 19 世纪，特别是法拉第发现电磁感应定律(1831 年)之后，电磁技术被广泛地应用到工业和日常生活之中，促进了人们对电磁运动规律的深入探索. 1865 年，麦克斯韦建立了描述电磁运动普遍规律的麦克斯韦方程组，其地位、作用相当于经典力学中的牛顿运动定律. 麦克斯韦从这组方程出发，预言了电磁波的存在. 1888 年，赫兹实验证实了电磁波的存在，这是物理学发展史上的重大事件. 电磁波就是以波动形式传播的电磁场. 如果将真空中电磁波的波动方程与机械波的波动方程相比，就会发现电磁波的波速等于光速，于是断定光是特定波长范围的电磁波. 由此麦克斯韦提出了光的电磁学说. 人们在考察这一理论的基础时碰到了一些困难. 当时，这些困难集中在经典电磁学的以太假说上. 以太假说的主要内容是：以太是传播包括光波在内的电磁波的弹性介质，它充满整个宇宙空间. 以太中的带电粒子振动会引起以太变形，这种变形以弹性波的形式传播，这就是电磁波. 当时人们普遍认为，在相对以太静止的惯性系中，麦克斯韦方程组是成立的，因此导出的电磁波的波动方程成立. 电磁波沿各方向传播的速度都等于恒量 c. 那么，在相对以太运动的惯性系中，按伽利略变换，电磁波沿各方向传播的速度并不等于恒量 c. 这一结果很重要，引起了当时物理学家的重视. 下面计算按伽利略速度变换法则预言的在相对以太做匀速直线运动的参考系中光在真空中传播的速度. 设 S 系相对以太静止，S' 系相对以太的速度为 u(见图 4.2). 光在 S 系中沿任意方向的速度[设为 $\boldsymbol{v} = \boldsymbol{v}(v_x, v_y, v_z)$]的大小都相等，即

$$v = \sqrt{v_x^2 + v_y^2 + v_z^2} = c$$

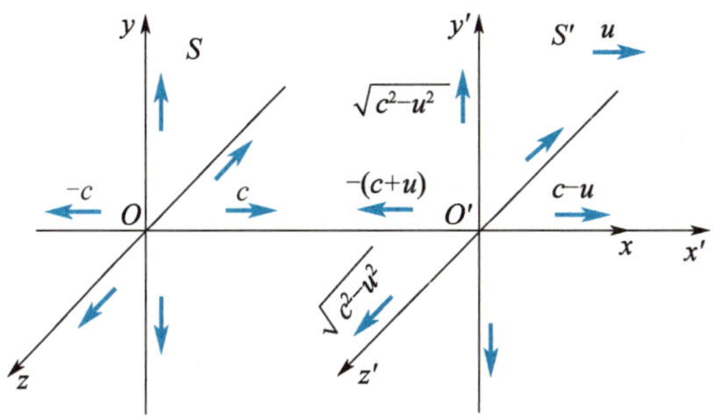

图 4.2 按伽利略速度变换预言 S' 系中光的速度

按伽利略速度变换式(4.2)，计算在 S' 系中光沿 x' 轴、y' 轴方向传播的速度 v'_x、v'_y. 当光沿 x' 轴正方向传播时，要求真空中光速为 $v'_x > 0$，$v'_y = v'_z = 0$，式(4.2)中 $v_y = v_z = 0$，$v_x = c$，所以，由此变换得到 $v'_x = c - u$. 当光沿 x' 轴负方向传播时，要求 $v'_x < 0$，

$v'_y=v'_z=0$，式(4.2)中 $v_y=v_z=0, v_x=-c$，便得到 $v'_x=-(c+u)$. 当光沿垂直于 x' 轴的方向传播时，如沿 y' 轴正方向传播，相当于要求 $v'_x=v'_z=0, v'_y>0$，则式(4.2)中 $v_x=u, v_z=0$，再代入前面速度的公式，得 $u^2+v_y^2+0=c^2$，即 $v'_y=v_y=\sqrt{c^2-u^2}$，其他沿垂直于 x' 轴的方向传播的光速，仿此计算，为 $\pm\sqrt{c^2-u^2}$.

当时(19世纪)，人们认为伽利略变换对一切物理规律都是适用的，因此上述的计算结果应该是正确的. 而麦克斯韦方程组在伽利略变换下，方程的形式发生了变化，只能说明，不是伽利略变换不对，而是麦克斯韦方程组不服从伽利略变换，它只在相对以太静止的惯性系里才成立. 这样，以太就成了一个优越的参考系. 既然根据伽利略相对性原理，人们不可能用力学实验找到力学中优越的惯性系(绝对空间)，而现在人们便可以用测量运动物体中光速的方法去寻找这一优越的参考系——以太.

人们若找到以太，则把以太定义为绝对空间，相当于找到了牛顿的绝对空间. 于是，人们纷纷设计一些实验来寻找以太. 在这些实验中，以迈克耳孙-莫雷的实验精度最高$\left[\left(\frac{u}{c}\right)^2 \text{级}\right]$，最具代表性.

迈克耳孙-莫雷实验的目的是观测地球相对以太的绝对运动. 实验装置是迈克耳孙干涉仪. 该实验的光路原理图如图4.3所示. 实验原理及实验步骤的说明如下.

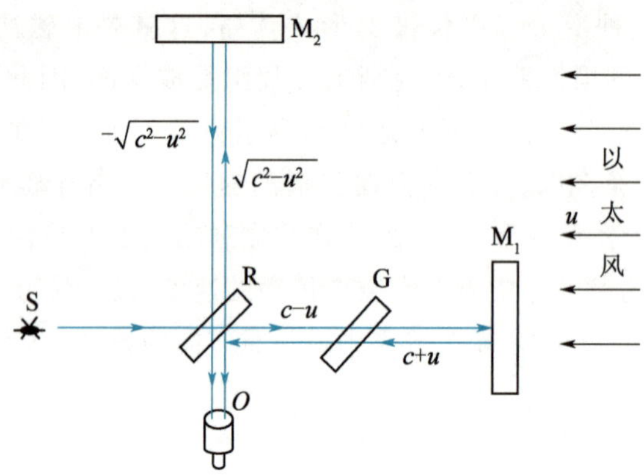

图4.3　迈克耳孙-莫雷实验的光路原理图

设以太相对太阳系(S系)静止，地球(S′系)相对太阳系的速度为 u. 实验时，先将干涉仪的一臂(如 RM_1)与地球运动方向平行，另一臂(如 RM_2)与地球运动方向垂直. 根据伽利略速度变换法则，在与地球固连的实验室参考系中，光沿各方向传播的速度的大小并不相等(见图4.2). 当两臂长相等时，光程差不为零，可以看到干涉条纹. 如果将整个装置缓慢转过90°，应该发现干涉条纹移动. 由条纹移动的数目，可以推算出地球相对以太参考系的绝对速度 u. 现在来计算光线通过两臂往返的时间. 对 RM_1 臂，设臂长为 l_1，利用前面已经计算的光沿 x' 轴正、负方向的速度(见图4.2)，则得

$$t_1=\frac{l_1}{c-u}+\frac{l_1}{c+u}=\frac{2l_1c}{c^2-u^2} \tag{4.4}$$

对 RM_2 臂，设臂长为 l_2，利用前面计算过的光沿 y' 轴正、负方向传播的速度，求得光通过 RM_2 臂往返的时间是

$$t_2 = \frac{2l_2}{\sqrt{c^2 - u^2}}$$

时间差为

$$\Delta t = t_1 - t_2 = \frac{2}{c}\left[\frac{l_1}{1-\left(\frac{u}{c}\right)^2} - \frac{l_2}{\sqrt{1-\left(\frac{u}{c}\right)^2}}\right] \tag{4.5}$$

转过 90° 后，时间差为

$$\Delta t' = t_1' - t_2' = \frac{2}{c}\left[\frac{l_1}{\sqrt{1-\left(\frac{u}{c}\right)^2}} - \frac{l_2}{1-\left(\frac{u}{c}\right)^2}\right] \tag{4.6}$$

于是得到干涉仪转动前后，光通过两臂的时间差的改变量为

$$\delta t = \Delta t - \Delta t' = \frac{2(l_1 + l_2)}{c}\left[\frac{1}{1-\left(\frac{u}{c}\right)^2} - \frac{1}{\sqrt{1-\left(\frac{u}{c}\right)^2}}\right]$$

考虑到 $\frac{u}{c}$ 是小量，利用如下近似公式：

$$\frac{1}{1-\alpha} \approx 1 + \alpha, \quad \alpha = \left(\frac{u}{c}\right)^2$$

$$\frac{1}{\sqrt{1-\alpha}} \approx 1 + \frac{1}{2}\alpha$$

则

$$\delta t \approx \frac{l_1 + l_2}{c}\left(\frac{u}{c}\right)^2$$

因此，干涉条纹应移动一定的数目. 也就是说，在缓慢地旋转迈克耳孙干涉仪时，应该观察到光的干涉条纹移动. 然而，1881 年，迈克耳孙首次实验时，并没有观察到预期的干涉条纹的移动，也就是说，观察的结果是干涉条纹的零移动. 1887 年，迈克耳孙和莫雷提高了实验精度，使臂长 $l_1 = l_2 = l = 11$ m，光波波长 $\lambda = 5.9 \times 10^{-7}$ m，如果取 $u = 3.0 \times 10^4$ m/s（为地球绕太阳公转的速度），预期 $\Delta N \approx 0.37$ 条. 但实验观测值小于0.01 条，或者说，观察不到干涉条纹的移动. 当然，地球有公转和自转，并不是一个真正的惯性系，但在实验持续的如此短的时间内，将地球作为惯性系是没有任何问题的. 当然，太阳系也是运动着的，为了避免公转速度与太阳系运动速度正好抵消这种偶然可能性，迈克耳孙和莫雷经过半年后（此时地球相对太阳系运动方向相反）又重复实验，结果仍然没有观察到干涉条纹的移动. 之后，许多科学家在地球的不同地点、不同季节里重复迈克耳孙-莫雷实验，结果都没有观察到干涉条纹的移动，也就是说，无法测出地球相对以太的运动.

当时人们认为在地球上用实验应该能测出地球相对以太的运动，可是一系列实验都否定了这个观点. 于是，不少科学家提出许多种理论来解释迈克耳孙-莫雷实验. 例如，洛伦兹的运动长度收缩的假说，以太完全被实物牵引的假说等，都保留了以太，可以解释迈克耳孙-莫雷实验的结果；也有人（如里兹）认为应该抛弃以太，同样可以解释迈克耳孙-莫雷实验的结果. 在这一系列理论中，爱因斯坦的狭义相对论是唯一能圆满地解释迈克耳孙-莫雷实验和其他有关实验、观察事实的理论.

4.3 狭义相对论基本原理　洛伦兹变换

4.3.1 狭义相对论的两条基本原理

任何实验都没有观察到地球相对以太参考系的运动，爱因斯坦认为应该抛弃以太，根本就不存在那样一个假想的以太参考系．电磁场不是介质的状态，而是独立的实体，是物质存在的一种基本形态．

实验表明，电磁现象（包括光）与力学现象一样，并不存在特殊的最优越的参考系（力学中最优越的参考系指牛顿的绝对空间，电磁学中最优越的参考系指以太）．在所有惯性系中，电磁理论的基本定律（麦克斯韦方程组）具有相同的数学形式，这表明电磁现象也满足物理的相对性原理．那么，经典电磁理论与伽利略变换之间存在的矛盾该怎么解决？这就要求通过建立惯性系之间新的变换关系式和新的相对性原理来解决这个基本矛盾．经典电磁理论应该满足这个新的变换关系式和新的相对性原理，而经典力学则应该受到改造，使之适合这个新的变换关系．当然，在回到宏观世界、低速运动时，应该要求新的力学过渡到经典力学，新的坐标变换过渡到伽利略变换．因为在宏观低速的条件下，牛顿力学和伽利略变换都被实验验证是正确的．

爱因斯坦

实验表明，对任何惯性系，电磁波（光波）在真空中沿任何方向传播的速度量值都为 c，与光源的运动状态无关．

爱因斯坦把上述观点概括表述为**狭义相对论的两条基本原理**．

（1）**相对性原理：所有物理定律在一切惯性系中都具有相同的形式．或者说，所有惯性系都是平权的，在它们之中所有物理规律都一样．**

（2）**光速不变原理：所有惯性系中测量到的真空中的光速沿各个方向都等于 c，与光源的运动状态无关．**

这两条基本原理是整个狭义相对论的基础．爱因斯坦于 1905 年建立狭义相对论时，将上述两条基本原理称作“两条基本假设”．因为当时只有为数不多的几个实验事实．然而，至今已有上百年，大量实验事实直接、间接地验证了这两条基本假设和相对论的结论，因此改称为原理．

4.3.2 洛伦兹变换

伽利略变换与洛伦兹变换

设 S 系和 S' 系是两个相对做匀速直线运动的惯性系，如图 4.4 所示．可以适当地选取坐标轴、坐标原点和计时零点，使 S 系与 S' 系的关系满足以下规定：设 S' 系沿 S 系的 x 轴正方向以速度 $\boldsymbol{u}$ 相对 S 系做匀速直线运动；x' 轴、y' 轴、z' 轴分别与 x 轴、y 轴、z 轴平行；S 系的坐标原点 O 与 S' 系的坐标原点 O' 重合时，两惯性系在坐标原点处的时钟都指示零点．洛伦兹求出了同一事件 P（在某时刻、空间某点的物理事

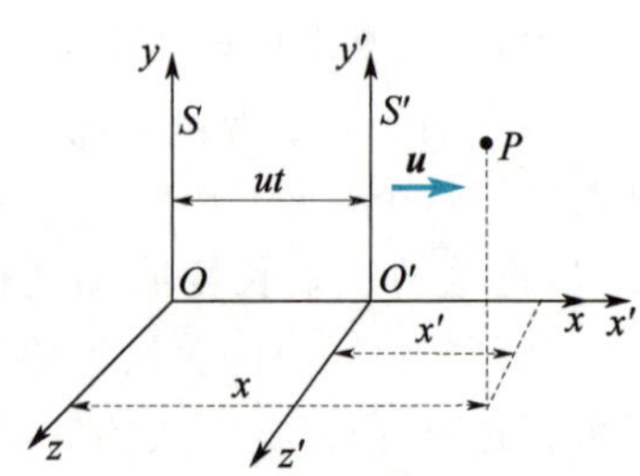

图 4.4　两个相对做匀速直线运动的坐标系

件，仅用一个时空点来表示）的两组坐标(x,y,z,t)和(x',y',z',t')之间存在如下关系.

$S\rightarrow S'$ **的洛伦兹变换（正变换）方程为**

$$\begin{cases}x'=\gamma(x-ut)\\ y'=y\\ z'=z\\ t'=\gamma\left(t-\dfrac{u}{c^2}x\right)\end{cases}\tag{4.7a}$$

$S'\rightarrow S$ **的洛伦兹变换（逆变换）方程为**

$$\begin{cases}x=\gamma(x'+ut')\\ y=y'\\ z=z'\\ t=\gamma\left(t'+\dfrac{u}{c^2}x'\right)\end{cases}\tag{4.7b}$$

式中
$$\gamma=\frac{1}{\sqrt{1-\left(\dfrac{u}{c}\right)^2}}=\frac{1}{\sqrt{1-\beta^2}}$$

$$\beta=\frac{u}{c}$$

事实上，早在爱因斯坦建立狭义相对论之前，洛伦兹在研究电磁场理论、解释迈克耳孙-莫雷实验时就提出了这些变换方程，因此将式(4.7a)和式(4.7b)称为**洛伦兹变换式**.

洛伦兹

*4.3.3 洛伦兹变换式的具体推导

仍采用图4.4中的两个惯性系S和S'，显然有$y'=y,z'=z$.现在主要推导x和t的变换式.

对于O点，在惯性系S中观测，不论什么时间，总是有$x=0$，但在惯性系S'中观测，其在t'时刻的坐标是$x'=-ut'$，亦即$x'+ut'=0$.可见对同一空间点O，数值x和$x'+ut'$同时为零.由于空间和时间都是均匀的，变换必须是线性的，因此在任意时刻、任意一点（包括O点），x与$x'+ut'$之间必然存在一个比例关系，即

$$x=k(x'+ut')\tag{4.8}$$

式中，k为不为零的常数.用同样的方法对O'点进行分析，有

$$x'=k'(x-ut)\tag{4.9}$$

根据狭义相对性原理，两个惯性系是等价的，除把u改为$-u$外，上面两式应有相同的数学形式.这就要求$k=k'$，于是

$$x'=k(x-ut)\tag{4.10}$$

式(4.8)、式(4.10)是满足狭义相对论第一条基本原理的变换式.为了求出常数k，需要结合第二条基本原理.设$t=t'=0$，两坐标系原点重合时，在重合点发出一沿x轴传播的光信号，则在任意瞬时（在S系中测量为t，在S'系测量中为t'），光信号到达的位置对两坐标系来说，分别为

$$x=ct,\quad x'=ct'\tag{4.11}$$

把式(4.8)和式(4.10)相乘，得

$$xx'=k^2(x-ut)(x'+ut')$$

再把式(4.11)代入上式，得
$$c^2tt'=k^2tt'(c-u)(c+u)$$

由此求得
$$k=\frac{c}{\sqrt{c^2-u^2}}=\frac{1}{\sqrt{1-\left(\dfrac{u}{c}\right)^2}}$$

则式(4.8)、式(4.10)可写成

$$x=\frac{x'+ut'}{\sqrt{1-\left(\frac{u}{c}\right)^2}},\quad x'=\frac{x-ut}{\sqrt{1-\left(\frac{u}{c}\right)^2}}$$

从这两个式子消去 x' 或 x，便得到关于时间的变换式. 消去 x'，得

$$x\sqrt{1-\left(\frac{u}{c}\right)^2}=\frac{x-ut}{\sqrt{1-\left(\frac{u}{c}\right)^2}}+ut'$$

由此求得

$$t'=\frac{t-\frac{ux}{c^2}}{\sqrt{1-\left(\frac{u}{c}\right)^2}}$$

同样，消去 x 得

$$t=\frac{t'+\frac{ux'}{c^2}}{\sqrt{1-\left(\frac{u}{c}\right)^2}}$$

把 k 换成一般文献中常用的符号 γ，便得到洛伦兹变换式.

对于洛伦兹变换需作如下几点说明.

(1) 在狭义相对论中，洛伦兹变换占据中心地位. 它以确切的数学语言反映了相对论与伽利略变换及经典相对性原理的本质差别. 新的相对论时空观的内容都集中表现在洛伦兹变换上. 相对论的物理定律的数学表达式(如力学规律，见相对论动力学)在洛伦兹变换下保持不变.

(2) 再次强调，洛伦兹变换是同一事件在不同惯性系中两组时空坐标之间的变换. 所以，在应用时，必须首先核实(x,y,z,t)和(x',y',z',t')确实代表了同一个事件.

(3) 各个惯性系中的时间、空间量度的基准必须一致. 时间的基准必须选择相同的物理过程，如某种晶体振动的周期. 空间长度的基准必须选择相同的物体或对象，如某种原子的半径或某一定频率的电磁波长. 将作为基准的过程和物体分别称为标准时钟和标准直尺. 统一规定，各个惯性系中的钟和尺，必须相对于该惯性系处在静止状态. 这样，各个惯性系时空度量结果的差异，反映出与这些惯性系固连的标准时钟和标准直尺的运动状态的差异.

(4) 由式(4.7a)和式(4.7b)可知，不仅 x' 是 x、t 的函数，t' 也是 x、t 的函数，而且都与两惯性系的相对速度 u 有关. 这就是说，相对论将时间和空间，以及它们与物质的运动不可分割地联系起来了.

(5) 时间和空间的坐标必须都是实数，变换式中$\sqrt{1-\left(\frac{u}{c}\right)^2}$不应该出现虚数，这就要求 $u\leqslant c$，而 u 代表选为参考系的任意两个物理系统的相对速度. 这就得到一个结论：物体的速度有个上限，就是光速 c. 换句话说，任何物体都不能超光速运动. 这是狭义相对论本身的要求，它已被现代科技实践证实.

(6) 洛伦兹变换与伽利略变换在本质上不同，但在低速($u\ll c$)和宏观世界范围内(即空间尺度远小于宇宙尺度)，洛伦兹变换可以还原为伽利略变换. 利用这两个条件，因为 $u\ll c$，所以

$$\beta=\frac{u}{c}\to 0$$

于是

$$\gamma=\frac{1}{\sqrt{1-\left(\frac{u}{c}\right)^2}}\to 1$$

$$\frac{u}{c^2}x\to 0$$

代入式(4.7a)和式(4.7b)便过渡为伽利略变换式. 这就说明，伽利略变换只是洛伦兹变换的一种特殊情况，而洛伦兹变换更具普遍性. 通常把 $u\ll c$ 叫作经典极限条件或非相对论条件.

4.3.4 洛伦兹速度变换

现在考虑一个质点 P 在某一瞬时的速度.设该质点在 S 系的速度为 $\boldsymbol{v}(v_x, v_y, v_z)$,在 S' 系的速度为 $\boldsymbol{v}'(v'_x, v'_y, v'_z)$.根据速度的定义,则

$$v_x = \frac{\mathrm{d}x}{\mathrm{d}t},\quad v_y = \frac{\mathrm{d}y}{\mathrm{d}t},\quad v_z = \frac{\mathrm{d}z}{\mathrm{d}t}$$

$$v'_x = \frac{\mathrm{d}x'}{\mathrm{d}t'},\quad v'_y = \frac{\mathrm{d}y'}{\mathrm{d}t'},\quad v'_z = \frac{\mathrm{d}z'}{\mathrm{d}t'}$$

对洛伦兹变换式(4.7a)取微分,得

$$\mathrm{d}x' = \gamma(\mathrm{d}x - u\mathrm{d}t) = \gamma\left(\frac{\mathrm{d}x}{\mathrm{d}t} - u\right)\mathrm{d}t$$

$$\mathrm{d}y' = \mathrm{d}y$$

$$\mathrm{d}z' = \mathrm{d}z$$

$$\mathrm{d}t' = \gamma\left(\mathrm{d}t - \frac{u}{c^2}\mathrm{d}x\right) = \gamma\left(1 - \frac{u}{c^2}\frac{\mathrm{d}x}{\mathrm{d}t}\right)\mathrm{d}t = \gamma\left(1 - \frac{uv_x}{c^2}\right)\mathrm{d}t$$

用 $\mathrm{d}t'$ 去除前三个式子,即得 **S 系到 S' 系的洛伦兹速度变换式**为

$$\begin{cases} v'_x = \dfrac{\mathrm{d}x'}{\mathrm{d}t'} = \dfrac{\gamma(v_x - u)\mathrm{d}t}{\gamma\left(1 - \dfrac{uv_x}{c^2}\right)\mathrm{d}t} = \dfrac{v_x - u}{1 - \dfrac{uv_x}{c^2}} \\ v'_y = \dfrac{\mathrm{d}y'}{\mathrm{d}t'} = \dfrac{\mathrm{d}y}{\gamma\left(1 - \dfrac{uv_x}{c^2}\right)\mathrm{d}t} = \dfrac{v_y}{\gamma\left(1 - \dfrac{uv_x}{c^2}\right)} \\ v'_z = \dfrac{\mathrm{d}z'}{\mathrm{d}t'} = \dfrac{\mathrm{d}z}{\gamma\left(1 - \dfrac{uv_x}{c^2}\right)\mathrm{d}t} = \dfrac{v_z}{\gamma\left(1 - \dfrac{uv_x}{c^2}\right)} \end{cases} \tag{4.12}$$

根据相对性原理,把式(4.12)中的 u 换为 $-u$,带"′"的量和不带"′"的量对调,便得到**从 S' 系到 S 系的洛伦兹速度变换式**为

$$\begin{cases} v_x = \dfrac{v'_x + u}{1 + \dfrac{uv'_x}{c^2}} \\ v_y = \dfrac{v'_y}{\gamma\left(1 + \dfrac{uv'_x}{c^2}\right)} \\ v_z = \dfrac{v'_z}{\gamma\left(1 + \dfrac{uv'_x}{c^2}\right)} \end{cases} \tag{4.13}$$

虽然垂直于运动方向的长度不变,但速度是变的,这是因为时间间隔变了.

当 $u \ll c$ 和 $v_x \ll c$ 时,$\gamma \to 1$,$\dfrac{uv_x}{c^2} \to 0$,则式(4.12)就蜕变为

$$v'_x = v_x - u,\quad v'_y = v_y,\quad v'_z = v_z$$

这就是伽利略速度变换式.

在 $\boldsymbol{v}$ 平行于 x 轴的特殊情况下,$v_x = v$,$v_y = 0$,$v_z = 0$,代入式(4.12),得

$$v'_x = \frac{v - u}{1 - \dfrac{uv}{c^2}},\quad v'_y = 0,\quad v'_z = 0 \tag{4.14}$$

在$\boldsymbol{v}'$平行于x'轴的特殊情况下，$v'_x = v'$，$v'_y = 0$，$v'_z = 0$，代入式(4.13)，得到其逆变换：

$$v_x = \frac{v' + u}{1 + \frac{uv'}{c^2}}, \quad v_y = 0, \quad v_z = 0 \tag{4.15}$$

式(4.14)、式(4.15)是常用的特殊情况.

例 4.1

有一辆火车以速度$\boldsymbol{u}$相对地面做匀速直线运动. 在火车上向前和向后射出两道光，求光相对地面的速度.

解 以地面为参考系S，火车为参考系S'，则光相对车向前的速度为$v' = +c$，向后的速度为$v' = -c$，代入式(4.11)，得光向前的速度为

$$v = \frac{c + u}{1 + \frac{uc}{c^2}} = c$$

光向后的速度为

$$v = \frac{-c + u}{1 - \frac{uc}{c^2}} = -c$$

这正是光速不变原理所要求的结果.

例 4.2

设有两艘火箭A、B相向运动，在地面测得A、B的速度均沿x轴，分别为$v_A = 0.9c$，$v_B = -0.9c$. 试求它们相对运动的速度.

解 设地球为参考系S，火箭A为参考系S'. A沿x轴正方向运动，x轴与x'轴同向，则$u = v_A$. B相对A的运动速度，就是在参考系S'中测得的B的速度v'_x. 现已知B在S系中的速度$v_x = v_B = -0.9c$，代入式(4.14)得

$$v'_x = \frac{v_x - u}{1 - \frac{uv_x}{c^2}} = \frac{-0.9c - 0.9c}{1 - \left[\frac{(0.9c)(-0.9c)}{c^2}\right]}$$

$$= -\frac{1.8c}{1.81} \approx -0.994c$$

这就是B相对A的速度. 同样可得A相对B的速度为

$$v'_x = 0.994c$$

洛伦兹速度变换表明：两个小于光速的速度合成后仍小于光速；两个速度中有一个等于光速，或两个速度都等于光速，合成后的速度等于光速. 因此，可得出普遍结论：通过速度变换，在任何惯性系中物体的运动速度都不可能超过光速. 也就是说，光速是物体运动的极限速度.

4.4 狭义相对论时空观

时间延缓和长度收缩

4.4.1 同时的相对性

在相对论时空观中，同时的相对性占有重要地位. 经典力学认为所有惯性系具有同一的绝对的时间，于是，同时也是绝对的. 也就是说，如果有两个事件，在某个惯性系中观测是同时的，那么在所有其他惯性系中观测也都是同时的. 狭义相对论则

指出不能给同时性以任何绝对的意义.

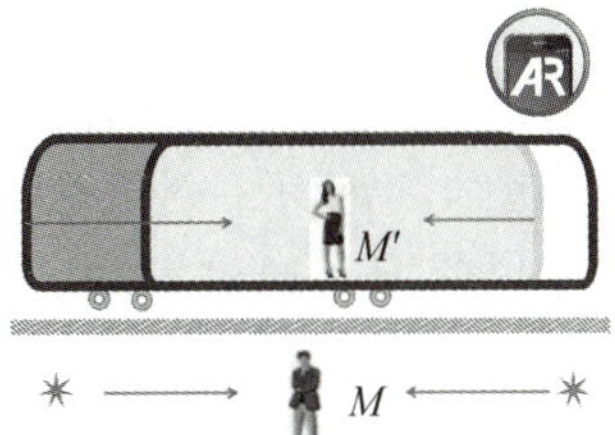

同时的相对性

首先定性分析一个理想实验. 如图 4.5 所示,一相对地面惯性系(S 系)以速度 $\boldsymbol{u}$ 匀速行驶的列车,通常称为爱因斯坦火车,取车厢为另一惯性系(S' 系). 设在车厢的正中央 M' 处有一光源. 当 M' 点与 S 系中的 M 点重合时(M 点是 S 系的发光点),光源闪光,如图 4.5(a) 所示. 设同一光信号到达车厢前门为事件 1,到达后门为事件 2. 根据光速不变原理,在车厢(S' 系)中,光信号沿 x' 轴正、负方向的传播速度都是 c,光源在车厢正中央,所以光信号同时到达前、后门,即事件 1、2 为同时事件,如图 4.5(b) 所示. 在地面参考系(S 系)中,光信号沿 x 轴的正、负方向传播的速度也是 c. 但车厢前、后门随车厢一起沿 x 轴正方向以速度 $\boldsymbol{u}$ 相对地面运动,后门接近 M 点,前门远离 M 点. 所以,地面观测者测得光信号先到达后门、后到达前门,即事件 1、2 不是同时事件,如图 4.5(c) 所示.

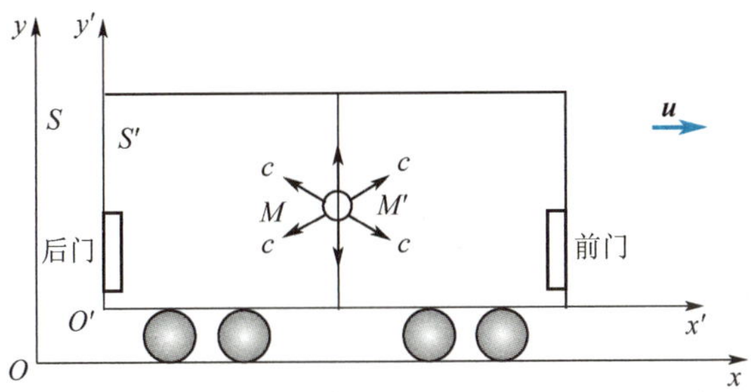

(a)车厢正中央M'处的灯与地面(S系)中的M点重合时,开始闪光

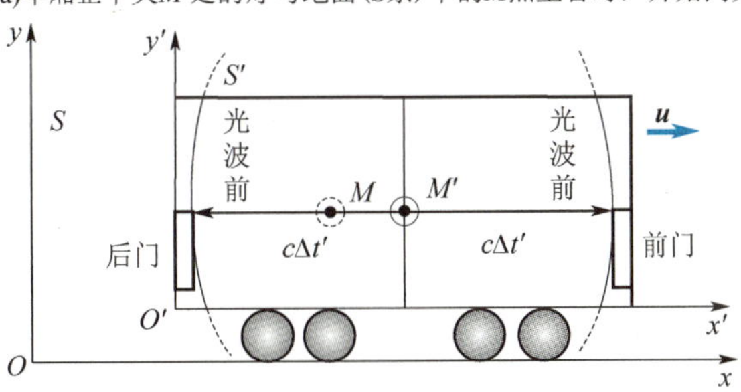

(b)车厢(S'系)中光向各方向传播的速度都为c,所以同一光信号同时到达前、后门

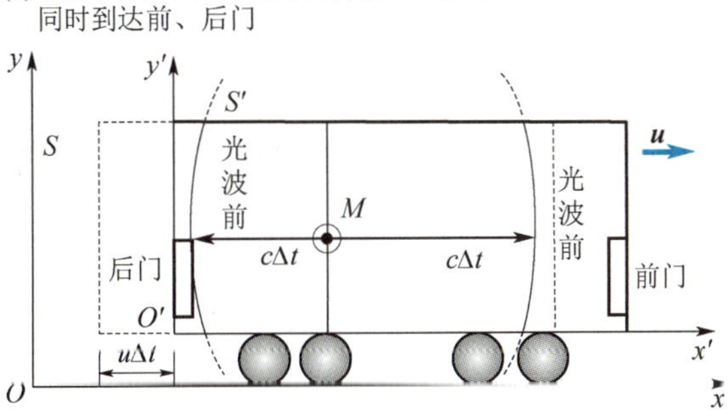

(c)在地面惯性系(S系)中,光速不变,因后门以速度$\boldsymbol{u}$接近M点,所以同一光信号先到达后门,后到达前门

图 4.5　同时的相对性

这个例子说明，在一个惯性系中的两个同时事件，在另一个惯性系中观测时不是同时的，这是时空均匀性和光速不变原理的一个直接结果.

如图 4.6 所示，一列爱因斯坦火车以速度 $\boldsymbol{u}$ 通过车站. 车站观测者测得两道闪电同时分别击中车头和车尾. 此时车尾和车头在车站（S 系）中的坐标分别为 x_1 和 x_2. 设击中车尾为事件 1，在 S 系时空坐标为 (x_1, t_1)，在火车（S' 系）中时空坐标为 (x_1', t_1')；设击中车头为事件 2，在 S 系中时空坐标为 (x_2, t_2)，在 S' 系中时空坐标为 (x_2', t_2').

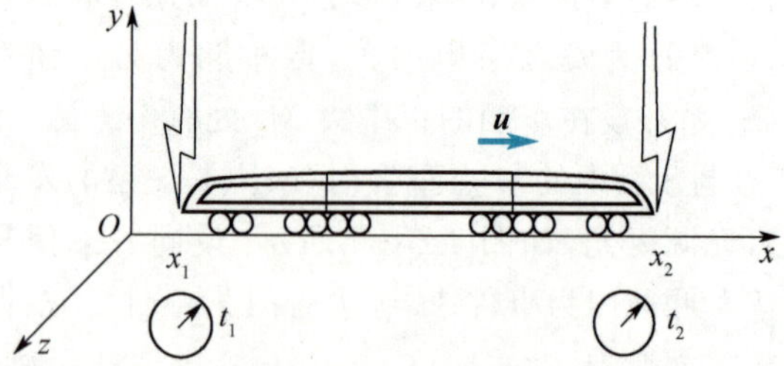

图 4.6　两道闪电同时分别击中车头和车尾

根据洛伦兹变换

$$t_1' = \gamma\left(t_1 - \frac{u}{c^2}x_1\right)$$

$$t_2' = \gamma\left(t_2 - \frac{u}{c^2}x_2\right)$$

得

$$t_2' - t_1' = \gamma\left[(t_2 - t_1) - \frac{u}{c^2}(x_2 - x_1)\right]$$

车站（S 系）观测者测得两道闪电同时分别击中车头和车尾，即 $t_2 = t_1$，则上式为

$$t_2' - t_1' = -\gamma\frac{u}{c^2}(x_2 - x_1)$$

因为 $u \neq 0, x_2 - x_1 \neq 0$，所以在火车（$S'$ 系）上的观测者测得两道闪电不是同时击中车头和车尾的. 按本例条件 $u > 0, x_2 - x_1 > 0$，则有 $(t_2' - t_1') < 0$，即在火车上观测，闪电先击中车头，后击中车尾. 如果将火车改为后退，$u < 0, x_2 - x_1 > 0$，则有 $t_2' - t_1' > 0$，火车上的观测者测得的结果是闪电先击中车尾，后击中车头. 火车速度方向改变即参考系改变，因为参考系不同，两事件的时序一般不同.

4.4.2　长度的相对性

设一物体（如一把直尺）相对坐标系是静止的，如图 4.7 所示. 物体在 x 轴方向上的长度等于物体两端坐标之差，即 $l = |x_2 - x_1|$，这里测量 x_1 和 x_2 的时间不要求是同时的. 若物体是运动的，如图 4.8 所示，物体相对 S' 系是静止的，相对 S 系则以速度 $\boldsymbol{u}$ 运动. 在 S 系中必须同时 $(t_1 = t_2 = t)$ 记录下物体两端的坐标 x_1 和 x_2. 在 S 系中测得的长度 $l = x_2 - x_1$，称为物体的运动长度，而在 S' 系中测得该物体的长度 $l_0 = x_2' - x_1'$，称为**静止长度或固有长度**. 根据洛伦兹变换有

$$x_2' = \gamma(x_2 - ut_2)$$

$$x_1' = \gamma(x_1 - ut_1)$$

两式相减，得

$$x_2' - x_1' = \gamma[(x_2 - x_1) - u(t_2 - t_1)]$$

因为在 S 系中测量是同时的，即 $t_2 = t_1$，所以

$$x_2' - x_1' = \gamma(x_2 - x_1)$$

图 4.7 静止长度的测量

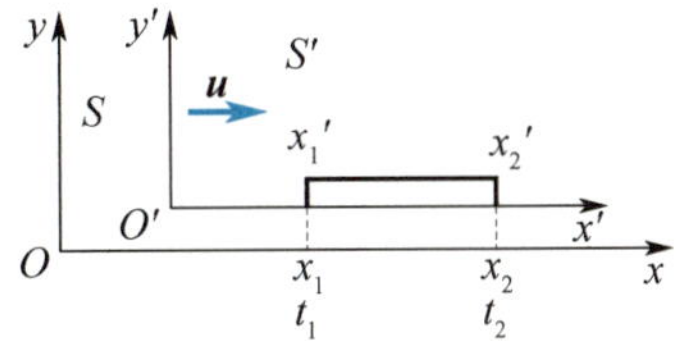

图 4.8 运动长度的测量

即
$$l_0 = \gamma l$$
$$\gamma = \frac{1}{\sqrt{1-\beta^2}}$$
则
$$l = \frac{1}{\gamma} l_0 = \sqrt{1-\beta^2}\, l_0 \tag{4.16}$$

愚人横竿能过城门吗?

这就是说,运动长度缩短了. $\sqrt{1-\beta^2}$ 称为**洛伦兹收缩因子**.

从以上分析可以看出,相对论中,物体长度的比较在一定意义上是相对的. 长度的收缩是普遍的时空性质,与物体的具体性质(如材料、结构等)无关. 在相对物体静止的惯性系中,测得物体的长度最长. 两个相对静止的物体的长度的比较即**固有长度**的比较,有绝对的意义. 长度的收缩只发生在运动方向上,与运动垂直的方向上并不发生长度收缩. 特别要注意的是,长度收缩是测量的结果,不要错误地说成是某人眼睛看见的结果. 因为看见的图像是物体上各点发出的光同时到达观测者眼睛而感知的总图像. 光速是有限的,同时到达眼睛的光是与眼睛距离不同的各点在不同时刻发出的光,这与前面讲的同时($t_1 = t_2$)记录 x_1 和 x_2 坐标是不一致的. 测量中观测者只能直接了解他所在地点的事件,而眼睛看到的图像包含光信号的传输特征,所以观看与测量的图像不是一回事.

4.4.3 时间间隔的相对性

在 S' 系中同一地点发生了两个事件,例如,某振荡晶体到达相邻的两个正向峰值时,这两个事件的时空坐标分别是(x'_1, t'_1)和(x'_2, t'_2),因为是同地事件,$x'_1 = x'_2$,时间间隔 $\Delta t' = t'_2 - t'_1$,也就是晶体静止时振动的周期. 在 S 系中测得这两事件的时空坐标分别是(x_1, t_1)和(x_2, t_2),如图 4.9 所示,显然 $x_1 \neq x_2$,t_1 和 t_2 是 S 系中两只同步时钟上的读数. 根据洛伦兹变换有

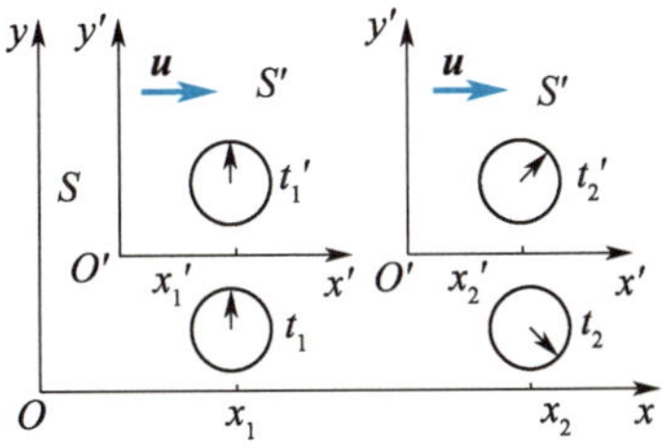

图 4.9 运动时钟变慢

双生子佯谬

$$t_1 = \gamma\left(t'_1 + \frac{u}{c^2}x'_1\right), \quad t_2 = \gamma\left(t'_2 + \frac{u}{c^2}x'_2\right)$$

两式相减,得
$$t_2 - t_1 = \gamma\left[(t'_2 - t'_1) + \frac{u}{c^2}(x'_2 - x'_1)\right]$$

因为 $x'_2 = x'_1$,则有
$$t_2 - t_1 = \gamma(t'_2 - t'_1)$$

即
$$\Delta t = \gamma \Delta t' \tag{4.17}$$
因为$\gamma > 1$，所以$\Delta t > \Delta t'$，表示时间膨胀了，或者说S系的观察者认为运动的S'系上的时钟变慢了.

式(4.17)表示，一个过程，在某惯性系中发生在同一地点，则在与其相对静止的惯性系中测得该过程的时间间隔最小，称它为该过程的**固有时间**，记作τ_0；在其他所有相对运动的惯性系中测量该过程的时间间隔，都不是用一只钟测量，而是用不同地点的两只同步钟测量，测得的数值都大于固有时间，记作τ，则式(4.17)改写为
$$\tau = \gamma \tau_0 \tag{4.18}$$
$\gamma > 1$，有时称它为**时间延缓因子**. 时间膨胀效应是一种普遍的时空属性，与过程的具体性质和作用机制无关.

相对论的运动时钟变慢和长度收缩效应，已经被大量的近代物理实验证实. 下面举例说明.

例 4.3

在大气上层 9 000 m 处，宇宙射线中有μ^-介子，速率约为$u = 2.994 \times 10^8$ m/s $= 0.998c$. μ^-介子在静止参考系中的平均寿命为2×10^{-6} s，之后就会衰变为电子和中微子，试解释地面实验室为什么能接收其信号.

解 在μ^-介子静止的参考系中，$\Delta t' = 2 \times 10^{-6}$ s. 若没有时间延缓效应，它们在从产生到发生衰变的时间里，是根本不可能到达地面实验室的. 因为它通过的距离只有
$$u\Delta t' = 2.994 \times 10^8 \times 2 \times 10^{-6}\ \text{m} \approx 600\ \text{m}$$
但事实是，μ^-介子到达了地面实验室！这可用时间延缓效应来解释：将运动参考系S'建立在μ^-介子上，在地面参考系S上看，由式(4.17)可得
$$\Delta t = \frac{\Delta t'}{\sqrt{1-\frac{u^2}{c^2}}} = \frac{2 \times 10^{-6}}{\sqrt{1-0.998^2}}\ \text{s} \approx 3.16 \times 10^{-5}\ \text{s}$$
它约是固有时间2×10^{-6} s的16倍. 按此寿命计算，它在这段时间里，在地面参考系移动的距离为
$$u\Delta t = 2.994 \times 10^8 \times 3.16 \times 10^{-5}\ \text{m} = 9\ 461\ \text{m} > 9\ 000\ \text{m}$$
所以μ^-介子能到达地面，即地面实验室能接收到其信号.

例 4.4

一静止长度为l_0的火箭以恒定速度$\boldsymbol{u}$相对参考系S运动，如图4.10所示. 从火箭头部的A点发出一光信号，对以下两位观测者而言，光信号从A点传到火箭尾部的B点需经多长时间？(1) 火箭上的观测者；(2)S系中的观测者.

解 (1) 以火箭为参考系，A点到B点的距离等于火箭的静止长度，所需时间为
$$t' = \frac{l_0}{c}$$
(2) 对S系中的观测者，测得火箭的长度为$l = \sqrt{1-\beta^2}\,l_0$，光信号也是以光速$c$传播的. 设光信号从$A$点传到$B$点所用的时间为$t$，在此时间内火箭尾部的$B$点向前推进了$ut$的距离，所以有
$$t = \frac{l-ut}{c} = \frac{\sqrt{1-\beta^2}\,l_0 - ut}{c}$$
解得
$$t = \frac{\sqrt{1-\beta^2}\,l_0}{c+u} = \sqrt{\frac{c-u}{c+u}}\,\frac{l_0}{c}$$

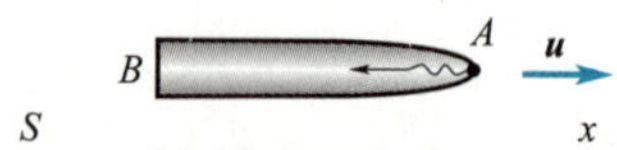

图 4.10　相对 S 系飞行的火箭

4.4.4 因果关系

在相对论中，一个时空点(x,y,z,t)表示一个事件. 不同事件的时空点不同. 两个存在因果关系的事件，必定原因（设时刻t_1）在先，结果（设时刻t_2）在后，即$\Delta t = t_2 - t_1 > 0$. 那么，是否对所有的惯性系都是如此呢？结论是肯定的. 因为不论是同地或异地的两事件，空间间隔（距离）Δx都满足$\Delta x \geqslant 0$. 这两个有因果关系的事件必须通过某种物质或信息相联系. 而相对论的结论之一是任何物质运动的速率$v \leqslant c$. 设在其他惯性系中观测时，这两个事件的时间间隔为$\Delta t' = t'_2 - t'_1$. 根据洛伦兹变换式$\Delta t' = \gamma\left(\Delta t - \frac{u}{c^2}\Delta x\right) = \gamma \Delta t\left(1 - \frac{u}{c^2}\frac{\Delta x}{\Delta t}\right)$. 因联系有因果关系的两事件的物质或信息的平均速率必须满足$\bar{v} = \frac{\Delta x}{\Delta t} \leqslant c$，所以$\left(1 - \frac{u}{c^2}\frac{\Delta x}{\Delta t}\right) > 0$，则$\Delta t'$与$\Delta t$同号，说明时序不会颠倒，即因果关系不会颠倒.

若两个事件没有因果关系，则可以有$\frac{\Delta x}{\Delta t} > c$，因为$\frac{\Delta x}{\Delta t}$并不是某种物质或信息传递的速率. 于是，$\Delta t'$可以小于零. 这意味着在另一个惯性系中观测，两事件的时序可以颠倒. 因为两事件无因果关系，所以不存在因果关系颠倒的问题.

例 4.5　一短跑选手，在地球上以 10 s 的时间跑完了 100 m，在沿跑道方向飞行的速率为 0.98c 的飞船中的观察者看来，这个选手跑了多长时间和多长距离？

解　设地面为S系，飞船为S'系，由公式

$$x'_1 = \frac{x_1 - ut_1}{\sqrt{1-\beta^2}},\quad x'_2 = \frac{x_2 - ut_2}{\sqrt{1-\beta^2}}$$

得飞船中观察者所观察到的距离为

$$x'_2 - x'_1 = \frac{x_2 - x_1 - u(t_2 - t_1)}{\sqrt{1-\beta^2}} = -1.47 \times 10^{10}\ \mathrm{m}$$

所观察到的时间间隔为

$$t_2' - t_1' = \frac{t_2 - t_1 - \frac{u}{c^2}(x_2 - x_1)}{\sqrt{1-\beta^2}} = 50.25\ \mathrm{s}$$

4.5 狭义相对论动力学

相对性原理要求物理定律在所有惯性系中具有相同的形式，描述物理定律的方程式应是满足洛伦兹变换的不变式. 这样，描述粒子动力学的物理量，如动量、能量、质量等，都必须重新定义，并且要求它们在低速、近似条件下过渡到经典力学中相对应的物理量.

4.5.1 动量、质量与速度的关系

在相对论中定义一个质点的动量$\boldsymbol{p}$为

$$\boldsymbol{p} = m\boldsymbol{u} \tag{4.19}$$

式中，$\boldsymbol{u}$ 是速度，m 是质点的质量．不过动量在数量上不一定与 $\boldsymbol{u}$ 构成线性的正比关系，因为 m 不再是常量，可以假定 m 是速度 $\boldsymbol{u}$ 的函数．由于空间各向同性，m 只与速度 $\boldsymbol{u}$ 的大小有关，而与其方向无关，即

$$m = m(u)$$

而且在低速、近似条件下过渡为经典力学中的质量．

下面考察两个全同粒子的完全非弹性碰撞过程．如图 4.11 所示，A、B 两个全同粒子正碰后结合为一个复合粒子．在 S 和 S' 两个惯性系中讨论：在 S 系中粒子 B 静止，粒子 A 的速度为 $\boldsymbol{u}$，它们的质量分别为 $m_B = m_0$，$m_A = m(u)$，这里 m_0 是静止质量，$m(u)$ 称为运动质量．在 S' 系中 A 静止，B 的速度为 $-\boldsymbol{u}$，它们的质量分别为 $m_A = m_0$，$m_B = m(u)$．显然，S' 系相对于 S 系的速率为 u．设碰撞后复合粒子在 S 系中的速率为 v，质量为 $M(v)$；在 S' 系中的速率为 v'，由对称性可知 $v' = -v$，故复合粒子的质量仍为 $M(v)$．根据守恒定律，有

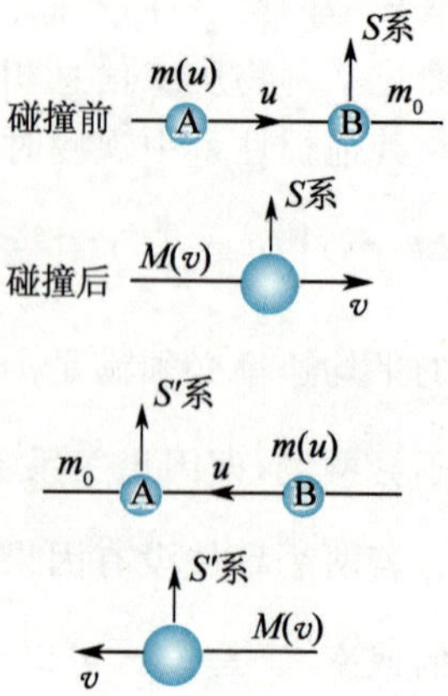

图 4.11 完全非弹性碰撞

质量守恒 $\quad m(u) + m_0 = M(v) \qquad (4.20)$

动量守恒 $\quad m(u)u = M(v)v \qquad (4.21)$

由此两式消去 $M(v)$，解得

$$1 + \frac{m_0}{m(u)} = \frac{u}{v} \tag{4.22}$$

由洛伦兹速度变换式[式(4.12)]有

$$v' = -v = \frac{v-u}{1-\frac{uv}{c^2}}$$

即

$$\frac{u}{v} - 1 = 1 - \frac{uv}{c^2}$$

等式两边乘以 $\frac{u}{v}$ 并整理为

$$\left(\frac{u}{v}\right)^2 - 2\left(\frac{u}{v}\right) + \left(\frac{u}{c}\right)^2 = 0$$

解得

$$\frac{u}{v} = 1 \pm \sqrt{1-\frac{u^2}{c^2}}$$

因为 $v < u$，所以舍去负号，则

$$\frac{u}{v} = 1 + \sqrt{1-\frac{u^2}{c^2}}$$

代入式(4.22)，有

$$m(u) = \frac{m_0}{\sqrt{1-\frac{u^2}{c^2}}} = \gamma m_0 \tag{4.23}$$

这就是相对论中的质速关系．动量的表达式为

$$p = mu = \frac{m_0 u}{\sqrt{1-\frac{u^2}{c^2}}} = \gamma m_0 u \tag{4.24}$$

图 4.12 所示是几位工作者早年测量电子质量随速度变化的实验曲线，可以说明质速关系[式(4.23)]与实验相符. 理论和实验都表明：当物体速率远小于光速时，运动质量和静止质量基本相等，可以看作与速度大小无关的常量；但当速率接近光速时，运动质量迅速增大，相对论效应显著；当 $\beta = \frac{u}{c} \to 1$ 时，$m(u) \to \infty$，动量也趋向于无穷大. 在回旋加速器(见 10.5 节)里，当粒子速率接近光速时就很难再加速. 对于 $m_0 \neq 0$ 的粒子，速率不能等于光速. 光速 c 是一切物体速率的上限. 如果速率超过光速，即 $u > c$，则式(4.23)给出的是虚质量，没有意义. 光、电磁辐射等的速率 $u = c$，其静止质量为零.

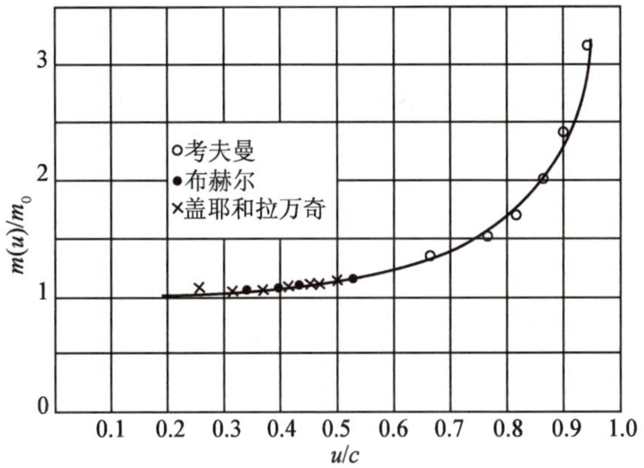

图 4.12 电子质量随速度变化的实验曲线

4.5.2 质量和能量的关系

在相对论中把力定义为动量对时间的变化率，即

$$F = \frac{\mathrm{d}p}{\mathrm{d}t} \tag{4.25}$$

质能关系式

这里 p 是式(4.24)表示的相对论动量. 式(4.25)所表示的力学规律，对不同的惯性系，在洛伦兹变换下是不变的. 但是，要说明的是质量和速度 u 在不同惯性系中是不同的，所以相对论中力 F 在不同惯性系中也是不同的，它们都不是恒量，不同惯性系之间有其相应的变换关系，这一点与经典力学不同.

在相对论中，功能关系仍具有牛顿力学中的形式. 设静止质量为 m_0 的质点，初始静止，在外力作用下，发生位移 $\mathrm{d}s$，获得速度 u，质点动能的增量等于外力所做的功，即

$$\mathrm{d}E_k = F \cdot \mathrm{d}s = F \cdot u\mathrm{d}t$$

因为 $F = \frac{\mathrm{d}}{\mathrm{d}t}(mu)$，代入上式，得

$$\mathrm{d}E_k = \mathrm{d}(mu) \cdot u = (\mathrm{d}m)u \cdot u + m(\mathrm{d}u) \cdot u = u^2\mathrm{d}m + mu\mathrm{d}u$$

又有
$$m=\frac{m_0}{\sqrt{1-\frac{u^2}{c^2}}}$$

对上式进行微分，有
$$\mathrm{d}m=\frac{m_0 u\mathrm{d}u}{c^2\left(1-\frac{u^2}{c^2}\right)^{3/2}}$$

解得
$$\mathrm{d}u=\frac{c^2\left(1-\frac{u^2}{c^2}\right)^{3/2}\mathrm{d}m}{m_0 u}$$

将 m、$\mathrm{d}u$ 的关系式代入 $\mathrm{d}E_\mathrm{k}$ 表达式，并化简，得
$$\mathrm{d}E_\mathrm{k}=c^2\mathrm{d}m$$

当 $u=0$ 时，$m=m_0$，动能 $E_\mathrm{k}=0$. 上式积分得
$$\int_0^{E_\mathrm{k}}\mathrm{d}E_\mathrm{k}=\int_{m_0}^{m}c^2\mathrm{d}m$$

即
$$E_\mathrm{k}=mc^2-m_0c^2 \tag{4.26}$$

科研成果介绍

华龙一号

这是相对论动能的表达式，显然与经典力学的动能公式不同. 但是当 $u\ll c$ 时，有
$$\begin{aligned}E_\mathrm{k}&=m_0c^2\left(1-\frac{u^2}{c^2}\right)^{-\frac{1}{2}}-m_0c^2\\&=m_0c^2\left(1+\frac{1}{2}\frac{u^2}{c^2}+\cdots\right)-m_0c^2\approx\frac{1}{2}m_0u^2\end{aligned}$$

这里忽略高阶小量，回到了经典力学中的质点动能公式.

式(4.26)可写成
$$mc^2=E_\mathrm{k}+m_0c^2$$

爱因斯坦称 m_0c^2 为静能，mc^2 等于物体的动能和静能之和，称为总能量，则
$$E=mc^2 \tag{4.27}$$

科研成果介绍

全超导托卡马克核聚变实验装置

这就是**质能关系**，它把能量和质量联系在了一起.

质能关系说明，一定的质量就代表一定的能量. 质量和能量都是物质属性的量度，质量和能量可以相互转化，当然，这只能是物质属性的转化. 在相对论中，质量的概念不独立存在，质量守恒定律和能量守恒定律统一为质能守恒定律，简称能量守恒定律. 在能量较高的情况下，微观粒子（如原子核、基本粒子等）相互作用，导致产生分裂、聚合等反应过程. 反应前粒子的静止质量和反应后生成物的总静止质量之差，称为质量亏损. 质量亏损对应的能量称为结合能，通常称为原子能. 原子能的利用使人类进入原子时代. 爱因斯坦建立的质能关系式被认为是一个具有划时代意义的理论公式.

例 4.6

已知质子和中子的静止质量分别为
$$M_\mathrm{p}=1.007\ 28\ \mathrm{amu}$$
$$M_\mathrm{n}=1.008\ 66\ \mathrm{amu}$$
amu 为原子质量单位，1 amu $=1.660\times10^{-27}$ kg，两个质子和两个中子结合成一个氦核 ${}^4_2\mathrm{He}$，实验测得它的静止质量 $M_\mathrm{A}=4.001\ 50$ amu. 计算形成一个氦核放出的能量.

解 两个质子和两个中子的质量和为

$$M = 2M_p + 2M_n = 4.031\ 88\ \text{amu}$$

形成一个氦核的质量亏损为

$$\Delta M = M - M_A = 0.030\ 38\ \text{amu}$$

则相应的能量改变量为

$$\begin{aligned}\Delta E &= \Delta Mc^2 \\ &= 0.030\ 38 \times 1.660 \times 10^{-27} \times (3 \times 10^8)^2\ \text{J} \\ &= 4.539 \times 10^{-12}\ \text{J}\end{aligned}$$

这就是形成一个氦核放出的能量.

若形成 1 mol 氦核(4.002 g),则放出的能量为

$$\begin{aligned}\Delta E &= 4.539 \times 10^{-12} \times 6.022 \times 10^{23}\ \text{J} \\ &= 2.733 \times 10^{12}\ \text{J}\end{aligned}$$

这相当于燃烧 100 t 煤时放出的热量.

4.5.3 动量和能量的关系

将相对论动量定义式 $\boldsymbol{p} = m\boldsymbol{u}$ 两边取平方,得

$$p^2 = m^2u^2$$

将质能关系式 $E = mc^2$ 两边取平方,并运算,得

$$\begin{aligned}E^2 &= m^2c^4 = m^2c^4 - m^2u^2c^2 + m^2u^2c^2 \\ &= m^2c^4\left(1 - \frac{u^2}{c^2}\right) + p^2c^2 = m_0^2c^4 + p^2c^2\end{aligned}$$

即

$$E^2 = p^2c^2 + m_0^2c^4 = (pc)^2 + (m_0c^2)^2 \quad (4.28)$$

这就是相对论中**总能量和动量的关系式**.可以用一个直角三角形的勾股弦形象地表示这一关系,如图 4.13 所示.

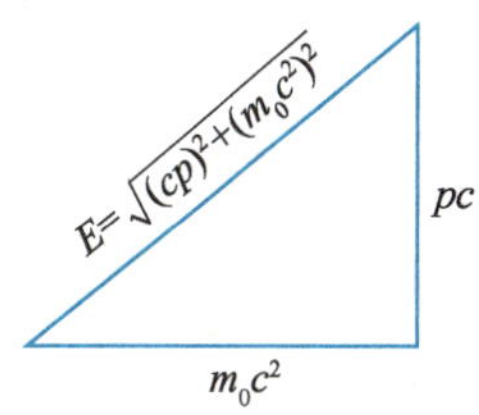

图 4.13 总能量和动量的关系

有些粒子,如光子,$m_0 = 0$,则 $E = cp$,得

$$p = \frac{E}{c} = \frac{mc^2}{c} = mc$$

说明静止质量为零的粒子一定以光速运动.

习 题 4

习题参考答案

4.1 选择题

4.1.1 在一惯性系中观测两个事件同时不同地,则在其他惯性系中观测它们 ( )

A. 一定同时.　　B. 可能同时.

C. 不可能同时,但可能同地.　　D. 不可能同时,也不可能同地.

4.1.2 在一惯性系中观测两个事件同地不同时,则在其他惯性系中观测它们 ( )

A. 一定同地.　　B. 可能同地.

C. 不可能同地,但可能同时.　　D. 不可能同地,也不可能同时.

4.1.3 宇宙飞船相对于地面以速度 $\boldsymbol{v}$ 做匀速直线运动,某一时刻飞船头部的宇航员向飞船尾部发出一个光信号,经过 Δt(飞船上的钟)时间后,被尾部的接收器收到,则由此可知飞船的固有长度为(c 表示真空中的光速) ( )

A. $c\Delta t$.　　B. $v\Delta t$.　　C. $\dfrac{c\Delta t}{\sqrt{1-(v/c)^2}}$.　　D. $\Delta t\sqrt{1-(v/c)^2}$.

4.1.4 一宇航员要到离地球 5 光年的星球去旅行. 如果宇航员希望把此路程缩短为 3 光年，则他所乘的宇宙飞船相对于地球的速率 v 应为（　）

A. $0.5c$.　　B. $0.6c$.　　C. $0.8c$.　　D. $0.9c$.

4.1.5 某宇宙飞船以 $0.8c$ 的速率离开地球，若地球上测到它发出的两个信号之间的时间间隔为 10 s，则宇航员测出的相应的时间间隔为（　）

A. 6 s.　　B. 8 s.　　C. 10 s.　　D. $\frac{10}{3}$ s.

4.2 填空题

4.2.1 有一速度为 $\boldsymbol{u}$ 的宇宙飞船沿 x 轴正方向飞行，其头尾各有一个脉冲光源在工作，处于尾部的观察者测得头部光源发出的光脉冲的传播速度大小为________；处于头部的观察者测得尾部光源发出的光脉冲的传播速度大小为________.

4.2.2 S' 系相对 S 系沿 x 轴做匀速运动的速率为 $0.8c$，在 S' 系中观测，两个事件的时间间隔 $\Delta t' = 5\times10^{-7}$ s，空间间隔是 $\Delta x' = -120$ m，则在 S 系中测得这两个事件的空间间隔 $\Delta x =$________，时间间隔 $\Delta t =$________.

4.2.3 用 v 表示物体的速率，则当 $\frac{v}{c} =$________时，$m = 2m_0$；当 $\frac{v}{c} =$________时，$E_k = E_0$.

4.2.4 电子的静止质量为 m_e，将一个电子从静止加速到速率为 $0.6c$（c 为真空中的光速），须做的功为________.

4.2.5 α 粒子在加速器中被加速，当其质量为静止质量的 5 倍时，其动能为静止能量的________倍.

4.2.6 质子在加速器中被加速，当其动能为静止能量的 3 倍时，其质量为静止质量的________倍.

4.3 解答题

4.3.1 惯性系 S' 相对另一惯性系 S 沿 x 轴做匀速直线运动，取两坐标原点重合时刻作为计时起点. 在 S 系中测得两事件的时空坐标分别为 $x_1 = 6\times10^4$ m，$t_1 = 2\times10^{-4}$ s，以及 $x_2 = 12\times10^4$ m，$t_2 = 1\times10^{-4}$ s. 已知在 S' 系中测得这两事件同时发生. 试问：

(1) S' 系相对 S 系的速度是多少？

(2) S' 系中测得的两事件的空间间隔是多少？

4.3.2 长度 $l_0 = 1$ m 的米尺静止于 S' 系中，与 x' 轴的夹角 $\theta' = 30°$，S' 系相对 S 系沿 x 轴运动，在 S 系中观测者测得米尺与 x 轴的夹角 $\theta = 45°$. 试求：

(1) S' 系和 S 系的相对运动速度；

(2) S 系中测得的米尺长度.

4.3.3 两个惯性系中的观察者 O 和 O′ 以 $0.6c$（c 表示真空中的光速）的相对速度相互接近，如果观察者 O 测得两人的初始距离是 20 m，则观察者 O′ 测得两人经过多长时间相遇？

4.3.4 观测者甲、乙分别静止于两个惯性系 S 和 S' 中，甲测得在同一地点发生的两事件的时间间隔为 4 s，而乙测得这两个事件的时间间隔为 5 s. 求：

(1) S' 系相对于 S 系的运动速度；

(2) 乙测得这两个事件发生的地点间的距离.

4.3.5 6 000 m 的高空大气层中产生了一个 π 介子，以速率 $v = 0.998c$ 飞向地球. 假定该 π 介子在其自身的静止系中的寿命等于其平均寿命 2×10^{-6} s. 试分别从地球上的观测者和 π 介子静止系中的观测者来判断该 π 介子能否到达地球.

4.3.6 设物体相对 S' 系沿 x' 轴正方向以速率 $0.8c$ 运动，如果 S' 系相对 S 系沿 x 轴正方向的速率也是 $0.8c$，则物体相对 S 系的速率是多少？

4.3.7 飞船 A 以 $0.8c$ 的速率相对地球向正东飞行，飞船 B 以 $0.6c$ 的速率相对地球向正西飞行. 当两飞船即将相遇时，飞船 A 在自己的天窗处相隔 2 s 发射两颗信号弹. 在飞船 B 中的观测者测得两颗信号弹的时间间隔为多少？

4.3.8 (1) 火箭 A 和 B 分别以 $0.8c$ 和 $0.6c$ 的速率相对地球沿 x 轴正、负方向飞行. 试求由火箭 B 测得的火箭 A 的速率. (2) 若火箭 A 相对地球以 $0.8c$ 的速率沿 y 轴正方向运动，火箭 B 的速率不变，求 A 相对 B 的速率.

4.3.9 静止在 S 系中的观测者测得一光子沿与 x 轴成 60° 角的方向飞行. 另一观测者静止于 S' 系，S' 系的 x' 轴与 x 轴一致，并以 $0.6c$ 的速率沿 x 轴方向运动. S' 系中的观测者观测到的光子的运动方向如何？

4.3.10 (1) 如果将电子由静止加速到速率为 $0.1c$，须对它做多少功？(2) 如果将电子由速率为 $0.8c$ 加速到 $0.9c$，又须对它做多少功？

4.3.11 μ 子的静止质量是电子静止质量的 207 倍，静止时的平均寿命 $\tau_0 = 2\times10^{-6}$ s，若它在实验室参考系中的平均寿命 $\tau = 7\times10^{-6}$ s，则其质量是电子静止质量的多少倍？

4.3.12 一物体的速度使其质量增加了 10%，此物体在运动方向上缩短了百分之多少？

4.3.13 氢原子的同位素氘($^2_1$H) 和氚($^3_1$H) 在高温条件下发生聚变反应，产生氦($^4_2$He) 原子核和一个中子($^1_0$n)，并释放出大量能量，其反应方程为

$$^2_1\mathrm{H} + {}^3_1\mathrm{H} \rightarrow {}^4_2\mathrm{He} + {}^1_0\mathrm{n}$$

已知氘核的静止质量为 2.013 5 amu($1\ \mathrm{amu} = 1.660\times10^{-27}$ kg)，氚核、氦核及中子的质量分别为3.015 5 amu、4.001 5 amu、1.008 65 amu. 求上述聚变反应释放出来的能量.

4.3.14 要使电子的速率从 1.2×10^8 m/s 增加到 2.4×10^8 m/s，必须做多少功？

4.3.15 粒子的静止质量为 m_0，当其动能等于其静能时，其质量和动量各等于多少？

4.3.16 太阳的辐射能来自其内部的核聚变反应. 太阳每秒向周围空间辐射出的能量约为 5×10^{26} J，基于这个原因，太阳每秒减少多少质量？把这个质量同太阳目前的质量 2×10^{30} kg 作比较，估算太阳的寿命是多少年.

第 5 章 机械振动

本章提要

非线性振动简介

物体在某固定位置附近的往复运动叫作机械振动，它是物体的一种普遍运动形式. 例如，活塞的往复运动、树叶在空气中的抖动、琴弦的振动、心脏的跳动等都是振动. 物体在受到打击，或摇摆、颠簸、发声时必有振动. 任何一个具有质量和弹性的系统在其运动状态发生突变时都会发生振动.

广义地说，**任何一个物理量在某一量值附近随时间的周期性变化都可以叫作振动.** 例如，交流电路中的电流、电压，振荡电路中的电场强度和磁场强度等均随时间做周期性的变化，因此它们的变化都可以称为振动. 这种振动虽然和机械振动有本质的不同，但它们都具有相同的数学特征和运动规律. 所以，振动不仅是声学、地震学、建筑学、机械制造等必需的基础知识，也是电学、光学、无线电学的基础.

本章主要讨论简谐振动和振动的合成，并简要介绍阻尼振动、受迫振动和共振现象.

5.1 简谐振动的动力学特征

简谐振动是振动中最基本、最简单的振动形式，任何一个复杂的振动都可以看成若干个或无限多个简谐振动的合成.

一个做往复运动的物体，如果其偏离平衡位置的位移 x(或角位移 θ) 随时间 t 按余弦(或正弦) 规律变化，即

$$x = A\cos(\omega t + \varphi_0) \tag{5.1}$$

则这种振动称为**简谐振动**.

简谐振动的特征

研究表明，做简谐振动的物体(或系统)，尽管描述它们偏离平衡位置位移的物理量可以千差万别，但描述它们动力学特征的运动微分方程却完全相同.

5.1.1 弹簧振子模型

将轻弹簧(质量可忽略不计) 一端固定，另一端与质量为 m 的物体(可视为质点) 相连，若该系统在振动过程中弹簧的形变较小(即形变弹簧作用于物体的力总是满足胡克定律)，那么，这样的弹簧-物体系统称为**弹簧振子**.

如图 5.1 所示，将弹簧振子水平放置，使振子在水平光滑支撑面上振动. 以弹簧处于自然状态(弹簧既未伸长也未压缩的状态) 的稳定平衡位置为坐标原点，当振子偏离平衡位置的位移为 x 时，其受到的弹性力为

$$F = -kx \tag{5.2}$$

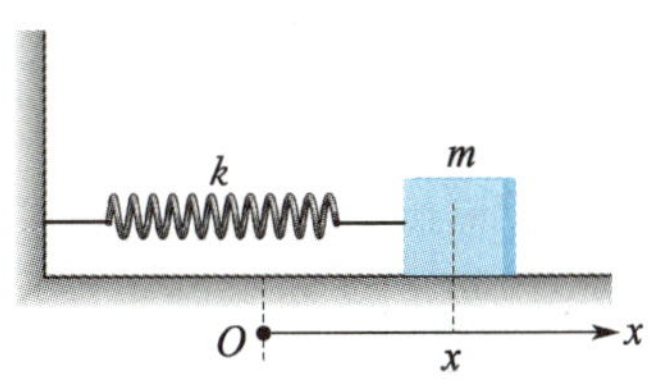

图 5.1 弹簧振子

式中，k 为弹簧的刚度系数，负号表示弹性力的方向与振子的位移方向相反. 即振子在运动过程中受到的力总是指向平衡位置，且力的大小与振子偏离平衡位置的位移成正比，这种力就称为线性回复力.

若不计阻力(如振子与支撑面的摩擦力，在空气中运动时受到的空气阻力及其他能量损耗)，则振子的运动微分方程为

$$-kx = m\frac{\mathrm{d}^2 x}{\mathrm{d}t^2}$$

令

$$\omega^2 = \frac{k}{m} \tag{5.3}$$

则有

$$\frac{\mathrm{d}^2 x}{\mathrm{d}t^2} + \omega^2 x = 0 \tag{5.4}$$

式(5.4) 的解就是式(5.1)①，可知式(5.4) 就是描述简谐振动的运动微分方程. 由此

---

① 根据微分方程理论，式(5.4) 的通解为 $x = A\mathrm{e}^{\mathrm{i}(\omega t+\varphi_0)} = A\cos(\omega t + \varphi_0) + \mathrm{i}A\sin(\omega t + \varphi_0)$. 在经典物理中只用实数部分表示物理量，描述机械振动通常用余弦函数，所以式(5.4) 的解取式(5.1).

可以给出简谐振动的一种较普遍的定义:若某力学系统的动力学方程可归结为式(5.4)的形式,且其中ω仅取决于振动系统本身的性质,则该系统的运动为简谐振动. 能满足式(5.4)的系统,又称为**谐振子系统**.

5.1.2 微振动的简谐近似

上述弹簧振子(谐振子)是一个理想模型. 实际发生的振动大多较为复杂,一方面,回复力可能不是弹性力,而是重力、浮力或其他力;另一方面,回复力可能是非线性的,只能在一定条件下才可近似当作线性回复力,如单摆、复摆、扭摆等.

一端固定且不可伸长的细线与可视为质点的物体相连,当它在竖直平面内做小角度($\theta \leqslant 5°$)摆动时,该系统称为**单摆**,如图 5.2 所示.

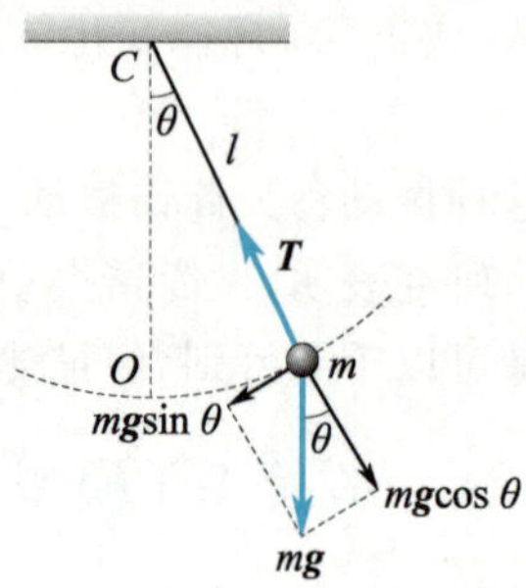

图 5.2 单摆

以摆球为研究对象,单摆的运动可看作绕过C点的垂直于纸面的水平轴的转动. 显然,摆球在铅直方向CO处为稳定平衡位置(即回复力为零的位置). 当摆线偏离铅直方向的角度为θ时(此处θ又称角位移),摆球受到重力$m\boldsymbol{g}$与绳拉力$\boldsymbol{T}$的合力,对过C点的转动轴的力矩为

$$M = -mgl\sin\theta \tag{5.5}$$

式中,负号表示力矩的方向总是与角位移的方向相反. 在$\theta \leqslant 5°$时,将θ值用弧度表示,则有$\sin\theta = \theta - \frac{\theta^3}{3!} + \frac{\theta^5}{5!} - \cdots$,略去高阶无穷小,式(5.5)可近似简化为

$$M = -mgl\theta \tag{5.6}$$

此时的回复力矩与角位移成正比,方向相反.

若不计阻力,由转动定律可写出摆球的动力学方程为

$$-mgl\theta = ml^2\frac{\mathrm{d}^2\theta}{\mathrm{d}t^2}$$

令

$$\omega^2 = \frac{g}{l} \tag{5.7}$$

则有

$$\frac{\mathrm{d}^2\theta}{\mathrm{d}t^2} + \omega^2\theta = 0 \tag{5.8}$$

即单摆的小角度摆动是简谐振动.

绕不过质心的水平固定轴转动的刚体称为**复摆**①,如图 5.3 所示. 质心C在铅直位置时为平衡位置,以质心C至轴心O的距离h为摆长,同上分析,当$\theta \leqslant 5°$时,复摆的动力学方程为

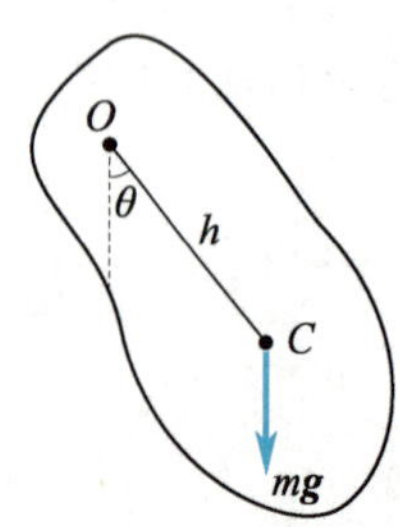

图 5.3 复摆

$$-mgh\theta = J\frac{\mathrm{d}^2\theta}{\mathrm{d}t^2} \tag{5.9}$$

令

$$\omega^2 = \frac{mgh}{J} \tag{5.10}$$

① 若悬线长l与“摆球”的线度r不满足$l \gg r$,亦称为复摆.

式中,J 为刚体对过 O 点的水平轴的转动惯量. 于是式(5.9)亦可归为式(5.8).

由上述讨论可知,单摆或复摆在小角度摆动情况下,经过近似处理,它们的运动方程与弹簧振子的运动方程具有完全相同的数学形式,即式(5.4)、式(5.8). 进一步的研究表明,任何一个物理量(如长度、角度、电流、电压及化学反应中某种化学组分的浓度等)的变化规律只要满足式(5.4),且常量 ω 取决于系统本身的性质,则该物理量做简谐振动.

例 5.1

一质量为 m 的物体悬挂于轻弹簧下端,不计空气阻力,试证其在平衡位置附近的振动是简谐振动.

证 如图 5.4 所示,以平衡位置 A 为坐标原点,向下为 x 轴正方向,设某一瞬时振子的坐标为 x,则物体在振动过程中的运动方程为

$$m\frac{\mathrm{d}^2x}{\mathrm{d}t^2}=-k(x+l)+mg$$

式中,l 是弹簧挂上重物后静止时的伸长量. 因为 $mg=kl$,所以上式为

$$m\frac{\mathrm{d}^2x}{\mathrm{d}t^2}=-kx$$

故

$$\frac{\mathrm{d}^2x}{\mathrm{d}t^2}+\omega^2x=0$$

式中,$\omega^2=\dfrac{k}{m}$. 于是该系统做简谐振动.

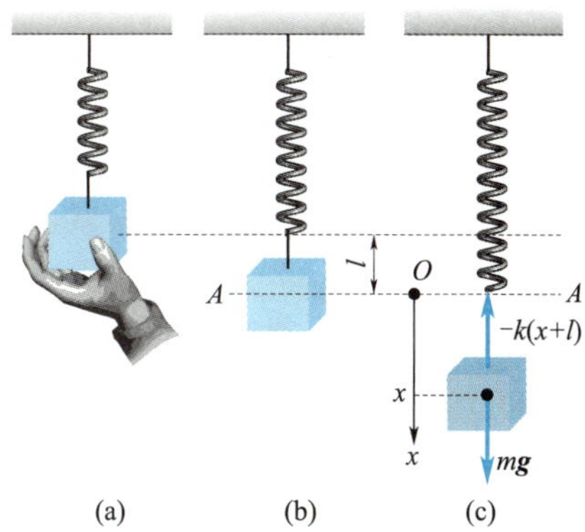

图 5.4 例 5.1 图

上例说明:若一个谐振子系统受到一个恒力(以使系统中不出现非线性因素为限)作用,只要将其坐标原点移至恒力作用下新的平衡位置,则该系统仍是一个与原系统动力学特征相同的谐振子系统.

5.2 简谐振动的运动学

5.2.1 简谐振动的运动方程

如前所述,微分方程

$$\frac{\mathrm{d}^2x}{\mathrm{d}t^2}+\omega^2x=0$$

的解可写作

$$x=A\cos(\omega t+\varphi_0) \tag{5.11}$$

式中,A 和 φ_0 是由初始条件确定的两个积分常数. 式(5.11)称为**简谐振动的运动方程**.

由于

$$\cos(\omega t+\varphi_0)=\sin\left(\omega t+\varphi_0+\frac{\pi}{2}\right)$$

令
$$\varphi' = \varphi_0 + \frac{\pi}{2}$$
则式(5.11)亦可写成
$$x = A\sin(\omega t + \varphi')$$
可见,简谐振动的运动规律也可用正弦函数表示.本书对机械振动统一用余弦函数表示.

5.2.2 描述简谐振动的重要参量

1. 振幅 A

根据简谐振动的运动学方程,物体的最大位移不能超过 A,物体偏离平衡位置的最大位移(或角位移)的绝对值叫作**振幅**.显然,振幅 A 是由初始条件决定的.

简谐振动的运动学方程和它对时间的一阶导数(简谐振动的速度方程)分别如下:
$$\begin{cases} x = A\cos(\omega t + \varphi_0) \\ v = -\omega A\sin(\omega t + \varphi_0) \end{cases} \tag{5.12}$$
将初始条件 $t = 0, x = x_0, v = v_0$ 代入式(5.12),得
$$\begin{cases} x_0 = A\cos\varphi_0 \\ -\dfrac{v_0}{\omega} = A\sin\varphi_0 \end{cases} \tag{5.13}$$
取二式平方和,即求出振幅为
$$A = \sqrt{x_0^2 + \left(\frac{v_0}{\omega}\right)^2} \tag{5.14}$$
例如,当 $t = 0$ 时,物体位移为 x_0,而振速为零,此时的 $|x_0|$ 即为振幅;当 $t = 0$ 时,物体在平衡位置,而初速为 v_0,则 $A = \left|\dfrac{v_0}{\omega}\right|$,可见此时初速越大,振幅越大.

2. 周期、频率和角频率

物体做简谐振动时,完成一次全振动所需的时间叫作简谐振动的**周期**,用 T 表示.由周期函数的性质,有
$$\begin{aligned} A\cos(\omega t + \varphi_0) &= A\cos[\omega(t + T) + \varphi_0] \\ &= A\cos(\omega t + \varphi_0 + 2\pi) \end{aligned}$$
由此可知
$$T = \frac{2\pi}{\omega} \tag{5.15}$$

和周期密切相关的另一物理量是**频率**,即单位时间内系统所完成的全振动的次数,用 ν 表示:
$$\nu = \frac{1}{T} = \frac{\omega}{2\pi} \tag{5.16}$$
在国际单位制中,ν 的单位名称是赫兹,符号是 Hz.

由式(5.16),有

$$\omega = \frac{2\pi}{T} = 2\pi\nu \tag{5.17}$$

表示系统在 2π s 内完成的全振动的次数，称为**角频率**(又称**圆频率**). 它的单位名称为弧度每秒，符号为 $\mathrm{rad \cdot s^{-1}}$. 由 5.1 节的讨论可知，简谐振动的角频率 ω 是由系统的力学性质决定的，故又称为固有(本征) 角频率. 例如：

弹簧振子 $\omega = \sqrt{\frac{k}{m}}$

单摆 $\omega = \sqrt{\frac{g}{l}}$

复摆 $\omega = \sqrt{\frac{mgh}{J}}$

由此确定的振动周期称为固有(本征) 周期. 例如：

弹簧振子 $$T = 2\pi\sqrt{\frac{m}{k}} \tag{5.18}$$

单摆 $$T = 2\pi\sqrt{\frac{l}{g}} \tag{5.19}$$

复摆 $$T = 2\pi\sqrt{\frac{J}{mgh}} \tag{5.20}$$

3. 相位和初相位

简谐振动的振幅确定了振动的范围，频率或周期则描绘了振动的快慢. 不过仅由参量 A 和 ω 还不能确定振动系统在任意瞬时的运动状态. 式(5.12) 表明，只有在 A、ω、φ_0 为已知量时，系统的振动状态才是完全确定的. 能确定系统任意时刻振动状态的物理量

$$\varphi = \omega t + \varphi_0 \tag{5.21}$$

叫作简谐振动的**相位**. 例如，由式(5.12) 可知，当相位$(\omega t_1 + \varphi_0) = \frac{\pi}{2}$ 时，有 $x = 0$，$v = -\omega A$，其表明系统此时的振动状态是：振子处于平衡位置并以速率 ωA 向 x 轴负方向运动. 当相位$(\omega t_2 + \varphi_0) = 3\pi/2$ 时，有 $x = 0$，$v = \omega A$，此时系统的振动状态是：振子处于平衡位置并以速率 ωA 向 x 轴正方向运动. 可见，在 t_1 和 t_2 时刻，振动相位不同，系统的振动状态就不同. 反之，系统的一个确定的振动状态必与一个确定的振动相位对应. 例如，若某时刻系统的位移为 $x = A/2$，而速度 $v > 0$(即向正最大位移方向移动)，则由式(5.12) 可推知，与此运动状态对应的振动相位为 $\varphi = -\pi/3$ (或 $5\pi/3$).

两振动相位之差 $\Delta\varphi = \varphi_2 - \varphi_1$，称作**相位差**. 若相位差等于零或 2π 的整数倍，则称两振动相位相同(或同相)，如果两振动的振幅和频率也相同，则表明此时它们的振动状态相同；若 $\Delta\varphi = (2k+1)\pi$，则称两振动的相位相反(或反相)，表明它们的运动状态相反；若 $0 < \Delta\varphi < \pi$，则称 φ_2 超前于 φ_1，或说 φ_1 滞后于 φ_2. 总之，相位差的不同，反映了两个振动不同程度的参差错落.

用相位表征简谐振动的运动状态还能充分地反映简谐振动的周期性. 简谐振动

在一个周期内所经历的运动状态每时每刻都不相同，从相位来理解，这相当于相位经历了从 0 到 2π 的变化过程. 因此，对于一个以某个振幅和频率振动的系统，若它们的运动状态相同，则它们所对应的相位差必定为 2π 或 2π 的整数倍.

$t=0$ **时的相位叫作初相位**. 由式(5.13) 可得

$$\tan\varphi_0=-\frac{v_0}{\omega x_0} \tag{5.22}$$

可见，初相位也是由初始条件确定的.

由式(5.22) 求出的，且代入式(5.12)，使其成立的 φ_0 值，即为该振动的初相位.

若已知振子的初始振动状态，则可直接由式(5.12) 得出其初相位. 例如，若 $t=0$，$x_0=-A/2$，而 $v<0$，由式(5.12) 可推知，与此振动状态对应的初相位为 $\varphi_0=2\pi/3$.

5.2.3 简谐振动的旋转矢量表示法

在研究简谐振动问题时，常采用一种较为直观的几何方法，即**旋转矢量法**.

如图 5.5 所示，从坐标原点 O(平衡位置) 画一矢量$\boldsymbol{A}$，使它的模等于简谐振动的振幅 A，并令 $t=0$ 时$\boldsymbol{A}$ 与 x 轴的夹角等于简谐振动的初相位 φ_0，然后使$\boldsymbol{A}$ 以等于角频率 ω 的角速度在平面上绕 O 点做逆时针转动，这样作出的矢量称为旋转矢量. 显然，旋转矢量$\boldsymbol{A}$ 任一时刻在 x 轴上的投影 $x=A\cos(\omega t+\varphi_0)$ 就描述了一个简谐振动，矢端沿圆周运动的速度大小等于 ωA，其方向与 x 轴的夹角等于$(\omega t+\varphi_0+\pi/2)$，在 x 轴上的投影为 $\omega A\cos(\omega t+\varphi_0+\pi/2)=-\omega A\sin(\omega t+\varphi_0)$，这就是简谐振动的速度方程；矢端做圆周运动的加速度为 $a_n=\omega^2A$，它与 x 轴的夹角为$(\omega t+\varphi_0+\pi)$，所以加速度在 x 轴上的投影为

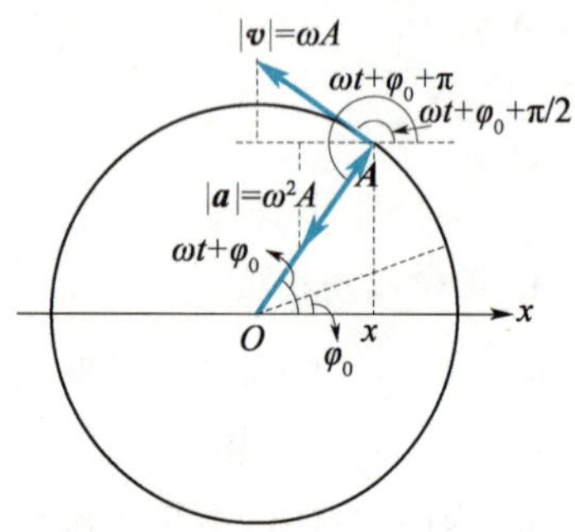

图 5.5　旋转矢量法

旋转矢量法

$$\omega^2A\cos(\omega t+\varphi_0+\pi)=-\omega^2A\cos(\omega t+\varphi_0)=-\omega^2x$$

以上讨论表明，简谐振动速度的相位比位移超前$\frac{\pi}{2}$，加速度的相位比速度超前$\frac{\pi}{2}$，比位移超前 π.

例 5.2

弹簧振子沿 x 轴做简谐振动，振幅为 0.4 m，周期为 2 s，当 $t=0$ 时，位移为0.2 m，且向 x 轴负方向运动. 求简谐振动的振动方程，并画出 $t=0$ 时的旋转矢量图.

解　设此简谐振动的振动方程为

$$x=A\cos(\omega t+\varphi_0)$$

则其速度为

$$v=\frac{dx}{dt}=-\omega A\sin(\omega t+\varphi_0)$$

将 $A=0.4$ m，$\omega=\frac{2\pi}{T}=\pi\ \text{rad}\cdot\text{s}^{-1}$ 和 $t=0$ 时，$x_0=0.2$ m，代入 $x=A\cos(\omega t+\varphi_0)$ 得

$$\varphi_0=\pm\frac{\pi}{3}$$

再由 $t=0$ 时，$v_0<0$ 的条件，得 $v_0=-0.4\pi\sin\varphi_0<0$，所以

$$\varphi_0=\frac{\pi}{3}$$

于是此简谐振动的振动方程为

$$x=0.4\cos\left(\pi t+\frac{\pi}{3}\right)\ (\mathrm{m})$$

$t=0$ 时的旋转矢量图如图 5.6 所示.

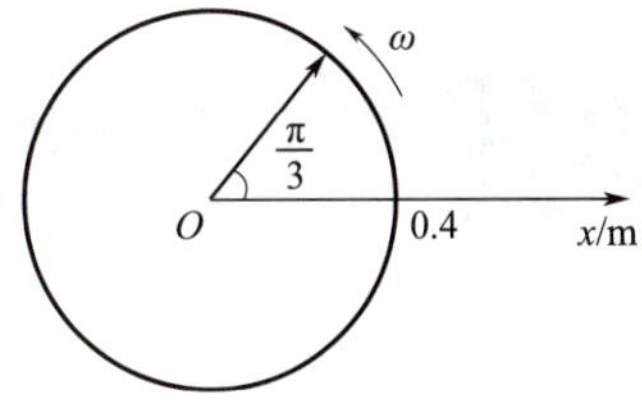

图 5.6　旋转矢量图

例 5.3

已知简谐振动曲线如图 5.7 所示，试写出其振动方程.

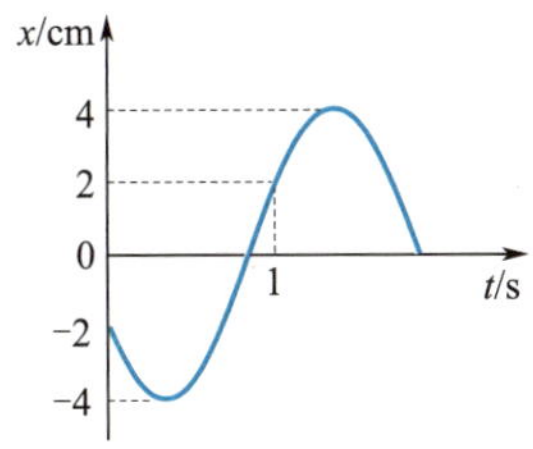

图 5.7　简谐振动曲线

解　设简谐振动方程为

$$x=A\cos(\omega t+\varphi_0)$$

从图 5.7 中易知 $A=4$ cm，下面只需求出 φ_0 和 ω 即可. 从图 5.7 中分析可知，$t=0$ 时，$x_0=-2$ cm，且 $v_0=\frac{\mathrm{d}x}{\mathrm{d}t}<0$（由曲线的斜率决定），代入振动方程，有

$$-2=4\cos\varphi_0$$

故 $\varphi_0=\pm\frac{2}{3}\pi$，又由 $v_0=-\omega A\sin\varphi_0<0$，得 $\sin\varphi_0>0$，因此只能取 $\varphi_0=\frac{2}{3}\pi$.

再从图 5.7 中分析，$t=1$ s 时，$x=2$ cm，$v>0$，代入振动方程有

$$2=4\cos(\omega+\varphi_0)=4\cos\left(\omega+\frac{2}{3}\pi\right)$$

即 $$\cos\left(\omega+\frac{2}{3}\pi\right)=\frac{1}{2}$$

所以 $\omega+\frac{2}{3}\pi=\frac{5}{3}\pi$ 或 $\frac{7}{3}\pi$（应注意这里不能取 $\pm\frac{\pi}{3}$）.

因同时要满足 $v=-\omega A\sin\left(\omega+\frac{2}{3}\pi\right)>0$，即 $\sin\left(\omega+\frac{2}{3}\pi\right)<0$，故应取 $\omega+\frac{2}{3}\pi=\frac{5}{3}\pi$，即 $\omega=\pi\ \mathrm{rad\cdot s^{-1}}$，所以振动方程为

$$x=4\cos\left(\pi t+\frac{2}{3}\pi\right)\ \mathrm{cm}$$

用旋转矢量法也可以简单地求出简谐振动的 φ_0 和 ω. 如图 5.8 所示，在 x-t 曲线的左侧作 Ox 轴与位移坐标轴平行，由振动曲线可知，a、b 两点对应于 $t=0$、1 s 时刻的振动状态，可确定这两个时刻旋转矢量的位置分别为 $\overrightarrow{Oa}$ 和 $\overrightarrow{Ob}$. 下面作详细说明：由 a 点向 Ox 轴作垂线，其交点就是 $t=0$ 时刻旋转矢量端点的投影点. 已知该处 $x_0=-2$ cm，且此时刻 $v_0<0$，故旋转矢量应在 Ox 轴的左侧，它与 Ox 轴正方向的夹角 $\varphi_0=\frac{2}{3}\pi$ 就是 $t=0$ 时刻的振动相位，即初相位；又由 x-t 曲线上的 b 点向 Ox 轴作垂线，其交点就是 $t=1$ s 时刻旋转矢量端点的投影点，该处 $x=2$ cm 且 $v>0$，故此时刻旋转矢量应在 Ox 轴的右侧，它与 Ox 轴的夹角 $\varphi=\frac{5}{3}\pi$ 就是 $t=1$ s 时刻的振动相位，即 $\omega+\frac{2}{3}\pi=\frac{5}{3}\pi$，解得 $\omega=\pi\ \mathrm{rad\cdot s^{-1}}$.

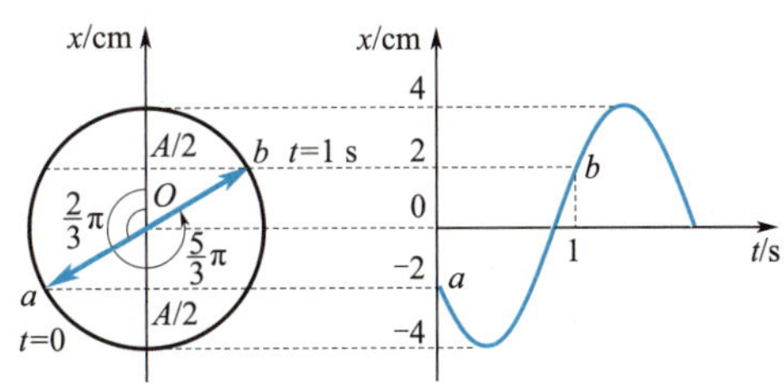

图 5.8　用旋转矢量法求解

5.3 简谐振动的能量

下面以弹簧振子为例来说明简谐振动的能量.

设振子质量为 m，弹簧的刚度系数为 k，在某一时刻的位移为 x，速率为 v，即

$$x = A\cos(\omega t + \varphi_0)$$

$$v = -\omega A\sin(\omega t + \varphi_0)$$

于是振子所具有的振动动能和振动势能分别为

$$E_{\mathrm{k}} = \frac{1}{2}mv^2 = \frac{1}{2}m\omega^2A^2\sin^2(\omega t + \varphi_0)$$

$$= \frac{1}{2}kA^2\sin^2(\omega t + \varphi_0) \tag{5.23}$$

$$E_{\mathrm{p}} = \frac{1}{2}kx^2 = \frac{1}{2}kA^2\cos^2(\omega t + \varphi_0) \tag{5.24}$$

这说明弹簧振子的动能和势能是按余弦或正弦函数的平方随时间变化的. 图 5.9 表示初相位 $\varphi_0 = 0$ 时，弹簧振子的动能、势能和总能量随时间变化的曲线. 显然，动能最大时，势能最小，而动能最小时，势能最大. 简谐振动的过程正是动能和势能相互转化的过程.

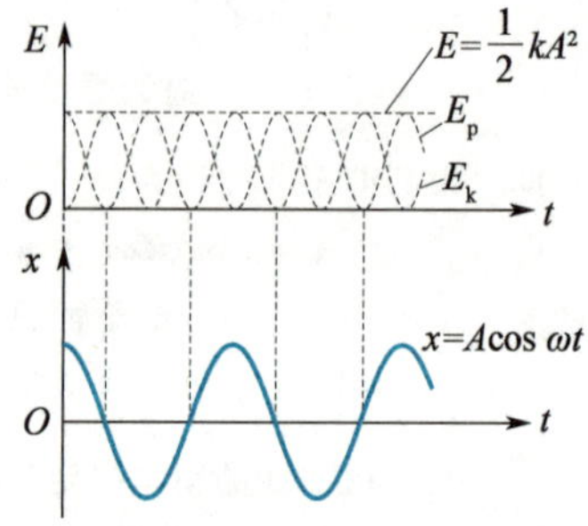

图 5.9　弹簧振子的动能、势能和总能量随时间变化的曲线

简谐振动的能量

将式(5.23) 和式(5.24) 相加，得**简谐振动的总能量**为

$$E = \frac{1}{2}kA^2 = \frac{1}{2}m\omega^2A^2 \tag{5.25}$$

即简谐振动系统在振动过程中机械能守恒. 从力学观点看，这是因为做简谐振动的系统都是孤立的保守系统. 此外，式(5.25) 还说明简谐振动的能量正比于振幅的平方和系统固有角频率的平方.

动能和势能在一个周期内的平均值为

$$\overline{E_{\mathrm{k}}} = \frac{1}{T}\int_0^T E_{\mathrm{k}}(t)\mathrm{d}t$$

$$= \frac{1}{T}\int_0^T \frac{1}{2}kA^2\sin^2(\omega t + \varphi_0)\mathrm{d}t = \frac{1}{4}kA^2$$

同理，有

$$\overline{E_{\mathrm{p}}} = \frac{1}{4}kA^2$$

即

$$\overline{E_{\mathrm{k}}} = \overline{E_{\mathrm{p}}} = \frac{1}{4}kA^2 = \frac{1}{2}E \tag{5.26}$$

动能和势能在一个周期内的平均值相等，且均等于总能量的一半.

上述结论虽然是从弹簧振子这一特例推出的，但具有普遍意义，适用于任何一个谐振动系统.

对于实际的振动系统，可以通过讨论它的势能曲线来研究其能否做简谐振动近似处理.

设系统沿 x 轴振动，其势能函数为 $E_p(x)$，如果势能曲线存在一个极小值，该位置就是系统的稳定平衡位置. 在该位置（取 $x=0$）附近将势能函数用级数展开为

$$E_p(x)=E_p(0)+\left(\frac{dE_p}{dx}\right)_{x=0}x+\frac{1}{2}\left(\frac{d^2E_p}{dx^2}\right)_{x=0}x^2+\cdots$$

由于在 $x=0$ 的平衡位置处有 $\frac{dE_p}{dx}=0$，若系统是做微振动，当 $\left(\frac{d^2E_p}{dx^2}\right)_{x=0}\neq 0$ 时，可略去高阶无穷小，得到

$$E_p(x)\approx E_p(0)+\frac{1}{2}\left(\frac{d^2E_p}{dx^2}\right)_{x=0}x^2$$

根据保守力与势能函数的关系 $F=-\frac{dE_p(x)}{dx}$，将上式两边对 x 求导可得

$$F=-\left(\frac{d^2E_p}{dx^2}\right)_{x=0}x \tag{5.27}$$

这说明，微振动系统所受作用力与弹簧振子所受作用力（$F=-kx$）相似，一般可以当作简谐振动处理. 图 5.10(a)、(b) 所示分别是双原子分子的势能曲线和晶体中晶格离子的势能曲线，由上面的讨论可知，这些原子或离子在其平衡位置附近的振动都可当作简谐振动.

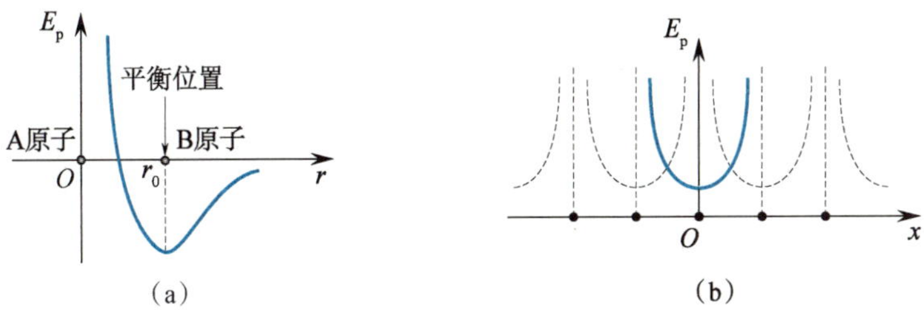

图 5.10 双原子分子和晶格离子的势能曲线

例 5.4 如图 5.11 所示，光滑水平面上的弹簧振子由质量为 M 的木块和刚度系数为 k 的轻弹簧构成. 现有一个质量为 m、速度为 $\boldsymbol{u}_0$ 的子弹射入静止的木块后陷入其中，此时弹簧处于自由状态. (1) 写出该谐振子的振动方程；(2) 求出 $x=\frac{A}{2}$ 处系统的动能和势能.

解 (1) 子弹射入木块的过程中，水平方向上动量守恒. 设子弹陷入木块后两者的共同速度为 $\mathbf{V}_0$，则有

$$mu_0=(m+M)V_0$$

$$V_0=\frac{m}{m+M}u_0$$

取弹簧处于自由状态时，木块的位置为坐标原点，水平向右为 x 轴正方向，并取木块和子弹一起开始向右运动的时刻为计时起点. 因此初始条件为 $x_0=0, v_0=V_0>0$，而子弹射入木块后，简谐振动系统的角频率为

$$\omega=\sqrt{\frac{k}{m+M}}$$

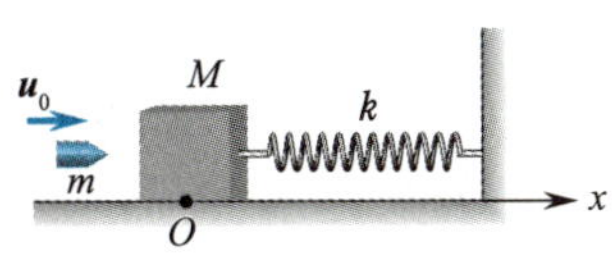

图 5.11 例 5.4 图

设简谐振动系统的振动方程为 $x=A\cos(\omega t+\varphi_0)$，将初始条件代入得

$$\begin{cases}0=A\cos\varphi_0\\ V_0=-\omega A\sin\varphi_0>0\end{cases}$$

联立解得 $$\varphi_0=\frac{3}{2}\pi$$

$$A=-\frac{V_0}{\omega\sin\varphi_0}=\frac{mu_0}{\sqrt{k(m+M)}}$$

所以谐振子的振动方程为

$$x = A\cos(\omega t + \varphi_0)$$

$$= \frac{mu_0}{\sqrt{k(m+M)}}\cos\left(\sqrt{\frac{k}{m+M}}t + \frac{3}{2}\pi\right)$$

(2) $x = \frac{A}{2}$ 处简谐振动系统的势能和动能分别为

$$E_p = \frac{1}{2}kx^2 = \frac{1}{2}k\left(\frac{A}{2}\right)^2 = \frac{m^2u_0^2}{8(m+M)}$$

$$E_k = E - E_p = \frac{1}{2}kA^2 - \frac{1}{8}kA^2 = \frac{3}{8}kA^2$$

$$= \frac{3m^2u_0^2}{8(m+M)}$$

5.4 简谐振动的合成① 振动的频谱分析

简谐振动的合成

在实际问题中，常常遇到一个物体同时参与两个或更多个振动的情况. 在一定条件下，合振动的位移等于各个分振动位移的矢量和.

5.4.1 同方向同频率简谐振动的合成

设质点同时参与两个同方向同频率的简谐振动：

$$x_1 = A_1\cos(\omega t + \varphi_{10})$$

$$x_2 = A_2\cos(\omega t + \varphi_{20})$$

因两分振动在同一方向上进行，故质点的合位移等于两个位移的代数和，即

$$x = x_1 + x_2 = A_1\cos(\omega t + \varphi_{10}) + A_2\cos(\omega t + \varphi_{20}) \tag{5.28}$$

利用三角恒等式，上式可化为

$$x = A\cos(\omega t + \varphi_0)$$

式中，合振幅 A 和初相位 φ_0 的值分别为

$$A = \sqrt{A_1^2 + A_2^2 + 2A_1A_2\cos(\varphi_{20} - \varphi_{10})} \tag{5.29}$$

$$\varphi_0 = \arctan\frac{A_1\sin\varphi_{10} + A_2\sin\varphi_{20}}{A_1\cos\varphi_{10} + A_2\cos\varphi_{20}} \tag{5.30}$$

由此可见，**同方向同频率的简谐振动合成后仍为一简谐振动**，其频率与分振动频率相同，合振动的振幅、相位由两分振动的振幅 A_1、A_2 及初相位 φ_{10}、φ_{20} 决定.

利用旋转矢量讨论上述问题更为简洁直观. 如图 5.12 所示，取坐标轴 Ox，画出两分振动的旋转矢量 $\boldsymbol{A}_1$ 和 $\boldsymbol{A}_2$，它们与 x 轴的夹角分别为 φ_{10} 和 φ_{20}，并以相同的角速度 ω 沿逆时针方向旋转. 因两分矢量 $\boldsymbol{A}_1$、$\boldsymbol{A}_2$ 的夹角恒定不变，所以合矢量 $\boldsymbol{A}$ 的模保持不变，而且同样以角速度 ω 旋转. 图中矢量 $\boldsymbol{A}$ 即 $t=0$ 时的合成振动矢量，任一时刻合振动的位移等于该时刻 $\boldsymbol{A}$ 在 x 轴上的投影，即

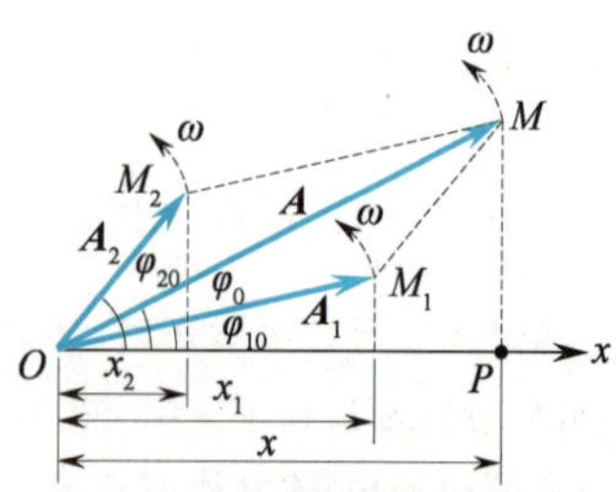

图 5.12 用旋转矢量法求同一直线上两简谐振动的合成

① 简谐振动的合成又可称为振动的叠加，只有线性振动才能叠加. 因此，本节的各种结论对非线性振动无效.

$$x = A\cos(\omega t + \varphi_0)$$

可见，合振动是振幅为 A、初相位为 φ_0 的简谐振动，其角频率与两分振动相同，和前文结论一致. 利用图 5.12 中的几何关系，可求得合振动的振幅 A、初相位 φ_0，结果分别与式(5.29)、式(5.30) 一致.

现进一步讨论合振动的振幅与两分振动相位差之间的关系. 由式(5.29) 可知：

(1) 相位差 $\varphi_{20} - \varphi_{10} = \pm 2k\pi (k = 0,1,2,\cdots)$ 时

$$A = \sqrt{A_1^2 + A_2^2 + 2A_1A_2} = A_1 + A_2 \tag{5.31}$$

即两分振动相位相同时，合振幅等于两分振动振幅之和，合振幅最大.

(2) 相位差 $\varphi_{20} - \varphi_{10} = \pm (2k+1)\pi (k = 0,1,2,\cdots)$ 时

$$A = \sqrt{A_1^2 + A_2^2 - 2A_1A_2} = |A_1 - A_2| \tag{5.32}$$

即两分振动相位相反时，合振幅等于两分振幅之差的绝对值，合振幅最小.

一般情况下，两分振动既不同相亦非反相，合振幅在 $A_1 + A_2$ 与 $|A_1 - A_2|$ 之间.

同方向同频率简谐振动的合成原理，在讨论声波、光波及电磁辐射的干涉和衍射时经常用到.

5.4.2 同方向不同频率简谐振动的合成

设质点同时参与两个同方向，但频率分别为 ω_1 和 ω_2 的简谐振动. 为突出频率不同引起的效果，设两分振动的振幅相同，且初相位均等于 φ，即

$$x_1 = A\cos(\omega_1 t + \varphi)$$
$$x_2 = A\cos(\omega_2 t + \varphi)$$

合振动的位移为

$$x = x_1 + x_2 = A\cos(\omega_1 t + \varphi) + A\cos(\omega_2 t + \varphi)$$

利用三角恒等式可求得

$$x = 2A\cos\left(\frac{\omega_2 - \omega_1}{2}t\right)\cos\left(\frac{\omega_2 + \omega_1}{2}t + \varphi\right) \tag{5.33}$$

由式(5.33) 可知，合振动不是简谐振动. 但若两分振动的频率满足 $\omega_2 + \omega_1 \gg |\omega_2 - \omega_1|$，则合振动表现出非常值得注意的特点. 这时式(5.33) 中等号右边第一项因子 $2A\cos\frac{\omega_2 - \omega_1}{2}t$ 的周期要比另一因子 $\cos\left(\frac{\omega_2 + \omega_1}{2}t + \varphi\right)$ 的周期大得多. 于是可将式(5.33) 表示的运动看作振幅按照 $\left|2A\cos\frac{\omega_2 - \omega_1}{2}t\right|$ 缓慢变化，而角频率等于 $\frac{\omega_2 + \omega_1}{2}$ 的准简谐振动，这是一种振幅有周期性变化的简谐振动. 或者说，合振动描述的是一个高频振动受到一个低频振动调制的运动，如图 5.13 所示. 这种振幅时大时小的现象叫作**拍**.

合振幅每变化一个周期称为一拍，单位时间内拍出现的次数(合振幅变化的频率) 叫作**拍频**. 由于振幅只能取正值，因此拍 $\left|2A\cos\frac{\omega_2 - \omega_1}{2}t\right|$ 的角频率应为调制频率的 2 倍，即

$$\omega_{拍} = |\omega_2 - \omega_1|$$

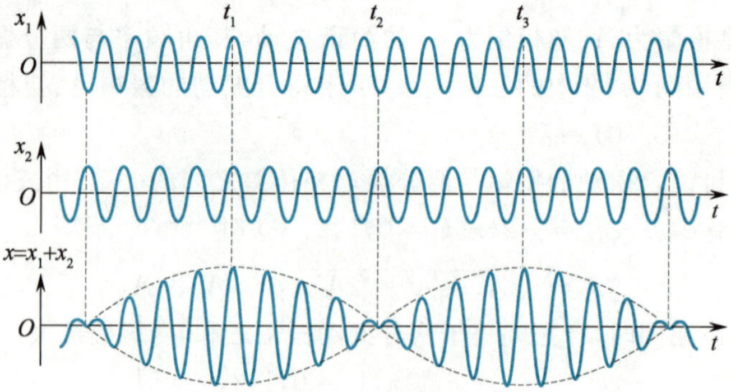

图 5.13　拍的形成

于是拍频为

$$\nu_{拍} = \frac{\omega_{拍}}{2\pi} = \left|\frac{\omega_2}{2\pi} - \frac{\omega_1}{2\pi}\right| = |\nu_2 - \nu_1| \tag{5.34}$$

这就是说，拍频等于两个分振动频率之差.

拍现象在声振动、电磁振荡和波动中经常遇到. 例如，当两个频率相近的音叉同时振动时，就可听到时强时弱的“嗡、嗡 ……”的拍音. 人耳能区分的拍音低于每秒 7 次. 利用拍现象还可以测定振动频率、校正乐器和制造拍振荡器等.

上述关于拍现象的讨论只限于线性叠加. 当两个不同频率的分振动出现物理上的非线性耦合时，就可能出现“同步锁模”现象，即两个振动系统锁定在同一频率上. 历史上首先注意这种现象的是 17 世纪的惠更斯，他发现家中挂在同一木板墙壁上的两个挂钟因相互影响而同步. 以后的观察表明，这种锁模现象也发生在“生物钟”内. 在电子示波器中，人们充分利用这一原理把波形锁定在屏幕上.

*5.4.3　振动的频谱分析

由上面的讨论可知，几个不同频率的简谐振动合成后可成为一个复杂的振动. 反之，一个复杂的振动也可以分解成若干个或无穷多个简单的简谐振动. 确定一个复杂振动能包含的各种简谐振动的频率及其对应的振幅称为**频谱分析**.

在数学上，一个周期为 T 的函数可表示为

$$x(t+T) = x(t) \tag{5.35}$$

按傅里叶级数展开为

$$x(t) = \frac{a_0}{2} + \sum_{n=1}^{\infty}(a_n \cos n\omega t + b_n \sin n\omega t) \tag{5.36}$$

式中

$$\omega = 2\pi\nu = \frac{2\pi}{T}$$

这就是说，如果把周期振动 $x(t)$ 看成一个复杂的振动，则这一振动可以看成许多简谐振动的叠加，或者说，可以分解成许多个简谐振动. 这些简谐振动中有一个最小的频率 ν_0，称为**基频**，其他频率都是基频的整数倍，为 $n\nu_0$，如 $2\nu_0$、$3\nu_0$……，它们分别称为二次、三次 …… **谐频**. 不同的振动分解为简谐振动时，式(5.36) 中的系数 a_n、b_n 是不同的，a_n、b_n 表示 n 次谐频振动的振幅，它可以反映各种频率的振动在合振动中所占的比例.

例如，对于图 5.14(a) 所示的方波，根据数学计算有

$$x = \frac{A}{2} + \frac{2A}{\pi}\sin\omega t + \frac{2A}{3\pi}\sin 3\omega t + \frac{2A}{5\pi}\sin 5\omega t + \cdots = x_0 + x_1 + x_2 + x_3 + \cdots$$

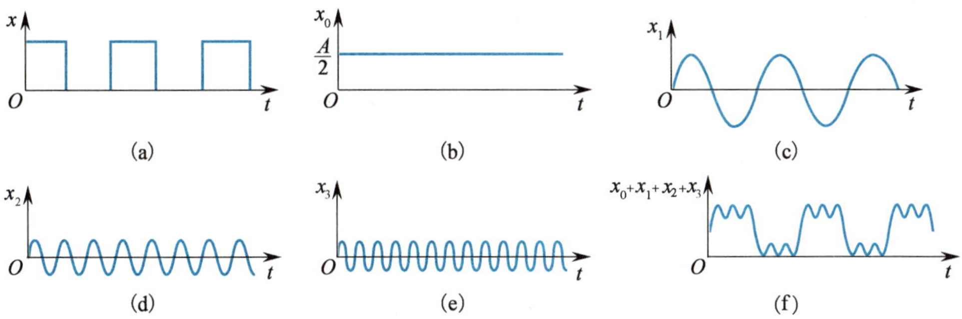

图 5.14　方波的分解

式中，第一项可看成周期为无穷大的零频项，如图 5.14(b) 所示；第二、三、四项就是频率分别为 ν_0、$3\nu_0$、$5\nu_0$ 的简谐振动，其振动曲线分别如图 5.14(c)、(d)、(e) 所示，它们的合振动曲线就接近方波了，如图 5.14(f) 所示. 所取项数越多，则合成波越接近方波. 如果以频率为横坐标，各频率对应的振幅为纵坐标，可作出如图 5.15 所示的频谱图. 在频谱图上可直观地反映出不同频率的振动在合振动中所占的比例. 对于周期振动，其频谱图是分立的；对于非周期振动，如脉冲等，其频谱图是连续的. 这是因为，非周期振动的傅里叶展开是一个积分，即

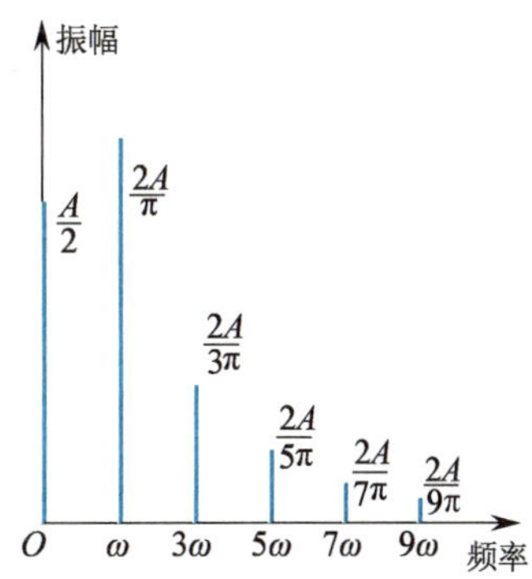

图 5.15　频谱图

$$x = f(t) = \int_0^\infty A(\omega)\cos \omega t\,\mathrm{d}\omega + \int_0^\infty B(\omega)\sin \omega t\,\mathrm{d}\omega \tag{5.37}$$

频谱分析是一种很有用的方法. 例如，用钢琴、小提琴、手风琴等演奏同一音阶时，我们能分辨出是由哪几种乐器在演奏. 因为它们虽然基频相同，但谐频不同，或者说频谱不同. 只要做出各种乐器的频谱图，就可以用电子琴来模拟. 频谱分析还在机械制造、地震学、电子技术、光谱分析中有重要的应用.

例 5.5

已知两个简谐振动的 x - t 曲线如图 5.16 所示，它们的频率相同，求它们的合振动方程.

解　由图 5.16 中的曲线可以看出，两个简谐振动的振幅相同，$A_1 = A_2 = A = 5$ cm，周期均为 $T = 0.1$ s，因而角频率为

$$\omega = \frac{2\pi}{T} = 20\pi \text{ rad} \cdot \text{s}^{-1}$$

由 x - t 曲线(1) 可知，简谐振动(1) 在 $t = 0$ 时，$x_{10} = 0$，$v_{10} > 0$，因此可求出简谐振动(1) 的初相位 $\varphi_{10} = -\dfrac{\pi}{2}$.

又由 x - t 曲线(2) 可知，简谐振动(2) 在 $t = 0$ 时，$x_{20} = -5$ cm $= -A$，因此可求出简谐振动(2) 的初相位 $\varphi_{20} = \pm\pi$.

由上面求得的 A、ω 和 φ_{10}、φ_{20}，可写出简谐振动(1) 和(2) 的振动方程分别为

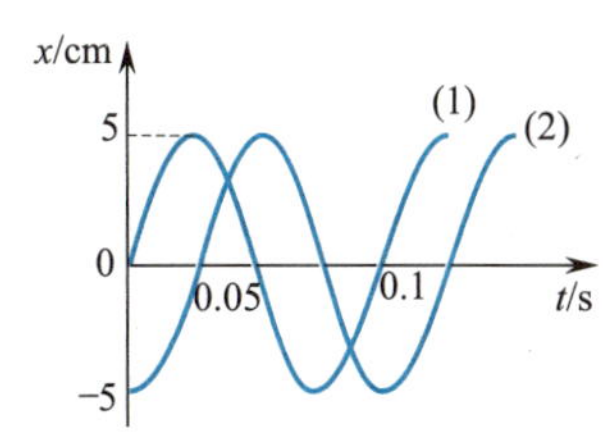

图 5.16　例 5.5 图

$$x_1 = 5\cos\left(20\pi t - \frac{\pi}{2}\right) \text{ cm}$$

$$x_2 = 5\cos(20\pi t \pm \pi) \text{ cm}$$

因此合振动的振幅和初相位分别为

$$\begin{aligned} A' &= \sqrt{A_1^2 + A_2^2 + 2A_1A_2\cos(\varphi_{20} - \varphi_{10})} \\ &= \sqrt{2A^2 + 2A^2 \times 0} = \sqrt{2}A = 5\sqrt{2} \text{ cm} \end{aligned}$$

$$\varphi_0 = \arctan \frac{A_1 \sin \varphi_{10} + A_2 \sin \varphi_{20}}{A_1 \cos \varphi_{10} + A_2 \cos \varphi_{20}} = \arctan 1 = \frac{\pi}{4} \text{ 或 } \frac{5}{4}\pi$$

由 x-t 曲线可知，$t=0$ 时，$x = x_1 + x_2 = -5$ cm，因此，φ_0 应取$\frac{5}{4}\pi$，故合振动方程为

$$x = 5\sqrt{2}\cos\left(20\pi t + \frac{5}{4}\pi\right) \text{ cm}$$

事实上，从 x-t 曲线分析出两个分振动(1)和(2)的振动方程后，用旋转矢量法求合振动方程更简单一些. 如图 5.17 所示，在取定了 Ox 轴的坐标原点后，分别画出两个旋转矢量$\overrightarrow{OM_1}$和$\overrightarrow{OM_2}$，代表两个简谐振动(1)和(2)，其中$\overline{OM_1} = \overline{OM_2} = 5$ cm，由$\overrightarrow{OM_1}$与$\overrightarrow{OM_2}$两个矢量合成的矢量$\overrightarrow{OM}$就是代表合振动的旋转矢量，由矢量合成的方法，从图中很容易求出合振动的振幅和初相位分别为

$$A' = \sqrt{2}\,\overline{OM_1} = 5\sqrt{2} \text{ cm}, \quad \varphi_0 = \frac{5}{4}\pi.$$

故合振动方程为

$$x = 5\sqrt{2}\cos\left(20\pi t + \frac{5}{4}\pi\right)\text{cm}$$

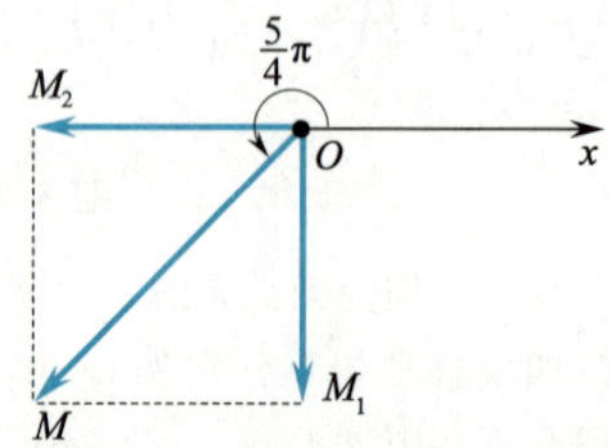

图 5.17 用旋转矢量法求解

*5.4.4 两个相互垂直的同频率简谐振动的合成

上面讨论了同一直线上两个简谐振动的合成，另外也存在方向不同的两个简谐振动的合成问题. 在后一类问题中，特别是两个简谐振动相互垂直的情况，在电学、光学中有着广泛而重要的应用.

当一个质点同时参与两个不同方向的简谐振动时，质点的位移是这两个振动的位移的矢量和. 一般情况下，质点将在平面上做曲线运动. 质点轨迹的各种形状由两个振动的频率、振幅和相位差等决定. 下面先讨论两个相互垂直的同频率简谐振动的合成情况.

设质点同时参与两个相互垂直方向上的简谐振动，一个沿 x 轴方向，另一个沿 y 轴方向，并且振动频率相同，以质点的平衡位置为坐标原点，两个振动方程分别为

$$x = A_1 \cos(\omega t + \varphi_{10})$$
$$y = A_2 \cos(\omega t + \varphi_{20})$$

在任意时刻 t，质点的位置坐标是(x, y)；t 改变时，(x, y) 也改变. 所以这两个方程就是含参变量 t 的质点的**运动方程**，消去时间参数 t，便得到质点合振动的轨迹方程：

$$\frac{x^2}{A_1^2} + \frac{y^2}{A_2^2} - 2\frac{xy}{A_1 A_2}\cos(\varphi_{20} - \varphi_{10}) = \sin^2(\varphi_{20} - \varphi_{10}) \tag{5.38}$$

由式(5.38)可知，**质点合振动的轨迹一般为椭圆**，如图 5.18 所示. 因为质点在两个垂直方向上的位移 x 和 y 只在一定范围内变化，所以椭圆轨道不会超出以 $2A_1$ 和 $2A_2$ 为边长的矩形范围. 当两个分振动振幅 A_1、A_2 给定时，椭圆的其他性质（长短轴及方位）由两个分振动的相位差$(\varphi_{20} - \varphi_{10})$决定. 下面讨论几种特殊情况.

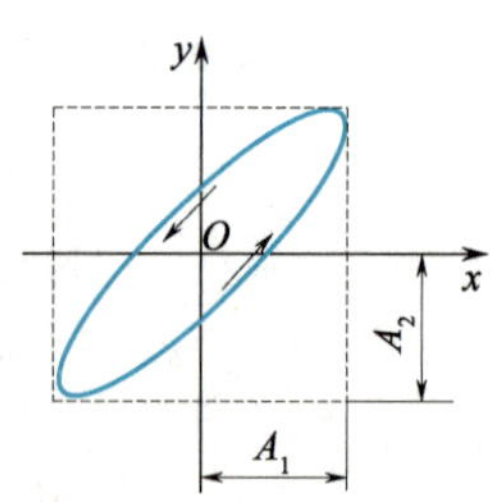

图 5.18 两个相互垂直的简谐振动的合成

(1) $\varphi_{20} - \varphi_{10} = 0$，即两个分振动相位相同. 这时式(5.38)变为

$$\left(\frac{x}{A_1} - \frac{y}{A_2}\right)^2 = 0$$

即
$$y = \frac{A_2}{A_1}x \quad \text{或} \quad \frac{x}{A_1} = \frac{y}{A_2}$$

合振动的轨迹为通过坐标原点且在第一、第三象限内的直线，其斜率为两个分振动的振幅之比$\frac{A_2}{A_1}$，如图 5.19(a) 所示. 在任意时刻 t，质点离开平衡位置的位移（即合振动的位移）为

$$S = \sqrt{x^2 + y^2} = \sqrt{A_1^2 + A_2^2}\cos(\omega t + \varphi)$$

上式表明，这种情况下合振动也是简谐振动，且与原来两个分振动的频率相同，但振幅为 $\sqrt{A_1^2 + A_2^2}$.

(2) $\varphi_{20} - \varphi_{10} = \pi$，即两个分振动相位相反. 当其中一个分振动达到正最大时，另一个达到负最大. 此时式(5.38) 变为

$$\left(\frac{x}{A_1} + \frac{y}{A_2}\right)^2 = 0$$

即

$$\frac{x}{A_1} = -\frac{y}{A_2} \quad \text{或} \quad y = -\frac{A_2}{A_1}x$$

其合振动的轨迹仍为一直线(在第二、四象限内)，但直线的斜率为 $-\frac{A_2}{A_1}$. 质点将在此直线上做振幅为 $\sqrt{A_1^2 + A_2^2}$、角频率为 ω 的简谐振动，如图 5.19(b) 所示.

(3) $\varphi_{20} - \varphi_{10} = \frac{\pi}{2}$，即 y 轴方向上的分振动比 x 轴方向上的分振动超前 $\frac{\pi}{2}$. 此时式(5.38) 变为

$$\frac{x^2}{A_1^2} + \frac{y^2}{A_2^2} = 1$$

即合振动的轨迹为以 x 轴和 y 轴为轴线的椭圆，两个半轴长分别为 A_1 和 A_2，如图 5.19(c) 所示. 这时两个分振动方程分别为

$$x = A_1\cos(\omega t + \varphi_{10})$$

$$y = A_2\cos\left(\omega t + \varphi_{10} + \frac{\pi}{2}\right)$$

当 $(\omega t + \varphi_{10}) = 0$ 时，$x = A_1$，$y = 0$，质点在图 5.19(c) 中 P 点；下一瞬间，有 $(\omega t + \varphi_{10}) > 0$，因而此时 x 略小于 A_1，由于此时 $\left(\omega t + \varphi_{10} + \frac{\pi}{2}\right)$ 略大于 $\frac{\pi}{2}$，故 $y < 0$，质点将处于第四象限，因此可判定质点沿椭圆轨迹的运动方向是顺时针方向.

(4) $\varphi_{20} - \varphi_{10} = -\frac{\pi}{2}$，即 x 轴方向上的分振动比 y 轴方向上的分振动超前 $\frac{\pi}{2}$，由与(3) 中类同的分析知，合振动的轨迹仍为以 x 轴和 y 轴为轴线的椭圆，如图 5.19(d) 所示，但质点的运动方向与(3) 相反.

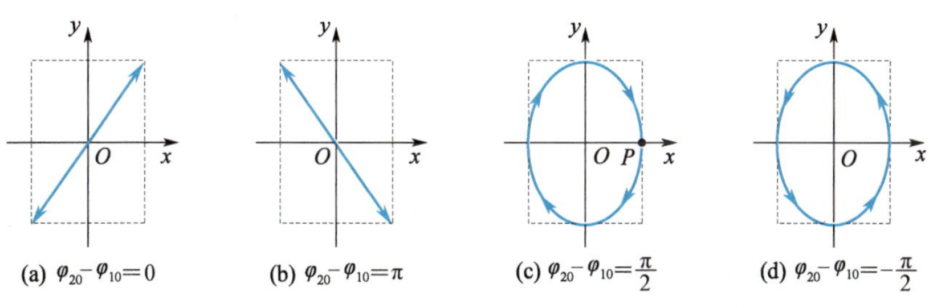

图 5.19 几个不同相位差的垂直振动的合成轨迹

在上面的(3) 和(4) 中，若两个分振动的振幅相同，即 $A_1 = A_2$，则合振动的轨迹为一圆.

上面是几种特殊情形，一般情况下，若两个分振动的相位差取其他数值，则合振动的轨迹将为形状与方位各不相同的椭圆，质点的运动方向则可能为顺时针或逆时针方向，如图 5.20 所示.

总之，一般来说，两个振动方向相互垂直的同频率的简谐振动合成，合振动轨迹为一直线、圆或椭圆. 轨迹的具体形状、方位和运动方向由分振动的振幅和相位差决定. 在电子示波器中，若使相互垂直的正弦变化的电学量频率相同，就可以在屏上观察到合振动的轨迹.

以上讨论也说明：任何一个直线简谐振动、椭圆运动或匀速圆周运动都可以分解为两个相互垂直的同频率的简谐振动.

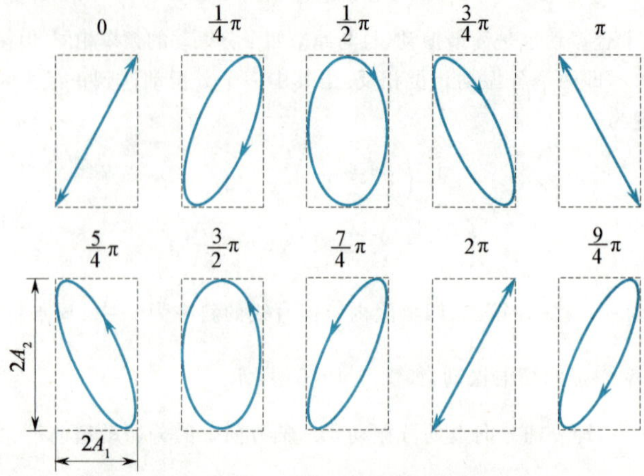

图 5.20　两个相互垂直的振幅不同频率相同的简谐振动的合成

5.5 阻尼振动　受迫振动　共振

5.5.1 阻尼振动

前面所讨论的简谐振动是一种理想状况，即谐振子系统做无阻尼（无摩擦和辐射损失）的自由振动. 它是等幅振动. 而在实际中，阻尼是不可消除的，如没有能量补充，由于机械能有损耗，其振幅将不断地衰减. 这种振幅随时间不断衰减的振动叫作**阻尼振动**.

下面讨论的是谐振子系统受到弱介质阻力而衰减的情况. 弱介质阻力是指当振子运动速度较低时，介质对物体的阻力仅与速度的一次方成正比，即这时阻力为

$$f_r = -\gamma v = -\gamma \frac{dx}{dt} \tag{5.39}$$

式中，γ 称为阻力系数，与物体的形状、大小、物体的表面性质及介质性质有关.

仍以弹簧振子为例，这时振子的动力学方程为

$$m\frac{d^2x}{dt^2} = -kx - \gamma\frac{dx}{dt}$$

令 $\omega_0^2 = \frac{k}{m}$，$2\beta = \frac{\gamma}{m}$，上式可化成

$$\frac{d^2x}{dt^2} + 2\beta\frac{dx}{dt} + \omega_0^2 x = 0 \tag{5.40}$$

式中，ω_0 是系统的固有角频率，β 称为阻尼系数.

式(5.40) 的解，与阻尼的大小有关. 当 $\beta < \omega_0$ 时，称为**弱阻尼**，其方程的解为

$$x = A_0 e^{-\beta t}\cos(\omega t + \varphi_0) \tag{5.41}$$

式中，$\omega=\sqrt{\omega_0^2-\beta^2}$，$A_0$ 和 φ_0 依然是由初始条件确定的两个积分常数. 阻尼振动的位移随时间变化的曲线如图 5.21 所示，图中虚线表示阻尼振动的振幅 $A_0\mathrm{e}^{-\beta t}$ 随时间 t 按指数衰减，阻尼越大(仍满足$\beta<\omega_0$)，振幅衰减越快. 阻尼振动的准周期为

$$T=\frac{2\pi}{\omega}=\frac{2\pi}{\sqrt{\omega_0^2-\beta^2}}>\frac{2\pi}{\omega_0} \tag{5.42}$$

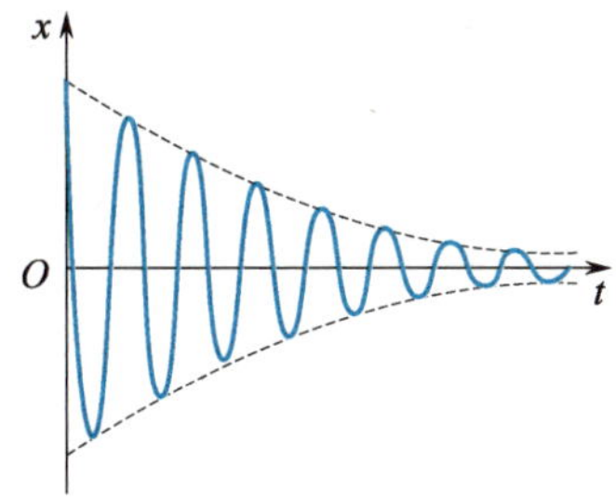

图 5.21 阻尼振动的位移曲线

可见，阻尼振动的周期比系统的固有周期大.

若 $\beta>\omega_0$，称为**过阻尼**，此时方程的解为

$$x=c_1\mathrm{e}^{-\left(\beta-\sqrt{\beta^2-\omega_0^2}\right)t}+c_2\mathrm{e}^{-\left(\beta+\sqrt{\beta^2-\omega_0^2}\right)t} \tag{5.43}$$

这时系统不做往复运动，而是非常缓慢地回到平衡位置，如图 5.22(b) 所示.

若 $\beta=\omega_0$，称为**临界阻尼**，这时式(5.40) 的解为

$$x=(c_1+c_2t)\mathrm{e}^{-\beta t} \tag{5.44}$$

此时系统也不做往复运动，而是较快地回到平衡位置并停下来，如图 5.22(c) 所示.

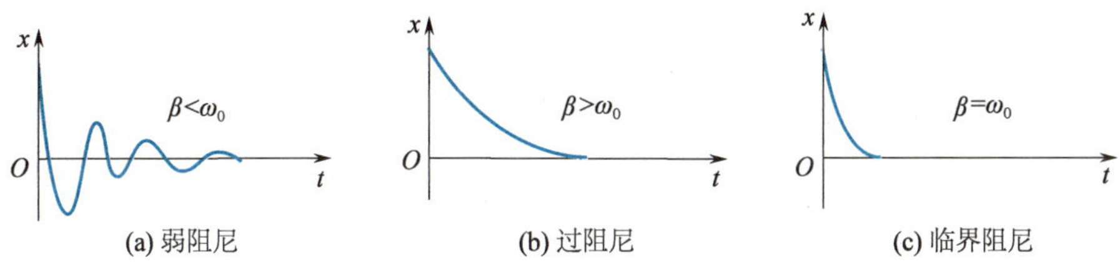

图 5.22 阻尼振动三种情况的比较

在实际应用中，常利用改变阻尼的方法来控制系统的振动情况. 例如，各类机器的防震器大多采用一系列的阻尼装置；有些精密仪器，如物理天平、灵敏电流计中装有阻尼装置并调至临界阻尼状态，使测量快捷、准确.

5.5.2 受迫振动

阻尼振动又称减幅振动. 要使有阻尼的振动系统维持等幅振动，必须不断地给振动系统补充能量，即施加持续的周期性外力. 振动系统在周期性外力的作用下发生的振动叫作**受迫振动**. 这个周期性外力叫作**驱动力**.

为简单起见，假设驱动力取如下形式：

$$F=F_0\cos pt \tag{5.45}$$

式中，F_0 为驱动力的幅值，p 为驱动力的频率. 这种驱动力又称谐和驱动力.

仍以弹簧振子为例，讨论弱阻尼谐振子系统在谐和驱动力作用下的受迫振动，其动力学方程为

$$m\frac{\mathrm{d}^2x}{\mathrm{d}t^2}=-kx-\gamma\frac{\mathrm{d}x}{\mathrm{d}t}+F_0\cos pt \tag{5.46}$$

令 $\omega_0^2=\dfrac{k}{m}, 2\beta=\dfrac{\gamma}{m}, f_0=\dfrac{F_0}{m}$，可得

$$\frac{d^2x}{dt^2}+2\beta\frac{dx}{dt}+\omega_0^2x=f_0\cos pt \tag{5.47}$$

该方程的解为

$$x=A_0e^{-\beta t}\cos(\omega t+\varphi_0)+A\cos(pt+\varphi) \tag{5.48}$$

由微分方程理论可知，解的第一项实际是式(5.40)在弱阻尼下的通解，随着时间的推移，很快就会衰减为零，故第一项称为衰减项. 第二项才是稳定项，即式(5.47)的稳定解为

$$x=A\cos(pt+\varphi) \tag{5.49}$$

可见，**稳定受迫振动的频率等于驱动力的频率**.

将式(5.49)代入式(5.47)，并采用待定系数法可确定稳定受迫振动的振幅为

$$A=\frac{f_0}{\sqrt{(\omega_0^2-p^2)^2+4\beta^2p^2}} \tag{5.50}$$

这说明，稳定受迫振动的振幅与系统的初始条件无关，而是与系统的固有频率、阻尼系数及驱动力频率和幅值均有关的函数.

共振的条件和特征

5.5.3 共振

共振是受迫振动中一个重要而具有实际意义的现象，下面分别从位移共振和速度共振两方面加以讨论.

1. 位移共振

共振的应用与危害

由式(5.50)可知，对于一个给定的振动系统，当阻尼和驱动力幅值不变时，受迫振动的位移振幅是驱动力角频率 p 的函数，它存在一个极值. 受迫振动的位移达极大值的现象称为**位移共振**. 将式(5.50)对 p 求导并令 $\dfrac{dA}{dp}=0$，可求出位移共振的角频率满足

$$p_r=\sqrt{\omega_0^2-2\beta^2} \tag{5.51}$$

显然，共振位移的大小与阻尼有关，其关系如图 5.23 所示.

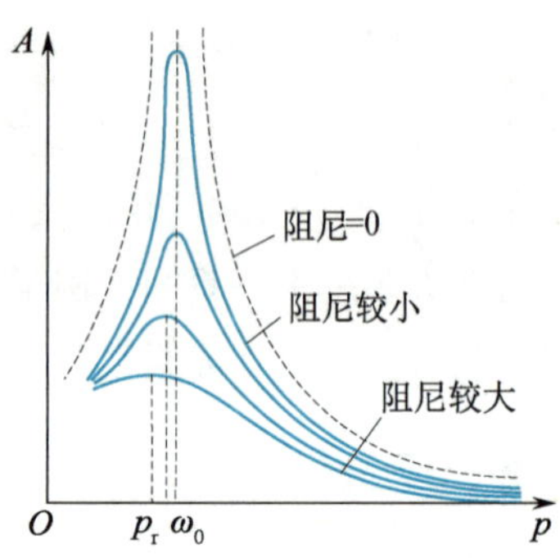

图 5.23　位移共振曲线

2. 速度共振

系统做受迫振动时，其速度也是与驱动力角频率相关的函数，即

$$v=-pA\sin(pt+\varphi)=-v_m\sin(pt+\varphi)$$

式中

$$v_m=pA=\frac{pf_0}{\sqrt{(\omega_0^2-p^2)^2+4\beta^2p^2}} \tag{5.52}$$

称为速度振幅，同样可求出当

$$p_v=\omega_0 \tag{5.53}$$

时，速度振幅有极大值，这种现象称为**速度共振**，如图 5.24 所示. 进一步的研究表明，

当系统发生速度共振时，外界能量的输入处于最佳状态，即驱动力在整个周期内对系统做正功，用以补偿阻尼引起的能耗. 因此，速度共振又称**能量共振**. 在弱阻尼情况下，位移共振与速度共振的条件趋于一致，所以一般不必区分两种共振.

共振现象在光学、电学、无线电技术中应用极广. 如收音机的调谐就是利用了电共振. 此外，如何避免共振对桥梁、烟囱、水坝、高楼等建筑物的破坏，也是设计制造者必须考虑的问题.

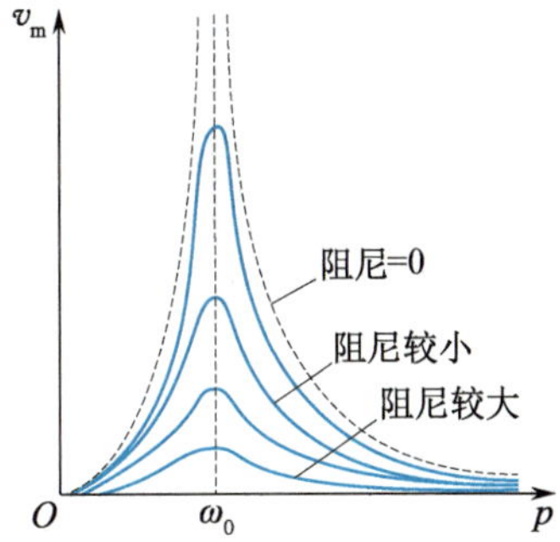

图 5.24 速度共振曲线

例 5.6 一定滑轮的转动惯量为 J，半径为 R. 如图 5.25 所示，一轻绳绕过该定滑轮，一端系一质量为 m 的物体，另一端与一刚度系数为 k，且另一端固定的轻弹簧相连. 现将物体从平衡位置沿竖直方向移动一微小距离后释放. 试分析该物体的运动，并求其运动的周期.（不考虑轮轴处的摩擦及物体、绳子、滑轮与空气间的摩擦）

解 如图 5.25 所示，选取物体悬挂于弹簧上处于平衡状态时的位置为坐标原点 O，竖直向下为 x 轴正方向.

物体在坐标原点 O 时，物体的重力势能为零，弹簧的伸长量为 x_0，弹簧的弹性势能即系统的初始机械能为 $E_0 = kx_0^2/2$，且有 $kx_0 = mg$.

任意位置 x 处，弹簧的伸长量为 $x_0 + x$，物体的速率为 v. 系统的机械能为

$$E = mv^2/2 + J\omega^2/2 - mgx + k(x + x_0)^2/2$$

将 $v = R\omega$，$kx_0 = mg$ 代入上式，整理得

$$E - kx_0^2/2 = v^2(m + J/R^2)/2 + kx^2/2 = 常量$$

令 $m' = m + J/R^2$，则上式简化为

$$\frac{1}{2}m'v^2 + \frac{1}{2}kx^2 = 常量$$

将上式两边对时间 t 求导，可得

$$m'v\frac{dv}{dt} + kx\frac{dx}{dt} = 0$$

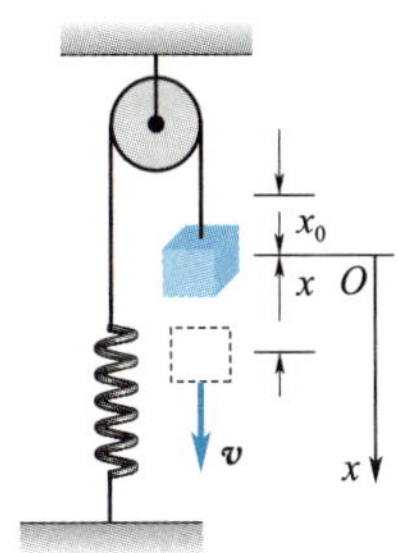

图 5.25 例 5.6 图

因为任意时刻速度 $v = dx/dt \neq 0$，再将上式两边同时除以 v，有

$$m'\frac{dv}{dt} + kx = 0$$

又假设 $\omega^2 = k/m'$，则有 $\frac{d^2x}{dt^2} + \omega^2 x = 0$ 成立. 表明由物体、弹簧等构成的系统的运动为简谐振动. 其周期

$$T = 2\pi/\omega = 2\pi\sqrt{m + J/R^2}/\sqrt{k}$$

习 题 5

习题参考答案

5.1 选择题

5.1.1 一物体做简谐振动，振动方程为 $x = A\cos\left(\omega t + \frac{\pi}{2}\right)$，则该物体在 $t = 0$ 时刻的动能与 $t = T/8$

（T 为振动周期）时刻的动能之比为 （ ）

A. 1∶4. B. 1∶2. C. 1∶1. D. 2∶1.

5.1.2 弹簧振子在光滑水平面上做简谐振动时，弹性力在半个周期内所做的功为 （ ）

A. kA^2. B. $kA^2/2$. C. $kA^2/4$. D. 0.

5.1.3 简谐振动过程中，动能和势能相等的位置的位移等于 （ ）

A. $\pm\frac{A}{4}$. B. $\pm\frac{A}{2}$. C. $\pm\frac{\sqrt{3}A}{2}$. D. $\pm\frac{\sqrt{2}A}{2}$.

5.2 填空题

5.2.1 一质点在 x 轴上做简谐振动，振幅 $A=4$ cm，周期 $T=2$ s，其平衡位置取作坐标原点. 若 $t=0$ 时质点第一次通过 $x=-2$ cm 处且向 x 轴负方向运动，则质点第二次通过 $x=-2$ cm 处的时刻为________ s.

5.2.2 一水平弹簧振子的振动曲线如题 5.2.2 图所示. 振子的位移为零、速度为 $-\omega A$、加速度为零和弹性力为零的状态分别对应于曲线上的________点. 振子处在位移的绝对值为 A、速率为零、加速度为 $-\omega^2 A$ 和弹性力为 $-kA$ 的状态时，分别对应曲线上的________点.

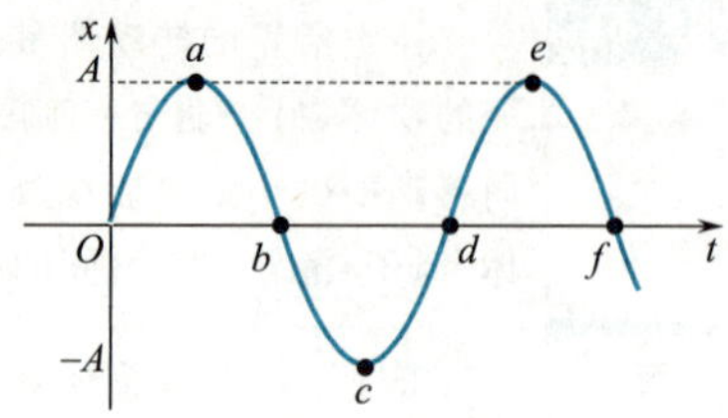

题 5.2.2 图

5.2.3 一质点沿 x 轴做简谐振动，振动范围的中心点为 x 轴的坐标原点，已知周期为 T，振幅为 A.

(a) 若 $t=0$ 时质点过 $x=0$ 处且朝 x 轴正方向运动，则振动方程为 $x=$________.

(b) 若 $t=0$ 时质点过 $x=A/2$ 处且朝 x 轴负方向运动，则振动方程为 $x=$________.

5.3 解答题

5.3.1 符合什么规律的运动才是简谐振动？分别分析下列运动是不是简谐振动.

(1) 拍皮球时球的运动；

(2) 如题 5.3.1 图所示，一小球在一个半径很大的光滑凹球面内滚动（设小球所经过的弧线很短）.

题 5.3.1 图

5.3.2 弹簧振子的振幅增大到原振幅的 2 倍时，其振动周期、振动能量、最大速度和最大加速度等物理量将如何变化？

5.3.3 单摆的周期受哪些因素影响？把某一单摆由赤道拿到北极去，它的周期是否变化？

5.3.4 简谐振动的速度和加速度在什么情况下是同号的？在什么情况下是异号的？加速度为正值时，振动质点的速率是否一定在增大？

5.3.5 质量为 10×10^{-3} kg 的小球与轻弹簧组成的系统，按 $x=0.1\cos\left(8\pi t+\frac{2\pi}{3}\right)$（SI）的规律做简谐振动.

(1) 求振动的周期、振幅、初相位及速度与加速度的最大值；

(2) 求最大回复力、振动能量、平均动能和平均势能，在哪些位置上动能与势能相等？

(3) 求 $t_2=5$ s 与 $t_1=1$ s 两个时刻的相位差.

5.3.6 一个沿 x 轴做简谐振动的弹簧振子，振幅为 A，周期为 T，其振动方程用余弦函数表示. 如果 $t=0$ 时质点的状态分别是：

(1) $x_0=-A$；

(2) 过平衡位置向 x 轴正方向运动；

(3) 过 $x = \dfrac{A}{2}$ 处且向 x 轴负方向运动；

(4) 过 $x = -\dfrac{A}{\sqrt{2}}$ 处且向 x 轴正方向运动.

试求出相应的初相位，并写出振动方程.

5.3.7 一质量为 10×10^{-3} kg 的物体做简谐振动，振幅为 24 cm，周期为 4.0 s，当 $t=0$ 时位移为 $+24$ cm. 求：

(1) $t=0.5$ s 时，物体所在的位置及此时所受力的大小和方向；

(2) 由起始位置运动到 $x=12$ cm 处所需的最短时间；

(3) 在 $x=12$ cm 处物体的总能量.

5.3.8 有一轻弹簧，下面悬挂质量为 1.0 g 的物体时，伸长量为 4.9 cm. 用这个弹簧和一个质量为 8.0 g 的小球构成弹簧振子，将小球由平衡位置向下拉开1.0 cm 后，给予向上的初速率 $v_0=5.0$ cm/s，求振动周期和振动方程.

5.3.9 题 5.3.9 图所示为两个简谐振动的 x-t 曲线，试分别写出其简谐振动方程.

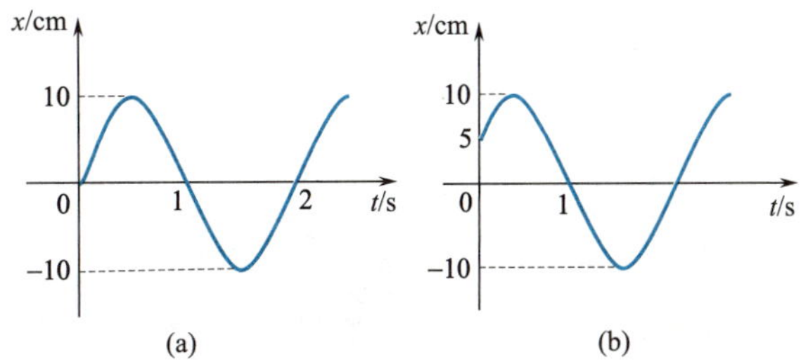

题 5.3.9 图

5.3.10 有一单摆，摆长 $l=1.0$ m，摆球质量 $m=10\times10^{-3}$ kg，当摆球处在平衡位置时，若给小球一水平向右的冲量 $F\Delta t=1.0\times10^{-4}$ kg·m/s，取打击时刻为计时起点($t=0$)，求振动的初相位和角振幅，并写出小球的振动方程.

5.3.11 有两个同方向同频率的简谐振动 A 和 B，其合振动的振幅为 0.20 m，相位与简谐振动 A 的相位差为$\dfrac{\pi}{6}$，已知简谐振动 A 的振幅为 0.173 m，求简谐振动 B 的振幅，以及简谐振动 A 和 B 的相位差.

5.3.12 试用最简单的方法求出下列两组简谐振动合成后所得合振动的振幅：

(1) $\begin{cases} x_1 = 5\cos\left(3t+\dfrac{\pi}{3}\right)\ \text{cm} \\ x_2 = 5\cos\left(3t+\dfrac{7\pi}{3}\right)\ \text{cm} \end{cases}$

(2) $\begin{cases} x_1 = 5\cos\left(3t+\dfrac{\pi}{3}\right)\ \text{cm} \\ x_2 = 5\cos\left(3t+\dfrac{4\pi}{3}\right)\ \text{cm} \end{cases}$

5.3.13 一质点同时参与两个在同一直线上的简谐振动，振动方程为

$$\begin{cases} x_1 = 0.4\cos\left(2t+\dfrac{\pi}{6}\right)\ \text{m} \\ x_2 = 0.3\cos\left(2t-\dfrac{5}{6}\pi\right)\ \text{m} \end{cases}$$

试分别用旋转矢量法和振动合成法求合振动的振幅和初相位，并写出合振动方程.

第6章 机械波

本章提要

如果在空间某处发生的振动，以有限的速度向四周传播，则这种传播着的振动称为**波**. 机械振动在连续介质内的传播叫作**机械波**；电磁振荡在真空或介质中的传播叫作电磁波；近代物理学指出，微观粒子以至任何物体都具有波动性，这种波叫作物质波. 不同性质的波动虽然机制各不相同，但它们在空间的传播规律却具有共性.

本章以机械波为例，讨论波动运动规律.

6.1 机械波的形成和传播

6.1.1 机械波产生的条件

将石子投入平静的水池中,投石处的水质元会发生振动,振动向四周水面传播而泛起的涟漪即为水面波.音叉振动时,会引起周围空气的振动,此振动在空气中传播,叫作声波.可见,**机械波的产生必须具备两个条件:① 有做机械振动的物体,谓之波源;② 有连续的介质**(从宏观来看,气体、液体、固体均可视作连续体).

如果波动中使介质各部分振动的回复力是弹性力,则称为弹性波.例如,声波即为弹性波.机械波不一定都是弹性波,如水面波就不是弹性波.水面波中的回复力是水质元所受的重力和表面张力的合力,重力和表面张力都不是弹性力.下面只讨论弹性波.

6.1.2 横波和纵波

按振动方向与波传播方向之间的关系可将波分为横波与纵波.振动方向与传播方向垂直的波叫作**横波**,振动方向与传播方向平行的波称为**纵波**.

图 6.1 是横波在一根弦线上传播的示意图.将弦线分成许多个可视为质点的小

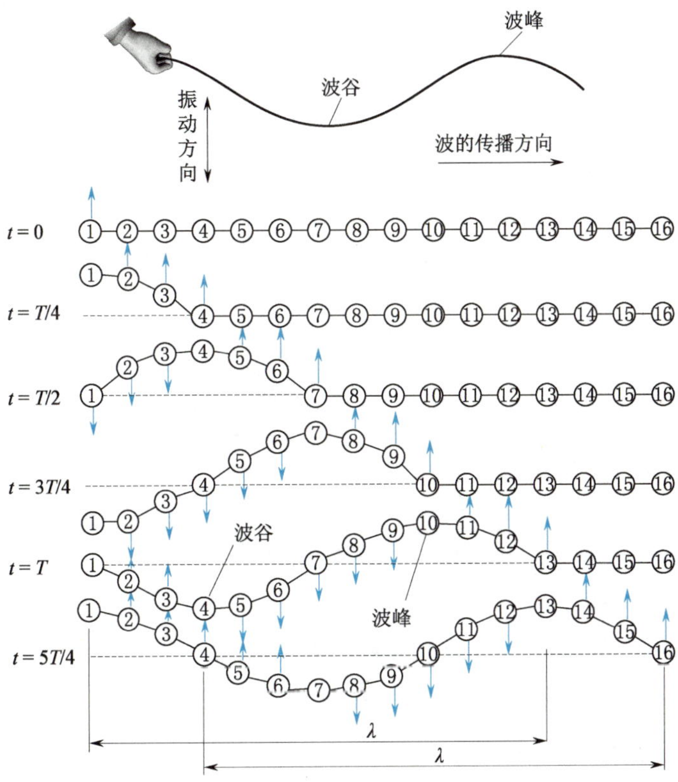

图 6.1 横波传播示意图

段，质点之间以弹性力相联系. 设 $t=0$ 时，质点都在各自的平衡位置，此时质点 1 在外界作用下由平衡位置向上运动. 由于弹性力的作用，质点 1 即带动质点 2 向上运动，继而质点 2 又带动质点 3…… 于是各质点就先后上、下振动起来. 图 6.1 中画出了不同时刻各质点的振动状态. 设波源的振动周期为 T. 由图 6.1 可知，$t=T/4$ 时，质点 1 的初始振动状态传到了质点 4；$t=T/2$ 时，质点 1 的初始振动状态传到了质点 7……$t=T$ 时，质点 1 完成了自己的一次全振动，其初始振动状态传到了质点 13. 此时，质点 1 至质点 13 之间各点偏离各自平衡位置的矢端曲线就构成了一个完整的波形. 在以后的过程中，每经过一个周期，就向右传出一个完整波形. 可见，沿着波的传播方向向前看去，前面各质点的振动相位都依次落后于波源的振动相位.

横波的振动方向与传播方向垂直. 说明当横波在介质中传播时，介质中层与层之间将发生相对位移，即产生切变. 只有固体能承受切变，因此横波只能在固体中传播.

图 6.2 是纵波在一根弹簧中传播的示意图. 在纵波中，质点的振动方向与波的传播方向平行，因此在介质中就形成稠密和稀疏的区域，故又称为疏密波. 纵波可引起介质产生容变. 固体、液体、气体都能承受容变，因此纵波能在所有物质中传播. 纵波传播的其他规律与横波相同.

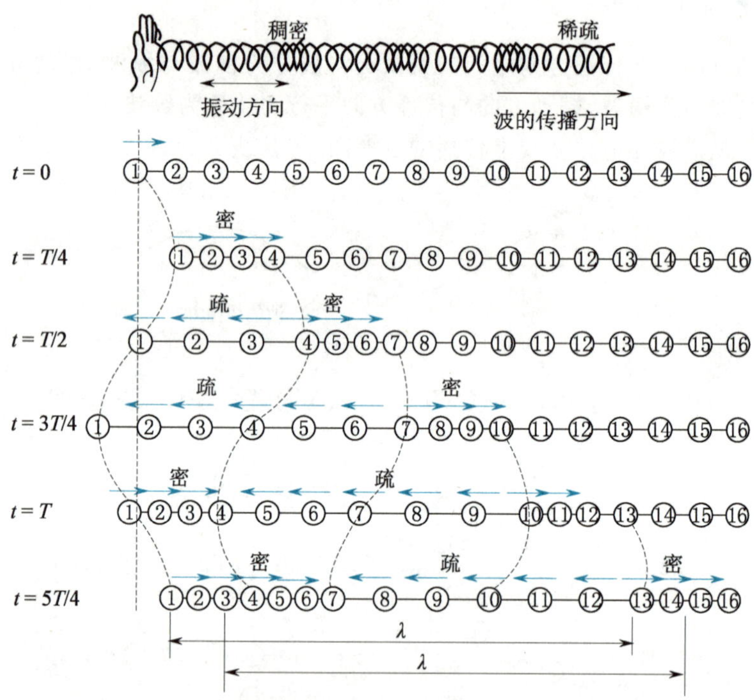

图 6.2　纵波传播示意图

液面上因有表面张力，故能承受切变. 所以液面波是纵波与横波的合成波. 此时，组成液体的微元在自己的平衡位置附近做椭圆运动.

综上所述，**机械波向外传播的是波源（及各质点）的振动状态和能量**.

6.1.3　波线和波面

为了形象地描述波在空间中的传播，本节介绍如下几个概念.

波传播到的空间称为**波场**. 在波场中，代表波的传播方向的射线，称为**波射线**，简称**波线**. 波场中同一时刻振动相位相同的点的轨迹，称为**波面**. 某一时刻波源最初的振动状态传到的波面叫作**波前**，即最前方的波面. 因此，任意时刻只有一个波前，而波面可有任意多个，如图 6.3 所示.

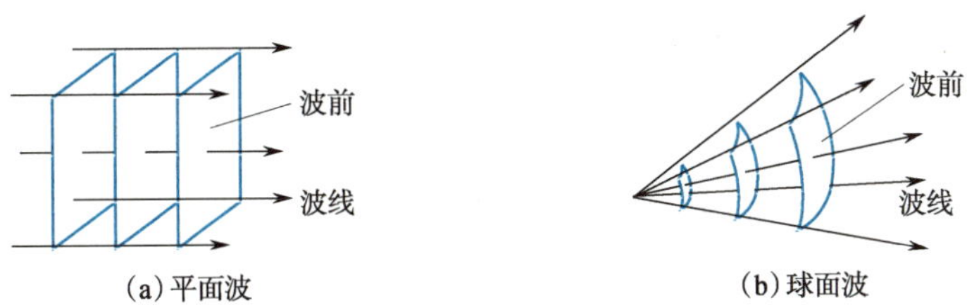

图 6.3 波线和波面

按波面的形状，波可分为平面波、球面波和柱面波等. 在各向同性介质中，波线与波面恒垂直.

6.1.4 简谐波

一般来说，波动中各质点的振动是复杂的. 最简单而又最基本的波动是**简谐波**，即波源及介质中各质点的振动都是简谐振动. 这种情况只能发生在各向同性、均匀、无限大、无吸收的连续弹性介质中. 以下所提到的介质都是这种理想化的介质. 由于任何复杂的波都可以看成由若干个简谐波叠加而成，因此研究简谐波具有特别重要的意义.

*6.1.5 物体的弹性形变

固体、液体和气体在受到外力作用时，不仅运动状态会发生变化，而且其形状和体积也会发生改变，这种改变称为形变. 如果外力不超过一定限度，在外力撤去后，物体的形状和体积能完全恢复原状，这种形变称为弹性形变. 这个外力限度称为弹性限度. 形变有以下几种基本形式.

(1) 长变　如图 6.4 所示，在一棒的两端沿轴向作用两个大小相等、方向相反的外力 $\boldsymbol{F}$ 时，其长度发生变化，由 l 变为 $l+\Delta l$，伸长量 Δl 的正负(伸长或压缩)由外力方向决定，$\frac{\Delta l}{l}$ 表示棒长的相对改变，称为应变或胁变. 设棒的横截面积为 S，则 $\frac{F}{S}$ 称为应力或胁强. 胡克定律指出，在弹性限度内，应力与应变成正比，即

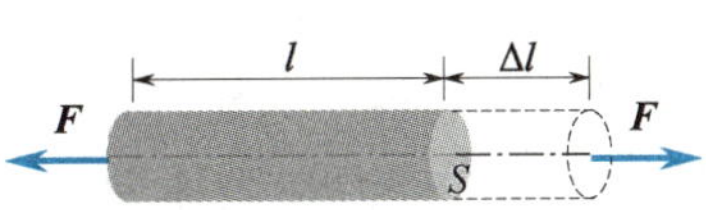

图 6.4 长变

$$\frac{F}{S}=E\frac{\Delta l}{l} \tag{6.1}$$

式中，比例系数 E 只与材料的性质有关，称为杨氏模量，其定义为

$$E=\frac{F/S}{\Delta l/l} \tag{6.2}$$

(2) 切变　如图 6.5 所示，在一块材料的两个相对面上各施加一个与平面平行、大小相等而方向相反的外力 $\boldsymbol{F}$ 时，块状材料将发生图中所示的形变，即相对面发生相对滑移，称为切变. 设施力的平面面积为 S，则 $\frac{F}{S}$ 称为切变的应力或胁强，两个施力的相对面相互错开的角度 $\varphi=\arctan\frac{\Delta d}{b}$ 称为切变的应变或胁变. 根据胡克定律，在弹性限度内，切变的应力和应变成正比，即

$$\frac{F}{S}=G\varphi \tag{6.3}$$

式中，比例系数 G 只与材料的性质有关，称为剪切模量. 其定义式如下：

$$G=\frac{F/S}{\varphi} \tag{6.4}$$

(3) 容变　当物体(固体、液体或气体)周围受到的压力改变时，其体积也会发生改变，这种形变称为容变. 如图 6.6 所示，物体受到的压强由 p 变为 $p+\Delta p$，物体的体积由 V 变为 $V+\Delta V$，显然，ΔV 与 Δp 的符号恒相反. $\frac{\Delta V}{V}$ 表示体积的相对变化，称为容变的应变. 实验表明，在弹性限度内，压强的改变量与容变的应变的大小成正比，即

$$\Delta p=-B\frac{\Delta V}{V} \tag{6.5}$$

式中，比例系数 B 只与材料的性质有关，称为体积模量. 其定义式为

$$B=-\frac{\Delta p}{\Delta V/V} \tag{6.6}$$

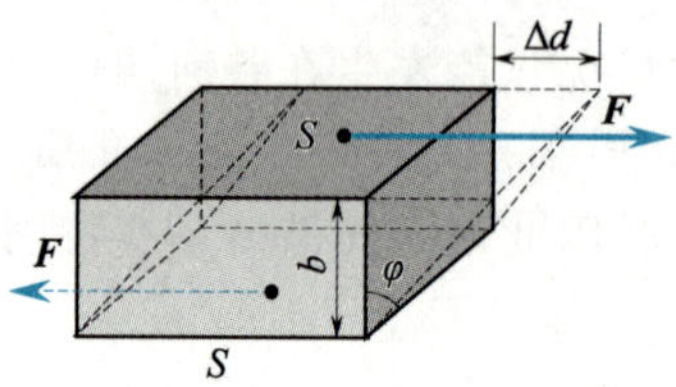

图 6.5　切变

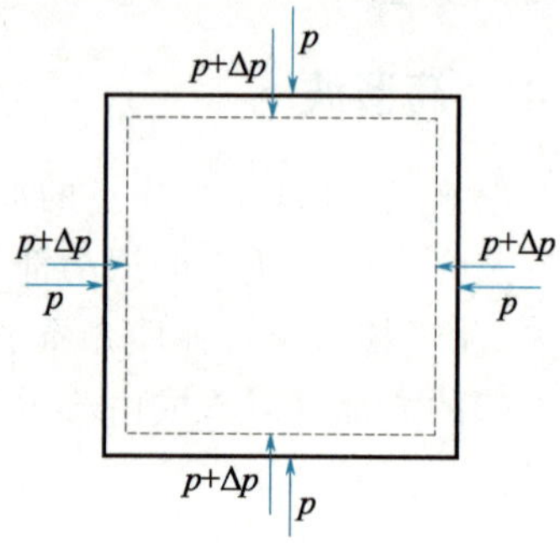

图 6.6　容变

6.1.6　描述波动的几个物理量

1. 波速

波动是振动状态(即相位)的传播，振动状态在单位时间内传播的距离叫作**波速**，因此波速又称**相速度**，用 u 表示. 对于机械波，波速通常由介质的性质决定. 可以证明，对于简谐波，在固体中传播的横波和纵波的波速分别由式(6.7)、式(6.8)确定，即

$$u_{\perp}=\sqrt{\frac{G}{\rho}} \tag{6.7}$$

$$u_{/\!/}=\sqrt{\frac{E}{\rho}} \tag{6.8}$$

式中，G 和 E 分别是介质的剪切模量和杨氏模量，ρ 为介质的密度. 对于同一固体介质，一般有 $E>G$，所以 $u_{/\!/}>u_{\perp}$. 顺便指出，只有纵波在均匀细长棒中传播时，式(6.8)才准确成立，在非细长棒中，纵向长变过程中引起的横向形变不能忽略. 因此，容变不能简化成长变，式(6.8)只能近似成立.

在弦中传播的横波波速为

$$u_{\perp}=\sqrt{\frac{T}{\mu}} \tag{6.9}$$

式中，T 是弦中张力，μ 为弦的线密度.

在液体或气体中只能传递纵波，其波速为

$$u_{/\!/} = \sqrt{\frac{B}{\rho}} \tag{6.10}$$

式中，B 为介质的体积模量. 对于理想气体，若把波的传播过程视为绝热过程，则由分子动理论及热力学方程可导出理想气体中的声速公式，即

$$u = \sqrt{\frac{\gamma p}{\rho}} = \sqrt{\frac{\gamma RT}{M_{\mathrm{mol}}}} \tag{6.11}$$

式中，γ 为气体的摩尔热容比，p 为气体的压强，ρ 为气体的密度，T 是气体的热力学温度，R 是普适气体常量，M_{mol} 是气体的摩尔质量.

应该注意，机械波的波速是相对于介质的传播速度. 若观察者相对于介质静止，则测出的波速就是波在介质中的传播速度；若观察者相对于介质运动，则应根据速度合成的法则计算出机械波相对于观察者的传播速度. 也就是说，当观察者相对于介质有不同的运动时，可观测到不同的波速. 此结论不适用于电磁波.

顺便指出，波速与介质中质点的振动速度是两个不同的概念，请读者加以区分.

2. 波动周期和频率

波动过程也具有时间上的周期性. **波动周期**是指一个完整波形通过介质中某固定点所需的时间，用 T 表示. 周期的倒数叫作频率，**波动频率**即为单位时间内通过介质中某固定点完整波的数目，用 ν 表示. 由于波源每完成一次全振动，就有一个完整的波形发送出去，故当波源相对于介质静止时，波动周期即为波源的振动周期，波动频率即为波源的振动频率. 波动周期 T 与频率 ν 之间亦有

$$T = \frac{2\pi}{\omega} = \frac{1}{\nu} \tag{6.12}$$

3. 波长

如前所述，同一时刻，沿波线上各质点的振动相位是依次落后的，则同一波线上相邻的相位差为 2π 的两质点之间的距离叫作**波长**，用 λ 表示. 波源做一次全振动，波传播的距离就等于一个波长，如图 6.1 所示，因此波长反映了波的空间周期性. 显然，波长与波速、周期和频率的关系为

$$\lambda = uT = \frac{u}{\nu} \tag{6.13}$$

此式不仅适用于机械波，也适用于电磁波.

由于机械波的波速仅由介质的力学性质决定，因此，不同频率的波在同一介质中传播时都具有相同的波速，而同一频率的波在不同介质中传播时其波长不同.

6.2 平面简谐波

平面简谐波在介质中传播，虽然各质点都在各自的平衡位置附近按余弦（或正

弦）规律振动，但同一时刻各质点的振动状态却不尽相同. 只有定量地描述出每个质点的振动状态，才算解决了平面简谐波的运动学问题.

在平面简谐波中，波线是一组垂直于波面的平行射线，因此可选用其中一条波线为代表来研究平面波的传播规律. 也就是说，平面简谐波的**波函数**就是任一波线上任一点的振动方程的通式.

6.2.1 平面简谐波的波函数

平面简谐波的波函数

设有一平面简谐波，在理想介质中沿 x 轴正方向传播，x 轴即为某一波线，在此波线上任取一点为坐标原点，并在坐标原点振动相位为零时开始计时，则坐标原点的振动方程为

$$y_0 = A\cos \omega t \tag{6.14}$$

设 P 为 x 轴上任意一点，其坐标为 x，而用 y 表示该处质点偏离平衡位置的位移，如图 6.7 所示，下面求 P 点的振动方程.

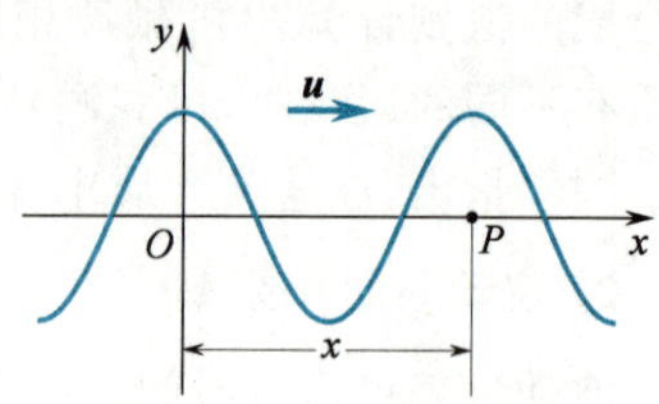

图 6.7 波函数的推导

设波在介质中的传播速度为 u，则坐标原点的振动状态传到 P 点所需要的时间为 $\Delta t = \dfrac{x}{u}$，因此，P 点在 t 时刻将重复坐标原点在 $\left(t-\dfrac{x}{u}\right)$ 时刻的振动状态，即 P 点在 t 时刻的振动方程为

$$y = A\cos \omega\left(t-\frac{x}{u}\right) \tag{6.15}$$

式(6.15)就是沿 x 轴正方向传播的平面简谐波的表达式，或称波函数，有时也称波动方程①.

如 6.1 节所述，当一列波在介质中传播时，沿着波的传播方向向前看去，前方各质点的振动要依次落后于波源的振动. 因此，式(6.15)中的 $\dfrac{x}{u}$ 也可理解为 P 点的振动落后于坐标原点的振动的时间. 显然，这列波若沿 x 轴负方向传播，则 P 点的振动超前于坐标原点的振动，超前的时间为 $\dfrac{x}{u}$，此时 P 点的振动方程为

$$y = A\cos \omega\left(t+\frac{x}{u}\right) \tag{6.16}$$

式(6.16)就是沿 x 轴负方向传播的平面简谐波的表达式.

若波源（坐标原点）的振动初相位在开始计时时不为零，即

$$y_0 = A\cos(\omega t + \varphi_0) \tag{6.17}$$

由于波源的初相位对波传播过程的贡献是固定的，与波的传播方向、时间、距离无关，因此波函数为

$$y = A\cos\left[\omega\left(t\mp\frac{x}{u}\right)+\varphi_0\right] \tag{6.18}$$

① 平面简谐波也可用复数表示为 $y(x,t)=Ae^{i\omega\left(t-\frac{x}{u}\right)}$，和简谐振动一样，在经典物理中只取其实部.

将 $\omega = 2\pi\nu = \frac{2\pi}{T}, u = \frac{\lambda}{T} = \frac{\omega}{2\pi}\lambda$ 代入式(6.18)，经整理，可得到如下几种常用的波函数：

$$y = A\cos\left[2\pi\left(\frac{t}{T} \mp \frac{x}{\lambda}\right) + \varphi_0\right] \tag{6.19}$$

$$y = A\cos\left[2\pi\nu t \mp \frac{2\pi x}{\lambda} + \varphi_0\right] \tag{6.20}$$

$$y = A\cos\left[\frac{2\pi}{\lambda}(ut \mp x) + \varphi_0\right] = A\cos[k(ut \mp x) + \varphi_0] \tag{6.21}$$

式中，$k = \frac{2\pi}{\lambda}$ 称为**波矢**.

6.2.2 波函数的物理意义

为了深刻理解平面简谐波的波函数的物理意义，下面分几种情况进行讨论.

(1) 如果 $x = x_0$ 为给定值，则位移 y 仅是时间 t 的函数：$y = y(t)$. 波函数改写为

$$y(t) = A\cos\left(\omega t - \frac{\omega x_0}{u} + \varphi_0\right) = A\cos\left(\omega t - 2\pi\frac{x_0}{\lambda} + \varphi_0\right) \tag{6.22}$$

这就是波线上 x_0 处质点在任意时刻离开平衡位置的位移，式(6.22)即为 x_0 处质点的振动方程，表明任意坐标 x_0 处质点均在做简谐振动，相应地可作出其振动曲线，如图 6.8 所示.

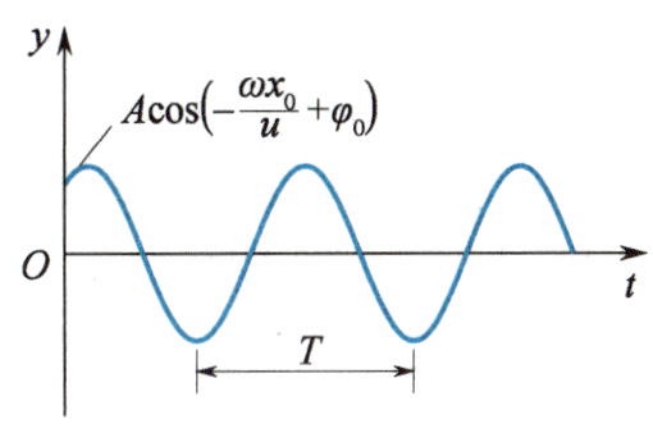

图 6.8 波线上给定点的振动曲线

由式(6.22)可知，x_0 处质点在 $t = 0$ 时刻的位移为

$$y(0,x_0) = A\cos\left(-\frac{\omega x_0}{u} + \varphi_0\right) = A\cos\left(-2\pi\frac{x_0}{\lambda} + \varphi_0\right)$$

该处质点的振动初相位为 $\varphi' = -\frac{\omega x_0}{u} + \varphi_0 = -2\pi\frac{x_0}{\lambda} + \varphi_0$，显然 x_0 处质点的振动相位比坐标原点 O 处质点的振动相位始终落后$\frac{\omega x_0}{u}$ 或 $2\pi\frac{x_0}{\lambda}$. x_0 越大，相位落后越多. 因此，沿着波的传播方向，各质点的振动相位依次落后. $x_0 = \lambda, 2\lambda, 3\lambda, \cdots$ 各处质点的振动相位依次为$\varphi' = -2\pi + \varphi_0, -4\pi + \varphi_0, -6\pi + \varphi_0, \cdots$，这正好表明波线上每隔一个波长的距离，质点的振动曲线就重复一次，波长的确代表了波的空间周期性.

读者自己可以导出，同一质点在相邻两个时刻的振动相位差为

$$\Delta\varphi = \omega(t_2 - t_1) = \frac{t_2 - t_1}{T}2\pi \tag{6.23}$$

这说明波动周期反映了波动在时间上的周期性.

(2) 若 $t = t_0$ 为给定值，则位移 y 只是坐标 x 的函数：$y = y(x)$. 波函数变为

$$y = A\cos\left[\omega\left(t_0 - \frac{x}{u}\right) + \varphi_0\right] \tag{6.24}$$

这时方程给出了在 t_0 时刻波线上各质点离开各自平衡位置的位移分布情况，称为 t_0 时刻的**波形方程**. t_0 时刻的波形曲线如图 6.9 所示，它是一条简谐函数曲线，正好说

明它是一列简谐波. 应该注意的是，对于横波，t_0 时刻的 y-x 曲线实际上就是该时刻波线上所有质点的分布图形；对于纵波，波形曲线并不反映真实的质点分布情况，而只表示该时刻所有质点的位移分布.

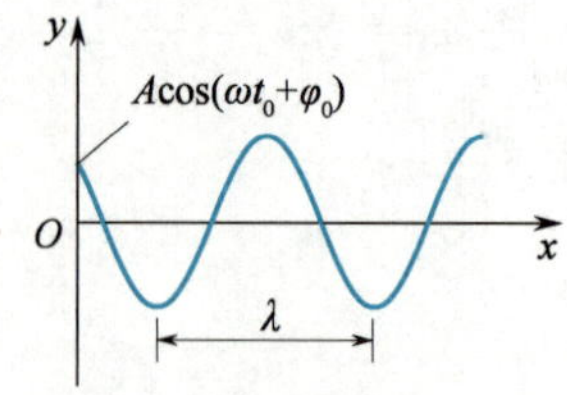

图 6.9　给定时刻($t=t_0$)的波形曲线

由上面的讨论，读者自己可以导出，同一波线上两质点之间的相位差为

$$\Delta\varphi=-\frac{2\pi}{\lambda}(x_2-x_1) \tag{6.25}$$

(3) 如果 t、x 都在变化，波函数

$$y(t,x)=A\cos\left[\omega\left(t-\frac{x}{u}\right)+\varphi_0\right]$$

给出了波线上各个不同质点在不同时刻的位移，或者说它包括了各个不同时刻的波形，也就是反映了波形不断向前推进的波动传播的全过程.

进一步分析波函数便可更深入地了解波动的本质.

波函数的物理意义

根据波函数可知，t 时刻的波形方程为

$$y(x)=A\cos\left[\omega\left(t-\frac{x}{u}\right)+\varphi_0\right]$$

而 $t+\Delta t$ 时刻的波形方程为

$$y(x)=A\cos\left[\omega\left(t+\Delta t-\frac{x}{u}\right)+\varphi_0\right]$$

分别用实线和虚线表示 t 时刻和稍后的 $t+\Delta t$ 时刻的两条波形曲线，如图6.10 所示，便可形象地看出波形向前传播的图像，波形向前传播的速度就等于波速 $\boldsymbol{u}$.

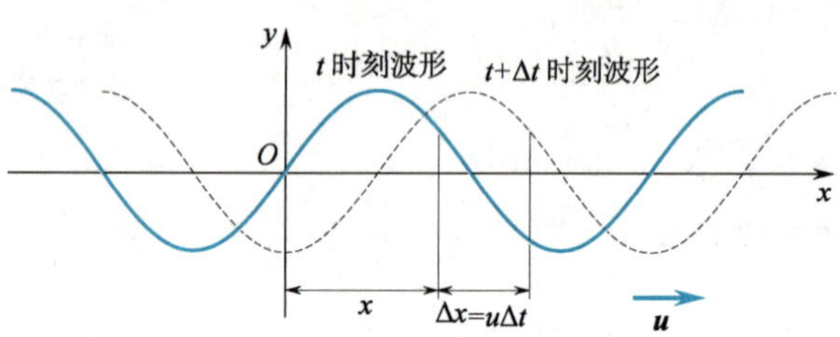

图 6.10　波形的传播

设 t 时刻、x 处的某个振动状态经过 Δt 时间，传播了 $\Delta x=u\Delta t$ 的距离，用波函数表示为

$$A\cos\left[\omega\left(t+\Delta t-\frac{x+u\Delta t}{u}\right)+\varphi_0\right]=A\cos\left[\omega\left(t-\frac{x}{u}\right)+\varphi_0\right]$$

即

$$y(t+\Delta t,x+\Delta x)=y(t,x) \tag{6.26}$$

这就是说，想获取 $t+\Delta t$ 时刻的波形，只要将 t 时刻的波形沿波的前进方向移动 $\Delta x(\Delta x=u\Delta t)$ 距离即可. 故式(6.26) 描述的波称为**行波**.

*6.2.3　波动微分方程与波速

仅从运动学角度研究波还不够，只有对波进行动力学分析才能了解波传播的机制并进一步研究波动.

1. 波动微分方程

在介质中取一体积元，分析其受力情况，应用动力学规律进行研究. 以下仅以平面横波为例讨论.

图 6.11 表示横波在某瞬时的波形图，取 x 和 $x+\Delta x$ 处两波面所围体积元为隔离体. 体积元两侧受剪切力 $\boldsymbol{f}_x$ 和 $\boldsymbol{f}_{x+\Delta x}$ 作用. 相比之下重力可不计. 体积元发生剪切变形，剪切应变为 $\lim\limits_{\Delta x\to 0}\dfrac{\Delta y}{\Delta x}=\dfrac{\mathrm{d}y}{\mathrm{d}x}$. 用 S 表示体积元的横截面面积，根据胡克定律有

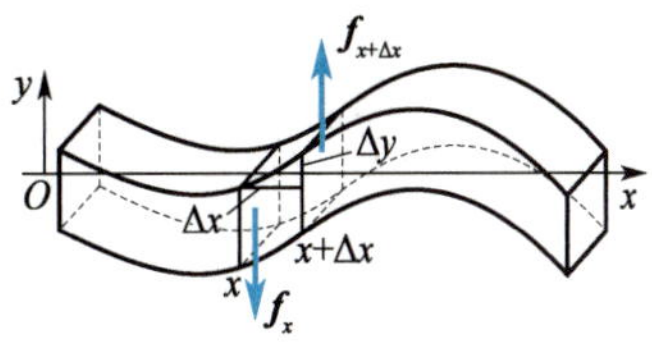

图 6.11　当波传播时，介质内某体积元的受力和形变

$$\frac{f_x}{S}=\left.\frac{\mathrm{d}y}{\mathrm{d}x}\right|_x G$$

式中，G 为剪切模量.

体积元的 y 坐标是 x 和 t 的函数. 现在讨论某瞬时的情况，将 t 视为定值. 上式可写成偏导数形式：

$$\frac{f_x}{S}=\left.\frac{\partial y(x,t)}{\partial x}\right|_x G$$

同理也可自 $x+\Delta x$ 处得
$$\frac{f_{x+\Delta x}}{S}=\left.\frac{\partial y(x,t)}{\partial x}\right|_{x+\Delta x} G$$

体积元所受合外力为
$$f_{x+\Delta x}-f_x=\left[\left.\frac{\partial y(x,t)}{\partial x}\right|_{x+\Delta x}-\left.\frac{\partial y(x,t)}{\partial x}\right|_x\right]GS$$

方括号内为函数 $\dfrac{\partial y(x,t)}{\partial x}$ 在 Δx 上的增量. 若不计高阶无穷小，有

$$\left.\frac{\partial y(x,t)}{\partial x}\right|_{x+\Delta x}-\left.\frac{\partial y(x,t)}{\partial x}\right|_x=\left.\frac{\partial^2 y(x,t)}{\partial x^2}\right|_x\Delta x$$

代入上式得
$$f_{x+\Delta x}-f_x=\left.\frac{\partial^2 y(x,t)}{\partial x^2}\right|_x\Delta x GS$$

体积元在上述合外力作用下的加速度为 $\dfrac{\partial^2 y(x,t)}{\partial t^2}$，故有

$$f_{x+\Delta x}-f_x=\Delta m\cdot\frac{\partial^2 y(x,t)}{\partial t^2}$$

式中，Δm 为体积元质量. 用 ρ 表示介质密度，因 $\Delta m=\rho S\Delta x$，由上两式得

$$\frac{\partial^2 y}{\partial t^2}=\frac{G}{\rho}\frac{\partial^2 y}{\partial x^2}\tag{6.27}$$

此即弹性介质中**横波的波动微分方程**.

依照类似方法，可得固体内弹性平面纵波的波动微分方程为

$$\frac{\partial^2 y}{\partial t^2}=\frac{E}{\rho}\frac{\partial^2 y}{\partial x^2}\tag{6.28}$$

式中，ρ 表示介质密度，E 为杨氏模量. 张紧的柔软线绳上传播的横波的波动微分方程为

$$\frac{\partial^2 y}{\partial t^2}=\frac{T}{\mu}\frac{\partial^2 y}{\partial x^2}\tag{6.29}$$

式中，T 为线绳所受张力；μ 为单位长度线绳的质量，称为线密度.

以上波函数均根据质点动力学方程得出，故波动微分方程即为关于波的动力学方程. 该方程的未知函数为 $y(x,t)$，方程中 y 的两个偏导数都是以线性方式出现的，故本节讨论的波函数是线性的.

2. 波速

波动微分方程给出了介质内体积元的运动和受力的关系，反映了波动传播的机制，对应于经典力学的动力学方程. 波函数对应于运动学方程，故波函数是波动微分方程的解. 平面简谐波为平

面波的特例，故平面简谐波的波函数应为波动微分方程一特殊的解.

将式(6.18)的平面简谐波的波函数分别对 t 和 x 求二阶偏导数(设波沿 x 轴正方向传播)，有

$$\frac{\partial^2 y}{\partial t^2}=-A\omega^2\cos\left[\omega\left(t-\frac{x}{u}\right)+\varphi_0\right]$$

$$\frac{\partial^2 y}{\partial x^2}=-A\frac{\omega^2}{u^2}\cos\left[\omega\left(t-\frac{x}{u}\right)+\varphi_0\right]$$

比较上面两式可得

$$\frac{\partial^2 y}{\partial x^2}=\frac{1}{u^2}\frac{\partial^2 y}{\partial t^2} \tag{6.30}$$

将其与式(6.27)相比，即可得固体中弹性横波的波速为

$$u_{\perp}=\sqrt{G/\rho}$$

同理可得固体中弹性纵波的波速为

$$u_{/\!/}=\sqrt{E/\rho}$$

由此可知，固体中波速和介质弹性密切相关. 现在有各种精确测量声速或测量固体的杨氏模量和剪切模量的方法. 张紧的软绳中横波的波速为

$$u_{\perp}=\sqrt{T/\mu}$$

流体中纵波的波速为

$$u_{/\!/}=\sqrt{B/\rho}$$

式中，B 为流体的体积模量.

以上即为式(6.7)～式(6.10)的根由.

表6.1给出某些波速实验值，L和T分别表示纵波和横波. 表中列出的波阻(或声阻)，将在6.5节中介绍.

表 6.1　波速和波阻

介质	温度 /℃	波速 /(m/s)	波阻 /(N·s/m³)
空气	0	331.45	429
氧气	0	316	452
氢气	0	1 284	116
水	20	1 483	1.48×10^6
水银	20	1 451	19.6×10^6
液氦	−272.15	239	0.035×10^6
液氧	−183	909	1.04×10^6
血液		1 530	1.62×10^6
肌肉		1 545～1 630	$1.65\times10^6\sim1.74\times10^6$
骨骼		2 700～4 100	$3.2\times10^6\sim7.4\times10^6$
铁		L:5 950 T:3 240	47.0×10^6
铝		L:6 420 T:3 040	17.3×10^6
火石玻璃		L:3 980 T:2 380	15.4×10^6

例 6.1

已知波函数为 $y=0.1\cos\frac{\pi}{10}(25t-x)$，其中 x、y 的单位为 m，t 的单位为 s，求：(1) 振幅、波长、周期、波速；(2) 距坐标原点 8 m 和 10 m 两点处质点振动的相位差；(3) 波线上某质点在时间间隔 0.2 s 内的相位差.

解 (1) 用比较法将题干中的波函数改写成如下形式：

$$y=0.1\cos\frac{25}{10}\pi\left(t-\frac{x}{25}\right)$$

并与波函数的标准形式 $y=A\cos\left[\omega\left(t-\frac{x}{u}\right)+\varphi_0\right]$ 比较，即可得

$$A=0.1\ \text{m},\quad \omega=\frac{25}{10}\pi\ \text{rad}\cdot\text{s}^{-1}$$

$$u=25\ \text{m/s},\quad \varphi_0=0$$

所以 $T=\frac{2\pi}{\omega}=0.8\ \text{s},\quad \lambda=uT=20\ \text{m}$

(2) 同一时刻波线上坐标为 x_1 和 x_2 两点处质点振动的相位差

$$\Delta\varphi=-\frac{2\pi}{\lambda}(x_2-x_1)=-2\pi\frac{\delta}{\lambda}$$

$\delta=x_2-x_1$ 是波动传播到 x_1 和 x_2 处的波程差，上式就是同一时刻波线上任意两点间相位差与波程差的关系.

当 $\delta=x_2-x_1=10\ \text{m}-8\ \text{m}=2\ \text{m}$ 时，

$$\Delta\varphi=-2\pi\frac{\delta}{\lambda}=-\frac{\pi}{5}$$

负号表示 x_2 处的振动相位落后于 x_1 处的振动相位.

(3) 对于波线上任意一个给定点(x 一定)，在时间间隔 Δt 内的相位差

$$\Delta\varphi=\omega(t_2-t_1)=\omega\Delta t$$

已知 $\Delta t=0.2\ \text{s}$，则

$$\Delta\varphi=\frac{\pi}{2}$$

例 6.2

一平面波在介质中以速度 $u=20\ \text{m/s}$ 沿直线传播，已知在传播路径上某点 A 的振动方程为 $y_A=3\cos 4\pi t$，如图 6.12 所示. (1) 若以 A 点为坐标原点，写出波函数，并求出 C、D 两点的振动方程；(2) 若以 B 点为坐标原点，写出波函数，并求出 C、D 两点的振动方程.

解 已知 $u=20\ \text{m/s}$，$\omega=4\pi\ \text{rad}\cdot\text{s}^{-1}$，则

$$T=\frac{2\pi}{\omega}=0.5\ \text{s},\quad \lambda=uT=10\ \text{m}$$

(1) 若以 A 点为坐标原点，则坐标原点的振动方程为 $y_O=y_A=3\cos 4\pi t$，所以波函数为

$$y=3\cos 4\pi\left(t-\frac{x}{20}\right)=3\cos\left(4\pi t-\frac{\pi}{5}x\right)$$

式中，x 是波线上任意一点的坐标(以 A 点为坐标原点). 对 C 点，$x_C=-13$ m；对 D 点，$x_D=9$ m. 故可直接写出 C 点和 D 点的振动方程分别为

$$y_C=3\cos\left(4\pi t-\frac{\pi}{5}x_C\right)=3\cos\left(4\pi t+\frac{13}{5}\pi\right)$$

$$y_D=3\cos\left(4\pi t-\frac{\pi}{5}x_D\right)=3\cos\left(4\pi t-\frac{9}{5}\pi\right)$$

(2) 若以 B 点为坐标原点，则坐标原点的振动方程为 $y_O=y_B$. 由于波从左向右传播，因此 B 点的振动始终比 A 点超前一段时间 $\Delta t=\frac{5}{20}\ \text{s}=\frac{1}{4}\ \text{s}$，故 B 点在 t 时刻的振动状态与 A 点在 $t+\Delta t$ 时刻的振动状态相同，即

$$y_O=y_B(t)=y_A(t+\Delta t)=3\cos 4\pi\left(t+\frac{1}{4}\right)$$

$$=3\cos(4\pi t+\pi)$$

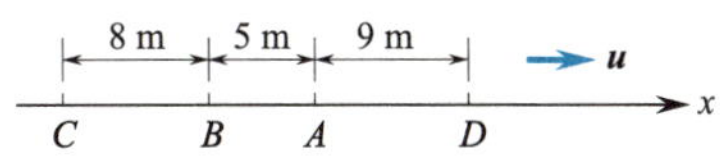

图 6.12 例 6.2 图

此时波函数为

$$y=3\cos\left[4\pi\left(t-\frac{x}{20}\right)+\pi\right]=3\cos\left(4\pi t-\frac{\pi}{5}x+\pi\right)$$

式中，x 是波线上任意一点的坐标(以 B 点为坐标原点). 所以对 C 点，$x_C=-8$ m；对 D 点，$x_D=14$ m. 代入波函数可写出 C 点和 D 点的振动方程分别为

$$y_C=3\cos\left(4\pi t+\frac{8}{5}\pi+\pi\right)$$

$$=3\cos\left(4\pi t+\frac{13}{5}\pi\right)=3\cos\left(4\pi t+\frac{3}{5}\pi\right)$$

$$y_D=3\cos\left(4\pi t-\frac{\pi}{5}\times 14+\pi\right)=3\cos\left(4\pi t-\frac{9}{5}\pi\right)$$

由本例可知，对一列给定的平面波，坐标原点选取不同，波函数的形式就不同，但每个质点的振动方程却是相同的，即每个质点的振动规律是确定的，与坐标原点的选取无关.

例 6.3 一平面简谐横波以 $u=400\ \mathrm{m/s}$ 的波速在均匀介质中沿 x 轴正方向传播. 位于坐标原点的质点的振动周期为 0.01 s，振幅为 0.1 m，取坐标原点处质点经过平衡位置且向正方向运动时作为计时起点. (1) 写出波函数；(2) 写出距坐标原点 2 m 的质点 P 的振动方程；(3) 画出 $t_1=0.005$ s 和 $t_2=0.007\ 5$ s 时的波形图；(4) 若以距原点 2 m 的点为坐标原点，写出波函数.

解 (1) 由题意知，坐标原点 O 处质点的振动初始条件为：$t=0$ 时，$y_0=0$，$v_0>0$. 设坐标原点 O 处质点的振动方程为 $y_0=A\cos(\omega t+\varphi_0)$，将初始条件代入，可求出坐标原点处质点的振动初相位 $\varphi_0=\frac{3}{2}\pi$，坐标原点的振动方程为

$$y_0=0.1\cos\left(200\pi t+\frac{3}{2}\pi\right)$$

故波函数为

$$y=0.1\cos\left[200\pi\left(t-\frac{x}{400}\right)+\frac{3}{2}\pi\right]$$

(2) 质点 P 所在位置的坐标为 $x_P=2$ m，代入上面的波函数，即可得质点 P 的振动方程为

$$y_P=0.1\cos\left[200\pi\left(t-\frac{2}{400}\right)+\frac{3}{2}\pi\right]$$

$$=0.1\cos\left(200\pi t+\frac{\pi}{2}\right)$$

(3) 将 $t_1=0.005$ s 代入波函数，得此时刻的波形方程为

$$y=0.1\cos\left[200\pi\left(0.005-\frac{x}{400}\right)+\frac{3}{2}\pi\right]$$

$$=0.1\cos\left(\frac{\pi}{2}-\frac{\pi}{2}x\right)$$

画出对应的波形曲线，如图 6.13 中实线所示. 因为 $T=0.01$ s，故 $t_1=0.005$ s 到 $t_2=0.007\ 5$ s 经历了 $\Delta t=t_2-t_1=0.002\ 5\ \mathrm{s}=\frac{1}{4}T$，故 $t_2=0.007\ 5$ s 时刻的波形图只需将 $t_1=0.005$ s 时刻的波形曲线沿着波的传播方向平移 $\frac{1}{4}\lambda=\frac{1}{4}uT=1$ m 即可得到，如图 6.13 中虚线所示.

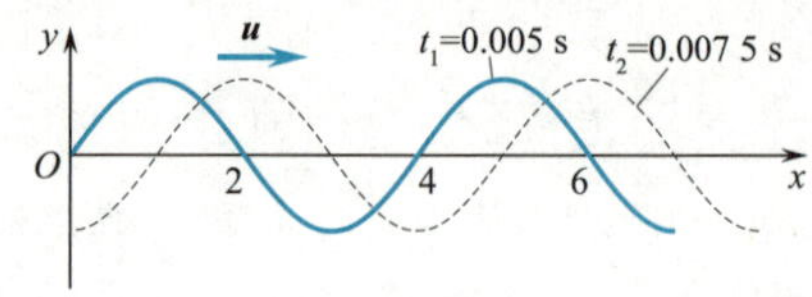

图 6.13 $t_1=0.005$ s 和 $t_2=0.007\ 5$ s 时的波形图

(4) 由 (2) 中结果可知，新坐标原点 O' 的振动方程为

$$y_{O'}=y_P=0.1\cos\left(200\pi t+\frac{\pi}{2}\right)$$

所以新坐标系下的波函数为

$$y'=0.1\cos\left[200\pi\left(t-\frac{x'}{400}\right)+\frac{\pi}{2}\right]$$

式中，x' 是波线上各点在新坐标系下的位置坐标.

6.3 波的能量 *声强

6.3.1 波的能量和能量密度

在波的传播中，载波的介质并不随波向前移动，波源的振动能量则通过介质间的相互作用传播出去. 介质中各质点都在各自的平衡位置附近振动，因而具有动能；同时，介质因形变而具有弹性势能. 下面以介质中任一体积元 $\mathrm{d}V$ 为例来讨论波动能量.

设有一平面简谐波在密度为 ρ 的弹性介质中沿 x 轴正方向传播，设其波函数为

$$y=A\cos\left[\omega\left(t-\frac{x}{u}\right)+\varphi_0\right]$$

在坐标为 x 处取一体积元 $\mathrm{d}V$，其质量为 $\mathrm{d}m=\rho\mathrm{d}V$，视该体积元为质点，当波传播到该体积元时，其振动速度为

$$v=\frac{\partial y}{\partial t}=-A\omega\sin\left[\omega\left(t-\frac{x}{u}\right)+\varphi_0\right]$$

则该体积元的动能为

$$\mathrm{d}E_{\mathrm{k}}=\frac{1}{2}(\mathrm{d}m)v^2=\frac{1}{2}\rho\mathrm{d}VA^2\omega^2\sin^2\left[\omega\left(t-\frac{x}{u}\right)+\varphi_0\right] \tag{6.31}$$

同时,该体积元因形变而具有弹性势能,可以证明(见本小节后文中的小字部分),该体积元的弹性势能为

$$\mathrm{d}E_{\mathrm{p}}=\frac{1}{2}\rho\mathrm{d}VA^2\omega^2\sin^2\left[\omega\left(t-\frac{x}{u}\right)+\varphi_0\right] \tag{6.32}$$

于是该体积元内总的波动能量为

$$\mathrm{d}E=\mathrm{d}E_{\mathrm{k}}+\mathrm{d}E_{\mathrm{p}}=\rho\mathrm{d}VA^2\omega^2\sin^2\left[\omega\left(t-\frac{x}{u}\right)+\varphi_0\right] \tag{6.33}$$

上式表明,波动在介质中传播时,介质中任一体积元的总能量随时间发生周期性变化. 这说明该体积元和相邻的介质之间有能量交换. 体积元的能量增加时,它从相邻介质中吸收能量;体积元的能量减少时,它向相邻介质释放能量. 这样,能量不断地从介质中的一部分传递到另一部分. 所以,**波动过程也就是能量传播的过程.**

应当注意,波动的能量和简谐振动的能量有着明显的区别. 在一个孤立的谐振动系统中,它和外界没有能量交换,所以机械能守恒且动能和势能在不断地相互转换. 当动能为极大值时,势能为极小值;当动能为极小值时,势能为极大值. 而在波动中,体积内总能量不守恒,且同一体积元内的动能和势能是同步变化的,即动能为极大值时势能也为极大值,反之亦然. 如图6.14 所示,横波在绳上传播时,平衡位置 Q 处体积元的速度最大,因而动能最大,此时 Q 处体积元的相对形变也最大,因此弹性势能也最大;在振动位移最大的 P 处的体积元,其振动速度为零,动能为零,而此处体积元的相对形变量为最小值零 $\left(\left.\frac{\partial y}{\partial x}\right|_P=0\right)$,故其弹性势能亦为零.

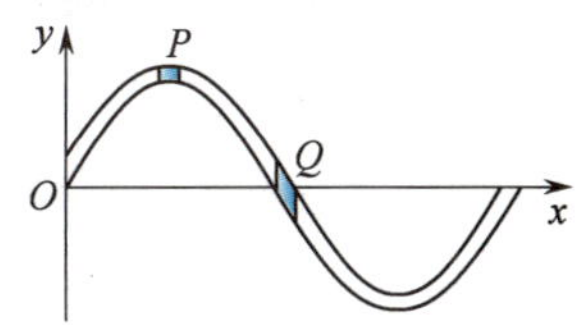

图 6.14 不同位置体积元的相对形变

单位体积介质中所具有的波的能量,称为**能量密度**,用 w 表示,由式(6.33) 有

$$w=\frac{\mathrm{d}E}{\mathrm{d}V}=\rho A^2\omega^2\sin^2\left[\omega\left(t-\frac{x}{u}\right)+\varphi_0\right] \tag{6.34}$$

可见,能量密度 w 随时间发生周期性变化,实际应用中是取其平均值. 能量密度 w 在一个周期内的平均值称为**平均能量密度**,用$\overline{w}$ 表示,则对平面简谐波有

$$\overline{w}=\frac{1}{T}\int_0^T w\mathrm{d}T=\frac{1}{T}\int_0^T\rho A^2\omega^2\sin^2\left[\omega\left(t-\frac{x}{u}\right)+\varphi_0\right]\mathrm{d}t=\frac{1}{2}\rho A^2\omega^2 \tag{6.35}$$

上式指出,平均能量密度与波振幅的平方、角频率的平方及介质密度成正比. 此公式适用于各种弹性波.

波动中介质体积元的弹性势能公式(6.32) 的推导过程如下. 如图 6.15 所示,体积元原长为 $\mathrm{d}x$,绝对伸长量为 $\mathrm{d}y$,所以体积元的相对伸长(线应变或胁变) 为 $\frac{\mathrm{d}y}{\mathrm{d}x}$,则由式(6.1) 可知该体积元所

受的弹性力为

$$F = ES\frac{\mathrm{d}y}{\mathrm{d}x} = k\mathrm{d}y$$

式中，E 是棒的杨氏模量，$k = \frac{ES}{\mathrm{d}x}$. 故体积元的弹性势能为

$$\mathrm{d}E_{\mathrm{p}} = \frac{1}{2}k(\mathrm{d}y)^2 = \frac{1}{2}\frac{ES}{\mathrm{d}x}(\mathrm{d}y)^2 = \frac{1}{2}ES\mathrm{d}x\left(\frac{\mathrm{d}y}{\mathrm{d}x}\right)^2$$

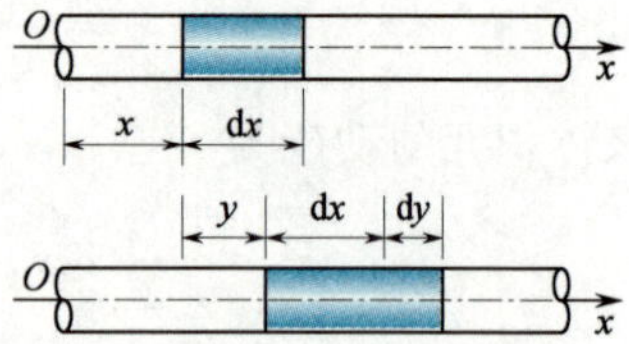

图 6.15 固体细长棒中纵波的传播

因为 $\mathrm{d}V = S\mathrm{d}x$，$u = \sqrt{\frac{E}{\rho}}$ 或 $E = \rho u^2$，且根据波函数可得

$$\frac{\mathrm{d}y}{\mathrm{d}x} = A\frac{\omega}{u}\sin\left[\omega\left(t - \frac{x}{u}\right) + \varphi_0\right]$$

代入得

$$\begin{aligned}\mathrm{d}E_{\mathrm{p}} &= \frac{1}{2}\rho u^2(\mathrm{d}V)A^2\frac{\omega^2}{u^2}\sin^2\left[\omega\left(t - \frac{x}{u}\right) + \varphi_0\right] \\ &= \frac{1}{2}\rho\mathrm{d}VA^2\omega^2\sin^2\left[\omega\left(t - \frac{x}{u}\right) + \varphi_0\right]\end{aligned}$$

这就是式(6.32). 若所考虑的是平面余弦弹性横波，则只要把上面推导中的 $\frac{\mathrm{d}y}{\mathrm{d}x}$ 和 F 分别理解为体积元的切变和剪切力，并用剪切模量 G 代替杨氏模量 E，便可得到同样的结果.

6.3.2 波的能流和能流密度

为了描述波动过程中能量的传播，还需引入能流和能流密度的概念.

所谓**能流**，即单位时间内通过某一横截面的能量. 如图 6.16 所示，设想在介质中作一个垂直于波速的横截面为 ΔS、长度为 u 的长方体，则在单位时间内，体积为 $u\Delta S$ 的长方体内的波动能量都要通过 ΔS 面，因此通过面积 ΔS 的能流为 $p = wu\Delta S$，将能量密度 w 用平均能量密度 $\overline{w}$ 代替，可得

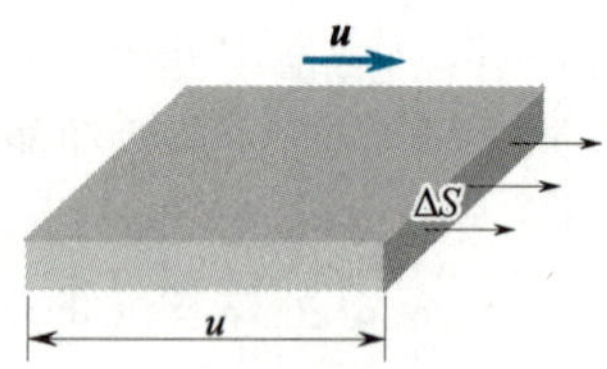

图 6.16 通过 ΔS 面的平均能流

$$\overline{p} = \overline{w}u\Delta S \tag{6.36}$$

式中，$\overline{p}$ 称为**平均能流**.

显然，平均能流 $\overline{p}$ 与横截面积 ΔS 有关. 与波的传播方向垂直的单位面积的平均能流称为**能流密度**或波的强度，简称**波强**. 用 I 表示，则有

$$I = \frac{\overline{p}}{\Delta S} = \overline{w}u \tag{6.37}$$

能流密度是一个矢量，在各向同性介质中，其方向与波速方向相同，矢量式为

$$\boldsymbol{I} = \overline{w}\boldsymbol{u}$$

波强等于波的平均能量密度与波速的乘积.

简谐波的波强的大小为

$$I = \frac{1}{2}\rho A^2\omega^2 u \tag{6.38}$$

即波强与波振幅的平方、角频率的平方成正比. 式(6.38) 只对弹性波成立.

波强的单位名称是瓦[特] 每平方米，符号是 W/m^2.

若平面简谐波在各向同性、均匀、无吸收的理想介质中传播，可以证明其波振幅

在传播过程中将保持不变.

设一平面波的传播方向如图 6.17 所示，在垂直于传播方向上取两个面积分别为 S_1 和 $S_2(S_1 = S_2)$ 的平行平面，其平均能流分别为 $\overline{p}_1$ 和 $\overline{p}_2$，因能量无损失，应有

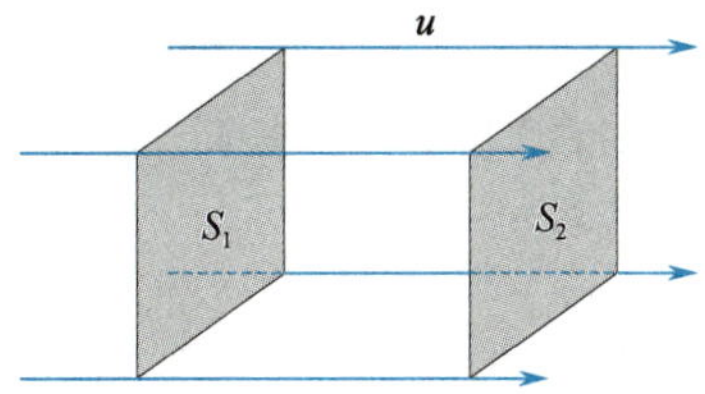

图 6.17 平面波的振幅不变

$$\overline{p}_1 = \overline{p}_2$$

即
$$I_1S_1 = I_2S_2$$

由式(6.38)，有

$$\frac{1}{2}\rho\omega^2A_1^2uS_1 = \frac{1}{2}\rho\omega^2A_2^2uS_2$$

因 $S_1 = S_2$，于是有
$$A_1 = A_2$$

用同样的方法可以证明，在理想介质中传播的球面波的振幅随着到波源距离的增加成反比地减小.

6.3.3 波的吸收

波在实际介质中传播时，由于波动能量总有一部分会被介质吸收，所以波的机械能会不断地减少，波强亦逐渐减弱，这种现象称为**波的吸收**.

设波通过厚度为 $\mathrm{d}x$ 的介质薄层后，其振幅衰减量为 $-\mathrm{d}A$，实验指出

$$-\mathrm{d}A = \alpha A\,\mathrm{d}x$$

经积分得
$$A = A_0\mathrm{e}^{-\alpha x} \tag{6.39}$$

式中，A_0 和 A 分别是 $x = 0$ 和 $x = x$ 处的波振幅；α 是常量，称为介质的吸收系数.

由于波强与波振幅的平方成正比，所以波强的衰减规律为

$$I = I_0\mathrm{e}^{-2\alpha x} \tag{6.40}$$

式中，I_0 和 I 分别是 $x = 0$ 和 $x = x$ 处波的强度.

*6.3.4 声压、声强和声强级

为了描述声波在介质中各点的强弱，常采用声压和声强两个物理量.

介质中有声波传播时的压力与无声波时的静压力之间的压差称为**声压**. 由于声波是疏密波，在稀疏区域，实际压力小于静压力，在稠密区域，实际压力大于静压力，前者声压为负值，后者声压为正值. 因介质中各点声振动是周期性变化的，所以声压也在发生周期性变化. 对平面简谐波，可以证明声压振幅 p_m 为

$$p_\mathrm{m} = \rho uA\omega \tag{6.41}$$

声强就是声波的能流密度，由式(6.38) 和式(6.41)，有

$$I = \frac{1}{2}\frac{p_\mathrm{m}^2}{\rho u} = \frac{1}{2}\rho uA^2\omega^2 \tag{6.42}$$

这说明频率越高越容易获得较大的声压和声强.

引起人的听觉的声波，不仅有频率范围(能引起人耳听觉的频率范围是20 ～20 000 Hz)，而且有声强范围. 对于每个给定频率的可闻声波，声强都有上、下两个限值，低于下限的声强不能引起听觉，高于上限的声强也不能引起听觉，声强太大只能引起痛觉. 一般正常人听觉的最高声强为 10 W/m^2，最低声强为 10^{-12} W/m^2. 表 6.2 为声强和声强级举例，通常把这一最低声强作为测定声强的标准，用 I_0 表示. 由于上、下声强的数量级相差悬殊(达 10^{13})，所以常用对数标度作为声强级

人为什么会晕车?

的量度，以 L_I 表示，即

$$L_I = \lg \frac{I}{I_0} \tag{6.43}$$

其单位名称为贝尔，符号是 Bel，这个单位太大，常采用贝尔的十分之一，即分贝(dB)为单位，此时声强级公式为

$$L_I = 10\lg \frac{I}{I_0} \tag{6.44}$$

表 6.2 声强和声强级举例

声源	声强 /(W/m²)	声强级 /dB	响度
听觉阈	10^{-12}	0	
风吹树叶	10^{-10}	20	轻
通常谈话	10^{-6}	60	正常
闹市车声	10^{-5}	70	响
摇滚乐	1	120	震耳
喷气机起飞	10^{3}	150	
地震(里氏 7 级，距震中 5 km)	4×10^{4}	166	
聚焦超声波	10^{9}	210	

最后顺便指出，仅用声强级尚不能完全反映人耳对声音响度的感觉. 人耳对响度的主观感觉由声强级和频率共同决定. 例如，同为 50 dB 声强级的声音，当频率为 1 000 Hz 时，人耳听起来已相当响；而当频率为 50 Hz 时，人耳则听不见. 当需要考虑这种效应时，可查阅有关手册中列出的等响度曲线.

例 6.4 空气中声波的吸收系数为 $\alpha_1 = 2\times10^{-11}\nu^2\ \text{m}^{-1}$，钢中的吸收系数为 $\alpha_2 = 4\times10^{-7}\nu\ \text{m}^{-1}$，式中 ν 代表声波的频率. 频率为 5 MHz 的超声波透过多厚的空气或钢后其声强减为原来的 1%？

解 $\alpha_1 = 2\times10^{-11}\times(5\times10^6)^2\ \text{m}^{-1} = 500\ \text{m}^{-1}$

$\alpha_2 = 4\times10^{-7}\times5\times10^6\ \text{m}^{-1} = 2\ \text{m}^{-1}$

由 $$I = I_0 e^{-2\alpha x}$$

得 $$x = \frac{1}{2\alpha}\ln\frac{I_0}{I}$$

把 α_1、α_2 的值分别代入上式，又依题 $I_0/I = 100$，得空气的厚度为

$$x_1 = \frac{1}{1\ 000}\ln 100 = 0.004\ 6\ \text{m}$$

钢的厚度为 $$x_2 = \frac{1}{4}\ln 100 = 1.15\ \text{m}$$

可见，高频超声波很难通过气体，但极易通过固体.

6.4 惠更斯原理 波的叠加和干涉

6.4.1 惠更斯原理

当波在弹性介质中传播时，由于介质质点间的弹性力作用，介质中任何一点的振动都会引起邻近各质点的振动，因此，波动到达的任一点都可看作新的波源. 例

如，水面波的传播如图 6.18 所示，当一块开有小孔的隔板挡在波的前面时，则不论原来的波面是什么形状，只要小孔的线度远小于波长，都可以看到穿过小孔的波是圆形波，就好像是以小孔为点波源发出的一样，这说明小孔可以看作新的波源，其发出的波称为次波(子波).

荷兰物理学家惠更斯观察和研究了大量类似现象，于 1690 年提出了一条描述波传播特性的重要原理：**介质中波阵面(波前)上的各点，都可以看作发射子波的波源，其后任一时刻这些子波的包迹就是新的波阵面**. 这就是**惠更斯原理**的内容.

惠更斯原理不仅适用于机械波，也适用于电磁波. 不论波动经过的介质是均匀的还是非均匀的，是各向同性的还是各向异性的，只要知道了某一时刻的波阵面，就可以根据这一原理，利用几何作图法来确定以后任一时刻的波阵面，进而确定波的传播方向. 此外，根据惠更斯原理，还可以很简单地说明波在传播中发生的反射和折射等现象. 下面以平面波和球面波为例，说明惠更斯原理的应用.

如图 6.19(a) 所示，点波源 O 在各向同性的均匀介质中以波速 u 发出球面波，已知在 t 时刻的波阵面是半径为 R_1 的球面 S_1. 根据惠更斯原理，S_1 上的各点都可以看作发射子波的新波源，经过 Δt 时间，各子波波阵面是以 S_1 球面上各点为球心，以 $r = u\Delta t$ 为半径的许多球面，这些子波波阵面的包迹面 S_2 就是球面波在 $t + \Delta t$ 时刻的新的波阵面. 显然，S_2 是一个仍以点波源 O 为球心，以 $R_2 = R_1 + u\Delta t$ 为半径的球面.

平面波可近似地看作半径很大的球形波阵面上的一小部分. 例如，从太阳射出的球面光波，到达地面上时，就可看作平面波. 如图 6.19(b) 所示，若已知在各向同性均匀介质中传播的平面波在某时刻 t 的波阵面 S_1，用惠更斯原理就可以求出以后任一时刻 $t + \Delta t$ 的新的波阵面 S_2，它是一个与 S_1 相距 $u\Delta t$，且与 S_1 平行的平面.

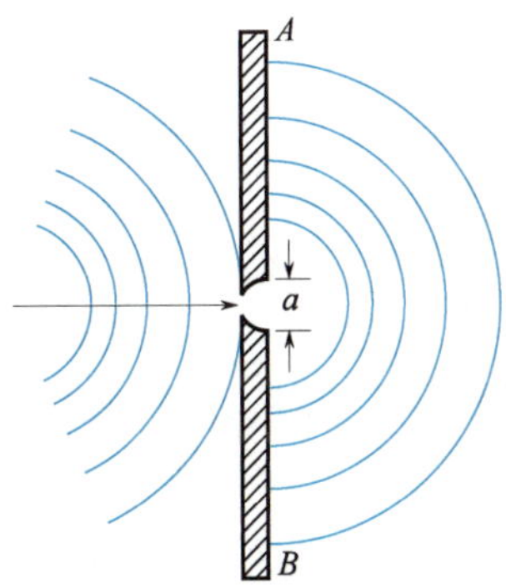

图 6.18　障碍物上的小孔成为新的波源

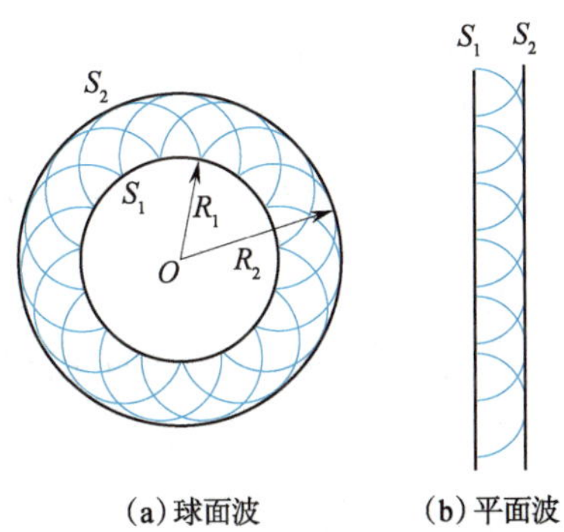

图 6.19　用惠更斯原理求新波阵面

从以上讨论可以看出，当波在各向同性均匀介质中传播时，波阵面的几何形状总是保持不变，即波线方向或者波的传播方向是不变的. 当波在不均匀介质或各向异性介质中传播时，同样可以根据惠更斯原理用作图法求出新的波阵面，只是波阵面的形状和波的传播方向都可能发生变化.

*** 应用惠更斯原理证明波的反射和折射定律**

当波从一种介质传播到另一种介质的分界面时，传播方向会发生改变，其中一部分反射回原介质，称为反射波；另一部分进入第二种介质，称为折射波. 这种现象称为波的反射和折射现象. 通常把入射波、反射波和折射波的波线称为入射线、反射线和折射线. 相应地，它们与分界面法线之间的夹角分别称为入射角、反射角和折射角. 无数观察和实验表明，波动反射和折射时分别遵循如

夜间声音为什么会比白天传得远？

下反射定律和折射定律.

(1) **反射定律**　反射线、入射线和界面法线在同一平面内，且反射角 i' 恒等于入射角 i，即 $i'=i$.

(2) **折射定律**　折射线、入射线和界面法线在同一平面内，且入射角 i 的正弦和折射角 γ 的正弦之比等于第一种介质中波速 u_1 与第二种介质中波速 u_2 之比，即 $\dfrac{\sin i}{\sin \gamma}=\dfrac{u_1}{u_2}$.

下面用惠更斯原理解释波的反射和折射定律.

如图 6.20(a) 所示，设一平面波传播到两种介质的分界面 MN 上，它在介质 1 中的波速为 u_1. 在 t 时刻，入射波的波阵面到达 $AA_1A_2A_3$ 位置(波阵面为通过 AA_3 线并与图面垂直的平面)，A 点先和分界面相遇，此后波阵面上 A_1、A_2、A_3 各点经过相等的时间间隔先后到达分界面上的 B_1、B_2、B_3 各点. 设在 $t+\Delta t$ 时刻，A_3 点传播到界面上 B_3 点处，则 A_1、A_2 点依次在 $t+\dfrac{1}{3}\Delta t$、$t+\dfrac{2}{3}\Delta t$ 时刻传到界面上的 B_1、B_2 点处. 根据惠更斯原理，入射波到达界面上的各点都可看作发射子波的波源，则在 $t+\Delta t$ 时刻，从 A、B_1、B_2、B_3 各点向介质 1 中发出的子波的半径分别为 $u_1\Delta t$、$\dfrac{2}{3}u_1\Delta t$、$\dfrac{1}{3}u_1\Delta t$、0，这些子波的包迹面即为图 6.20(a) 中的 B_3B 面，B_3B 面就是 $t+\Delta t$ 时刻的波阵面，作垂直于此波阵面的直线，即为反射线. 从图 6.20(a) 中可以看出，反射线、入射线和界面法线均在同一个平面内，且 $\triangle AA_3B_3 \cong \triangle ABB_3$，故 $\angle A_3AB_3=\angle BB_3A$，从而得到 $i'=i$，即反射角等于入射角，这就是波的反射定律.

如图 6.20(b) 所示，一平面波从介质 1 传到两种介质的分界面时，一部分进入介质 2 继续传播，波速由 u_1 变为 u_2. 设在 t 时刻，入射波的波阵面是 $AA_1A_2A_3$，此时 A 点已到达分界面，此后波阵面上 A_1、A_2、A_3 各点经过相等的时间间隔先后到达界面上的 B_1、B_2、B_3 点. 若假定 $t+\Delta t$ 时刻 A_3 点到达 B_3 点，则 A_1、A_2 点到达 B_1、B_2 点的时刻分别是 $t+\dfrac{1}{3}\Delta t$、$t+\dfrac{2}{3}\Delta t$. A、B_1、B_2、B_3 各点作为新的波源向介质 2 中发出子波，在 $t+\Delta t$ 时刻，它们发出的子波半径分别为 $u_2\Delta t$、$\dfrac{2}{3}u_2\Delta t$、$\dfrac{1}{3}u_2\Delta t$、0，作出这些子波的包迹面 B_3B，就是此时波动在介质 2 中的波阵面，作垂直于此波阵面的直线，即为折射线. 从图 6.20(b) 中可以看出：折射线、入射线和界面法线都在同一个平面内，且 $A_3B_3=u_1\Delta t=AB_3\sin i$，$AB=u_2\Delta t=AB_3\sin\gamma$，由此可得 $\dfrac{\sin i}{\sin\gamma}=\dfrac{u_1}{u_2}$. 令

$$\frac{\sin i}{\sin \gamma}=\frac{u_1}{u_2}=n_{21} \tag{6.45}$$

式中，n_{21} 称为介质 2 对介质 1 的相对折射率. 这就是波的折射定律.

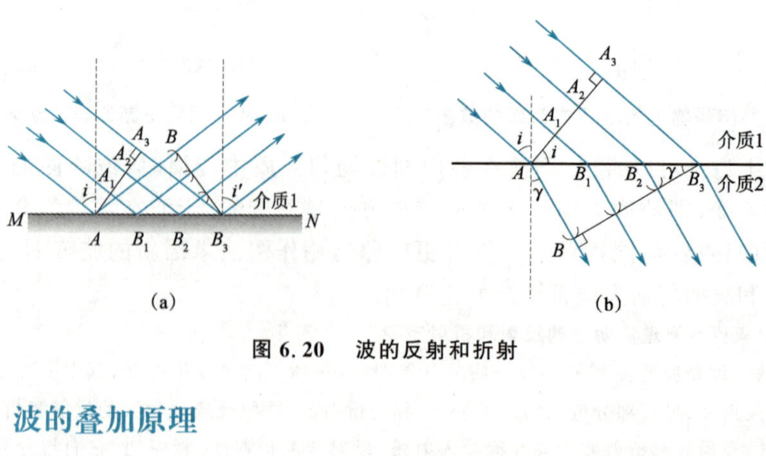

图 6.20　波的反射和折射

6.4.2　波的叠加原理

当 n 个波源激发的波在同一介质中相遇时，观察和实验表明：各列波在相遇前和

相遇后都保持原来的特性(频率、波长、振动方向、传播方向等)不变,与各波单独传播时一样;而在相遇处各质点的振动是各列波在该处激起的振动的合成.这就是波传播的**独立性原理**或**波的叠加原理**.例如,把两个石块同时投入静止的水中,两个振源所激起的水波可以互相贯穿地传播.又如,在嘈杂的公共场所,各种声音都传到人的耳朵,但我们仍能将它们区分开来.每天空中同时有许多无线电波在传播,我们却能随意地选取某一电台的广播收听.这些实例都反映了波传播的独立性.图 6.21 是波的叠加原理示意图.

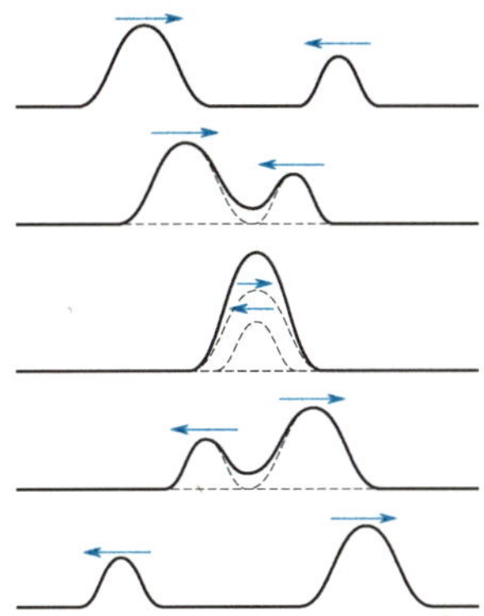

图 6.21 波的叠加原理

波的叠加与振动的叠加是不完全相同的.

振动的叠加仅发生在单一质点上,而波的叠加发生在两波相遇范围内的许多质元上,这就构成了波的叠加所特有的现象,如下面将要介绍的波的干涉现象.此外,正如任何复杂的振动都可以分解为不同频率的许多简谐振动一样,任何复杂的波也都可以分解为频率或波长不同的许多平面简谐波.

两个实物粒子相遇时会发生碰撞,而两列波相遇仅在重叠区域构成合成波,过了重叠区域又能按照原来的方向继续前进,这就是波不同于粒子的一个重要运动特征.在我们通常遇到的波动现象中,线性波函数和波的叠加原理一般都是正确的.但是,当人们的实验观察和理论研究扩大到强波范围时,介质就会表现出非线性特征,这时,波就不再遵循叠加原理,而线性波函数也不再是正确的,研究这种情形的新理论称为**非线性波理论**.本书只讨论叠加原理适用的线性波.

6.4.3 波的干涉

在一般情况下,n 列波的合成波既复杂又不稳定,没有实际意义.但满足下述条件的两列波在介质中相遇,则可形成一种稳定的叠加图样,即出现所谓的干涉现象.

波的干涉

两列波若频率相同、振动方向相同、在相遇点的相位相同或相位差恒定,则在合成波场中会出现某些点的振动始终加强,另一些点的振动始终减弱(或完全抵消)的现象,这种现象称为波的干涉.满足上述条件的波源叫作**相干波源**,相干波源发出的波称为**相干波**.

由以上讨论可知,定量分析波的干涉的出发点仍然是求相干区域内各质元的同频率、同方向简谐振动的合振动.

设 S_1 和 S_2 为两相干波源,它们的振动方程分别为

$$y_1 = A_1\cos(\omega t + \varphi_{10})$$

$$y_2 = A_2\cos(\omega t + \varphi_{20})$$

式中,ω 为角频率,A_1、A_2 分别为两波源的振幅,φ_{10}、φ_{20} 分别为两波源的振动初相位.设由这两个波源发出的两列波在同一理想介质中传播后相遇,现在分析相遇区域中任意一点 P 的振动合成结果(见图 6.22).

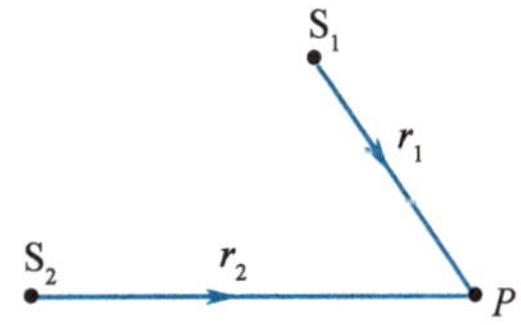

图 6.22 两列相干波的叠加

两列波各自单独传播到 P 点时，在 P 点引起的振动方程分别为

$$y_1 = A_1\cos\left(\omega t - \frac{2\pi r_1}{\lambda} + \varphi_{10}\right)$$

$$y_2 = A_2\cos\left(\omega t - \frac{2\pi r_2}{\lambda} + \varphi_{20}\right)$$

式中，r_1 和 r_2 分别为 S_1 和 S_2 到 P 点的距离，λ 是波长. P 点同时参与了这两个同频率、同方向的简谐振动. 从上式容易看出，这两个分振动的初相位分别为 $\left(-\frac{2\pi r_1}{\lambda} + \varphi_{10}\right)$ 和 $\left(-\frac{2\pi r_2}{\lambda} + \varphi_{20}\right)$. 根据第 5 章两个同方向、同频率简谐振动的合成结论，P 点的合振动也是简谐振动，合振动方程为

$$y = y_1 + y_2 = A\cos(\omega t + \varphi_0) \tag{6.46}$$

而 P 点处合振动的初相位 φ_0 和振幅 A 分别由下面两式给出：

$$\tan\varphi_0 = \frac{A_1\sin\left(\varphi_{10} - \frac{2\pi r_1}{\lambda}\right) + A_2\sin\left(\varphi_{20} - \frac{2\pi r_2}{\lambda}\right)}{A_1\cos\left(\varphi_{10} - \frac{2\pi r_1}{\lambda}\right) + A_2\cos\left(\varphi_{20} - \frac{2\pi r_2}{\lambda}\right)} \tag{6.47}$$

$$A^2 = A_1^2 + A_2^2 + 2A_1A_2\cos\Delta\varphi \tag{6.48}$$

由于波的强度正比于振幅的平方，若以 I_1、I_2 和 I 分别表示两个分振动和合振动的强度，则式(6.48) 可写成

$$I = I_1 + I_2 + 2\sqrt{I_1I_2}\cos\Delta\varphi \tag{6.49}$$

式中，$\Delta\varphi$ 是 P 点处两个分振动的相位差：

$$\Delta\varphi = (\varphi_{20} - \varphi_{10}) - 2\pi\frac{r_2 - r_1}{\lambda} \tag{6.50}$$

式中，$(\varphi_{20} - \varphi_{10})$ 是两个相干波源的相位差，为一常量；$(r_2 - r_1)$ 是两个波源发出的波传到 P 点的几何路程之差，称为**波程差**；$2\pi\frac{r_2 - r_1}{\lambda}$ 是两列波之间因波程差而产生的相位差，对于空间任一给定的 P 点，它也是常量. 因此，两列相干波在空间任一给定点所引起的两个分振动的相位差 $\Delta\varphi$ 也是恒定的，因而合振幅 A 或强度 I 也是一定的. 但对于空间中不同点，波程差 $(r_2 - r_1)$ 不同，故相位差不同，因而不同点有不同的、恒定的合振幅或强度. 所以，在两列相干波相遇的区域会呈现出振幅或强度分布不均匀而又相对稳定的干涉图样. 具体讨论如下.

对于满足

$$\Delta\varphi = (\varphi_{20} - \varphi_{10}) - 2\pi\left(\frac{r_2 - r_1}{\lambda}\right) = \pm 2k\pi \quad (k = 0,1,2,\cdots) \tag{6.51}$$

的空间各点，$A = A_1 + A_2 = A_{\max}$，$I = I_1 + I_2 + 2\sqrt{I_1I_2} = I_{\max}$，合振幅和强度最大，这些点处的合振动始终加强，称为**干涉加强**或**干涉相长**.

对于满足

$$\Delta\varphi = (\varphi_{20} - \varphi_{10}) - 2\pi\left(\frac{r_2 - r_1}{\lambda}\right) = \pm(2k+1)\pi \quad (k = 0,1,2,\cdots) \tag{6.52}$$

的空间各点，$A = |A_1 - A_2| = A_{min}$，$I = I_1 + I_2 - 2\sqrt{I_1 I_2} = I_{min}$，合振幅和强度最小，这些点处的合振动始终减弱，称为**干涉减弱**或**干涉相消**.

进一步地，如果 $\varphi_{10} = \varphi_{20}$，即对于振动初相位相同的两个相干波源，上述干涉加强或减弱的条件可简化为

$$\delta = r_2 - r_1 = \pm 2k\frac{\lambda}{2} \quad (k = 0,1,2,\cdots) \quad 干涉加强 \tag{6.53}$$

$$\delta = r_2 - r_1 = \pm(2k+1)\frac{\lambda}{2} \quad (k = 0,1,2,\cdots) \quad 干涉减弱 \tag{6.54}$$

以上两式表明，**当两个相干波源同相位时，在两列波的叠加区域内，波程差 δ 等于零或半波长偶数倍的各点，振幅和强度最大；波程差 δ 等于半波长奇数倍的各点，振幅和强度最小.**

从以上讨论可知，两列相干波叠加时，空间各处波的强度并不简单地等于两列波强度之和，它反映出能量在空间上的重新分布，但这种能量的重新分布在时间上是稳定的，在空间上又是强弱相间且具有周期性的. 两列不满足相干条件的波相遇叠加称为**波的非相干叠加**，这时空间任意一点合成波的强度就等于两列波强度的代数和，即

$$I = I_1 + I_2 \tag{6.55}$$

干涉现象是波动所独具的基本特征之一，只有波动的叠加，才可能产生干涉现象. 干涉现象在光学、声学研究中都非常重要，对于近代物理学的发展也起着重大作用.

例 6.5

图 6.23 所示的仪器是声波干涉仪. 声波从入口 E 处进入仪器，分别经 B、C 两管传播，在喇叭口 A 处会合后传出. C 管可以左右移动，当它渐渐右移时，喇叭口 A 发出的声音周期性地增强或减弱. 设 C 管每右移 8 cm，由喇叭口 A 发出的声音就减弱一次，求此声波的频率(空气中声速为 340 m/s).

解 声波从入口 E 进入仪器后分别经 B、C 两管传播，这两路声波满足相干条件，它们在喇叭口 A 处产生相干叠加，干涉减弱的条件是

$$\delta = \overset{\frown}{DCA} - \overset{\frown}{DBA} = (2k+1)\frac{\lambda}{2} \quad (k = 0,1,2,\cdots)$$

当 C 管伸长 $x = 8$ cm 时，再一次出现干涉减弱，即此时两路波的波程差应满足条件

$$\delta' = \delta + 2x = [2(k+1)+1]\frac{\lambda}{2}$$

以上两式相减得 $\delta' - \delta = 2x = \lambda$，于是可求出声波的频率为

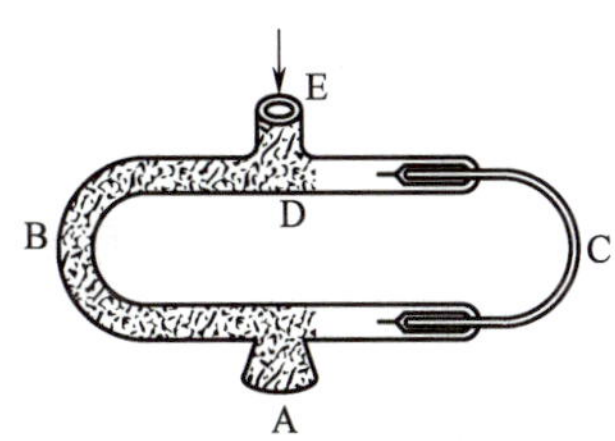

图 6.23 声波干涉仪

$$\nu = \frac{u}{\lambda} = \frac{u}{2x} = \frac{340}{2 \times 0.08}\ \text{Hz} = 2\ 125\ \text{Hz}$$

例 6.6

如图 6.24 所示，同一介质中有两个相干波源 S_1、S_2，振幅皆为 $A = 33$ cm. 当 S_1 处于波峰时，S_2 正好处于波谷. 设介质中波速 $u = 100$ m/s，欲使两列波在 P 点干涉后得到加强，这两列波的最小频率为多大?

解 由图 6.24 知，$\overline{S_1P} = r_1 = 30$ cm　　$\overline{S_2P} = r_2 = \sqrt{30^2 + 40^2}$ cm $= 50$ cm

要使从 S_1、S_2 两个波源发出的波在 P 点干涉后得到加强，其波长必须满足

$$\Delta\varphi=(\varphi_2-\varphi_1)-2\pi\left(\frac{r_2-r_1}{\lambda}\right)=\pm 2k\pi$$

$$(k=0,1,2,\cdots)$$

由题意知 $\varphi_2-\varphi_1=\pi$，而 $r_2-r_1=50\ \text{cm}-30\ \text{cm}=20\ \text{cm}$，代入上式得

$$\pi-\frac{40\pi}{\lambda}=\pm 2k\pi$$

即
$$\lambda=\frac{40}{1+2k}$$

当 $k=0$ 时，λ 取最大值 λ_{max}，则

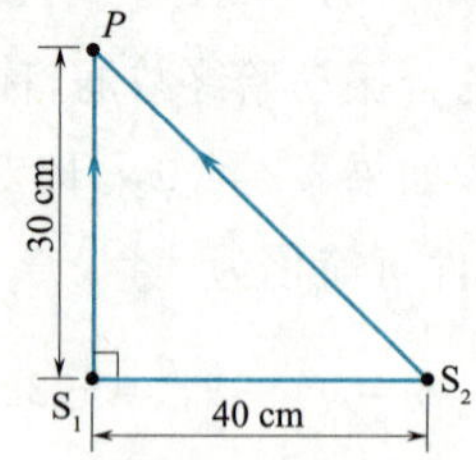

图 6.24　例 6.6 图

$$\lambda_{max}=\left.\frac{40}{1+2k}\right|_{k=0}=40\ \text{cm}=0.4\ \text{m}$$

故
$$\nu_{min}=\frac{u}{\lambda_{max}}=\frac{100}{0.4}\ \text{Hz}=250\ \text{Hz}$$

例 6.7

如图 6.25 所示，B、C 两点为同一介质中的两个相干波源所在位置，相距 30 m，它们产生的相干波频率 $\nu=100$ Hz，波速 $u=400$ m/s，且振幅都相同. 已知 B 点为波峰时，C 点恰为波谷. 求 B、C 两点连线上因干涉而静止的各点的位置.

解　由题意知，B、C 两点的振动相位正好相反，即 $\varphi_{C0}-\varphi_{B0}=\pi$，而 $\lambda=\frac{u}{\nu}=\frac{400}{100}\ \text{m}=4\ \text{m}$. 设 B、C 两点连线上的任意一点 P 与两个波源的距离分别为 $\overline{BP}=r_B$，$\overline{CP}=r_C$，要使两列波传到 P 点发生干涉而使 P 点静止，则两列波传到 P 点的相位差必须满足

$$\Delta\varphi=\left(-\frac{2\pi r_C}{\lambda}+\varphi_{C0}\right)-\left(-\frac{2\pi r_B}{\lambda}+\varphi_{B0}\right)$$
$$=\pm(2k+1)\pi$$

可得
$$r_B-r_C=\pm k\lambda\quad(k=0,1,2,\cdots)\qquad①$$

现在进一步作具体讨论.

(1) 若 P 点在 B 点左侧，则 $r_B-r_C=r_B-(r_B+\overline{BC})=-30$ m，它不可能为 $\lambda=4$ m 的整数倍，即不满足式 ① 要求，故在 B 点左侧不存在因干涉而静止的点.

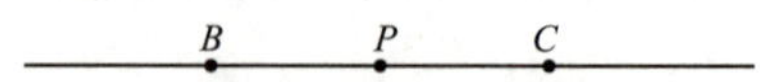

图 6.25　例 6.7 图

(2) 若 P 点在 C 点右侧，由与上面类似的讨论可知，C 点右侧也不存在因干涉而静止的点.

(3) 若 P 点在 B、C 两点之间，则 $r_B-r_C=2r_B-(r_B+r_C)=2r_B-\overline{BC}$，由式 ① 可得

$$2r_B-\overline{BC}=\pm k\lambda$$

即
$$2r_B-30=\pm k\lambda\quad(k=0,1,2,\cdots)$$

所以在 B、C 两点之间且与 B 点相距 $r_B=15\pm 2k=1$ m，3 m，5 m，…，29 m 的各点会因干涉而静止.

6.5 驻波

驻波是一种特殊的干涉现象. 两列振幅相同、相向传播的相干波的叠加称为**驻波**. 平面简谐波正入射到两种介质的界面上时，入射波和反射波进行叠加即可形成驻波.

非线性波、孤波

6.5.1 驻波方程

设在坐标原点，入射波和反射波的初相位相同且为零，用 A 表示它们的振幅，ω

表示它们的角频率，则它们的运动学方程分别为

$$y_1 = A\cos\left(\omega t - \frac{2\pi}{\lambda}x\right), \quad y_2 = A\cos\left(\omega t + \frac{2\pi}{\lambda}x\right)$$

合成波的方程为

$$\begin{aligned} y = y_1 + y_2 &= A\cos\left(\omega t - \frac{2\pi}{\lambda}x\right) + A\cos\left(\omega t + \frac{2\pi}{\lambda}x\right) \\ &= 2A\cos\frac{2\pi}{\lambda}x\cos\omega t \end{aligned} \tag{6.56}$$

这就是**驻波方程**. 式中，$\cos\omega t$ 表示简谐振动，而 $\left|2A\cos\frac{2\pi}{\lambda}x\right|$ 即为简谐振动的振幅. 式(6.57)中，x 与 t 被分隔于两个余弦函数中，说明此函数不满足 $y(t+\Delta t, x+u\Delta t) = y(t, x)$，因此它不表示行波，只表示各质点都在做与原频率相同的简谐振动，但各点的振幅随位置的不同而不同. 图 6.26 画出了不同时刻的入射波、反射波和合成波的波形图，图中实线表示合成波.

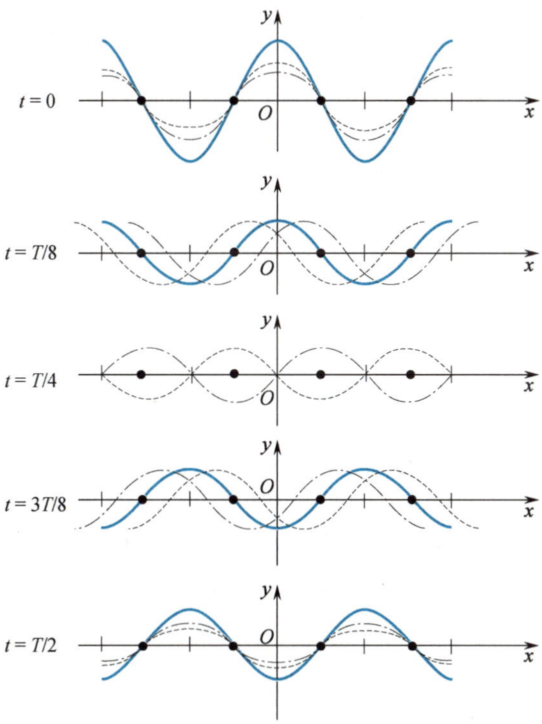

图 6.26 驻波的形成

6.5.2 驻波的特点

驻波

1. 波腹与波节 驻波振幅的分布特点

由图 6.26 可以看出，波线上有些点始终不动(振幅为零)，称为**波节**；而有些点的振幅始终具有极大值，称为**波腹**.

由式(6.56)可知，与 $\left|\cos\frac{2\pi}{\lambda}x\right| = 0$，即 $\frac{2\pi x}{\lambda} = (2k+1)\frac{\pi}{2}$ 对应的各点为波节的

位置，因此波节的坐标为

$$x=(2k+1)\frac{\lambda}{4}\quad(k=0,\pm1,\pm2,\cdots)\tag{6.57}$$

同理，与 $\left|\cos\frac{2\pi}{\lambda}x\right|=1$，即$\frac{2\pi}{\lambda}x=k\pi$对应的各点为波腹的位置，因此波腹的坐标为

$$x=k\frac{\lambda}{2}\quad(k=0,\pm1,\pm2,\cdots)\tag{6.58}$$

由式(6.57)、式(6.58)可知，相邻两个波节或相邻两个波腹之间的距离都是$\lambda/2$，而相邻的波节、波腹之间的距离为$\lambda/4$. 这就为我们提供了一种测定行波波长的方法，只要测出相邻两波节或相邻两波腹之间的距离就可以确定原来两列行波的波长λ.

需要说明的是，式(6.57)、式(6.58)给出的波节、波腹位置的结论不具有普遍性，因为它们是从特例中导出的.

介于波腹、波节之间的各质点，它们的振幅随坐标位置按 $\left|2A\cos\frac{2\pi}{\lambda}x\right|$ 的规律变化.

2. 驻波相位的分布特点

在驻波方程[式(6.56)]中，振动因子为$\cos\omega t$，但不能认为驻波中各点的振动相位也相同或如行波中那样逐点不同. x处的振动位移由$2A\cos\frac{2\pi}{\lambda}x$确定，显然对应于不同的$x$值，$2A\cos\frac{2\pi}{\lambda}x$可正可负. 如果把相邻两波节之间的各点视为一段，则由余弦函数的取值规律可知，$\cos\frac{2\pi}{\lambda}x$的值对同一段内的各质点有相同的符号；对于分别在相邻两段内的两质点则符号相反(见图6.26). 以 $\left|2A\cos\frac{2\pi}{\lambda}x\right|$ 为振幅，这种符号的相同或相反表明，在驻波中，同一段上各质点的振动相位相同，相邻两段中各质点的振动相位相反. 因此，实际上这是介质的一种特殊的分段振动现象. 同一段内各质点沿相同方向同时到达各自振动位移的最大值，又沿相同方向同时通过平衡位置；而波节两侧各质点同时沿相反方向到达振动位移的正、负最大值，又沿相反方向同时通过平衡位置. 图6.27表示用电动音叉在弦上激起的驻波振动简图. 某时刻电动音叉在A点输出一个波列，传到B点被界面(支点)B反射回来，入射波与反射波叠加的结果即在AB弦上形成驻波.

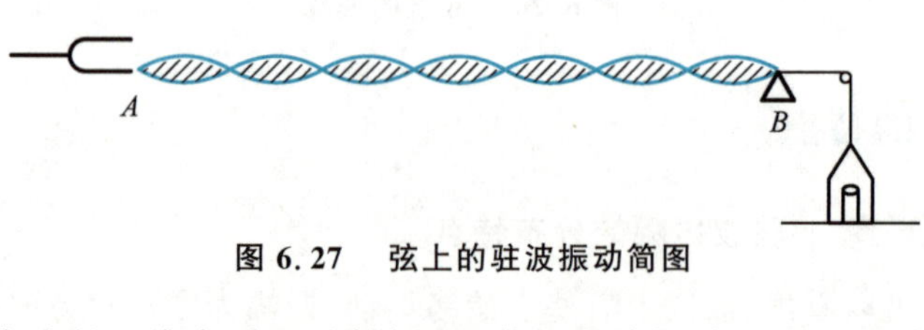

图6.27　弦上的驻波振动简图

对于有限大小的二维介质面，同样可以激起驻波振动. 图6.28表示一矩形膜上的二维驻波. 其中阴影部分和明亮部分表示相邻部位振动反相，两者的交界线为波节.

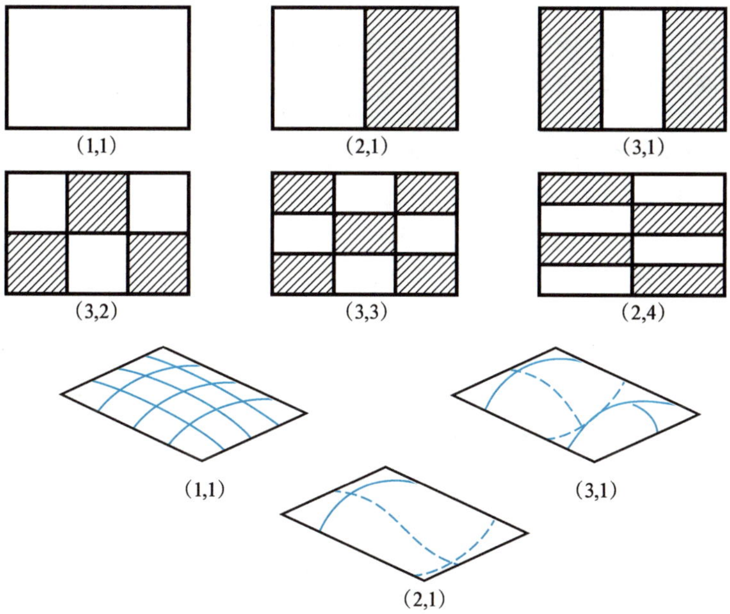

图 6.28 矩形膜上的二维驻波(第三行是第一行的立体图)

*3. 驻波能量

驻波振动中既没有相位的传播,也没有能量的传播.由式(6.38)可知,入射波的波强与反射波的波强大小相等、方向相反,即介质中波强的矢量和为零.驻波波强为零并不表示各质点在振动中能量守恒.例如,位于波节处的质点动能始终为零,势能则不断变化.当两波节间各点的振动位移分别达到各自的正、负最大值时,各点处的动能均为零,两节点间总势能最大,波节附近因相对形变最大,势能有极大值,而波腹附近因相对形变最小,则势能有极小值;当两波节间各点从同一方向通过平衡位置时,介质中各处的相对形变为零,势能均为零,总动能达到最大值.波腹附近则因振动速度最大而有最大动能,离波节越近,动能越小,其他时刻则动能、势能并存.这就是说,在驻波振动中,一个波段内不断地进行动能与势能的相互转化,并不断地分别集中在波腹和波节附近而不向外传播,故称为驻波.

6.5.3 半波损失

现在我们把注意力集中在两种介质的界面处.实验发现,在界面处有时形成波节,有时形成波腹,那么规律是什么呢?

理论和实验表明,这一切均取决于界面两边介质的**相对波阻**.

波阻(波的阻抗)是指介质的密度与波速的乘积 ρu.相对波阻较大的介质称为波密介质,反之称为波疏介质.实验表明:**波从波疏介质入射而从波密介质上反射时,界面处形成波节;波从波密介质入射而从波疏介质上反射时,界面处形成波腹.**

若在界面处形成波节,则表明在界面处入射波与反射波的相位始终相反,或者说在界面处入射波的相位与反射波的相位始终存在着 π 的相位差,这种现象叫作**半波损失**(或叫作半波突变).由上面的讨论可知,使反射波产生半波损失的条件是:波从波疏介质入射并从波密介质反射;对于机械波,还必须是正入射.

如果在界面处形成波腹,则表明在界面处入射波与反射波的相位始终相同,这时反射波没有半波损失.

"半波损失"是一个很重要的概念,它在研究声波、光波的反射问题时会经常涉及.

*** 反射波在界面处相位变化的讨论**

一般情况下,入射到界面处的波动既有反射波又有透射波(见图 6.29).由于弹性介质的连续性和不可入性,在界面处相邻质点的位移(或振动速度)和能流(或应变)必定是连续的.正是这种连续性,使得反射波的相位仅由界面两边介质的相对波阻来决定.

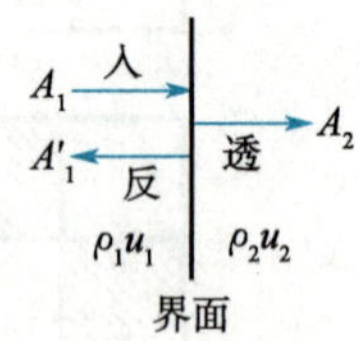

图 6.29 波阻对反射波相位的影响

设入射波、反射波、透射波的表达式分别为

$$y_1 = A_1 \cos \omega\left(t - \frac{x}{u_1}\right)$$

$$y'_1 = A'_1 \cos\left[\omega\left(t + \frac{x}{u_1}\right) + \varphi_1\right]$$

$$y_2 = A_2 \cos\left[\omega\left(t - \frac{x}{u_2}\right) + \varphi_2\right]$$

若以界面处为坐标原点,以界面处振动速度和能流连续性为出发点,则可得

$$\left(\frac{\partial y_1}{\partial t} + \frac{\partial y'_1}{\partial t}\right)_{x=0} = \left(\frac{\partial y_2}{\partial t}\right)_{x=0}$$

整理,得

$$A_1 \sin \omega t + A'_1 \sin(\omega t + \varphi_1) = A_2 \sin(\omega t + \varphi_2) \tag{6.59}$$

另据能流公式(6.36),并考虑到其在界面处的连续性,可得

$$\rho_1 u_1 [A_1^2 \sin^2 \omega t - A_1'^2 \sin^2(\omega t + \varphi_1)] = \rho_2 u_2 A_2^2 \sin^2(\omega t + \varphi_2) \tag{6.60}$$

将式(6.60)与式(6.59)相除,即得

$$\rho_1 u_1 [A_1 \sin \omega t - A'_1 \sin(\omega t + \varphi_1)] = \rho_2 u_2 A_2 \sin(\omega t + \varphi_2) \tag{6.61}$$

再将式(6.59)代入上式,即得

$$\rho_1 u_1 [A_1 \sin \omega t - A'_1 \sin(\omega t + \varphi_1)] = \rho_2 u_2 [A_1 \sin \omega t + A'_1 \sin(\omega t + \varphi_1)] \tag{6.62}$$

整理,得

$$\frac{A'_1 \sin(\omega t + \varphi_1)}{A_1 \sin \omega t} = \frac{\rho_1 u_1 - \rho_2 u_2}{\rho_1 u_1 + \rho_2 u_2} \tag{6.63}$$

或

$$\frac{A'_1}{A_1} \cos \varphi_1 + \frac{A'_1}{A_1} \sin \varphi_1 \cot \omega t = \frac{\rho_1 u_1 - \rho_2 u_2}{\rho_1 u_1 + \rho_2 u_2} \tag{6.64}$$

式(6.64)应对任一时刻 t 均成立,故有

$$\frac{A'_1}{A_1} \sin \varphi_1 = 0 \tag{6.65}$$

$$\frac{A'_1}{A_1} \cos \varphi_1 = \frac{\rho_1 u_1 - \rho_2 u_2}{\rho_1 u_1 + \rho_2 u_2} \tag{6.66}$$

由式(6.65)知 φ_1 只能取 0 或 π,代入式(6.66),有

当 $\varphi_1 = 0$ 时,$\cos \varphi_1 = 1$,即

$$\frac{A'_1}{A_1} = \frac{\rho_1 u_1 - \rho_2 u_2}{\rho_1 u_1 + \rho_2 u_2} > 0 \tag{6.67}$$

当 $\varphi_1 = \pi$ 时,$\cos \varphi_1 = -1$,即

$$-\frac{A'_1}{A_1} = \frac{\rho_1 u_1 - \rho_2 u_2}{\rho_1 u_1 + \rho_2 u_2} < 0 \tag{6.68}$$

由式(6.67)和式(6.68)可知,当 $\rho_1 u_1 > \rho_2 u_2$ 时,$\varphi_1 = 0$,即入射波所在介质的波阻大于透射波所在介质的波阻时,反射波的相位与入射波的相位相同;当 $\rho_1 u_1 < \rho_2 u_2$ 时,$\varphi_1 = \pi$,即入射波所在介质为波疏介质,而透射波所在介质为波密介质时,反射波的相位与入射波的相位相差 π,即这时出现了相位突变(或说发生了半波损失).

*6.5.4 振动的简正模式

如果将拉紧的弦两端固定，当轻击弦使之产生向右行进的波时，此波传到弦的右方固定端处被反射，再当此左行反射波到达左方固定端时，又发生第二次反射，如此继续也能形成驻波. 因弦的两端固定，其必然形成波节，因而驻波的波长必然受到限制，驻波波长与弦长 l 间必须满足

$$l = n\frac{\lambda}{2}, \quad 即\ \lambda = \frac{2l}{n} \quad (n = 1,2,3,\cdots)$$

而波速 $u = \lambda\nu$，从而对频率也有限制，允许存在的频率为

$$\nu = \frac{u}{\lambda} = \frac{n}{2l}u \quad (n = 1,2,3,\cdots) \tag{6.69}$$

对于弦线，因为 $u = \sqrt{T/\mu}$，所以

$$\nu = \frac{n}{2l}\sqrt{\frac{T}{\mu}} \tag{6.70}$$

其中，与 $n = 1$ 对应的频率称为**基频**，其后频率依次称为 2 次、3 次 …… **谐频**(对声驻波，则称为基音和泛音). 各种允许频率所对应的驻波振动(简谐振动模式) 称为**简正模式**(或称为**本征振动**). 相应的频率称为简正频率(或称为本征频率). 由此可见，对两端固定的弦，这一驻波振动系统有许多个简正模式和简正频率，即有许多个振动自由度. 式(6.69) 也适用于两端闭合或两端开放的管(其中为声驻波). 若为闭合管，则两端为波节；若为开放管，则两端为波腹. 图 6.30 所示为弦(或管) 振动的几种简正模式.

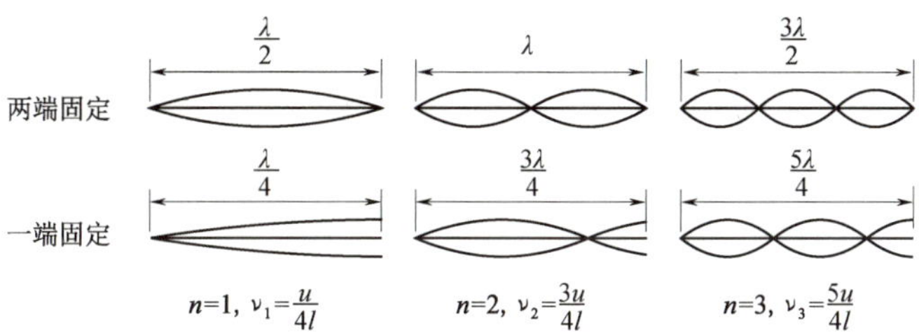

图 6.30 弦(或管) 振动的几种简正模式

对一端固定、一端自由的弦(或一端封闭、一端开放的管) 也可作类似讨论，对于二维膜也可进行讨论，但要更加复杂. 实际上各类乐器发出声音的本质无非是各种不同质地、形状、长度、大小的管、弦、膜的驻波振动.

上面的讨论表明，无论是管还是弦，只要其长度有限，其固有振动(本征振动) 频率就只能取分立值而非连续值. 这些结论在德布罗意提出物质波的设想时发挥了作用. 德布罗意把电子在原子中能量取分立值叫作取整数，又将本征振动频率取分立值也叫作取整数. 他指出，在光的问题上我们就被迫同时引入微粒思想和波动思想. 另外，电子在原子中的稳定运动的确定引入了整数. 直到今天，物理学上唯一包含"整数" 的现象就是干涉和简谐振动模式. 这个事实告诉我们，不能把电子认为是单纯的微粒，必须也赋予它波动性特征.

例 6.8

如图 6.31 所示，沿 x 轴正方向传播的平面简谐波方程为 $y = 0.2\cos\left[200\pi\left(t - \frac{x}{200}\right)\right]$(SI)，两种介质的分界面上的 P 点与坐标原点 O 相距 $d = 6.0$ m，入射波在界面上反射后振幅无变化，且反射处为固定端. 求：(1) 反射波方程；(2) 驻波方程；(3) 在O 点与 P 点间各个波节点和波腹点的坐标.

解 (1) 由波函数可知，入射波的振幅 $A = 0.2$ m，角频率 $\omega = 200\pi\ \mathrm{s^{-1}}$，波速 $u = 200$ m/s，故波长 $\lambda = \frac{u}{\nu} = 2$ m. 由题意知，反射波的振幅、频率和波速均与入射波相同.

入射波在两介质分界面上的 P 点的振动方程为

$$y_{入} = y\,|_{x=d} = 0.2\cos\left[200\pi\left(t - \frac{6}{200}\right)\right]$$

$$=0.2\cos(200\pi t-6\pi)=0.2\cos 200\pi t$$

因为反射点是固定端，所以反射波在 P 点处的振动相位与入射波在该点的振动相位相反，故有

$$y_{反}=0.2\cos(200\pi t+\pi)$$

反射波以速度 $u=200\ \text{m/s}$ 向 x 轴负方向传播，在 P 点处的振动方程已经由上式给出，所以反射波方程为

$$y=0.2\cos\left[200\pi\left(t-\frac{6-x}{200}\right)+\pi\right]$$

$$=0.2\cos\left[200\pi\left(t+\frac{x}{200}\right)-5\pi\right]$$

$$=0.2\cos\left[200\pi\left(t+\frac{x}{200}\right)-\pi\right]$$

(2) 驻波方程为

$$y=0.2\cos\left[200\pi\left(t-\frac{x}{200}\right)\right]+0.2\cos\left[200\pi\left(t+\frac{x}{200}\right)-\pi\right]$$

$$=0.2\cos\left[200\pi\left(t-\frac{x}{200}\right)\right]-0.2\cos\left[200\pi\left(t+\frac{x}{200}\right)\right]$$

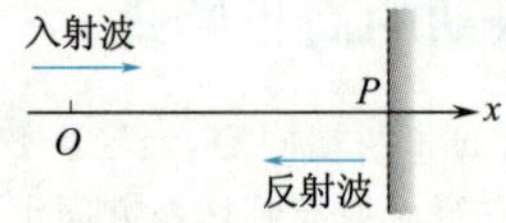

图 6.31　例 6.8 图

$$=0.4\sin\pi x\sin 200\pi t$$

(3) 由　$\pi x=2k\dfrac{\pi}{2}\quad(k=0,1,2,\cdots,6)$

得各个波节点的坐标为

$$x=0,1,2,3,4,5,6$$

由　$\pi x=(2k+1)\dfrac{\pi}{2}\quad(k=0,1,2,\cdots,5)$

得各个波腹点的坐标为

$$x=\frac{1}{2},\frac{3}{2},\frac{5}{2},\frac{7}{2},\frac{9}{2},\frac{11}{2}$$

6.6 多普勒效应　*冲击波

6.6.1 多普勒效应

多普勒

在前面几节的讨论中，我们实际上是假定了波源和观察者相对于介质都是静止的，这时观察者接收到的波的频率与波源的振动频率相等. 但是，在日常生活和科学技术中，经常会遇到波源或观察者（或者这两者同时）相对于介质运动的情况，那么，这时观察者接收到的波的频率与波源的振动频率是否依然相等呢？例如，站在站台上，当一列火车迎面飞驰而来时，我们听到它的汽笛声高昂，而当火车从我们身边疾驰而去时，却听到它的汽笛声变得低沉. 实际上，火车鸣笛的音调并未改变（波源的振动频率未变），而火车接近和驶离我们时，人耳接收到的频率却不同. 这些现象表明：当波源或观察者（或者这两者同时）相对于介质有相对运动时，观察者接收到的波的频率与波源的振动频率不同，这类现象是由多普勒（Doppler）于 1842 年发现并提出的，故称为**多普勒效应**或者多普勒频移.

为简单起见，我们将介质选为参考系，并假定波源和观察者的运动发生在两者的连线上. 用 v_S 表示波源相对于介质的运动速度，v_B 表示观察者相对于介质的运动速度，u 表示波在介质中的传播速度. 并规定：波源和观察者相互接近时 v_S 和 v_B 取正值，相互远离时 v_S 和 v_B 取负值. 值得注意的是，波速 u 是波相对于介质的速度，它只取决于介质的性质，而与波源或观察者的相对运动无关，它恒为正值. 在具体讨论之前，读者应将前面提到的 3 种频率（波源振动频率 ν_S、介质的波动频率 ν、观察者的接收频率 ν_B'）严格区分开. 实际上，ν_S、ν 的定义在前面章节已有说明，接收频率是指接收器（观察者）在单位时间内接收到的完整波的数目. 虽然对波动频率和接收频率均有 $\nu=\dfrac{u}{\lambda}$ 成立，但它们却是在不同的参考系中. 即波动频率以介质为参考系，接收频率

以接收器(观察者)为参考系,在 $\nu'_B=\dfrac{u'}{\lambda'}$ 中,u'、λ' 是观察者测得的波速和波长.

显然,在波源和观察者均相对于介质静止时,没有多普勒效应,即 $\nu_B=\nu=\nu_S$.因此,多普勒效应主要针对下面3种情况.

(1) 波源不动,观察者以 v_B 相对于介质运动($v_S=0, v_B\neq 0$).

设观察者向着波源运动,即 $v_B>0$,则波相对于观察者的速度为 $u'=u+v_B$,在不涉及相对论效应时,有 $\lambda'=\lambda$,所以单位时间内,观察者接收到的完整波形的数目,即观察者实际接收到的波的频率为

$$\nu'_B=\frac{u'}{\lambda}=\frac{u+v_B}{uT}=\frac{u+v_B}{u}\nu_S=\left(1+\frac{v_B}{u}\right)\nu_S>\nu_S \tag{6.71}$$

式(6.71)表明,观察者向着波源运动时,接收到的频率为波源振动频率的 $\left(1+\dfrac{v_B}{u}\right)$ 倍;当观察者远离波源运动时,式(6.71)仍可适用,只要将式中的 v_B 取为负值即可,显然,这时观察者接收到的频率会小于波源的振动频率;特别地,当 $v_B=-u$ 时,$\nu'_B=0$.这就是观察者随着波的传播以波速远离波源运动的情况,当然观察者就接收不到波动了.

(2) 观察者不动,波源以速度 v_S 相对于介质运动($v_S\neq 0, v_B=0$).

如图6.32所示,假设波源由 S 点以速度 v_S 向着观察者运动.因为波在介质中的传播速度 u 只取决于介质的性质,与波源的运动与否无关,所以这时波源的振动在一个周期内向前传播的距离就等于一个波长,即 $\lambda=uT$,但由于波源向着观察者运动,v_S 为正,所以在一个周期内波源也在波的传播方向上移动了 $v_S T$ 的距离而到达 S' 点,结果使一个完整的波被挤压在 $S'O$ 之间,这就相当于波长减小为 $\lambda'=\lambda-v_S T$.因此,观察者在单位时间内接收到的完整波的数目,即观察者接收到的频率为

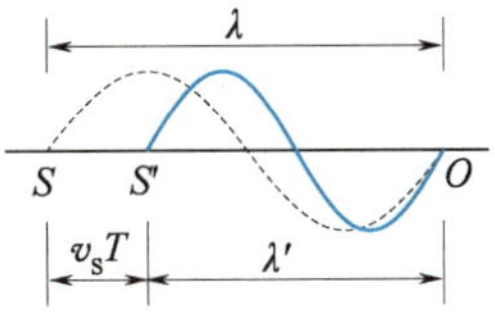

图6.32 观察者不动,波源运动

$$\nu'_B=\frac{u}{\lambda'}=\frac{u}{\lambda-v_S T}=\frac{u}{uT-v_S T}=\frac{u}{u-v_S}\nu_S>\nu_S \tag{6.72}$$

式(6.72)表明,波源向着观察者运动时,观察者接收到的频率为波源振动频率的 $\dfrac{u}{u-v_S}$ 倍,比波源频率要高;若波源远离观察者运动,则式(6.72)依然适用,只是 v_S 应取负值,所以此时观察者接收到的频率 ν'_B 将小于波源的振动频率.

由式(6.72)可知,当 $v_S\to u$ 时,接收频率 ν'_B 应趋于无穷大,但这是不可能的.当接收频率越来越高时,其波长 λ' 也越来越短,当 λ' 小于组成介质的分子间距时,介质对于此波列不再是连续的了,波列也就不能传播了.

(3) 波源和观察者同时相对于介质运动($v_S\neq 0, v_B\neq 0$).

根据上面(1)和(2)的讨论知,观察者以 v_B 相对于介质运动时,相对于观察者来说,波的速率变为 $u'=u+v_B$;而波源以 v_S 相对于介质运动时,相当于使波长变为 $\lambda'=\lambda-v_S T$.综合这两个结果,则波源和观察者同时运动时,观察者接收到的波的频率为

$$\nu'_B=\frac{u'}{\lambda'}=\frac{u+v_B}{uT-v_S T}=\frac{u+v_B}{u-v_S}\nu_S \tag{6.73}$$

式中，当观察者与波源接近时，v_B、v_S 取正值，远离时 v_B、v_S 取负值.

从以上讨论可以得出结论：在多普勒效应中，不论是波源运动还是观察者运动，或两者都运动，当波源和观察者接近时，观察者接收到的频率 ν' 总是大于波源振动频率 ν；当波源和观察者远离时，ν' 总是小于 ν.

*6.6.2 光波多普勒效应

多普勒效应是一切波动过程的共同特征，不仅机械波有多普勒效应，电磁波也有多普勒效应. 与机械波不同的是，因为电磁波的传播不需要介质，所以在电磁波的多普勒效应中，是由光源和观察者的相对速度 v 来决定观察者的接收频率的. 用相对论可以证明，当光源和观察者在同一直线上运动时，观察者接收到的频率为

$$\nu_{接近} = \sqrt{\frac{1+v/c}{1-v/c}}\,\nu$$

和

$$\nu_{远离} = \sqrt{\frac{1-v/c}{1+v/c}}\,\nu \tag{6.74}$$

此外，对于电磁波还有横向多普勒效应，其横向多普勒频移为

$$\nu_{横} = \sqrt{1-\left(\frac{v}{c}\right)^2}\,\nu \tag{6.75}$$

式中，c 为真空中的光速，ν 为波源的频率. 由式(6.74)可知，当光源远离观察者运动时，接收到的频率变小、波长变长，这种现象称为红移，即移向光谱中的红色一侧. 天文学家就是将来自星球的光谱与地球上相同元素的光谱进行比较，发现星球光谱几乎都发生了红移，这说明星球都在远离地球而运动，这一结果已成为所谓“大爆炸”的宇宙学理论的重要证据之一.

多普勒效应在科学技术中还有其他很多重要应用. 例如，利用声波的多普勒效应可以测定声源的频率、波速等；利用超声波的多普勒效应可以诊断心脏的跳动情况；利用电磁波的多普勒效应可以测定运动物体的速度. 此外，多普勒效应还可以用于报警、检测车速等.

*6.6.3 冲击波

由式(6.72)可知，若波源的运动速度大于波在介质中的传播速度，这时接收频率为负值，仅就这一点而言，它在物理上是无意义的. 但波源的运动速度大于波在介质中传播速度的问题在现代科学技术中却越来越重要.

如图 6.33 所示，当位于 S_1 点的波源以超波速的速度 v_S 向前运动时，波源(物体)本身的运动会激起介质的扰动，从而激起另一种波. 这时的运动物体充当了另一种波的波源，这种波是一种以运动物体的运动轨迹为中心的一系列球面波. 由于球面波的波速 u 比运动物体的速度 v_S 小，所以就会形成以波源为顶点的 V 形波，这种波就叫作**冲击波**. 冲击波的包络面呈圆锥状，称作**马赫锥**，其半顶角 α(马赫角)满足关系式：

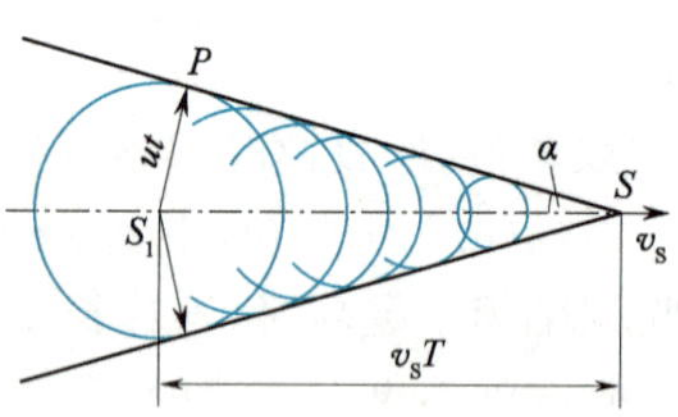

图 6.33 冲击波的产生

$$\sin\alpha = \frac{u}{v_S} \tag{6.76}$$

$M = \frac{v_S}{u}$ 称为**马赫数**. 由此可见，在 u 一定时，随着 v_S 的增大，V 形波的尖锐程度变大. 如果这个冲击波是声波，那么必然是在运动物体通过之后我们才能听到其响声. 这就是超音速飞机飞过我们头顶之后才听到强烈响声的原因.

当冲击波产生时，除伴有尖锐的噪声之外还有剧烈的打击感. 例如，原子弹爆炸时，产生的高温气体的速度高达 1 000 km/s，它比声速要大很多，其产生的冲击波就具有极大的破坏力.

超音速飞机在空中飞行时，在机头前方产生的冲击波会造成压强的突变，给飞机附加很大的阻力，消耗发动机的能量. 因此力图减弱冲击波的强度是超音速飞机(包括导弹等)设计中的重大课题. 而宇宙飞船重返大气层时会像流星一样带着熊熊烈火，形成热障. 如何利用宇宙飞船船头形成的冲击波来化解热障，是另一个方向的重大课题. 当带电粒子以比光在介质中的传播速度更大的速度通过介质时，同样会产生冲击波并引发电磁辐射，这种辐射称为切伦科夫辐射. 利用切伦科夫辐射原理制成的闪烁计数器已广泛应用于高能物理、农学、医学及生物学中.

例 6.9 一固定的超声源发出频率为 100 kHz 的超声波. 一汽车向超声源迎面驶来，在超声源外接收到从汽车反射回来的超声波，从测频装置中测出其频率为 110 kHz，设空气中的声速为 330 m/s，试计算汽车的行驶速度.

解 汽车相对于空气以速度 v_S 趋近于超声源. 从超声源发出的超声波到达汽车时，汽车是运动的接收器. 超声波从汽车上反射时，汽车又是以 v_S 运动的声源，因此由式(6.73)可知，在固定装置中接收到的反射波的频率

$$\nu' = \frac{u+v_S}{u-v_S}\nu$$

解得

$$v_S = \frac{\nu'-\nu}{\nu'+\nu}u = \frac{110-100}{110+100}\times 330\ \text{m/s} = 15.7\ \text{m/s}$$

例 6.10 试根据相对论时空效应导出光波多普勒效应的频变公式.

解 (1) 纵向多普勒效应. 如图 6.34 所示，设观察者位于 S 系的坐标原点 O，光源固定于 S' 系的坐标原点 O'(从 S 系观测 t_1 时刻位于 x_1 处)，S' 系以速度 v 沿 x 轴运动，即光源以 v 沿 x 轴远离观察者. 又设光波的固有周期为 τ，光源在一个周期内由 x_1 运动到 x_2(从 S 系测量，光源到达 x_2 的时刻为 t_2). 观察者测知 x_1 处传来的光信号的时间是 $t_1+\frac{x_1}{c}$，x_2 处传来的光信号的时间是 $t_2+\frac{x_2}{c}$，则观察者接收到的光波周期为

$$\begin{aligned} T &= \left(t_2+\frac{x_2}{c}\right)-\left(t_1+\frac{x_1}{c}\right) \\ &= (t_2-t_1)+\frac{x_2-x_1}{c} = (t_2-t_1)+\frac{t_2-t_1}{c}v \\ &= (t_2-t_1)\left(1+\frac{v}{c}\right) \end{aligned}$$

t_2-t_1 为 S 系中 x_2 和 x_1 两处的时间差，根据相对论时间延缓效应 $t_2-t_1=\frac{\tau}{\sqrt{1-v^2/c^2}}$，代入上式得

$$T = \frac{\tau}{\sqrt{1-v^2/c^2}}\left(1+\frac{v}{c}\right) = \sqrt{\frac{c+v}{c-v}}\tau$$

由此可得观察者接收到的频率为

$$\nu = \frac{1}{T} = \frac{1}{\tau}\sqrt{\frac{c-v}{c+v}} = \nu_0\sqrt{\frac{c-v}{c+v}}$$

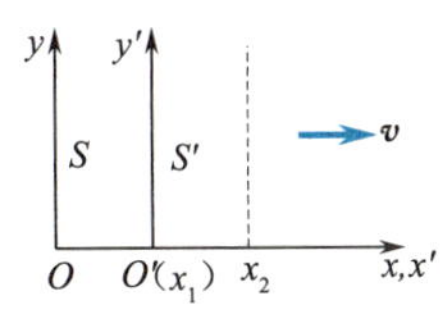

图 6.34 纵向多普勒效应

式中，ν_0 为光波的固有频率；光源离开观察者时 v 为正，趋近时 v 为负. 如果光源不动，观察者以速度 v 运动，同样得到这一公式. 因此，v 应理解为二者的相对速度.

(2) 横向多普勒效应. 设光源垂直于 x 轴沿图 6.34 中 y' 方向运动，由于光源运动过程中在 S 系中 x 轴的位置不变，即 $\Delta x=0$，所以观察者接收到的周期和频率分别为

$$T = t_2-t_1 = \frac{\tau}{\sqrt{1-v^2/c^2}}$$

$$\nu = \nu_0\sqrt{1-v^2/c^2}$$

按照纵向多普勒效应，当光源远离观察者而去($v>0$)时，$\nu<\nu_0$，称为光谱红移；当光源向着观察者运动($v<0$)时，$\nu>\nu_0$，称为光谱蓝移.

*6.7 色散 波包 群速度

6.7.1 色散

前面的讨论指出，在一般情况下，简谐波在弹性介质中传播时，波速只由介质的力学性质决定. 即不同频率的波在同一介质中传播时具有相同的速度. 这种介质叫作无色散介质. 但在有些介质中，波的传播速度与频率有关，即不同频率的波在同一介质中传播时波速不同，这种介质叫作色散介质. 例如，深水区域里的水面波，其波速 $u=\sqrt{\dfrac{g\lambda}{2\pi}}$，即波速与波长或频率有关，这时的水介质即为色散介质，相应的水面波称为色散波.

6.7.2 波包

与振动的叠加类似，在无色散介质中，几个频率相同、振动方向相同的简谐波叠加后，合成波仍然是简谐波（请注意与干涉相区别）. 但是，即使在无色散介质中，不同频率的简谐波叠加，合成波就不再是简谐波，而是比较复杂的复合波. 在复合波中波列的振幅随质元位置 x 时大时小地变化，显现为一团一团地振动，故称为波群或波包，如图 6.35 所示.

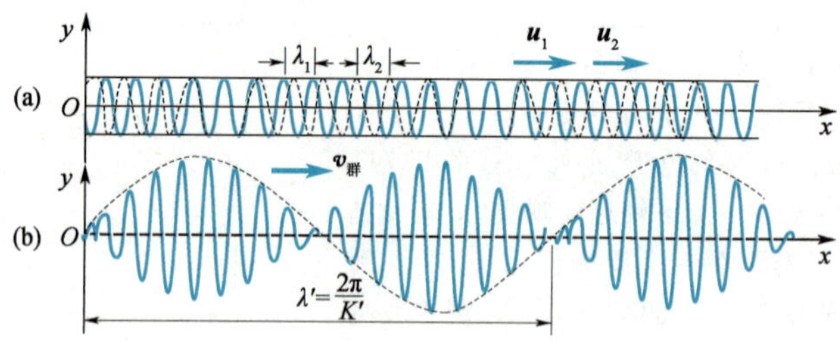

图 6.35 波包

与几列简谐波可以合成波包相反，一列任意的波，可以是周期性的或者非周期性的，如一个孤立的波包（脉冲波），可以分解为许多个简谐波.

6.7.3 群速度

如果有两列频率相近的简谐波在介质中叠加，就会形成如图 6.36 所示的波包. 在图中可以看出，合成波显现为一个波包一个波包地向前传播. 图 6.36 中的包络线（虚线）是波包的形状. 这时在介质中有两种传播速度，一种是简谐波的传播速度，即相速度；另一种是波包（包络线）的传播速度，即群速度. 下面的讨论将表明，在无色散介质中，群速度与相速度相等，而在色散介质中，这两种速度不相等.

设有两列频率相近的简谐波均沿 x 轴正方向传播，它们的波函数分别为（简单起见，设两列波的振幅相等）

$$y_1 = A\cos(\omega_1 t - K_1 x)$$

$$y_2 = A\cos(\omega_2 t - K_2 x)$$

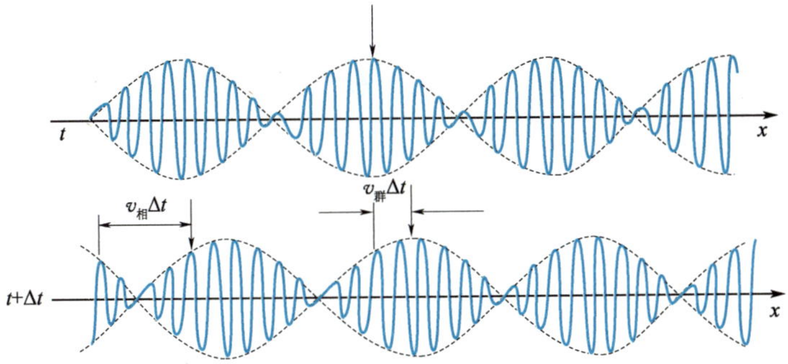

图 6.36 波包的传播

式中，ω_1、ω_2 分别为两列波的角频率；K_1、K_2 分别为两列波的波矢，其中 $K_1=\frac{\omega_1}{u_1}=\frac{2\pi}{\lambda_1}$，$K_2=\frac{\omega_2}{u_2}=\frac{2\pi}{\lambda_2}$，$u_1$、$u_2$ 分别为两列波的相速度，λ_1、λ_2 分别为两列波的波长. 它们的合成波的波函数为

$$y=y_1+y_2=2A\cos\left(\frac{\omega_1-\omega_2}{2}t-\frac{K_1-K_2}{2}x\right)\cos\left(\frac{\omega_1+\omega_2}{2}t-\frac{K_1+K_2}{2}x\right)$$

令 $\omega'=\frac{\omega_1-\omega_2}{2}$，$K'=\frac{K_1-K_2}{2}$，$\bar{\omega}=\frac{\omega_1+\omega_2}{2}$，$\bar{K}=\frac{K_1+K_2}{2}$，则

$$y=2A\cos(\omega' t-K'x)\cos(\bar{\omega}t-\bar{K}x)$$

再令

$$A'=2A\cos(\omega' t-K'x) \tag{6.77}$$

则有

$$y=A'\cos(\bar{\omega}t-\bar{K}x) \tag{6.78}$$

由于 ω_1 和 ω_2 很接近，即 $|\omega_1-\omega_2|\ll\omega_1+\omega_2$，故 A' 变化缓慢，因此式(6.78) 可看成一列振幅 A' 发生缓慢变化的余弦波. 若坐标 x 取定值，就是第 5 章讨论的拍振动. 若时间 t 取定值，就是图 6.36 所示的空间拍，而式(6.77) 就是波包的包络线方程，如图 6.36 中虚线所示.

如果我们追踪观察包络线上的某一确定值点，如最大值点，则由图 6.36 可以看出，它在沿 x 轴正方向传播. 有

$$\omega' t-K'x=常数$$

将上式微分得

$$\omega'\mathrm{d}t-K'\mathrm{d}x=0$$

于是得包络线移动的速度，即群速度为

$$v_{群}=\frac{\mathrm{d}x}{\mathrm{d}t}=\frac{\omega'}{K'}=\frac{\omega_1-\omega_2}{K_1-K_2}=\frac{\Delta\omega}{\Delta K}$$

因频差 $\omega_1-\omega_2$ 很小，故可用 $\frac{\mathrm{d}\omega}{\mathrm{d}K}$ 代替 $\frac{\Delta\omega}{\Delta K}$，即

$$v_{群}=\frac{\mathrm{d}\omega}{\mathrm{d}K}=\frac{\mathrm{d}(uK)}{\mathrm{d}K}=u+K\frac{\mathrm{d}u}{\mathrm{d}K} \tag{6.79}$$

由式(6.79) 可知，对于无色散波，相速度 u 与频率无关，即 $\frac{\mathrm{d}u}{\mathrm{d}K}=0$，于是群速度等于相速度. 这是因为在无色散介质中，每个分波的相速度都相同，其复合波速度当然也与该介质中的相速度相同；对于色散波，相速度与频率有关，则 $\frac{\mathrm{d}u}{\mathrm{d}K}\neq 0$，因而群速度不等于相速度.

我们知道，波是传播信息的重要手段. 但只有复合波才能传递信息. 理想的简谐波在无限长的时间内始终以同一振幅和不变的频率传播，所以不能携带任何信息. 而在复合波中信息传递的速度就是波包移动的速度，即信息是以群速度传播的.

最后还应该指出，式(6.79) 只在无色散或色散不大的介质中成立. 在这种情况下，波包包络线的形状在较长距离中大体保持不变. 若介质色散较厉害($\mathrm{d}u/\mathrm{d}K$ 较大)，则由于各列分波相速度差异显著，波包在传播过程中会逐渐摊平，终至弥散消失，在这种情况下再讨论群速度也就没有意义了.

习 题 6

习题参考答案

6.1 选择题

6.1.1 一平面简谐波在弹性介质中传播，在介质质元从平衡位置运动到最大位移处的过程中（　　）

A. 它的动能转化为势能.

B. 它的势能转化为动能.

C. 它从相邻的一段质元获得能量，其能量逐渐增大.

D. 它把自己的能量传给相邻的一段质元，其能量逐渐减小.

6.1.2 某时刻驻波波形曲线如题 6.1.2 图所示，则 a、b 两点的相位差是（　　）

A. π.　　B. $\pi/2$.

C. $5\pi/4$.　　D. 0.

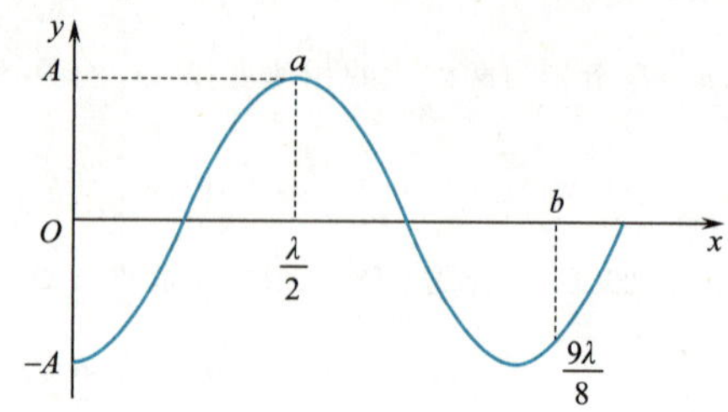

题 6.1.2 图

6.1.3 设声波在介质中的传播速率为 u，声源的频率为 ν_S. 若声源 S 不动，而接收器 R 相对于介质以速率 v_B 沿着 S、R 连线向着声源 S 运动，则位于 S、R 连线中点的质点 P 的振动频率为（　　）

A. ν_S.　　B. $\dfrac{u+v_B}{u}\nu_S$.　　C. $\dfrac{u}{u+v_B}\nu_S$.　　D. $\dfrac{u}{u-v_B}\nu_S$.

6.2 填空题

6.2.1 频率为 100 Hz、传播速率为 300 m/s 的平面简谐波，波线上两点振动的相位差为 $\pi/3$，则此两点相距________ m.

6.2.2 一横波的波函数是 $y=0.02\sin 2\pi(100t-0.4x)$ (SI)，则振幅为________，波长为________，频率为________，波的传播速率为________.

6.2.3 设入射波的表达式为 $y_1=A\cos\left[2\pi\left(\nu t+\dfrac{x}{\lambda}\right)+\pi\right]$，波在 $x=0$ 处反射，反射点为一固定端，则反射波的表达式为________，驻波的表达式为________，入射波和反射波合成的驻波的波腹所在处的坐标为________.

6.3 解答题

6.3.1 产生机械波的条件是什么？两列波叠加产生干涉现象必须满足什么条件？满足什么条件的两列波才能叠加后形成驻波？在什么情况下会出现半波损失？

6.3.2 波长、波速、周期和频率这四个物理量中，哪些量由传播介质决定？哪些量由波源决定？

6.3.3 波速和介质质元的振动速度相同吗？它们各表示什么意思？波的能量是以什么速度传播的？

6.3.4 振动和波动有什么区别和联系？平面简谐波波函数和简谐振动方程有什么不同？又有什么联系？振动曲线和波形曲线有什么不同？行波和驻波有何区别？

6.3.5 波源向着观察者运动和观察者向着波源运动都会产生频率增大的多普勒效应，这两种情况有何区别？

6.3.6 已知波源在坐标原点的一列平面简谐波，波函数为 $y=A\cos(Bt-Cx)$，其中 A、B、C 均为正值恒量.

(1) 求波的振幅、波速、频率、周期与波长；

(2) 写出传播方向上距波源 l 处一点的振动方程；

(3) 求任意时刻，在波的传播方向上相距 d 的两点的相位差.

6.3.7 沿绳子传播的平面简谐波的波函数为 $y = 0.05\cos(10\pi t - 4\pi x)$，式中 x、y 的单位为 m，t 的单位为 s.

(1) 求绳子上各质点振动时的最大速度和最大加速度；

(2) 求 $x = 0.2$ m处质点在 $t = 1$ s时的相位，它是坐标原点在哪一时刻的相位？这一相位所代表的运动状态在 $t = 1.25$ s 时刻到达哪一点？

6.3.8 题 6.3.8 图所示是沿 x 轴传播的平面余弦波在 t 时刻的波形曲线. (1) 若波沿 x 轴正方向传播，该时刻 O、A、B、C 各点的振动相位是多少？(2) 若波沿 x 轴负方向传播，上述各点的振动相位又是多少？

6.3.9 一列平面余弦波沿 x 轴正方向传播，波速为 5 m/s，波长为 2 m，坐标原点处质点的振动曲线如题 6.3.9 图所示.

(1) 写出波函数；

(2) 作出 $t = 0$ s 时的波形图及距离波源 0.5 m 处质点的振动曲线.

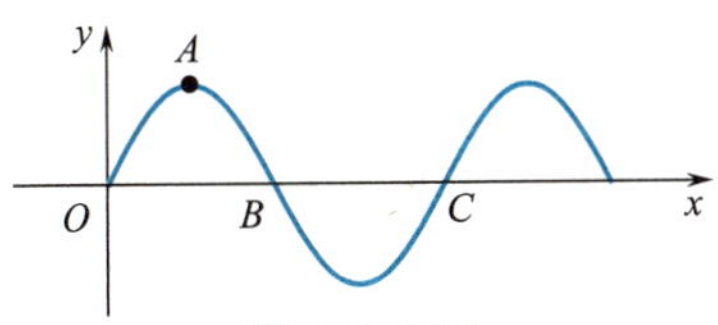

题 6.3.8 图

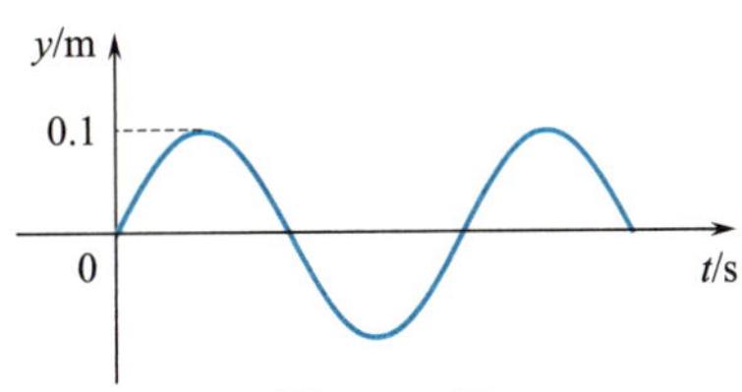

题 6.3.9 图

6.3.10 如题 6.3.10 图所示，已知 $t = 0$ 时和 $t = 0.5$ s 时的波形曲线分别如图中曲线(a) 和(b) 所示，周期 $T > 0.5$ s，波沿 x 轴正方向传播. 试根据图 6.3.10 中给出的条件，求：

(1) 波函数；

(2) P 点的振动方程.

6.3.11 一列机械波沿 x 轴正方向传播，$t = 0$ 时的波形如题 6.3.11 图所示，已知波速为 10 m/s，波长为 2 m，求：

(1) 波函数；

(2) P 点的振动方程及振动曲线；

(3) P 点的坐标；

(4) P 点回到平衡位置所需的最短时间.

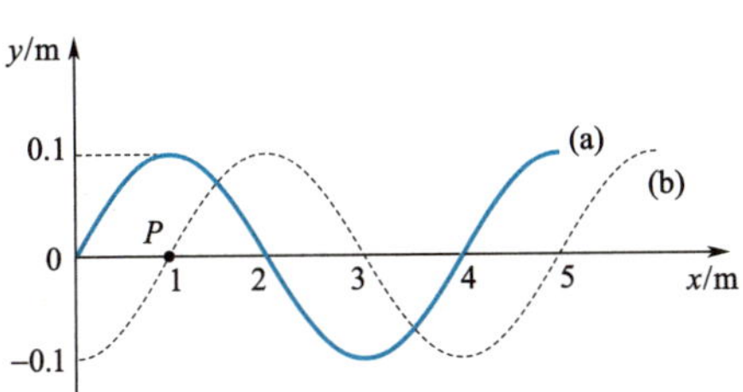

题 6.3.10 图

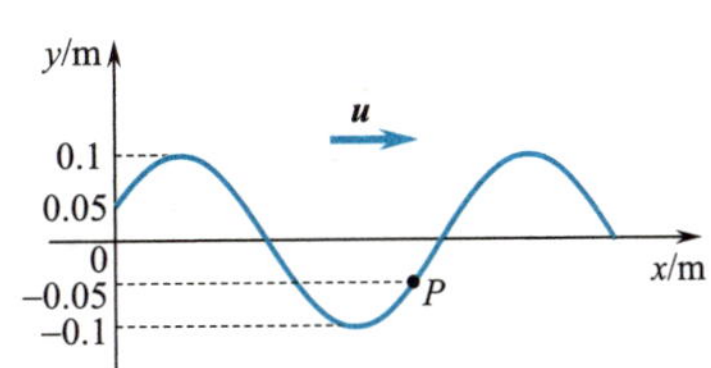

题 6.3.11 图

6.3.12 如题 6.3.12 图所示，一平面简谐波在空间传播，已知 P 点的振动方程为 $y_P = A\cos(\omega t + \varphi_0)$.

(1) 分别就图中给出的两种坐标写出其波函数；

(2) 写出与 P 点的距离为 b 的 Q 点的振动方程.

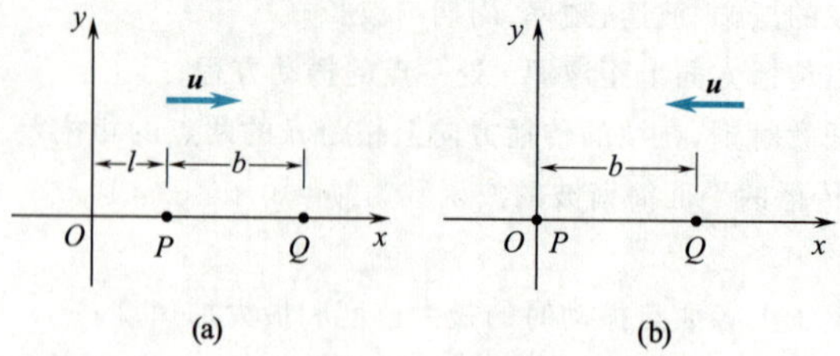

题 6.3.12 图

6.3.13 已知平面简谐波的波函数为

$$y = A\cos \pi(4t + 2x) \quad \text{(SI)}$$

(1) 写出 $t = 4.2$ s时各波峰位置的坐标式，并求此时离坐标原点最近的一个波峰的位置，该波峰何时通过坐标原点？

(2) 画出 $t = 4.2$ s时的波形曲线.

6.3.14 题 6.3.14 图(a) 为 $t = 0$ 时刻的波形图，题 6.3.14 图(b) 为坐标原点($x = 0$) 处质元的振动曲线，试求此波的波函数，并画出 $x = 2$ m 处质元的振动曲线.

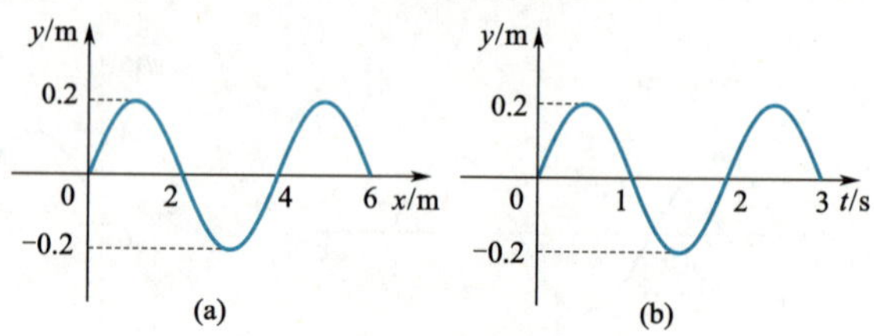

题 6.3.14 图

6.3.15 一平面余弦波，沿直径为 14 cm 的圆柱形管传播，波的强度为 18.0×10^{-3} J/(m^2 · s)，频率为 300 Hz，波速为 300 m/s，求波的平均能量密度和最大能量密度.

6.3.16 如题 6.3.16 图所示，S_1 和 S_2 为两相干波源，振幅均为 A_1，相距 $\frac{\lambda}{4}$，S_1 较 S_2 相位超前 $\frac{\pi}{2}$，求：

(1) S_1 外侧各点的合振幅和强度；

(2) S_2 外侧各点的合振幅和强度.

题 6.3.16 图

6.3.17 如题 6.3.17 图所示，设 B 点发出的平面横波沿 BP 方向传播，它在 B 点的振动方程为 $y_1 = 2\times10^{-3}\cos 2\pi t$；$C$ 点发出的平面横波沿 CP 方向传播，它在 C 点的振动方程为 $y_2 = 2\times10^{-3}\cos(2\pi t + \pi)$，本题中 y 的单位为 m，t 的单位为 s. 设 $BP = 0.4$ m，$CP = 0.5$ m，波速 $u = 0.2$ m/s，求：

(1) 两列波传到 P 点时的相位差；

(2) 当这两列波的振动方向相同时，P 点合振动的振幅.

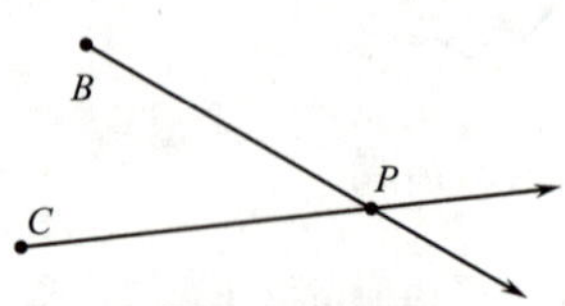

题 6.3.17 图

6.3.18 一平面简谐波沿 x 轴正方向传播，如题 6.3.18 图所示．已知振幅为 A，频率为 ν，波速为 u.

(1) 若 $t=0$ 时，坐标原点 O 处的质元正好由平衡位置向位移正方向运动，写出此波的波函数；

(2) 若从分界面反射的波的振幅与入射波的振幅相等，试写出反射波的波函数，并求 x 轴上因入射波与反射波干涉而静止的各点的位置.

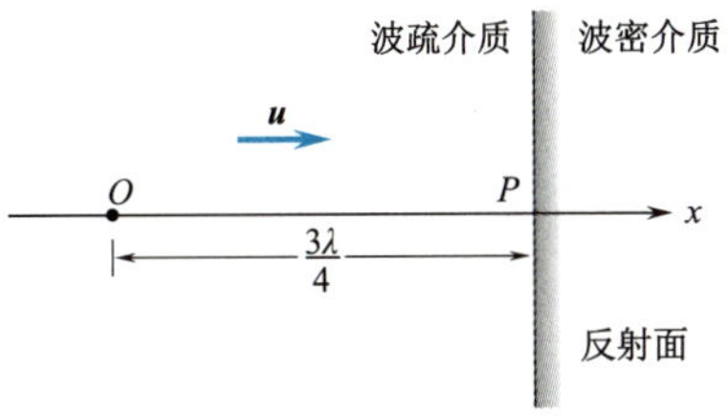

题 6.3.18 图

6.3.19 设驻波方程为 $y=0.02\cos 20x\cos 750t$(SI)，求：

(1) 形成此驻波的两列行波的振幅和波速；

(2) 相邻两波节之间的距离.

6.3.20 在弦上传播的横波，它的波函数为 $y_1=0.1\cos(13t+0.0079x)$(SI)，试写出一个波函数，使它表示的波能与这列已知的横波叠加形成驻波，并在 $x=0$ 处为波节.

6.3.21 两列波在一根很长的细绳上传播，它们的波函数分别为

$$y_1=0.06\cos(\pi x-4\pi t)\quad (\text{SI})$$

$$y_2=0.06\cos(\pi x+4\pi t)\quad (\text{SI})$$

(1) 试证明绳子将做驻波式振动，并求波节、波腹的位置；

(2) 波腹处的振幅多大？$x=1.2$ m 处振幅多大？

6.3.22 一汽车驶过车站时，车站上的观测者测得汽笛声的频率由 1 200 Hz 变到了 1 000 Hz，设空气中声速为 330 m/s，求汽车的速率.

6.3.23 两列火车分别以 72 km/h 和 54 km/h 的速度相向而行，一列火车发出频率为 600 Hz 的汽笛声，若声速为 340 m/s，则另一列火车上的观测者听见该声音的频率在相遇前和相遇后分别是多少？

第二篇

气体动理论和热力学

热学是一门研究物质的各种热现象的性质和变化规律的学科. 与温度有关的现象称为热现象,从微观上看,热现象就是宏观物体内部大量分子或原子等微观粒子的永不停息的、无规则热运动的平均效果.

18 世纪到 19 世纪,蒸汽机的广泛应用,有力地推动了热现象及其规律的研究. 迈耶、焦耳、亥姆霍兹等人建立了与热现象有关的能量守恒定律,即热力学第一定律,接着开尔文、克劳修斯等人建立了描述能量传递方向的热力学第二定律. 这种以观察和实验为基础,运用归纳和分析方法总结出热现象的宏观理论称为热力学. 另一种研究热现象规律的方法是从物质的微观结构和分子运动论出发,以每个微观粒子遵循的力学规律为基础,运用统计方法,导出热运动的宏观规律,再由实验确认. 用这种方法所建立的理论系统称为统计物理学(或称为气体动理论). 19 世纪,克劳修斯、麦克斯韦、玻尔兹曼、吉布斯等人在经典力学基础上建立起经典统计物理. 20 世纪初,由于量子力学的建立,狄拉克、爱因斯坦、费米、玻色等人又创立了量子统计物理. 热学包括气体动理论和热力学两部分. 热力学的结论来自实验,可靠性好,但对问题的本质缺乏深入了解. 气体动理论的分析对热现象的本质给出了解释,但是只有当它与热力学结论一致时,气体动理论才能得到确认,因此,两者相辅相成,缺一不可.

经验告诉我们,自然界中宏观物体的各种性质,大多随着它的冷热状态的变化而变化,物体的冷热状态通常用"温度"这个量来表述. 例如,物体的体积会因温度的变化而变化. 很硬的钢件烧红后会变软,若经过突然冷却(淬火)又会变得更坚硬. 一般金属导体,随着温度的升高其电阻会增大,而另一些金属或化合物在低温下其电阻会突然消失,变成超导体. 室温下的半导体,在高温下会变成导体,而当它冷却到很低温度时,又会变成绝缘体. 有很强剩磁的铁磁质,当加热到其居里温度以上时,又会变成没有剩磁的顺磁质. 宏观物体在各种温度下都存在热辐射,温度越高,对应于辐射强度极大值的光波波长越短,因而辐射光的颜色随温度的升高由红向黄、蓝、紫端变化. 化学反应的速度、生物的繁殖生长等都与温度有关. 总之,与物体冷热状态相关联的热现象在自然界中是一种普遍存在的现象. 所以学习和掌握热学规律对于从事生产和发展现代科技都是非常重要和不可缺少的内容.

第 7 章　气体动理论基础

本章提要

气体动理论是统计物理学中最简单、最基本的内容. 本章介绍热学中的系统、平衡态、温度等概念，从物质的微观结构出发，阐明平衡状态下的宏观参量压强和温度的微观本质，并导出理想气体的内能公式，最后讨论理想气体分子在平衡态下的几个统计规律.

7.1 平衡态　温度　理想气体状态方程

7.1.1 平衡态

热学的研究对象是大量微观粒子（分子、原子等）组成的宏观物体，通常称研究对象为**热力学系统**，简称**系统**. 在研究一个系统的热现象规律时，不仅要注意系统内部的各种因素，同时也要注意外部环境对系统的影响. 研究对象以外的物体称为系统的外界（或环境）. 一般情况下，系统与外界之间既有能量交换（如做功、传递热量），又有物质交换（如蒸发、凝结、扩散、泄漏）. 根据系统与外界交换能量的特点，通常把系统分为三种.

第一种是不受外界影响的系统，称为孤立系统. 孤立系统是与外界既无能量交换，又无物质交换的理想系统. 第二种是封闭系统，是与外界只有能量交换，而无物质交换的系统. 第三种是开放系统，是与外界既有能量交换，又有物质交换的系统.

按所处的状态不同，系统可以分为平衡态系统和非平衡态系统. 一个不受外界影响的系统，不论其初始状态如何，经过足够长的时间后，必将达到一个宏观性质不再随时间变化的稳定状态，这样的一个状态称为**热力学平衡态**，简称**平衡态**.

在此必须注意，平衡态的条件是“一个不受外界影响的系统”. 若系统受到外界的影响，如把一根金属棒的一端置入沸水中，另一端放入冰水中，在这样的两个恒定热源之间，经过较长时间后，金属棒会达到一个稳定的状态，称为定态，但不是平衡态，因为在外界影响下，不断地有热量从金属棒高温热源端传递到低温热源端. 因此，**系统处于平衡态时，必须同时满足两个条件：一是系统与外界在宏观上无能量和物质的交换；二是系统的宏观性质不随时间变化**. 换言之，系统处于平衡态时，系统内部任一体元均处于力学平衡、热平衡（温度处处相同）、相平衡（无物态变化）和化学平衡（无单方向化学反应）之中. 孤立系统的定态就是平衡态.

需要指出：① 平衡态仅指系统的宏观性质不随时间变化，从微观的角度来看，在平衡态下，组成系统的大量粒子仍在不停地、无规则地运动着，只是大量粒子运动的平均效果不变，这在宏观上表现为系统达到平衡，因此，这种平衡态又称为热动平衡态. ② 平衡态是一种理想状态. 实际中并不存在孤立系统，但当系统所受外界的影响可以略去，宏观性质只有微小变化时，系统的状态就可以近似地看作平衡态.

反之，系统不满足两个平衡条件的任一条件的状态，都叫作非平衡态. 若存在未被平衡的力，则会出现物质流动；若存在冷热不一致（温差），则会出现热量流动；如果存在未被平衡的相（物态），则会出现相变（物态变化）；若存在单方向化学反应，则会出现成分的变化（新物质增加，旧物质减少），即系统中存在任何一种流或变化时（宏观过程），系统的状态都不是平衡态.

如何描述一个系统的平衡态呢？系统在平衡态下，拥有各种不同的宏观属性，如几何的体积，力学的压强，热学的温度，电磁的磁感应强度、电场强度，化学的摩尔质量、物质的量等. 热力学用一些可以直接测量的量来描述系统的宏观属性，这样用来表征系统宏观属性的物理量称为**宏观量**. 实验表明,这些宏观量在平衡态下,各有确定的值,且不随时间变化. 从诸多宏观量中选出一组相互独立的量来描述系统的平衡态,这些宏观量称为系统的**状态参量**. 对于给定的气体、液体和固体,常用体积(V)、压强(p) 和温度(T) 等作为状态参量.

统计物理学是从物质的微观结构和微观运动的角度来研究物质的宏观属性的,而每一个运动着的微观粒子(原子、分子等) 都有大小、质量、速度、能量等属性. 这些用来描述单个微观粒子运动状态的物理量称为**微观量**. 微观量一般只能间接测量. 微观量与宏观量有一定的内在联系,气体动理论的任务之一就是要揭示气体宏观量的微观本质,即建立宏观量与微观量统计平均值之间的关系.

在国际单位制中,压强的单位名称是帕斯卡,简称帕,符号是 Pa,它与 atm(标准大气压) 及 mmHg(毫米汞柱) 的关系为

$$1\ \text{atm} = 760\ \text{mmHg} = 1.013 \times 10^5\ \text{Pa}$$

体积的单位名称为立方米,符号是 m^3,它与 L(升) 的关系为

$$1\ \text{m}^3 = 10^3\ \text{L}$$

7.1.2 热力学第零定律 温度

温度表征物体的冷热程度. 冷热是人们对自然界的一种体验,是对物质世界的直接感觉. 但是单凭人的感觉,认为热的系统温度高,冷的系统温度低,不但不能定量表示出系统的温度,有时甚至会得出错误的结论. 因此,要定量表示出系统的温度,必须给温度一个严格而科学的定义.

温度概念的建立是以热力学第零定律为基础的. 设有不受外界影响的 A、B 两个系统,各自处在一定的平衡态. 使 A、B 两系统相互接触,让两系统之间发生热传递,一般地,两系统的状态都会发生变化. 经过一段时间后,两个相互接触系统的冷热程度变得一致,状态也不再随时间发生变化,这时两系统就处在一个新的共同的平衡态,则称两系统彼此处于热平衡. 再考虑由 A、B、C 表示的三个系统,A、B 两系统分别与 C 系统接触,A 与 C 处于热平衡,B 与 C 也处于热平衡,然后将 A、B 两系统与 C 系统隔开,让 A 和 B 热接触,实验表明,A、B 两系统的平衡态不会发生变化,彼此也处于热平衡.

实验结果表明:**如果两个系统分别与第三个系统的同一平衡态达到热平衡,那么这两个系统彼此也处于热平衡**. 这个结论称为**热力学第零定律**.

热力学第零定律说明,处于热平衡的系统必定拥有某一个共同的宏观物理性质. 若两个系统的这一共同性质相同,当两系统热接触时,系统之间不会有热传导,彼此处于热平衡;若两系统的这一共同性质不相同,两系统热接触时就会有热传递,彼此的热平衡将会发生变化. 决定系统热平衡的这一共同的宏观性质称为系统的**温度**. 也就是说,温度是决定一系统是否与其他系统处于热平衡的宏观性质. A、B 两系统热接触时,若彼此处于热平衡,则说两系统温度相同;若发生 A 到 B 的热传导,则说 A 的温度比 B 的温度高. 一切互为热平衡的系统具有相同的温度.

实验表明,当几个系统作为一个整体处于热平衡时,若将它们分开,在没有其他影响的情况下,各个系统的热平衡不会发生变化. 这说明各个系统在热平衡状态时的温度仅取决于系统本身内部热运动状态. 以后将看到,温度反映的是系统大量分

子无规则运动的剧烈程度.

奇妙的低温世界

热力学第零定律不仅给出了温度的概念，也指出了比较和测量温度的方法. 由于一切处于热平衡的系统具有相同的温度，因此，可以选定一种合适的物质（测温物质）来作为系统，通过这个系统的与温度有关的特性来测量其他系统的温度. 这个合适的系统就成了一个温度计. 实验表明，物质的许多性质都随温度的改变而发生变化，一般选定测温物质的某种随温度变化，且单调、显著变化的性质作为测温特性来表示温度. 如定压下气体的体积、金属丝的电阻等随温度变化的特性. 温度计要能定量表示和测量温度，还需要选定温度的标准点，并把一定间隔的冷热程度分为若干度，这样就可读取温度的数值标度，即温标.

低温技术的发展

常用的摄氏温标是摄尔修斯（A. Celsius）建立的，用液体（酒精或水银）作测温物质，用液柱高度随温度变化作测温特性. 规定纯水的冰点为 0 ℃，汽点为 100 ℃，并认定液柱高度（体积）随温度发生线性变化. 在 0 ～ 100 ℃ 之间等分温度，每份表示 1 ℃. 另一种温标是开尔文在热力学第二定律的基础上建立的，这种温标称为热力学温标. 用 T 表示热力学温度，单位为开（K），是国际单位制中 7 个基本单位之一. 并规定水的三相点（水、冰和水蒸气平衡共存的状态）为 273.16 K. 热力学温度与摄氏温度在数值上（不考虑单位）的关系为

$$T = t + 273.15$$

即规定热力学温标的 273.15 K 对应摄氏温标的 0 ℃.

7.1.3 理想气体状态方程

肥皂泡为什么总是先上升后下降？

实验表明，当系统处于平衡态时，描述该状态的各个状态参量之间存在一定的函数关系. 平衡态下，各个状态参量之间的关系式叫作系统的状态方程. 状态方程的具体形式是由实验来确定的，在压强不太大（与大气压相比）、温度不太低（与室温相比）的条件下，各种气体都遵循三大实验定律：玻意耳（Boyle）定律、查理（Charles）定律、盖 - 吕萨克（Gay - Lussac）定律. 在任何情况下都能严格遵循上述三个实验定律的气体称为**理想气体**.

由气体的三个实验定律得到一定质量的**理想气体的状态方程**为

$$pV = \frac{M}{M_{\mathrm{mol}}}RT \tag{7.1}$$

式中，p、V、T 为理想气体在某一平衡态下的三个状态参量；M_{mol} 为气体的摩尔质量；M 为气体的质量；R 为普适气体常量，国际单位制中 $R = 8.31\ \mathrm{J/(mol \cdot K)}$；$p$ 为气体压强；T 为气体温度的热力学温标；V 为气体分子的活动空间. 在常温常压下，实际气体都可近似地当作理想气体来处理. 压强越低，温度越高，这种近似的准确度就越高.

平衡态除了由一组状态参量来描述，还常用状态图中的一个点来表示. 例如，对给定的理想气体，其一个平衡态可由 p - V 图中对应的一个点来代表（或 p - T 图、V - T 图中的一个点），不同的平衡态对应于不同的点. 一条连续曲线代表一个由平衡态组成的变化过程，曲线上的箭头表示过程进行的方向，不同曲线代表不同过程，如图 7.1 所示.

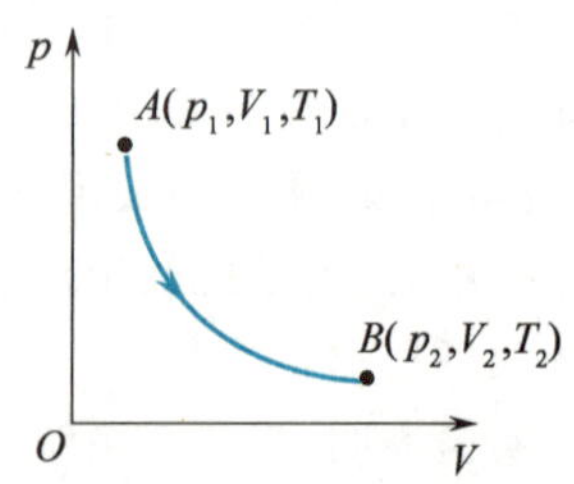

图 7.1 平衡态示意图

7.2 理想气体的压强

热力学系统是由大量分子、原子等做无规则运动的微观粒子组成的，若要从微观上来讨论理想气体，了解其宏观状态参量（如温度、压强等）与微观粒子的运动之间的关系，首先应明确平衡态下理想气体分子的微观模型和性质.

7.2.1 理想气体分子模型和统计假设

从分子运动和分子相互作用来看，理想气体的分子模型可从下面几点来理解.

(1) 分子可以看作质点.

在标准状态下，气体分子间的平均距离约为分子有效直径的 50 倍. 气体越稀薄，分子间距比其有效直径越大. 所以，一般情况下，气体分子可视为质点.

(2) 除碰撞外，分子力可以略去不计.

由于气体分子间距很大，除碰撞瞬间有力的作用外，分子间的相互作用力可以忽略. 因此，在两次碰撞之间，分子做匀速直线运动，即自由运动.

(3) 分子间的碰撞是完全弹性的.

由于处于平衡态下，气体的宏观性质不变，这表明系统的能量不因碰撞而损失. 因此，分子间及分子与器壁之间的碰撞是完全弹性碰撞.

综上所述，理想气体的分子模型是弹性的、自由运动的质点.

在含有大量分子的理想气体中，由于频繁的碰撞，一个分子的运动状态是极为复杂和难以预测的，而大量分子的整体却呈现确定的规律性，这是统计平均的效果. 平衡态时，理想气体分子的统计假设如下.

(1) 在无外场作用时，气体分子在各处出现的概率相同.

平均而言，分子的数密度 n 处处相同，沿各个方向运动的分子数相同.

(2) 分子可以有各种不同的速度，速度取向在各方向上是等概率的.

在平衡态下，气体的性质与方向无关，每个分子速度按方向的分布是完全相同的，各个方向上速率的各种平均值相等，如

$$\overline{v_x} = \overline{v_y} = \overline{v_z}, \quad \overline{v_x^2} = \overline{v_y^2} = \overline{v_z^2} = \frac{1}{3}\overline{v^2}$$

7.2.2 理想气体的压强公式

从微观上看，单个分子对器壁的碰撞是间断的、随机的；而大量分子对器壁的碰撞是连续的、恒定的，也就是说，气体对器壁的压强应该是大量分子对容器不断碰撞的统计平均结果. 因此，推导压强公式的基本思路是：先按力学规律计算任一个分子 i 碰撞一次施于器壁的冲量（Δp_i），再计算在单位时间内该分子对器壁的作用$\left(F_i = \dfrac{\Delta p_i}{\Delta t_i}\right)$，然后将所有分子在单位时间内对器壁的作用进行统计平均$\left(\overline{F} = \sum\limits_i^N \overline{F_i}\right)$，得出理想

气体压强公式$\left(p=\dfrac{\overline{F}}{S}\right)$的统计表述.

假设有一边长分别为l_1、l_2和l_3的长方形容器，储有N个质量为m的同类气体分子. 如图 7.2 所示，在平衡态下器壁各处压强相同，任选器壁的一个面，如选择与x轴垂直的A_1面，计算其所受压强.

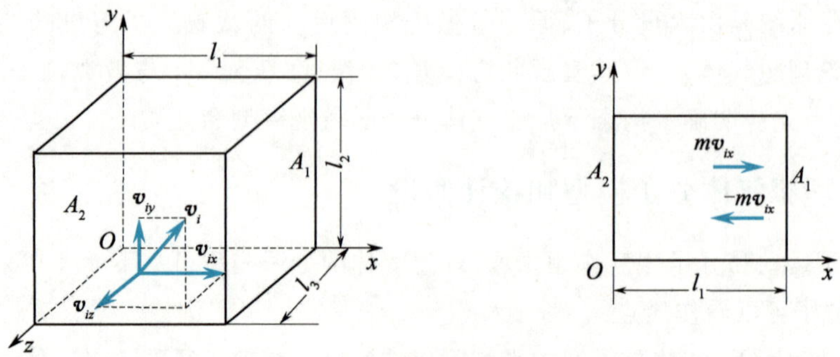

图 7.2 气体压强公式的推导图

在大量分子中，任选一个分子i，设其速度为

$$\boldsymbol{v}_i=v_{ix}\boldsymbol{i}+v_{iy}\boldsymbol{j}+v_{iz}\boldsymbol{k}$$

当分子i与A_1面碰撞时，由于碰撞是完全弹性的，故该分子在x方向上的速度分量由v_{ix}变为$-v_{ix}$，所以在碰撞过程中该分子的x方向的动量增量为

$$\Delta p_{ix}=(-mv_{ix})-(mv_{ix})=-2mv_{ix}$$

由动量定理知，它等于器壁施于该分子的冲量，又由牛顿第三定律知，分子i在每次碰撞时对器壁的冲量为$2mv_{ix}$.

分子i与A_1面碰撞后弹回做匀速直线运动，并与其他分子相碰. 由于两个质量相等的弹性质点完全弹性碰撞时交换速度，故可等价于分子i直接飞向A_2面，与A_2面碰撞后又回到A_1面再做碰撞. 分子i在相继两次与A_1面碰撞的过程中，在x轴上移动的距离为$2l_1$，因此，分子i相继两次与A_1面碰撞的时间间隔为$\Delta t=2l_1/v_{ix}$. 那么，单位时间内分子i对A_1面的碰撞次数$Z=1/\Delta t=v_{ix}/2l_1$. 所以，在单位时间内分子i对A_1面的冲量等于$2mv_{ix}\dfrac{v_{ix}}{2l_1}$. 根据冲量的定义，该冲量就是分子$i$对$A_1$面的平均冲力($\overline{F}_{ix}$)，即

$$\overline{F}_{ix}=2mv_{ix}\frac{v_{ix}}{2l_1}$$

所有分子对A_1面的平均作用力为上式对所有分子求和，即

$$\overline{F}_x=\sum_{i=1}^{N}\overline{F}_{ix}=\frac{m}{l_1}\sum_{i=1}^{N}v_{ix}^2$$

由压强定义有

$$p=\frac{\overline{F}_x}{l_2l_3}=\frac{m}{l_1l_2l_3}\sum_{i=1}^{N}v_{ix}^2=\frac{mN}{l_1l_2l_3N}\sum_{i=1}^{N}v_{ix}^2$$

分子数密度(单位体积的分子数)$n=\dfrac{N}{l_1l_2l_3}$，x轴方向上速度平方的平均值$\overline{v_x^2}=\dfrac{1}{N}\sum\limits_{i=1}^{N}v_{ix}^2$，故

$$p = nm\,\overline{v_x^2}$$

又平衡态下有

$$\overline{v_x^2} = \overline{v_y^2} = \overline{v_z^2}$$

及

$$\overline{v^2} = \overline{v_x^2} + \overline{v_y^2} + \overline{v_z^2}$$

所以有

$$\overline{v_x^2} = \frac{1}{3}\,\overline{v^2}$$

$$p = \frac{1}{3}nm\,\overline{v^2} = \frac{2}{3}n\left(\frac{1}{2}m\,\overline{v^2}\right)$$

令 $\overline{w} = \frac{1}{2}m\,\overline{v^2}$，$\overline{w}$ 表示分子的平动动能的平均值，简称分子的平均平动动能，则

$$p = \frac{2}{3}n\overline{w} \tag{7.2}$$

式(7.2) 称为**理想气体的压强公式**，它表明气体作用于器壁的压强正比于分子数密度 n 和分子的平均平动动能 $\overline{w}$. 分子数密度越大，压强越大；分子的平均平动动能越大，压强也越大.

压强公式建立了宏观量 p 与微观量的统计平均值 $\overline{w}$ 和 n 之间的相互关系，表明了压强是个统计量. 由于单个分子对器壁的碰撞是不连续的，产生的压力起伏不定，故只有在气体分子数足够大时，器壁所受到的压力才有确定的统计平均值. 因此，论及个别或少量分子的压强是无意义的.

7.3 温度的微观本质

7.3.1 温度的统计解释

温度是一个热学中特有的物理量，它在宏观上表征了物质冷热状态的程度. 那么温度的微观本质是什么呢？

理想气体的温度和统计解释

可对理想气体状态方程进行改写. 由

$$pV = \frac{M}{M_{\text{mol}}}RT$$

得

$$p = \frac{N}{V}\cdot\frac{R}{N_{\text{A}}}T$$

式中，$N_{\text{A}} = 6.022\times10^{23}\ \text{mol}^{-1}$，为阿伏伽德罗常量. 令 $k = \frac{R}{N_{\text{A}}} = 1.38\times10^{-23}\ \text{J/K}$，$k$ 为玻尔兹曼常量，于是理想气体状态方程可改写为

$$p = nkT \tag{7.3}$$

现将压强公式(7.2) 与式(7.3) 比较，可得

$$\overline{w} = \frac{3}{2}kT \tag{7.4}$$

式(7.4) 给出了宏观量温度 T 与微观量的统计平均值 $\overline{w} = \frac{1}{2}m\,\overline{v^2}$ 之间的关系，揭示

了温度的微观本质，即**温度是气体分子平均平动动能的量度**. 分子的平均平动动能越大，也就是分子热运动的强度越剧烈，则温度就越高. 分子的平均平动动能是大量分子的统计结果，是集体表现，对于个别或少量分子，说它们的温度是无意义的.

由式(7.4) 可知，如果各种气体有相同的温度，则它们的分子平均平动动能均相等；如果一种气体的温度高些，则这一种气体分子的平均平动动能要大些. 按照这个观点，热力学零度将是理想气体分子热运动停止时的温度，然而实际上分子运动是永远不会停息的，热力学零度也是永远不可能达到的. 而且近代量子理论证实，即使达到热力学零度，组成固体点阵的粒子也还保持着某种振动的能量，称为零点能量. 至于(实际) 气体，则在温度未达到热力学零度以前，就已变成液体或固体了，式(7.4) 也早就不适用了.

7.3.2 气体分子的方均根速率

根据气体分子平均平动动能与温度的关系式(7.4)，可求出给定气体在一定温度下，分子运动速率平方的平均值. 如果把该平方的平均值开方，就可得出气体速率的一种平均值，称为气体分子的**方均根速率**.

由

$$\frac{1}{2}m\overline{v^2} = \frac{3}{2}kT$$

有

$$\sqrt{\overline{v^2}} = \sqrt{\frac{3kT}{m}} = \sqrt{\frac{3RT}{M_{mol}}} \tag{7.5}$$

式中，M_{mol} 是给定气体的摩尔质量. 由式(7.5) 可知，方均根速率和气体的热力学温度的平方根成正比，与气体的摩尔质量的平方根成反比. 对于同一种气体，温度越高，方均根速率越大. 在同一温度下，气体分子质量或摩尔质量越大，方均根速率越小. 在 0 ℃ 时，氢气分子的方均根速率为 1 830 m/s，氧气分子的方均根速率为461 m/s，氮气分子的方均根速率为491 m/s，空气分子的方均根速率为485 m/s.

7.4 能量均分定理　理想气体的内能

前面讨论分子热运动时，把分子视为质点，只考虑了分子的平动. 然而，气体的能量是与分子结构有关的，除了单原子分子可看作质点(只有平动) 外，一般由两个及两个以上的原子组成的分子，不仅有平动，而且还有转动和分子内原子间的振动. 为了确定分子的各种运动形式的能量的统计规律，需要引用力学中有关自由度的概念.

7.4.1 自由度

决定一个物体的空间位置所需要的独立坐标数，称为物体的**自由度**.

气体分子按其结构可分为单原子分子(如 He、Ne等)、双原子分子(如 H_2、O_2 等) 和多原子分子(如 H_2O、NH_3 等)，其结构如图 7.3 所示. 当分子内原子间的距离保持不变(不振动) 时，这种分子称为刚性分子，否则称为非刚性分子，以下只讨论刚性分子的自由度.

如图 7.4(a) 所示,单原子分子可视为质点,因此,在空间中一个自由的单原子分子,只有 3 个平动自由度.若这类分子被限制在平面或曲面上运动,则自由度降为 2;若这类分子被限制在直线或曲线上运动,则自由度降为 1.

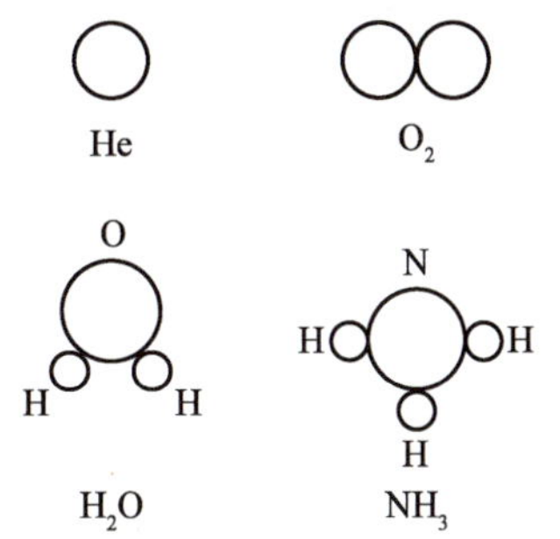

图 7.3 气体分子模型

刚性双原子分子可用两个质点通过一个刚性键联结的模型(哑铃型)来表示,其质心在空间的位置要由 3 个坐标(x,y,z)来表示,故有 3 个平动自由度.另外,还要两个方位角 β、γ 来决定其键联(联结两原子的轴)的方位(3 个方位角 α、β、γ,因有 $\cos^2\alpha+\cos^2\beta+\cos^2\gamma=1$,故只有两个是独立的).由于两个原子均视为质点,故绕轴的转动不存在,如图 7.4(b) 所示.因此,刚性双原子分子有 3 个平动自由度和 2 个转动自由度,共有 5 个自由度.

多原子分子除了具有像双原子分子的 3 个平动自由度和 2 个转动自由度外,还有一个绕轴自转的自由度,常用转角 φ(相对于所选参考方位)表示,如图 7.4(c) 所示.因此,刚性多原子分子有 3 个平动自由度和 3 个转动自由度,共有 6 个自由度.设用 i 表示刚性分子的自由度,t 表示平动自由度,r 表示转动自由度,则

$$i=t+r$$

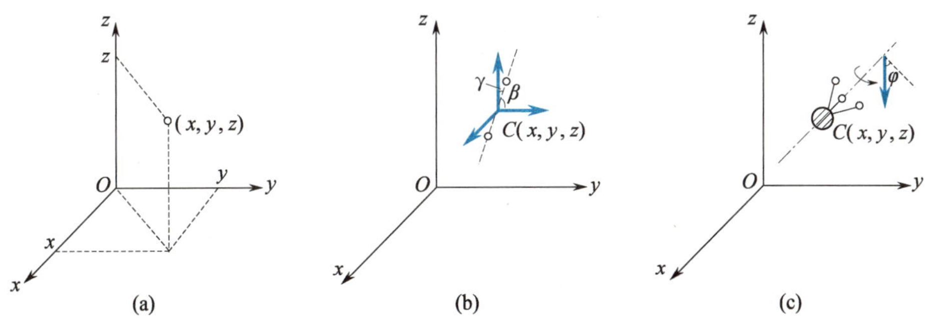

图 7.4 刚性分子的自由度

在常温下,大多数气体分子属于刚性分子.在高温下,气体分子原子间会发生振动,则应视为非刚性分子,此时还需增加振动自由度,这里从略.

7.4.2 能量均分定理

理想气体无规则平动动能,按自由度分配的统计平均值有什么规律?

前面提到,在平衡态下,理想气体分子的平均平动动能为

$$\frac{1}{2}m\overline{v^2}=\frac{3}{2}kT$$

因为

$$\overline{v^2}=\overline{v_x^2}+\overline{v_y^2}+\overline{v_z^2}$$

及

$$\overline{v_x^2}=\overline{v_y^2}=\overline{v_z^2}=\frac{1}{3}\overline{v^2}$$

代入后可得

$$\frac{1}{2}m\overline{v_x^2}=\frac{1}{2}m\overline{v_y^2}=\frac{1}{2}m\overline{v_z^2}=\frac{1}{3}\left(\frac{1}{2}m\overline{v^2}\right)=\frac{1}{3}\left(\frac{3}{2}kT\right)=\frac{1}{2}kT$$

对于 3 个平动自由度而言，在平衡态下，分子的每一个平动自由度具有相同的平均动能，且大小均等于$\frac{1}{2}kT$.

在平衡态下，气体分子做无规则热运动，任何一种运动形式都应是机会均等的，即没有哪一种运动形式比其他运动形式占优势. 因此，可以把平动动能的统计规律推广到其他运动形式，即一般来说，不论平动、转动或振动运动形式，在平衡态下，相应于每一个平动自由度、转动自由度或振动自由度，其平均动能都应等于$\frac{1}{2}kT$. 简言之，**当气体处于平衡态时，分子的任何一个自由度的平均动能都相等，均为$\frac{1}{2}kT$，这就是能量按自由度均分定理**，简称**能量均分定理**. 按照这个定理，如果气体分子有 i 个自由度，则分子的平均动能为

能量均分定理

$$\overline{\varepsilon_{\mathrm{k}}}=\frac{i}{2}kT \tag{7.6}$$

式(7.6) 为对大量分子的统计平均结果. 对个别分子而言，它的动能随时间而变，并不等于$\frac{i}{2}kT$，而且它的各种形式的动能也不按自由度均分. 但对大量分子整体而言，由于分子的无规则热运动及频繁的碰撞，能量可以从一个分子转到另一个分子，从一种自由度的能量转化成另一种自由度的能量. 这样，在平衡态时，就形成能量按自由度均匀分配的统计规律.

7.4.3 理想气体的内能

组成物体的分子或原子除了具有热运动动能外，还应有分子与分子间及分子内原子与原子间相互作用产生的势能，两部分的和称为分子势能. 通常把物体中所有分子的热运动动能与分子势能的总和，称为**物体的内能**.

对于理想气体，分子势能可忽略不计，因此，理想气体的内能仅是其所有分子热运动动能的总和.

由式(7.6) 知，每一个分子的平均动能为$\frac{i}{2}kT$，则 1 mol 理想气体的内能为

$$E_0=N_{\mathrm{A}}\left(\frac{i}{2}kT\right)=\frac{i}{2}RT \tag{7.7}$$

因此，质量为 M 的理想气体的内能为

$$E=\frac{M}{M_{\mathrm{mol}}}E_0=\frac{M}{M_{\mathrm{mol}}}\,\frac{i}{2}RT \tag{7.8}$$

式中，M_{mol} 为气体的摩尔质量. 由式(7.8) 可知，对给定气体而言，其内能仅与温度有关，而与体积、压强无关，且是温度的单值函数. 当温度改变 ΔT 时，相应内能的改变量为

$$\Delta E=\frac{M}{M_{\mathrm{mol}}}\,\frac{i}{2}R\Delta T \tag{7.9}$$

式(7.9) 表明，一定量的某种理想气体在状态变化过程中，内能的改变只取决于初态和末态的温度，而与具体过程无关.

7.5 麦克斯韦分子速率分布律

对某一分子，其任一时刻的速度具有偶然性，但大量分子从整体上会表现出一些统计规律. 1859 年，麦克斯韦用概率论证明了在平衡态下，理想气体分子速度分布是有规律的，这个规律称为**麦克斯韦速度分布律**. 若不考虑分子速度的方向，则称为麦克斯韦速率分布律.

麦克斯韦速率分布律

7.5.1 气体分子的速率分布 分布函数

当气体处于平衡态时，容器中的大量分子各以不同的速率沿各个方向运动着，有的分子速率较大，有的较小. 由于分子间不断相互碰撞，对个别分子来说，速度的大小和方向因碰撞而不断改变，这种改变完全带有偶然性和不可预言性，然而从大量分子的整体来看，在平衡态下，分子的速率却都遵循着一个完全确定的且是必然的统计分布规律. 研究这个规律，对于进一步理解分子运动的性质是很重要的，其中有关的概念和方法，在科学技术中经常遇到，具有普遍意义，这里只作初步介绍.

研究气体分子速率的分布情况，与研究一般的分布问题相似，需要把速率分成若干相等的区间. 例如，0 ～ 100 m/s 为一个区间，100 ～200 m/s 为次一区间，200 ～ 300 m/s 为又一区间等. 所谓研究分子速率的分布情况，就是要知道，气体在平衡态下，分布在各个速率区间 Δv 之内的分子数 ΔN，各占气体分子总数 N 的百分比为多少(分子速率位于该速率区间的概率为多少)，以及大部分分子分布在哪一个区间之内等问题. 为了便于比较，特把各速率区间取为相等，从而突出分布的意义，所取区间越小，有关分布的信息就越详细，对分布情况的描述也越精确.

麦克斯韦

描写速率分布的方法有 3 种：① 根据实验数据列表 —— 分布表；② 作出曲线 —— 分布曲线；③ 找出函数关系 —— 分布函数.

例如，表 7.1 所列数据为实验测定值，它表示在 0 ℃ 时氧气分子速率的分布情况，从表中可以看出低速或高速运动的分子数较少(如速率在 100 m/s 以下的分子数只占总数的 1.4%，速率在 800 m/s 以上的分子数只占总数的 2.9%)，分子速率在 300 ～ 400 m/s 范围内的分子数最多，占总数的 21.4%，分布在其两侧速率区间的分子数都依次递减. 在大量分子的热运动中，像上述这样低速或高速运动的分子较少，而多数分子以中等速率运动的现象，对于任何温度下的任意一种气体来说，大体上都是如此. 这就是气体分子速率分布的规律.

表 7.1 在 0 ℃ 时氧气分子速率的分布情况

速率区间 /(m/s)	分子数的百分率 /%
100 以下	1.4
[100,200)	8.1
[200,300)	16.5

续表

速率区间 /(m/s)	分子数的百分率 /%
[300,400)	21.4
[400,500)	20.6
[500,600)	15.1
[600,700)	9.2
[700,800)	4.8
[800,900)	2.0
900 及以上	0.9

又如，若以速率 v 为横坐标，以 $\frac{\Delta N}{N\Delta v}$（单位速率区间分子的比率）为纵坐标，则表 7.1 给出的速率分布，可以表示成图 7.5(a) 所示的图形. 为了把速率分布的真实情况更细致地反映出来，应把速率区间取得更小，如图 7.5(b) 所示.

若要将气体分子按速率分布准确描述，则需把速率区间尽可能取小，当 $\Delta v \to 0$ 时，即取 $\mathrm{d}v$ 为分子速率区间，其相应分子数为 $\mathrm{d}N$，这时纵坐标为 $\frac{\mathrm{d}N}{N\mathrm{d}v}$，$v$ 为横坐标，所得 $\frac{\mathrm{d}N}{N\mathrm{d}v}$ - v 曲线为一条平滑的曲线，如图 7.5(c) 所示. 速率分布曲线下面有斜线的小长条的面积为 $\frac{\mathrm{d}N}{N\mathrm{d}v}\mathrm{d}v = \frac{\mathrm{d}N}{N}$，它的物理意义是：该面积代表速率在 v 附近 $\mathrm{d}v$ 区间（速率在 v 到 $v+\mathrm{d}v$ 之间）内的分子数占总分子数的比率（百分比）. 因此，速率分布曲线下的总面积就表示分布在从零到无穷大整个速率区间内的全部百分比之和，此和等于 100%，即等于 1. 这是分布曲线所必须满足的条件，此条件称为分布曲线的**归一化条件**.

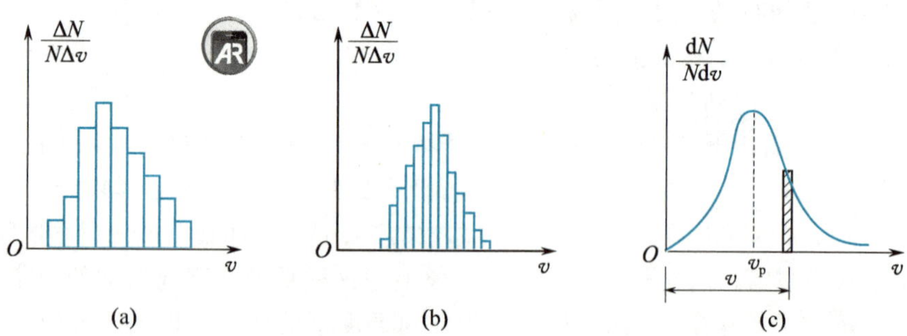

图 7.5　气体分子速率分布曲线

速率 v 附近 Δv 区间内分子数占总分子数的比率的极限

$$f(v) = \lim_{\Delta v \to 0} \frac{\Delta N}{N\Delta v} = \frac{\mathrm{d}N}{N\mathrm{d}v} \tag{7.10}$$

称为**分子的速率分布函数**. 它表示速率 v 附近的单位速率区间内的分子数占总分子数的百分比，$f(v)$ - v 曲线叫作气体分子速率分布曲线，如图 7.5(c) 所示. 由上可知，$f(v)\mathrm{d}v = \frac{\mathrm{d}N}{N}$ 表示速率在 v 附近 $\mathrm{d}v$ 区间内的分子数占总分子数的百分比. 速率介于

v_1 与 v_2 之间的分子数占总分子数的比率为$\dfrac{\Delta N}{N}=\int_{v_1}^{v_2} f(v)\mathrm{d}v$. 如上所述，分布曲线下的总面积表示速率介于零到无穷大的整个区间内的分子数占总分子数的百分比，应为 100%，或者说整个区间内百分比之和应为 1，即

$$\int_0^{\infty} f(v)\mathrm{d}v = 1 \tag{7.11}$$

式(7.11) 就是气体的速率分布函数必须满足的归一化条件.

分布函数还可用概率表述. 设想“追踪测量”某一个分子的速率，共测量了 N 次，其中 $\mathrm{d}N$ 次测得的速率量值在 $v \sim v+\mathrm{d}v$ 区间内，则 $f(v)$ 的物理意义为某一分子在速率 v 附近的单位速率区间内出现的概率，$f(v)$ 也称为**概率密度**. 而 $f(v)\mathrm{d}v=\dfrac{\mathrm{d}N}{N}$ 则为分子速率出现在 $v \sim v+\mathrm{d}v$ 区间内的概率.

7.5.2 麦克斯韦速率分布律

理想气体处于平衡态且无外力场作用时，气体分子按速率分布的分布函数 $f(v)$ 是由麦克斯韦于 1859 年从理论上导出的：

$$f(v)=4\pi\left(\frac{m}{2\pi kT}\right)^{\frac{3}{2}}\mathrm{e}^{-\frac{mv^2}{2kT}}v^2 \tag{7.12}$$

式中，T 为气体的热力学温度；m 为气体分子的质量；k 为玻尔兹曼常量. 由式(7.12) 可得到一个分子在 $v \sim v+\mathrm{d}v$ 区间内的概率为

$$\frac{\mathrm{d}N}{N}=4\pi\left(\frac{m}{2\pi kT}\right)^{\frac{3}{2}}\mathrm{e}^{-\frac{mv^2}{2kT}}v^2\mathrm{d}v \tag{7.13}$$

分布函数 $f(v)$ 或比率 $f(v)\mathrm{d}v$ 的表达式遵循式(7.12) 或式(7.13) 的分布称为**麦克斯韦速率分布**，式(7.13) 称为**麦克斯韦速率分布律**. 式(7.13) 的分布与实验曲线相符.

中国物理学家 葛正权

测定分子速率分布的实验装置如图 7.6 所示. A 为分子源，用来产生一定温度的分子流. 经两道狭缝以形成一束很细的分子束，射向带有小缝 S 的可旋转圆筒 B. 圆筒的转动角速度设为 ω，圆筒中的 G 是贴在圆筒内壁上的弯曲玻璃板，此板可沉积射到它上面的各种速率的分子. 从分子源中射出来的分子束经转动圆筒上的小缝 S 进入圆筒. 圆筒不转动时，分子束中的分子都射在弯曲玻璃板的 P 点处. 而圆筒以角速度 ω 转动时，速率为 v 的分子通过从 S 到弯曲玻璃板的距离 D 需要的时间为$\dfrac{D}{v}$，在此时间内，圆筒转过一个角度 $\theta=\omega\dfrac{D}{v}$. 故速率为 v 的分子落在弯曲玻璃板的 P' 点处，这里 D 为圆筒的直径. 若$\overset{\frown}{PP'}$ 弧长为 l，显然有关系

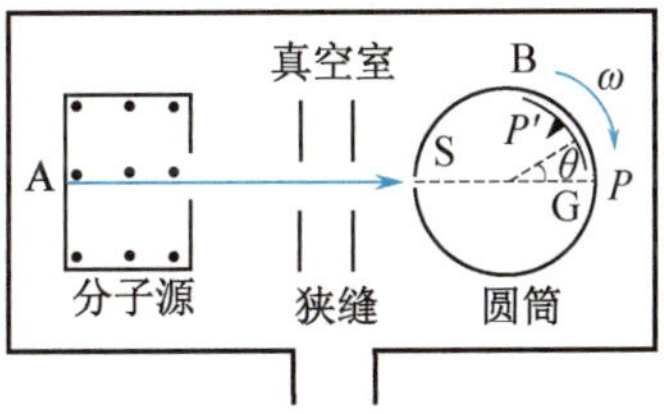

图 7.6 测定分子速率分布的实验装置

$$\frac{D}{v}=\frac{\theta}{\omega}=\frac{2l}{D\omega} \text{ 或 } l=\frac{D^2\omega}{2v}$$

此关系表明，弯曲玻璃板上不同弧长 l 处沉积的分子具有不同的速率. 测量不同弧长

l 处沉积的分子层厚度，即可求得分子束中各种速率 v 附近的分子数占总分子数的比率，从而得出分子速率的分布律，并可与理论上的麦克斯韦分子速率分布律进行比较.

7.5.3 分子速率的 3 个统计值

在分子动理论中，常用到以下 3 种速率.

1. 最概然速率 v_p

气体分子速率分布曲线有一个极大值点，与这个极大值点对应的速率叫作气体分子的**最概然速率**，常用 v_p 表示，如图 7.7 所示.

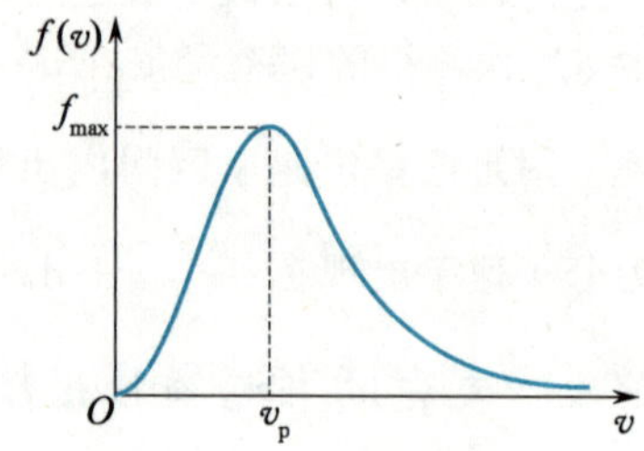

图 7.7 最概然速率

它的物理意义是：对所有宽度相同的速率区间而言，分布在含有 v_p 的那个速率区间内的分子数占总分子数的百分比最大. 按概率表述为：对所有相同速率区间而言，某一分子的速率取含有 v_p 的那个速率区间内的值的概率最大. 由极值条件

$$\frac{\mathrm{d}f(v)}{\mathrm{d}v}=0$$

可求得满足麦克斯韦速率分布律的平衡态下气体分子的最概然速率为

$$v_p=\sqrt{\frac{2kT}{m}}=\sqrt{\frac{2RT}{M_{mol}}}\approx 1.41\sqrt{\frac{RT}{M_{mol}}} \tag{7.14}$$

2. 平均速率 $\overline{v}$

$\overline{v}$ 为大量分子的速率的统计平均值，根据平均值的定义有

$$\overline{v}=\frac{\sum v_i\Delta N_i}{N}$$

对于连续分布，上式变为

$$\overline{v}=\frac{\int_0^{\infty}v\mathrm{d}N}{N}=\int_0^{\infty}vf(v)\mathrm{d}v$$

将麦克斯韦速率分布函数 $f(v)$ 代入上式，可得理想气体速率从 0 到 ∞ 的算术平均速率为

$$\overline{v}=\sqrt{\frac{8kT}{\pi m}}=\sqrt{\frac{8RT}{\pi M_{mol}}}\approx 1.60\sqrt{\frac{RT}{M_{mol}}} \tag{7.15}$$

3. 方均根速率 $\sqrt{\overline{v^2}}$

$\sqrt{\overline{v^2}}$ 为大量分子速率平方的平均值的平方根. 根据平均值的定义有

$$\overline{v^2}=\frac{\sum v_i^2\Delta N_i}{N}$$

及

$$\overline{v^2}=\frac{\int_0^{\infty}v^2\mathrm{d}N}{N}=\int_0^{\infty}v^2f(v)\mathrm{d}v$$

空气中为什么氮气多而其他气体少？

将麦克斯韦速率分布函数 $f(v)$ 代入$\overline{v^2}$ 的表达式，可得理想气体分子的方均根速率为

$$\sqrt{\overline{v^2}}=\sqrt{\frac{3kT}{m}}=\sqrt{\frac{3RT}{M_{mol}}}\approx 1.73\sqrt{\frac{RT}{M_{mol}}} \tag{7.16}$$

以上3种速率各有不同的含义，也各有不同的用处．最概然速率 v_p 表征了气体分子按速率分布的特征；平均速率 $\bar{v}$ 用于解决气体分子的碰撞问题；方均根速率 $\sqrt{\overline{v^2}}$ 用于计算分子的平均平动动能．

7.5.4 麦克斯韦分布曲线的性质

将最概然速率 $v_p=\sqrt{\frac{2RT}{M_{mol}}}$ 代入麦克斯韦速率分布函数 $f(v)$，可得极大值

$$f_{max}(v_p)=\frac{1}{e}\sqrt{\frac{8m}{\pi kT}}=\frac{1}{e}\sqrt{\frac{8M_{mol}}{\pi RT}}$$

1. 温度与分子速率

当温度升高时，气体分子的速率普遍增大，气体分子速率分布曲线中对应的最概然速率 v_p 向量值增大的方向迁移，而速率分布函数的极大值 $f_{max}(v_p)$ 减小，曲线高度降低，但归一化条件要求曲线下总面积不变，因此气体分子速率分布曲线宽度增大，整个曲线变得平坦，如图 7.8 所示．

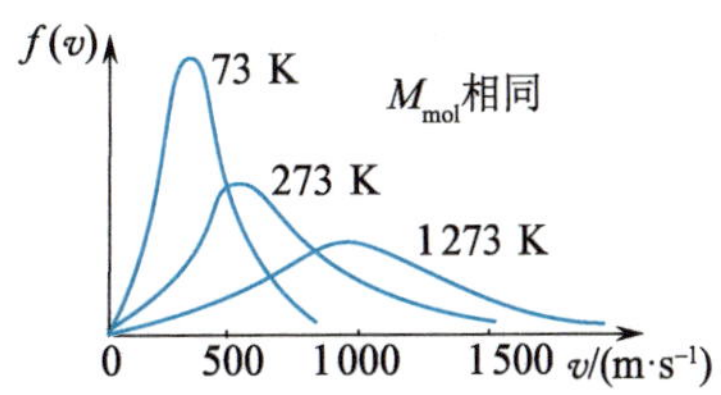

图 7.8 不同温度下的分子速率分布

2. 质量与分子速率

在相同温度下，对不同种类的气体，分子质量大的，气体分子速率分布曲线中对应的最概然速率 v_p 向量值减小的方向迁移，而速率分布函数的极大值 $f_{max}(v_p)$ 增大，曲线高度升高，因曲线下总面积不变，故气体分子速率分布曲线宽度变窄，整个曲线比质量小的显得陡些，即曲线随分子质量的增大而左移，如图 7.9 所示．

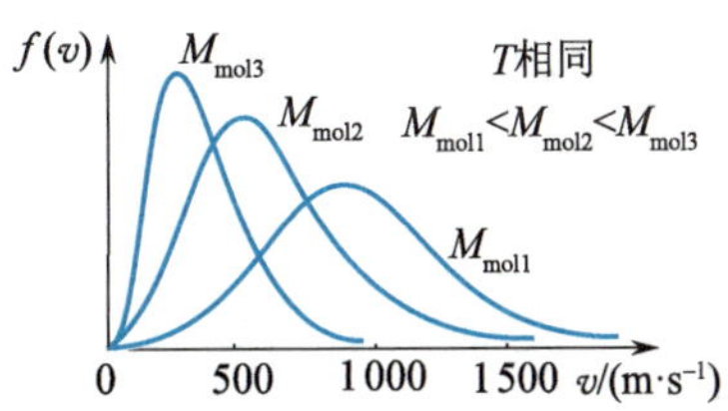

图 7.9 不同质量的分子速率分布

例 7.1

设有 N 个粒子，其速率分布函数为

$$f(v)=\begin{cases}\frac{a}{v_0}v & (0<v<v_0)\\ 2a-\frac{a}{v_0}v & (v_0\leqslant v<2v_0)\\ 0 & (2v_0\leqslant v)\end{cases}$$

(1) 作出速率分布曲线； (2) 由 N 和 v_0 求 a 值；

(3) 求 v_p； (4) 求 N 个粒子的平均速率 $\bar{v}_1$；

(5) 求速率在 $0\sim\frac{v_0}{2}$ 之间的粒子数； (6) 求 $\frac{v_0}{2}\sim v_0$ 范围内粒子的平均速率 $\bar{v}_2$．

解 (1) 速率分布曲线如图 7.10 所示.

(2) 速率分布函数必须满足归一化条件，即

$$\int_0^\infty f(v)\mathrm{d}v = 1$$

有
$$\int_0^\infty f(v)\mathrm{d}v = \frac{1}{2}a\times 2v_0 = 1$$

所以
$$a = \frac{1}{v_0}$$

(3) 由 v_p 的物理意义知 $v_p = v_0$.

(4) N 个粒子的平均速率为

$$\bar{v}_1 = \int_0^\infty \frac{v\mathrm{d}N}{N} = \int_0^\infty vf(v)\mathrm{d}v$$
$$= \int_0^{v_0} v\left(\frac{a}{v_0}v\right)\mathrm{d}v + \int_{v_0}^{2v_0} v\left(2a - \frac{a}{v_0}v\right)\mathrm{d}v$$
$$= v_0$$

(5) 速率在 $0 \sim \frac{v_0}{2}$ 之间的粒子数为

$$\Delta N = \int_0^{\frac{v_0}{2}} \mathrm{d}N = \int_0^{\frac{v_0}{2}} Nf(v)\mathrm{d}v$$
$$= \int_0^{\frac{v_0}{2}} N\left(\frac{a}{v_0}v\right)\mathrm{d}v = N\int_0^{\frac{v_0}{2}} \frac{a}{v_0}v\mathrm{d}v$$
$$= \frac{N}{8}$$

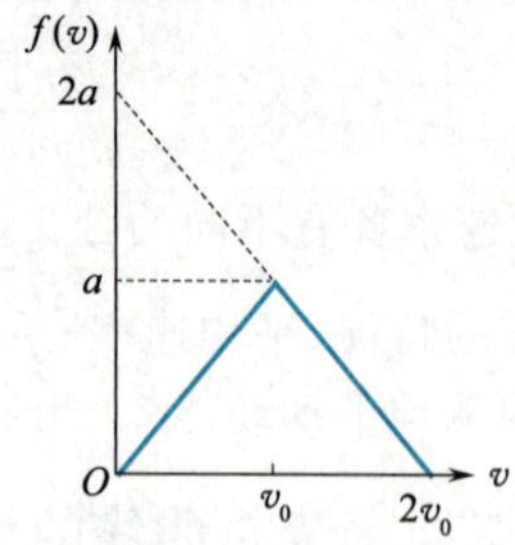

图 7.10 例 7.1 图

(6) $\frac{v_0}{2} \sim v_0$ 范围内粒子的平均速率为

$$\bar{v}_2 = \frac{\int_{\frac{v_0}{2}}^{v_0} v\mathrm{d}N}{\Delta N} = \frac{\int_{\frac{v_0}{2}}^{v_0} vNf(v)\mathrm{d}v}{\int_{\frac{v_0}{2}}^{v_0} Nf(v)\mathrm{d}v}$$
$$= \frac{\int_{\frac{v_0}{2}}^{v_0} v\left(\frac{a}{v_0}v\right)\mathrm{d}v}{\int_{\frac{v_0}{2}}^{v_0} \frac{a}{v_0}v\mathrm{d}v} = 0.778v_0$$

*7.6 玻尔兹曼分布

7.6.1 麦克斯韦速度分布律

前面讨论的分子速率分布未考虑分子速度的方向，要找出分子按速度的分布，就是要找出在速度空间中，分布于速度 $\boldsymbol{v}$ 附近小体积元 $\mathrm{d}v_x\mathrm{d}v_y\mathrm{d}v_z$ 内的分子数 $\mathrm{d}N_{\boldsymbol{v}}$ 占总分子数的百分比. 则速度分布函数定义为

$$f(\boldsymbol{v}) = \frac{\mathrm{d}N_{\boldsymbol{v}}}{N\mathrm{d}v_x\mathrm{d}v_y\mathrm{d}v_z}$$

表示在速度 $\boldsymbol{v}$ 附近单位速度空间体积内的分子数占总分子数的比例，即速度概率密度，又称气体分子的速度分布函数.

1859 年，麦克斯韦首先导出了理想气体的速度分布律为

$$\frac{\mathrm{d}N}{N} = \left(\frac{m}{2\pi kT}\right)^{\frac{3}{2}} \mathrm{e}^{-\frac{m}{2kT}(v_x^2+v_y^2+v_z^2)}\mathrm{d}v_x\mathrm{d}v_y\mathrm{d}v_z \tag{7.17}$$

则麦克斯韦速度分布函数为

$$f(\boldsymbol{v}) = \left(\frac{m}{2\pi kT}\right)^{\frac{3}{2}} \mathrm{e}^{-\frac{m}{2kT}(v_x^2+v_y^2+v_z^2)}$$

7.6.2 玻尔兹曼分布律

玻尔兹曼

麦克斯韦速度分布律是理想气体分子不受外力作用，或者外力场可以忽略不计时，处于热平衡态下的气体分子速度分布律. 由于没有外力场作用，分子按空间位置的分布是均匀的，即在容器中分子数密度 n 处处相同. 当有保守外力(如重力、电场力等) 作用时，气体分子在各空间位置的分布就不再均匀了，不同位置处分子数密度不同.

玻尔兹曼将麦克斯韦速度分布律推广到理想气体处在保守力场的情况. 他认为：① 分子在外力场中应以总能量 $E = E_k + E_p$ 取代式(7.17) 中表示动能的部分；② 粒子的分布不仅按速度区间 $[v_x, v_x + dv_x]$、$[v_y, v_y + dv_y]$、$[v_z, v_z + dv_z]$ 分布，还应按位置区间 $[x, x + dx]$、$[y, y + dy]$、$[z, z + dz]$ 分布. 作了这两个推广并运用概率理论导出了下述公式：

$$dN' = n_0 e^{-\frac{E_p}{kT}} dxdydz \tag{7.18}$$

式中，dN' 为空间小体积元 $dxdydz$ 中的气体分子数，n_0 为 $E_p = 0$ 处的分子数密度.

令
$$n = \frac{dN'}{dxdydz}$$

则有
$$n = n_0 e^{-\frac{E_p}{kT}} \tag{7.19}$$

式(7.19) 即为分子数密度的玻尔兹曼分布，是分子数密度按势能的分布. 玻尔兹曼在推导过程中假定，任一宏观小体积元($dxdydz$) 内的分子数 $dN' = ndxdydz$ 仍非常大，且体积元中的分子遵循麦克斯韦速度分布律. 设在 dN' 个总分子数中，速率位于 $v_x \sim v_x + dv_x$、$v_y \sim v_y + dv_y$、$v_z \sim v_z + dv_z$ 中的分子数为 dN，则由麦克斯韦速度分布律可知

$$\frac{dN}{dN'} = f(v) dv_x dv_y dv_z$$

$$dN = dN' f(v) dv_x dv_y dv_z$$

$$dN = n_0 e^{-\frac{E_p}{kT}} \left(\frac{m}{2\pi kT}\right)^{\frac{3}{2}} \cdot e^{-\frac{m}{2kT}(v_x^2 + v_y^2 + v_z^2)} dv_x dv_y dv_z dxdydz$$

即
$$dN = n_0 \left(\frac{m}{2\pi kT}\right)^{\frac{3}{2}} \cdot e^{\frac{-(E_k + E_p)}{kT}} dv_x dv_y dv_z dxdydz \tag{7.20}$$

式(7.20) 即为分子既按速率区间分布又按位置区间分布的玻尔兹曼分布律. 玻尔兹曼分布示意图如图 7.11 所示. 若将式(7.20) 对速度积分就应得到分子按位置的分布 dN'.

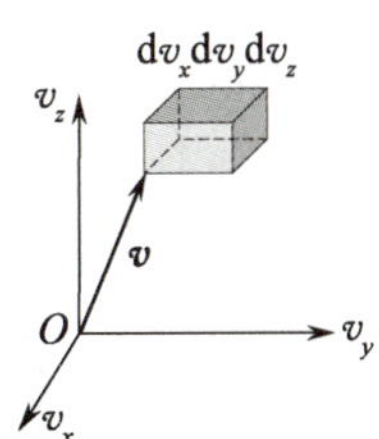

图 7.11 玻尔兹曼分布示意图

玻尔兹曼分布律是描述理想气体在受保守外力作用或保守外力场的作用不可忽略时，处于热平衡态下的气体分子按能量($E = E_k + E_p$) 的分布规律. 在等宽的区间内，若 $E_1 > E_2$，则能量大的粒子数 dN_1 小于能量小的粒子数 dN_2，即 $dN_1 < dN_2$，或者说粒子优先占据能量小的状态，这是玻尔兹曼分布律的一个重要结果. 需要指出的是，玻尔兹曼分布律适用于分子、原子、布朗粒子，但不适用于电子、光子组成的系统.

例 7.2

计算在重力场中，空气分子数密度按高度的分布情况.

解 令地面为零势能面，地面附近空气分子数密度为 n_0，气体分子质量为 m，则离地面高度为 h 的分子，其势能 $E_p = mgh$，由玻尔兹曼分子数密度公式可得

$$n = n_0 e^{-\frac{mgh}{kT}}$$

由此可知，分子数密度随高度的增加而呈指数减少，这与高空的空气稀薄的事实相符.

7.7 分子的平均碰撞频率和平均自由程

由气体分子平均速率公式 $\overline{v}=1.60\sqrt{\frac{RT}{M_{\mathrm{mol}}}}$ 可计算出氮分子在 27 ℃ 时的值为 $\overline{v}\approx 476\ \mathrm{m/s}$，这引起 19 世纪末叶物理学家们的怀疑：既然气体分子的速率极高，为什么气体的扩散进行得相当缓慢？例如，打开一瓶香水后，香味要经过几秒到十几秒才能传过几米的距离. 气体分子的热运动速率高，扩散速度小的矛盾如何理解？这个矛盾首先是由克劳修斯解决的. 由于常温常压下分子数密度达 $10^{23}\sim10^{25}\ \mathrm{m}^{-3}$，因此一个分子以每秒几百米的速率在如此密集的分子中运动，必然要与其他分子做频繁的碰撞，而每碰撞一次，分子的运动方向就会发生改变. 图 7.12 为一个香水分子（黑点）在空气分子中不断碰撞而迂回曲折前进的示意图. 设该香水分子 t 时刻在 A 点处发生碰撞，经过 Δt 时间后到达 B 点，显然，在相同的 Δt 时间内，由 A 点到 B 点的位移（实线长度）大小比它的路程（虚线长度）小得多. 因此，气体分子的扩散速率比分子的平均速率小得多.

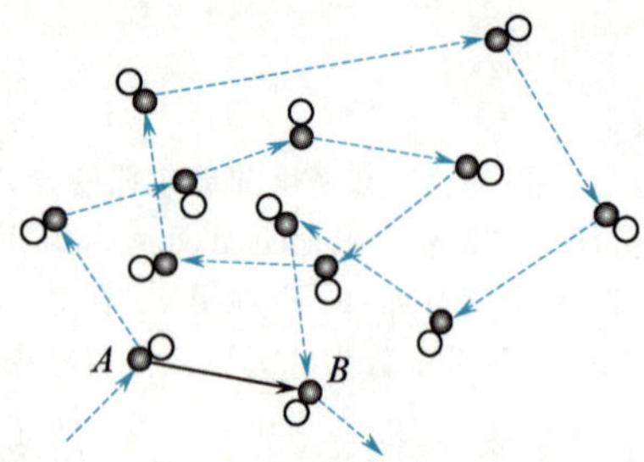

图 7.12　分子碰撞示意图

分子在任意两次连续碰撞之间自由通过的路程叫作分子的**自由程**. 单位时间内一个分子与其他分子碰撞的次数称为分子的**碰撞频率**. 由图 7.12 可知，分子的自由程有长有短，任意两次碰撞所需的时间也具有偶然性. 自由程和碰撞频率大小是随机变化的，但是大量分子无规则热运动的结果，使分子的自由程与碰撞频率服从一定的统计规律. 我们可采用统计平均方法分别计算出**平均碰撞频率**和**平均自由程**.

7.7.1 平均碰撞频率 $\overline{Z}$

分子总在做无规则运动，但从碰撞来看，重要的是分子间的相对运动，两个相碰的分子以相对速度 $\boldsymbol{u}$ 运动，其平均相对速率 $\overline{u}$ 稍微不同于个别分子的平均速率 $\overline{v}$. 为了使问题简化，假定每个分子都是有效直径为 d 的弹性小球，且只有某一个分子 A 以平均相对速率 $\overline{u}$ 运动，而其余分子都相对静止. 在分子 A 的运动过程中，分子 A 的球心轨迹是一条折线. 设想以分子 A 的中心所经过的轨迹为轴，以分子的有效直径 d 为半径作一圆柱体，如图 7.13 所示. 显然，凡是球心位于该圆柱体内的分子都将和分子 A 相碰. $\sigma=\pi d^2$ 称为碰撞截面. 球心在该圆柱体外的分子就不会与它相碰.

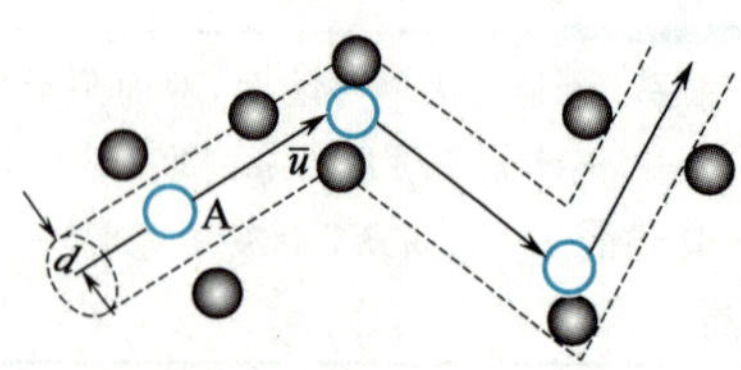

图 7.13　碰撞区域示意图

设分子数密度为 n，因为在单位时间内，分子 A 平均经过的路程为 $\bar{u}$，相应的圆柱体的体积为 $\pi d^2\bar{u}$，平均而言，圆柱体内的分子数为 $\pi d^2\bar{u}n$. 显然，这就是分子 A 在 1 s 内和其他分子发生碰撞的平均频率 $\bar{Z}$，所以

$$\bar{Z} = \pi d^2 \bar{u} n$$

考虑两个分子 A 和 A_i，分别以速度 $\boldsymbol{v}$ 和 $\boldsymbol{v}_i$ 运动，则 A 对 A_i 的相对速度为

$$\boldsymbol{u}_i = \boldsymbol{v} - \boldsymbol{v}_i$$

$$u_i^2 = v^2 + v_i^2 - 2\,\boldsymbol{v}\cdot\boldsymbol{v}_i$$

上式两边对 A 以外的大量分子求平均值. 由于分子的无规则运动，速度 $\boldsymbol{v}$ 和 $\boldsymbol{v}_i$ 的夹角有各种可能，其余弦可正可负，因而对大量分子统计平均值时 $\overline{\boldsymbol{v}\cdot\boldsymbol{v}_i} = 0$，于是得

$$\overline{u^2} = \overline{v^2} + \overline{v_i^2}$$

如果忽略方均根值与平均值间的差别，如 $\sqrt{\overline{u^2}}$ 和 $\bar{u}$ 的差别，则上式变为

$$\bar{u}^2 = \bar{v}^2 + \bar{v}_i^2$$

由于分子 A 与所有分子是一样的，则 $\bar{v} = \bar{v}_i$，结果为

$$\bar{u} = \sqrt{2}\,\bar{v} \tag{7.21}$$

在上面的推导中作了简化，但可以证明，对于按麦克斯韦速度分布律运动的气体分子，式(7.21)是一个严格的结果.

由此可得平均碰撞频率为

$$\bar{Z} = \sqrt{2}\,\pi d^2 \bar{v} n \tag{7.22}$$

7.7.2 平均自由程 $\bar{\lambda}$

由于 1 s 内分子平均通过的路程为 $\bar{v}$，一个分子与其他分子的平均碰撞频率为 $\bar{Z}$，因此，平均自由程 $\bar{\lambda}$ 为

$$\bar{\lambda} = \frac{\bar{v}}{\bar{Z}} = \frac{1}{\sqrt{2}\,\pi d^2 n} \tag{7.23}$$

分子的平均自由程

从式(7.23)可知，分子的平均自由程与分子的有效直径的平方和分子数密度均成反比.

因为 $p = nkT$，所以上式可改写为

$$\bar{\lambda} = \frac{kT}{\sqrt{2}\,\pi d^2 p} \tag{7.24}$$

式(7.24)表明，当温度恒定时，平均自由程与气体的压强成反比，压强越小(空气越稀薄)，平均自由程越长.

在标准状态下，$\bar{v}$ 的数量级为 10^2 m/s，$\bar{\lambda}$ 的数量级为 10^{-7} m，则平均碰撞频率 $\bar{Z}$ 的数量级为 $10^9\ \text{s}^{-1}$，即在 1 s 内，1 个分子与其他分子平均而言要碰撞几十亿次. 这样频繁的碰撞不是我们日常生活中所能想象的. 从这一估算中可见，分子热运动具有极大的无规则性，频繁的碰撞正是大量分子整体表现出统计规律的基础.

例 7.3 试计算在标准状态下氧气分子平均碰撞频率和平均自由程. 已知氧气分子的有效直径为 0.35 nm.

解 根据 $\overline{Z}=\sqrt{2}\pi d^2 n\overline{v}$ 及

$$\overline{v}=\sqrt{\frac{8RT}{\pi M_{\text{mol}}}}\approx 1.60\sqrt{\frac{RT}{M_{\text{mol}}}}$$

$$=1.60\times\sqrt{\frac{8.31\times 273}{32\times 10^{-3}}}\ \text{m/s}$$

$$=426\ \text{m/s}$$

$$n=\frac{p}{kT}=\frac{1.013\times 10^5}{1.38\times 10^{-23}\times 273}\ \text{m}^{-3}$$

$$=2.69\times 10^{25}\ \text{m}^{-3}$$

$$\overline{Z}=\sqrt{2}\pi d^2\overline{v}n$$

$$=\sqrt{2}\times 3.14\times(3.5\times 10^{-10})^2\times 426\times 2.69\times 10^{25}\ \text{s}^{-1}$$

$$=6.23\times 10^9\ \text{s}^{-1}$$

故 $\overline{\lambda}=\frac{\overline{v}}{\overline{Z}}=\frac{426}{6.23\times 10^9}\ \text{m}=6.84\times 10^{-8}\ \text{m}$

由此可见，氧气分子平均每秒碰撞达60亿次之多，但平均自由程仅有亿分之几米.

例 7.4 试估算 0 ℃ 时空气分子在如下压强下的平均自由程. 已知空气分子的有效直径为0.31 nm.

(1) $p_1=1.013\times 10^5$ Pa；

(2) $p_2=1.33\times 10^{-3}$ Pa.

解 (1)

$$\overline{\lambda}_1=\frac{kT}{\sqrt{2}\pi d^2 p_1}$$

$$=\frac{1.38\times 10^{-23}\times 273}{\sqrt{2}\times 3.14\times(3.1\times 10^{-10})^2\times 1.013\times 10^5}\ \text{m}$$

$$=8.72\times 10^{-8}\ \text{m}$$

(2)

$$\overline{\lambda}_2=\frac{kT}{\sqrt{2}\pi d^2 p_2}$$

$$=\frac{1.38\times 10^{-23}\times 273}{\sqrt{2}\times 3.14\times(3.1\times 10^{-10})^2\times 1.33\times 10^{-3}}\ \text{m}$$

$$=6.64\ \text{m}$$

可见，在低气压状态下，平均自由程较大. $\overline{\lambda}_2=6.64$ m这个值很大，也就是说，在此低气压下，通常容器中分子间几乎不发生碰撞. 由此可见，在真空中，可以得到较大的平均自由程，这种估算在电真空器件及传热器中均有实际应用.

*7.8 气体内的输运过程

统计物理学研究的内容可分为两方面，一方面是研究平衡态，另一方面是研究非平衡态. 前面研究了平衡态气体的性质和遵循的规律，对于平衡体系，不必考虑导致平衡态的相互作用的细节，只要知道这种相互作用存在就足够了. 尽管平衡态是很重要的，但其毕竟还是相当特殊的情况，实际中大量的宏观体系并不都是处于平衡态的.

气体内的输运过程是一类非常重要的非平衡态过程. 处于非平衡态的气体，其内部各部分的物理性质（如密度、流速、温度等）是不均匀的，由于气体分子无规则运动，原来不均匀的物理量将逐渐趋于均匀的平衡态，导致质量、动量或能量从气体中的一部分向另一部分迁移. 我们把这类过程叫作气体内的输运过程. 它包括扩散、热传导和黏性 3 个过程.

7.8.1 扩散

在混合气体内部，如果某种气体在容器中各部分密度不均匀，该种气体分子将从密度大处向密度小处迁移，这种现象叫作**扩散**. 就单一气体来说，在温度均匀的情况下，密度的不均匀会导致压强不均匀而形成宏观气流，这样，在气体内部发生的就不是单纯的扩散现象. 为研究单纯的扩散过程，选择两种温度、压强和分子量都相等的气体（如 N_2 和 CO），分别装入一中间被隔板分成两部分的容器中，抽出隔板后，由于温度、压强处处相同，不会有流动发生，但两种气体的密度不均匀会形成单纯扩散过程. 为研究扩散过程的规律,只需集中注意其中一种气体就可以了.

在图 7.14 中,设气体质量密度 ρ 沿 z 轴正方向增大,密度梯度为$\frac{d\rho}{dz}$. 设想在$z = z_0$ 处垂直于 z 轴有一界面,其面积为 dS. 实验证明,dt 时间内,从密度较大的一侧通过 dS 面向密度较小的一侧扩散的气体质量与这一界面处的密度梯度、面积及时间均成正比,即

$$dM = - D \frac{d\rho}{dz} dS dt \qquad (7.25)$$

式中,D 为扩散系数,它的数值与气体种类有关;负号表示扩散总是沿质量密度 ρ 减小的方向进行.

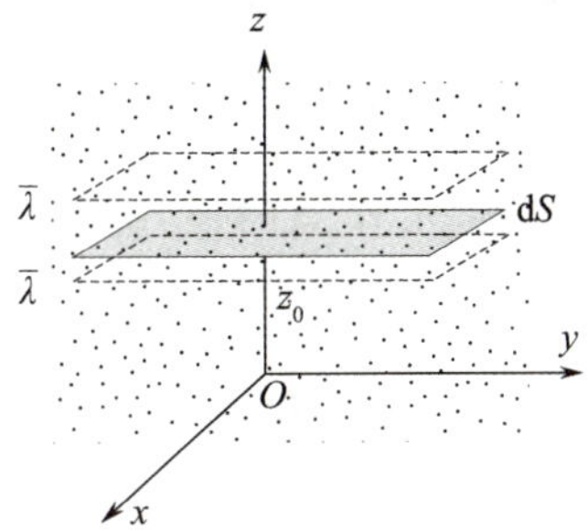

图 7.14　分子扩散示意图

从分子理论的观点看,由于在 dS 面两边的分子数密度 n 不同,故在相同的时间内,从分子数密度大的一边迁移到分子数密度小的一边的分子数(沿 z 轴负方向穿过 dS 面的分子数) 大于从分子数密度小的一边迁移到分子数密度大的一边的分子数(沿 z 轴正方向穿过 dS 面的分子数),相当于分子向下迁移,在宏观上形成了质量的输运.

若分子的质量为 m_0,气体分子数密度为 n,则气体的质量密度为 $\rho = nm_0$,分子数密度梯度为$\frac{dn}{dz}$,式(7.25) 变为

$$dN = - D \frac{dn}{dz} dS dt$$

由统计观点,我们可以认为,在任一体积中,沿 z 轴正、负方向运动的分子各占分子总数的 1/6. 这样,在 dt 时间内通过 dS 的净分子数为

$$\begin{aligned} dN &= \frac{1}{6} n_z \bar{v} dt dS - \frac{1}{6} n_{z+dz} \bar{v} dt dS \\ &= -\frac{1}{6} \bar{v} \frac{dn}{dz} dz dS dt \end{aligned}$$

平均说来,越过 dS 的分子都是在到 dS 距离等于平均自由程$\bar{\lambda}$ 处发生最后一次碰撞的,所以取 $dz = 2\bar{\lambda}$,于是

$$dN = -\frac{1}{3} \bar{v} \bar{\lambda} \frac{dn}{dz} dS dt$$

与式(7.25) 比较,得气体扩散系数为

$$D = \frac{1}{3} \bar{v} \bar{\lambda} \qquad (7.26)$$

7.8.2　热传导

物体内各部分温度不均匀时,热量总是通过介质由高温处传递到低温处,这种现象称为**热传导**.

如果气体内各部分的温度不同,设想简单情形,气体温度沿 z 轴正方向逐渐升高,温度梯度为$\frac{dT}{dz}$,假设在 $z = z_0$ 处垂直于 z 轴有一界面,其面积为 dS. 从实验知,dt 时间内,从高温的一侧通过 dS 面向低温一侧传递的热量与这一界面处的温度梯度、面积及时间均成正比,即

$$dQ = - \kappa \frac{dT}{dz} dS dt \qquad (7.27)$$

式中,κ 与物质的种类和状态有关,叫作热导率或导热系数,单位是 W/(m · K),负号表示热量沿温度减小的方向输运. 这个实验规律首先由傅里叶(J. B. J. Fourier) 在 1808 年提出,因而称为**傅里叶定律**.

从分子动理论来看，气体内部温度不均匀，表明内部各处分子平均热运动能量 $\bar{\varepsilon}$ 不同，沿 z 轴正方向穿过 $\mathrm{d}S$ 面的分子带有较小的平均能量，而沿 z 轴负方向穿过 $\mathrm{d}S$ 面的分子带有较大的平均热运动能量，经过分子交换，能量向下净迁移，宏观上表现为热传导.

每个分子平均热运动能量为 $\bar{\varepsilon}=\frac{1}{2}ikT$，$i$ 为分子自由度. $\mathrm{d}t$ 时间内，沿 z 轴正、负方向通过 $\mathrm{d}S$ 的分子数近似为 $\frac{1}{6}n\bar{v}\mathrm{d}t\mathrm{d}S$，经过分子交换的能量，即沿 z 轴负方向传递的热量为

$$\begin{aligned}\mathrm{d}Q&=\frac{1}{6}n\bar{v}\mathrm{d}t\mathrm{d}S\,\bar{\varepsilon}_z-\frac{1}{6}n\bar{v}\mathrm{d}t\mathrm{d}S\,\bar{\varepsilon}_{z+\mathrm{d}z}\\&=\frac{1}{6}n\bar{v}\mathrm{d}t\mathrm{d}S\cdot\frac{1}{2}ik(T_z-T_{z+\mathrm{d}z})\\&=-\frac{1}{6}n\bar{v}\mathrm{d}t\mathrm{d}S\cdot\frac{1}{2}ik\frac{\mathrm{d}T}{\mathrm{d}z}\mathrm{d}z\end{aligned}$$

同上述扩散方法一样，取 $\mathrm{d}z=2\bar{\lambda}$，得

$$\mathrm{d}Q=-\frac{1}{3}n\,\bar{v}\,\bar{\lambda}\,\mathrm{d}t\mathrm{d}S\cdot\frac{1}{2}ik\frac{\mathrm{d}T}{\mathrm{d}z}$$

与式(7.27)比较，得热导率为

$$\kappa=\frac{1}{3}n\,\bar{v}\,\bar{\lambda}\cdot\frac{1}{2}ik$$

利用气体定容摩尔热容公式[见式(8.15)]$C_{V,\mathrm{m}}=\frac{1}{2}iR$，有

$$\kappa=\frac{1}{3}n\,\bar{v}\,\bar{\lambda}\cdot\frac{1}{2}ik=\frac{1}{3}\,\bar{v}\,\bar{\lambda}\cdot\frac{1}{2}iR\,\frac{n}{N_\mathrm{A}}=\frac{1}{3}\,\bar{v}\,\bar{\lambda}\,C_{V,\mathrm{m}}\frac{M}{M_\mathrm{mol}V}=\frac{1}{3}\,\bar{v}\,\bar{\lambda}\,C_{V,\mathrm{m}}\frac{\rho}{M_\mathrm{mol}}\quad(7.28)$$

式中，$\rho=nm_0$ 为气体密度. 式(7.28)表明了热导率与气体分子平均速率和平均自由程的关系.

热传导是由原子或分子间的相互作用导致的，它是热量交换的 3 种基本方式之一，另 2 种是对流和辐射.

7.8.3 黏性

在流体内，各层之间由流速不同而引起的相互作用力，叫作内摩擦力，也叫作黏性力. 例如，空气沿通风管道前进时，紧靠管壁的气体分子附着于管壁，流速为零. 离管壁较远处气层的流速较大，在管道中心轴线上的流速达到最大. 这就是因为黏性力的作用，形成风速沿管道半径不均匀分布.

设气体沿 y 轴正方向流动，流速 u 按 z 坐标分布：$u=u(z)$，设想 $z=z_0$ 处垂直于 z 轴有一界面，其面积为 $\mathrm{d}S$，如图 7.15 所示. 由于在界面处存在速度梯度 $\frac{\mathrm{d}u}{\mathrm{d}z}$，因此，在上、下两层流体间产生大小相等、方向相反的黏性力. 实验表明，黏性力大小与界面处的速度梯度和面积均成正比，即

$$\mathrm{d}F=\eta\frac{\mathrm{d}u}{\mathrm{d}z}\mathrm{d}S\qquad(7.29)$$

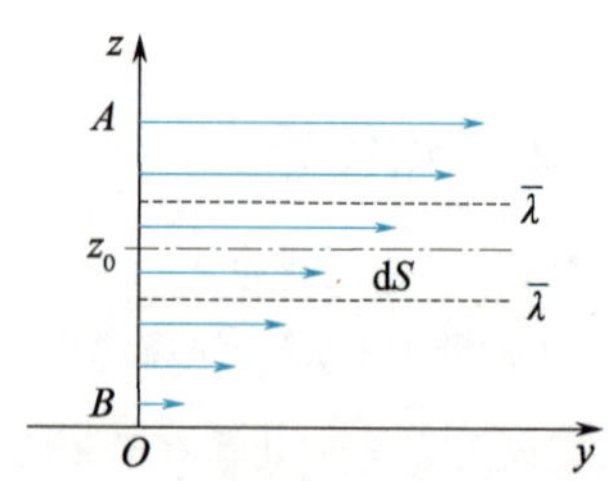

图 7.15 层流速度分布示意图

式(7.29)叫作牛顿黏性定律，比例系数 η 叫作**黏度系数**，其与流体的性质和状态有关，单位为 $\mathrm{N\cdot s/m^2}$.

气体分子除有无规则热运动外，还有各层流体的整体的宏观定向运动，速度为 u，由于两层流体的定向运动速度皆与界面平行，因而定向运动不会影响分子穿过 $\mathrm{d}S$ 面的情况. 因此，沿 z 轴正方向穿过 $\mathrm{d}S$ 面的分子带有较小的定向动量，而沿 z 轴负方向穿过 $\mathrm{d}S$ 面的分子带有较大的定向动量，

经过分子交换，定向动量有自上而下的净迁移.

设气体是单质的，且有均匀的分子数密度 n 和温度 T，则两层流体有相同的分子平均速率 $\bar{v}$ 及平均自由程 $\bar{\lambda}$.

每个分子的定向动量为 $p = m_0 u$，$\mathrm{d}t$ 时间内，沿 z 轴正、负方向通过 $\mathrm{d}S$ 的分子数仍近似为 $\frac{1}{6}n\bar{v}\mathrm{d}t\mathrm{d}S$，经过分子交换定向动量，使下面一层得到的动量为

$$\begin{aligned}\mathrm{d}p &= \frac{1}{6}n\bar{v}\mathrm{d}t\mathrm{d}Sp_{z+\mathrm{d}z} - \frac{1}{6}n\bar{v}\mathrm{d}t\mathrm{d}Sp_z \\ &= \frac{1}{6}n\bar{v}\mathrm{d}t\mathrm{d}S(p_{z+\mathrm{d}z} - p_z) \\ &= \frac{1}{6}n\bar{v}\mathrm{d}t\mathrm{d}S\frac{\mathrm{d}p}{\mathrm{d}z}\mathrm{d}z = \frac{1}{6}nm_0\bar{v}\mathrm{d}t\mathrm{d}S\frac{\mathrm{d}u}{\mathrm{d}z}\mathrm{d}z\end{aligned}$$

同上述扩散方法一样，取 $\mathrm{d}z = 2\bar{\lambda}$，得

$$\mathrm{d}p = \frac{1}{3}nm_0\bar{v}\bar{\lambda}\,\mathrm{d}t\mathrm{d}S\frac{\mathrm{d}u}{\mathrm{d}z}$$

根据动量定理，上层对下层作用在界面上的力为

$$\mathrm{d}F = \frac{\mathrm{d}p}{\mathrm{d}t}$$

因此

$$\mathrm{d}F = \frac{1}{3}nm_0\bar{v}\bar{\lambda}\,\mathrm{d}S\frac{\mathrm{d}u}{\mathrm{d}z} = \frac{1}{3}\rho\bar{v}\bar{\lambda}\,\mathrm{d}S\frac{\mathrm{d}u}{\mathrm{d}z}$$

与式(7.29)比较，得黏度系数为

$$\eta = \frac{1}{3}\rho\bar{v}\bar{\lambda} = \rho D \tag{7.30}$$

式(7.30)说明气体的内摩擦是分子热运动与相互作用(碰撞)产生的宏观效果.

从以上分析来看，黏性、热传导及扩散现象分别对应着动量、热量与质量的传递. 3 种输运现象有共同的宏观特征，必定发生在处于非平衡态的系统之中，都是与某些物理量在空间呈不均匀分布相联系着的. 如果外界对该非平衡系统不产生影响，让输运过程自发地进行，那么相应物理量的输运过程也就是系统状态不断变化的过程，最后必然会过渡到一种新的平衡态.

对于实际的工程应用领域，往往 2 种甚至 3 种输运过程同时发生，因此，常常把它们有机地联系起来加以讨论. 输运过程在相当广泛的自然现象和日常生活中发生，如街道中的车辆、城市中的居民等都可抽象为粒子. 输运理论可以描述中子在核反应堆中的迁移及其所导致的动力学变化；可以描述光子如何从太阳发射和如何穿过地球大气传播到地面的辐射输运. 所以输运理论已成为物理学及工程中的重要工具.

例 7.5 已知氮气分子的有效直径为 3.10×10^{-10} m，定容摩尔热容为 20.9 J/(mol·K). 试求氮气在 0 ℃ 时的热导率.

解 由热导率公式

$$\kappa = \frac{1}{3}\frac{C_{V,\mathrm{m}}}{M_{\mathrm{mol}}}\rho\bar{v}\bar{\lambda}$$

而气体密度 $\rho = n\frac{M_{\mathrm{mol}}}{N_{\mathrm{A}}}$

分子平均速率 $\bar{v} = \sqrt{\frac{8RT}{\pi M_{\mathrm{mol}}}}$

分子平均自由程 $\bar{\lambda} = \frac{1}{\sqrt{2}\pi d^2 n}$

所以

$$\begin{aligned}\kappa &= \frac{1}{3}\frac{C_{V,\mathrm{m}}}{M_{\mathrm{mol}}}n\frac{M_{\mathrm{mol}}}{N_{\mathrm{A}}}\sqrt{\frac{8RT}{\pi M_{\mathrm{mol}}}}\frac{1}{\sqrt{2}\pi d^2 n} \\ &= \frac{2}{3\pi}\frac{C_{V,\mathrm{m}}}{N_{\mathrm{A}}}\sqrt{\frac{RT}{\pi M_{\mathrm{mol}}}}\frac{1}{d^2} \\ &= 1.23\times10^{-2}\ \mathrm{J/(m\cdot s\cdot K)}\end{aligned}$$

习题参考答案

习　题　7

7.1 选择题

7.1.1 容器中储有一定量的理想气体，气体分子的质量为 m，当温度为 T 时，根据理想气体的分子模型和统计假设，分子速度在 x 轴方向上的分量平方的平均值是（　　）

A. $\overline{v_x^2}=\frac{1}{3}\sqrt{\frac{3kT}{m}}$.　　B. $\overline{v_x^2}=\sqrt{\frac{3kT}{m}}$.

C. $\overline{v_x^2}=\frac{3kT}{m}$.　　D. $\overline{v_x^2}=\frac{kT}{m}$.

7.1.2 一瓶氦气的密度和一瓶氮气的密度相同，分子平均平动动能相同，而且都处于平衡态，则它们（　　）

A. 温度、压强都相同.

B. 温度、压强都不相同.

C. 温度相同，但氦气的压强大于氮气的压强.

D. 温度相同，但氦气的压强小于氮气的压强.

7.1.3 在标准状态下，氧气和氦气的体积比为 $V_1/V_2=1/2$，都视为刚性分子理想气体，则其内能之比 E_1/E_2 为（　　）

A. 3/10.　　B. 1/2.

C. 5/6.　　D. 5/3.

7.1.4 一定质量的理想气体的内能 E 随体积 V 的变化关系曲线为一直线，其延长线过坐标原点，如题 7.1.4 图所示，则此直线表示的过程为（　　）

A. 等温过程.　　B. 等压过程.

C. 等体过程.　　D. 绝热过程.

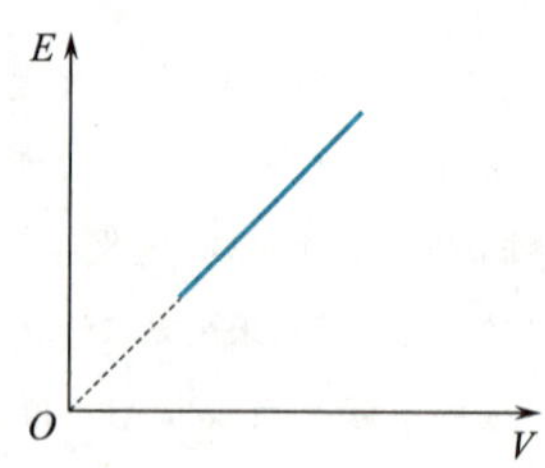

题 7.1.4 图

7.1.5 在恒定不变的压强下，气体分子的平均碰撞频率 $\overline{Z}$ 与气体的热力学温度 T 的关系为（　　）

A. $\overline{Z}$ 与 T 无关.　　B. $\overline{Z}$ 与 T 成正比.

C. $\overline{Z}$ 与 $\sqrt{T}$ 成反比.　　D. $\overline{Z}$ 与 $\sqrt{T}$ 成正比.

7.2 填空题

7.2.1 某容器内分子数密度为 $10^{26}\ \mathrm{m^{-3}}$，每个分子的质量为 3×10^{-27} kg，设其中 1/6 分子数以速率 $v=200$ m/s 垂直地向容器的一壁运动，而其余 5/6 分子或者离开此壁，或者沿平行于此壁的方向运动，且分子与容器壁的碰撞为完全弹性的，则每个分子作用于器壁的冲量 $\Delta p=$ ________；每秒碰在器壁单位面积上的分子数 $n_0=$ ________；作用在器壁上的压强 $p=$ ________.

7.2.2 有一瓶质量为 M 的氢气，温度为 T，可视为刚性分子理想气体，则氢分子的平均平动动能为________，氢分子的平均动能为________，该瓶氢气的内能为________.

7.2.3 容积为 $3.0\times10^{-2}\ \mathrm{m^3}$ 的容器内储有 20 g 某种理想气体，设气体的压强为 0.5 atm. 则气体分子的最概然速率为________，平均速率为________，方均根速率为________.

7.2.4 题 7.2.4 图所示的两条 $f(v)$-v 曲线分别表示氢气和氧气在同一温度下的麦克斯韦速率分布曲线.由此可得氢气分子的最概然速率为________;氧气分子的最概然速率为________.

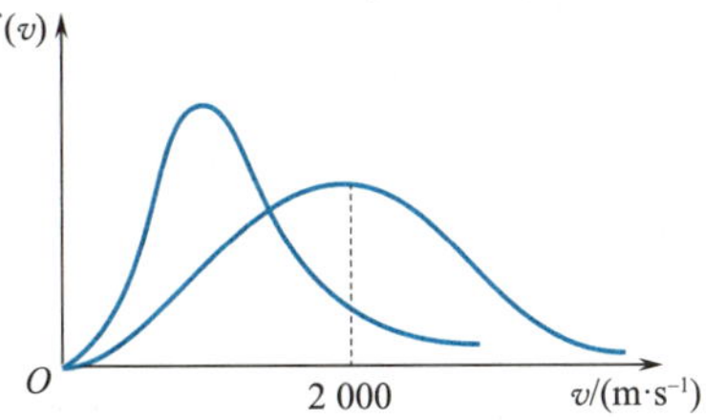

题 7.2.4 图

7.2.5 一定量的某种理想气体,当体积不变,温度升高时,其平均自由程 $\bar{\lambda}$ ________,平均碰撞频率 $\bar{Z}$ ________.(选填"减少""增大"或"不变")

7.3 解答题

7.3.1 气体在平衡态时有何特征?气体的平衡态与力学中的平衡态有何不同?

7.3.2 气体动理论的研究对象是什么?理想气体的宏观模型和微观模型各如何?

7.3.3 何谓微观量?何谓宏观量?它们之间有什么联系?

7.3.4 一组粒子的速率如题 7.3.4 表所示,计算其平均速率和方均根速率.

题 7.3.4 表

N_i	21	4	6	8	2
$v_i/(\mathrm{m\cdot s^{-1}})$	10.0	20.0	30.0	40.0	50.0

7.3.5 速率分布函数 $f(v)$ 的物理意义是什么?试说明下列各量的物理意义(n 为分子数密度,N 为系统总分子数).

(1)$f(v)\mathrm{d}v$; (2)$nf(v)\mathrm{d}v$; (3)$Nf(v)\mathrm{d}v$;

(4)$\int_0^v f(v)\mathrm{d}v$; (5)$\int_0^\infty f(v)\mathrm{d}v$; (6)$\int_{v_1}^{v_2} Nf(v)\mathrm{d}v$.

7.3.6 最概然速率的物理意义是什么?方均根速率、最概然速率和平均速率,它们各有何用处?

7.3.7 容器中盛有温度为 T 的理想气体,该气体分子的平均速度是多少?为什么?

7.3.8 在同一温度下,不同气体分子的平均平动动能相等,就氢分子和氧分子比较,氧分子的质量比氢分子大,所以氢分子的速率一定比氧分子大,对吗?

7.3.9 如果盛有气体的容器相对某坐标系运动,容器内的分子速度相对这坐标系也增大了,温度也因此而升高吗?

7.3.10 题 7.3.10 图(a) 所示是氢气和氧气在同一温度下的两条麦克斯韦速率分布曲线,哪一条代表氢气?题 7.3.10 图(b) 所示是某种气体在不同温度下的两条麦克斯韦速率分布曲线,哪一条的温度较高?

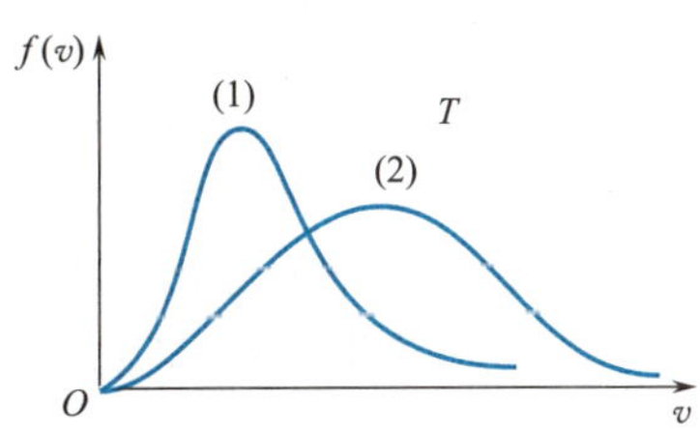

(a)

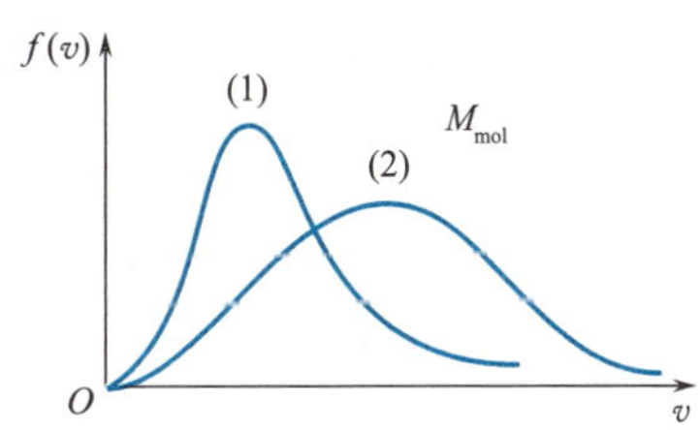

(b)

题 7.3.10 图

7.3.11 温度概念的适用条件是什么？温度的微观本质是什么？

7.3.12 下列系统各有多少个自由度？

(1) 在一平面上滑动的粒子；

(2) 可以在一平面上滑动并可围绕垂直于平面的轴转动的硬币；

(3) 一弯成三角形的金属棒在空间自由运动.

7.3.13 试说明下列各量的物理意义.

(1) $\frac{1}{2}kT$；(2) $\frac{3}{2}kT$；(3) $\frac{i}{2}kT$；(4) $\frac{M}{M_{\text{mol}}}\frac{i}{2}RT$；(5) $\frac{i}{2}RT$；(6) $\frac{3}{2}RT$.

7.3.14 有两种不同的理想气体，同压、同温而体积不等，则下述各量是否相同？

(1) 分子数密度；(2) 气体质量密度；(3) 单位体积内气体分子总平动动能；(4) 单位体积内气体分子的总动能.

7.3.15 何谓理想气体的内能？为什么理想气体的内能是温度的单值函数？

7.3.16 如果氢和氦的物质的量和温度相同，则下列各量是否相等？为什么？

(1) 分子的平均平动动能；(2) 分子的平均动能；(3) 内能.

7.3.17 有一水银气压计，当水银柱高为 0.76 m 时，管顶离水银柱液面 0.12 m，管的横截面积为 $2.0\times10^{-4}\ \text{m}^2$，当有少量氦(He)混入水银管内顶部时，水银柱高度下降为 0.6 m，此时温度为 27 ℃，试计算在管顶的氦气的质量(He 的摩尔质量为 0.004 kg/mol).

7.3.18 设有 N 个粒子的系统，其速率分布如题 7.3.18 图所示. 求：

(1) 分布函数 $f(v)$ 的表达式；

(2) a 与 v_0 之间的关系；

(3) 速度在 $1.5v_0 \sim 2.0v_0$ 之间的粒子数；

(4) 粒子的平均速率；

(5) $0.5v_0 \sim v_0$ 范围内粒子的平均速率.

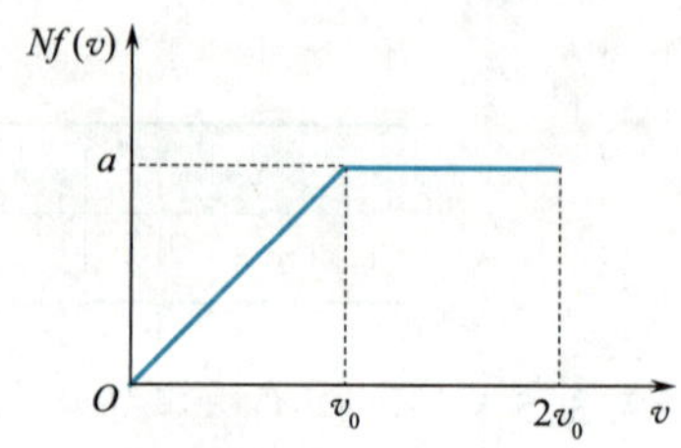

题 7.3.18 图

7.3.19 试计算理想气体分子热运动速率的大小介于 $v_P - v_P/100$ 与 $v_P + v_P/100$ 之间的分子数占总分子数的百分比.

7.3.20 容器中储有氧气，其压强为 $p = 0.1$ MPa，温度为 27 ℃. 求：

(1) 单位体积中的分子数 n；　(2) 氧分子的质量 m；

(3) 气体密度 ρ；　(4) 分子间的平均距离 $\bar{e}$；

(5) 平均速率 $\bar{v}$；　(6) 方均根速率 $\sqrt{\overline{v^2}}$；

(7) 分子的平均动能 $\bar{\varepsilon}$.

7.3.21 1 mol 氢气，在温度为 27 ℃ 时，它的平动动能、转动动能和内能各是多少？

7.3.22 有一瓶氧气、一瓶氢气，它们等压、等温，氧气体积是氢气的 2 倍，求：(1) 氧气和氢气分子数密度之比；(2) 氧分子和氢分子的平均速率之比.

7.3.23 一真空管的真空度约为 1.38×10^{-3} Pa (1.0×10^{-5} mmHg)，试求在 27 ℃ 时单位体积中的分子数及分子的平均自由程(设分子的有效直径 $d = 3\times10^{-10}$ m).

7.3.24 (1) 求氮气在标准状态下的平均碰撞频率；(2) 若温度不变，气压降到 1.33×10^{-4} Pa，平均碰撞频率又为多少(设分子的有效直径为 10^{-10} m)？

7.3.25 1 mol 氧气从初态出发，经过等容升压过程，压强增大为原来的 2 倍，然后又经过等温膨胀过程，体积增大为原来的 2 倍，求末态与初态之间：(1) 气体分子方均根速率之比；(2) 分子平均自由程之比.

7.3.26 飞机起飞前机舱中的压力计指示为1.0 atm(1.013×10^5 Pa),温度为 27 ℃;起飞后压力计指示为 0.8 atm(0.8104×10^5 Pa),温度仍为 27 ℃,试计算飞机距地面的高度.

7.3.27 什么高度处的大气压强为地面的 75%(设空气的温度为 0 ℃)?

7.3.28 在标准状态下,氦气的黏度 $\eta=1.89\times10^{-5}$ Pa·s,摩尔质量 $M_{mol}=0.004$ kg/mol,分子平均速率 $\bar{v}=1.20\times10^3$ m/s. 试求在标准状态下氦分子的平均自由程.

7.3.29 在标准状态下,氦气的热导率 $\kappa=5.79\times10^{-2}$ W/(m·K),分子平均自由程 $\bar{\lambda}=2.60\times10^{-7}$ m,试求氦分子的平均速率.

7.3.30 实验测得在标准状态下,氧气的扩散系数 $D=1.9\times10^{-5}$ m²/s,试根据此数据计算分子的平均自由程和分子的有效直径.

第 8 章 热力学基础

本章提要

本章用热力学方法，研究系统在状态变化过程中热与功的转化关系和条件. 热力学第一定律给出了转化关系，热力学第二定律给出了转化条件.

8.1 内能 功和热量 准静态过程

8.1.1 内能 功和热量

由第7章得出理想气体的内能为

$$E=\frac{M}{M_{\text{mol}}}\frac{i}{2}RT$$

可知，对给定的理想气体，它的内能仅是温度的单值函数，即$E=E(T)$. 对于确定的平衡态，其温度T唯一确定，所以，其内能也是温度的单值函数. 对于实际气体同样如此，只是当压强较大时，实际气体的内能还包括分子间的势能，该势能与气体的体积有关. 所以，一般地讲，实际气体的内能是温度T和气体的体积V的函数，即$E=E(T,V)$.

顺便指出，状态不是内能的单值函数，一个内能可以对应多个状态.

实践表明，要改变一个热力学系统的状态，也即改变其内能，有两种方式：一是外界对系统做功(做机械功或电磁功)；二是向系统传递热量. 例如，一杯水，可通过加热，即传递热量的方法，从某一温度升高到另一温度；也可用搅拌做功的方法，使这杯水的温度升高到同一值. 采取的方式虽然不同，但导致相同的内能增加. 这表明做功和传递热量是等效的，因此，**做功和传递热量均可作为内能变化的量度**.

国际单位制中，内能、功和热量的单位均为焦耳. 历史上热量还有一个单位为卡(cal)，根据焦耳的热功当量实验，可得

$$1\ \text{cal}=4.186\ \text{J}$$

做功与传递热量对内能的改变具有等效性，但它们在本质上存在差异. “做功”改变内能，是外界分子有序运动的能量与系统内分子无序热运动的能量之间的转化；“传递热量”改变内能，是外界分子无序运动的能量与系统内分子无序热运动的能量之间的传递.

焦耳

8.1.2 准静态过程

一个热力学系统，在外界的影响(做功或传热)下，其状态将发生变化. 系统从一个状态变化到另一个状态的过程称为**热力学过程**，简称**过程**. 在状态变化过程中的任一时刻，系统的状态均为非平衡态，但为了利用平衡态的性质，研究热力学过程，本小节引入准静态过程的概念.

设系统从某一平衡态开始，经过一系列变化后到达另一平衡态. 若此过程中的所有中间状态都可以近似地看作平衡态，则这样的过程叫作**准静态过程**(或**平衡过程**). 若中间状态为非平衡态(系统无确定的p、V、T值)，则这样的过程称为**非静态过程**(或**非平衡过程**).

一系统从某一平衡态变到相邻平衡态时，通常是由于原来的平衡态遭到破坏，出现非平衡态，经过一定时间后达到一个新的平衡态. 我们把系统从一个平衡态变

到相邻平衡态所经过的时间叫作系统的**弛豫时间**. 或者说，一个系统由最初的非平衡态过渡到平衡态所经历的时间叫作弛豫时间. 在实际问题中，一个过程能否被看作准静态过程，需由具体情况来定. 如果系统的外界条件（如压强、体积或温度等）发生一微小变化所经历的时间比系统的弛豫时间长得多，那么在外界条件的变化过程中，系统有充分的时间达到平衡态，因此，这样的过程可以视为准静态过程. 例如，对内燃机气缸中的燃气，在实际过程中，压缩的时间约为 10^{-2} s，而该燃气的弛豫时间只有 10^{-3} s，所以，内燃机气缸中燃气状态的变化过程可视为准静态过程.

p-V 图上一个点代表一个平衡态，一条连续曲线代表一个准静态过程. 图 8.1 中的曲线表示系统由初态 Ⅰ 到末态 Ⅱ 的准静态过程，其中箭头的方向为过程进行的方向. 这条曲线叫作过程曲线，表示这条曲线的方程叫作**过程方程**.

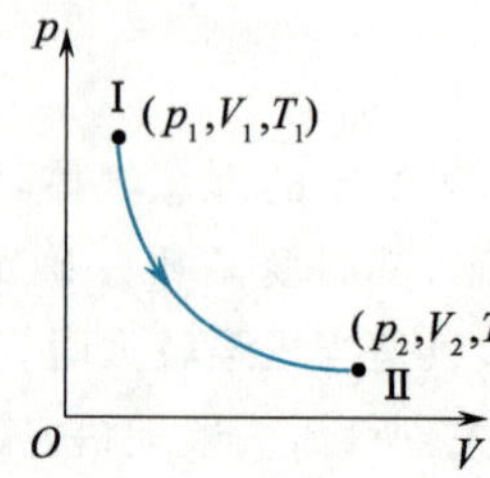

图 8.1 准静态过程

准静态过程是理想化的过程，是实际过程的近似，实际中并不存在. 但是它在热力学理论研究和对实际应用的指导上均有重大意义. 在本章中，如不特别指明，所讨论的过程均视为准静态过程.

8.1.3 准静态过程的功和热量

如何计算系统对外界做的功？我们规定：系统对外界做的功用 $\mathrm{d}W$ 或 W 表示，外界对系统做的功用 $\mathrm{d}W_{外}$ 或 $W_{外}$ 表示.

在非静态过程中，由于状态参量 p、V、T 不确定，外界对系统做的功无法定量表述，一般采用实验测定. 而在准静态过程中，外界对系统做的功或系统对外界做的功都可以用平衡态的状态参量表示，进行定量计算. 外界通过系统体积变化而做的功称为体积功.

1. 体积功的计算

以气缸内气体的体积变化时的做功为例，设气缸中气体的压强为 p，活塞的面积为 S，活塞与气缸壁的摩擦不计，如图 8.2 所示.

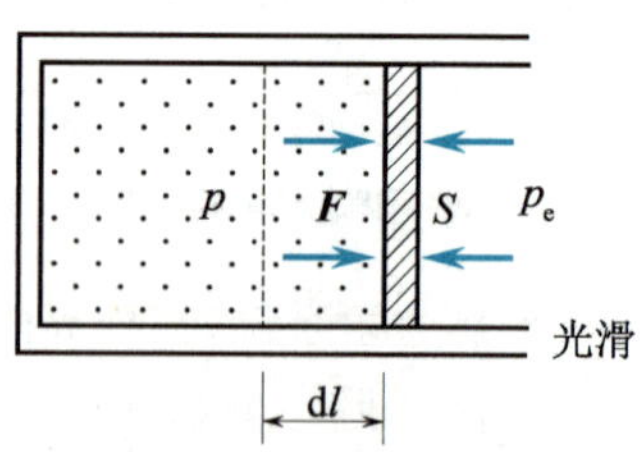

图 8.2 气体膨胀过程

取气体为系统，气缸、活塞及大气均为外界. 当气体做微小膨胀时，系统对外界做的元功为

$$\mathrm{d}W = F\mathrm{d}l = pS\mathrm{d}l = p\mathrm{d}V \qquad (8.1)$$

若系统从初态 Ⅰ 经过一个准静态过程变化到末态 Ⅱ，则系统对外界做的总功为

$$W = \int_{\mathrm{I}}^{\mathrm{II}} \mathrm{d}W = \int_{V_1}^{V_2} p\mathrm{d}V \qquad (8.2)$$

外界对系统做的元功为

$$\mathrm{d}W_{外} = -p_e S\mathrm{d}l = -p_e\mathrm{d}V$$

因为准静态过程有 $p_e = p$，将其代入上式并积分得

$$W_{外} = -\int_{V_1}^{V_2} p\mathrm{d}V$$

式中，V_1 与 V_2 分别表示系统在初态和末态的体积；p 为系统压强的绝对值；dV 为代数值，系统膨胀时，$dV>0$，系统被压缩时，$dV<0$. 可知系统膨胀时，$dV>0$，$dW>0$，即系统对外界做正功；系统压缩时，$dV<0$，$dW<0$，即系统对外界做负功或外界对系统做正功. 总之，在同一个准静态过程中，系统对外界做的功与外界对系统做的功，总是大小相等，符号相反. 若系统体积不变，则 $dV=0$，$dW=0$，即外界或系统均不做功.

2. 体积功的图示

系统在一个准静态过程中做的体积功，可以在 p-V 图上直观地表示出来. 在微小过程中，元功 dW 的大小为图 8.3 中 $V\sim V+dV$ 之间曲线下斜线所示的窄条的面积. 整个过程中系统做功的大小，如 Ⅰ→a→Ⅱ 过程中功的大小，可用过程曲线 Ⅰ→a→Ⅱ 下、横坐标为 V_1 到 V_2 之间的区域的面积表示. 如果系统的初态与末态仍为 Ⅰ、Ⅱ，但所经历的过程不同，如图 8.3 中 Ⅰ→b→Ⅱ 过程，显然，系统沿 Ⅰ→b→Ⅱ 过程做的功大于沿 Ⅰ→a→Ⅱ 过程做的功. 这表明，系统由一个状态变化到另一个状态时，对外界所做的功的大小与系统经历的过程有关. 即功不是状态量，而是一个与过程有关的量，也就是说，功是过程量.

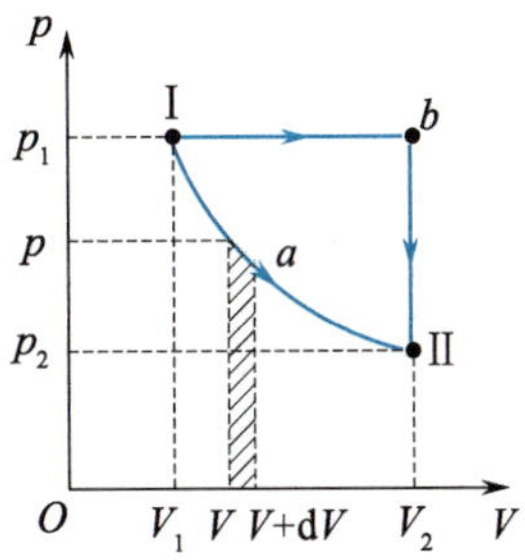

图 8.3　功的示意图

准静态过程中热量的计算有两种方法. 其一，热容量法，即 $dQ=\dfrac{M}{M_{mol}}C_m dT$ 和 $Q=\dfrac{M}{M_{mol}}C_m(T-T_0)$，式中 C_m 为物质在某过程中的摩尔热容，即 1 mol 物质的热容，其值由物质和过程确定，dT 及 $(T-T_0)$ 均为系统温度的改变量；其二，通过热力学第一定律计算过程中的热量，这将在 8.2 节中讨论.

8.2 热力学第一定律及其应用

8.2.1 热力学第一定律

根据能量守恒定律，在系统状态变化时，系统能量的改变量等于系统与外界交换的能量. 在准静态过程中，系统改变的仅为内能，而在一般情况下，系统与外界可能同时有功和热量的交换，即

$$\Delta E=Q+(-W)$$

或

$$Q=\Delta E+W \tag{8.3}$$

式(8.3)表示**系统吸收的热量，一部分转化为系统的内能，另一部分转化为系统对外所做的功**. 这就是**热力学第一定律**的数学表达式. 显然，热力学第一定律就是包括热

现象在内的能量守恒定律，适用于任何系统的任何过程.

在式(8.3)中，规定系统从外界吸热时，Q为正，向外界放热时，Q为负；系统对外界做功时，W为正，外界对系统做功时，W为负.

如果系统经历一微小变化，即所谓微过程，则热力学第一定律为

$$\mathrm{d}Q=\mathrm{d}E+\mathrm{d}W \tag{8.4}$$

式(8.3)与式(8.4)对准静态过程普遍成立，对非静态过程，则仅当初态和末态均为平衡态时才适用. 若系统是通过体积变化来做功的，则式(8.4)与式(8.3)可以分别表示为

$$\mathrm{d}Q=\mathrm{d}E+p\mathrm{d}V \tag{8.5}$$

$$Q=\Delta E+\int_{V_1}^{V_2}p\mathrm{d}V \tag{8.6}$$

由热力学第一定律可知，要使系统对外界做功，可以消耗系统的内能，也可以吸收外界的热量，或者两者兼有. 历史上曾有人试图制造一种能对外界不断自动做功，而不需要消耗任何燃料，也不需要提供其他能量的机器，人们称这样的机器为**第一类永动机**. 然而，由于其违反热力学第一定律而宣告失败. 因此，热力学第一定律又可表述为：**制造第一类永动机是不可能的.**

顺便指出，根据热力学第一定律可知，既然功是过程量，那么热量也是过程量.

8.2.2 热力学第一定律在理想气体等值过程中的应用

1. 等容过程

热力学第一定律在理想气体等值过程中的应用

气体等容过程的特征是气体的体积保持不变，即V为恒量，$\mathrm{d}V=0$.

设封闭气缸内有一定质量的理想气体，活塞保持固定不动，把气缸连续地与一系列有微小温差的恒温热源接触，让气缸中的气体经历一个准静态升温过程，气体的压强增大，但体积不变，如图 8.4 所示. 这就是一个准静态的等容过程.

等容过程在p-V图上为一条平行于p轴的直线段，这条直线段叫作等容线，如图 8.5 所示. 在理想气体等容过程中，$\frac{p}{T}$为恒量.

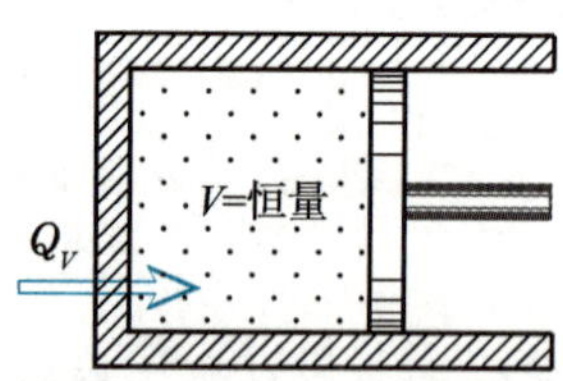

图 8.4 气体的等容过程

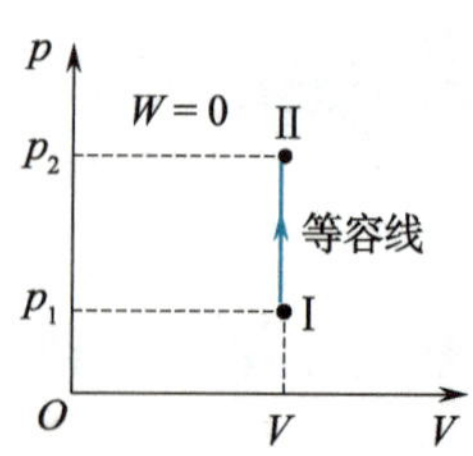

图 8.5 等容过程不做功

由于等容过程$\mathrm{d}V=0$，所以系统做的功$\mathrm{d}W=p\mathrm{d}V=0$. 根据热力学第一定律，过程中的能量关系有

$$\mathrm{d}Q_V=\mathrm{d}E$$

$$Q_V=\Delta E=E_2-E_1 \tag{8.7}$$

上面各式中的脚标V表示体积不变. 式(8.7)表明，在等容过程中，外界传给气体的热量全部用来增加气体的内能，系统对外不做功.

2. 等压过程

等压过程的特征是系统的压强保持不变，即 p 为恒量，$\mathrm{d}p=0$.

等压过程可以这样实现：设想一个内有一定质量理想气体的封闭气缸，与一系列恒温热源连续接触，热源的温度依次较前一个热源高，但温度相差极小. 接触过程中活塞上所加外力保持不变，有微小的热量传给气体，使气体的温度升高，压强也随之较外界所施压强增加一微小量，于是推动活塞对外界做功，体积随之膨胀. 体积膨胀反过来使气体的压强降低，从而保证气缸内外的压强保持不变，系统经历的就是一个准静态等压过程，如图 8.6 所示.

等压过程在 p-V 图上为一条平行于 V 轴的直线段，这条直线段叫作等压线，如图 8.7 所示. 在理想气体等压过程中，$\dfrac{V}{T}$ 为恒量.

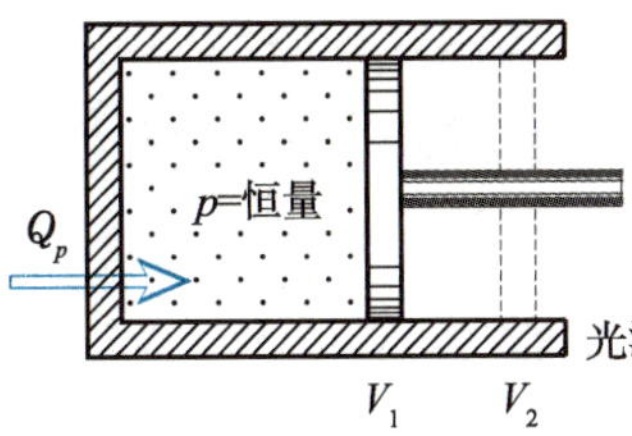

图 8.6　气体的等压过程

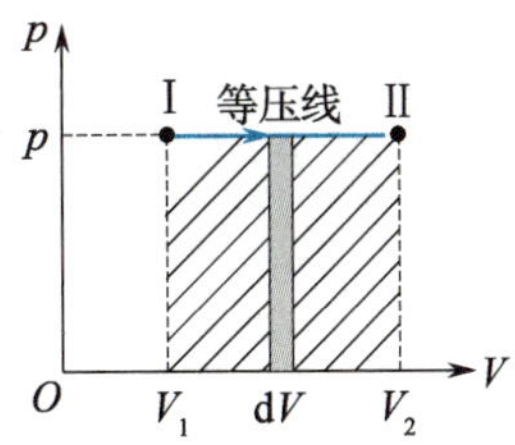

图 8.7　等压过程的功

在等压过程中，由于 p 为常数，当气体的体积从 V_1 扩大到 V_2 时，系统对外界做的功为

$$W_p=\int_{V_1}^{V_2}p\mathrm{d}V=p(V_2-V_1) \tag{8.8}$$

根据理想气体状态方程，可将上式改写为

$$W_p=p(V_2-V_1)=\frac{M}{M_{\mathrm{mol}}}R(T_2-T_1)$$

所以，在整个等压过程中系统所吸收的热量为

$$Q_p=\Delta E+p(V_2-V_1)=E_2-E_1+\frac{M}{M_{\mathrm{mol}}}R(T_2-T_1) \tag{8.9}$$

式(8.9)表明，等压过程中系统所吸收的热量，一部分用来增加系统的内能，另一部分用来对外界做功.

3. 等温过程

等温过程的特征是系统的温度保持不变，即 T 为恒量，$\mathrm{d}T=0$.

设想一气缸，其四壁和活塞是绝对不导热的，而底部是绝对导热的，如图 8.8 所示. 今将气缸底部与一恒温热源相接触，当活塞上的外界压强无限缓慢地减小时，缸内气体随之逐渐膨胀，对外界做功，气体内能缓慢减小，温度随之微微降低. 此时，气体与恒温热源相接触，当气体的温度比热源的温度略低时，就有微小的热量传给气体，使气体的温度维持原值不变，气体经历一个准静态等温过程.

在理想气体等温过程中，pV 为常数，它在 p-V 图上为双曲线的一支，这条曲线称为等温线，如图 8.9 中 Ⅰ → Ⅱ 曲线所示. 等温线把 p-V 图分为两个区域，在等温线以上的区域中，气体的温度大于 T，在等温线以下的区域中，气体的温度小于 T.

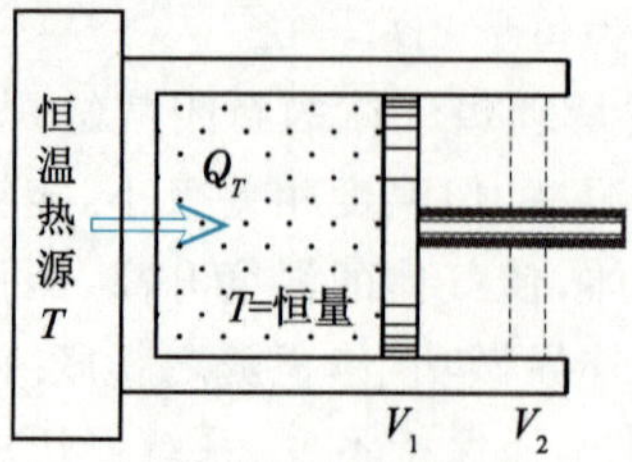

图 8.8 等温过程

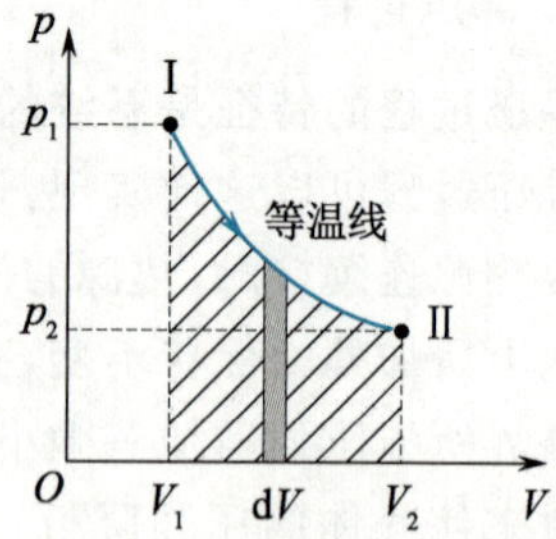

图 8.9 等温过程的功

对于理想气体，根据其内能表达式，在等温过程中，因为 $dT=0$，所以 $dE=0$，这表明等温过程中理想气体的内能保持不变.

等温过程中理想气体做的功，在微小变化时有

$$dW_T = p dV$$

及 $pV=\dfrac{M}{M_{mol}}RT$，因此，$dW_T=\dfrac{M}{M_{mol}}RT\dfrac{dV}{V}$，根据热力学第一定律，过程中的热量关系为

$$dQ_T = dW_T = \frac{M}{M_{mol}}RT\frac{dV}{V} \tag{8.10}$$

理想气体在等温过程中由体积 V_1 膨胀到体积 V_2 时，气体对外界做的功为

$$\begin{aligned} W_T &= \int_{V_1}^{V_2} p dV = \frac{M}{M_{mol}}RT\int_{V_1}^{V_2}\frac{dV}{V} \\ &= \frac{M}{M_{mol}}RT\ln\frac{V_2}{V_1} \end{aligned} \tag{8.11}$$

由热力学第一定律，可得 $Q_T=W_T$，即

$$Q_T = \frac{M}{M_{mol}}RT\ln\frac{V_2}{V_1} = \frac{M}{M_{mol}}RT\ln\frac{p_1}{p_2} \tag{8.12}$$

式(8.12)表明，在等温过程中，理想气体所吸收的热量全部用来对外界做功，系统的内能保持不变.

8.3 气体的摩尔热容

8.3.1 热容与摩尔热容

热容：系统在某一无限小过程中吸收的热量 dQ 与温度变化量 dT 的比值称为系统在该过程的热容(C)，即

$$C = \frac{dQ}{dT} \tag{8.13}$$

它表示在该过程中，温度升高 1 K 时系统所吸收的热量，单位是 J/K. 单位质量的热容叫作比热容(c)，单位为 J/(K · kg)，由物质和过程决定其值. 热容与比热容的关系

为 $C = Mc$.

摩尔热容:1 mol 物质的热容叫作摩尔热容(C_{m}),单位为 J/(mol · K). 热容与摩尔热容的关系为 $C = \frac{M}{M_{\mathrm{mol}}}C_{\mathrm{m}}$,式中,$M$ 为物质的质量,M_{mol} 为物质的摩尔质量. 比值 $\frac{M}{M_{\mathrm{mol}}}$ 为对应的物质的量. 由定义可知,不论是热容还是比热容,均是过程量. 对于给定的系统(物质),进行的过程不同,其热容也不同. 对于理想气体,最常用的是等容过程的摩尔热容和等压过程的摩尔热容. 固体或液体也有这两种热容,但由于它们的体胀系数比气体的小得多,因膨胀而对外所做的功可以忽略不计,所以这两种热容实际差值很小,一般不予区别.

8.3.2 理想气体的摩尔热容

1. 理想气体的定容摩尔热容

1 mol气体在等容过程中吸收的热量 $\mathrm{d}Q_V$ 与温度的变化量 $\mathrm{d}T$ 之比为**定容摩尔热容**,即

$$C_{V,\mathrm{m}} = \frac{\mathrm{d}Q_V}{\mathrm{d}T}$$

由等容过程知 $\mathrm{d}Q_V = \mathrm{d}E$,所以有

$$C_{V,\mathrm{m}} = \frac{\mathrm{d}E}{\mathrm{d}T} \tag{8.14}$$

对于理想气体,有 $\mathrm{d}E = \frac{i}{2}R\mathrm{d}T$,代入式(8.14),得理想气体的定容摩尔热容为

$$C_{V,\mathrm{m}} = \frac{i}{2}R \tag{8.15}$$

式中,i 为分子自由度;R 为普适气体常量. 因此,理想气体的定容摩尔热容只与分子自由度有关,而与气体的状态(p,T) 无关. 对于单原子理想气体,$i = 3$,$C_{V,\mathrm{m}} = \frac{3}{2}R$;对于刚性双原子气体,$i = 5$,$C_{V,\mathrm{m}} = \frac{5}{2}R$;对于刚性多原子气体,$i = 6$,$C_{V,\mathrm{m}} = 3R$.

依式(8.15),理想气体的内能表达式又可以写为

$$E = \frac{M}{M_{\mathrm{mol}}}C_{V,\mathrm{m}}T \tag{8.16}$$

2. 理想气体的定压摩尔热容

1 mol气体在等压过程中吸收的热量 $\mathrm{d}Q_p$ 与温度的变化量 $\mathrm{d}T$ 之比为**定压摩尔热容**,即

$$C_{p,\mathrm{m}} = \frac{\mathrm{d}Q_p}{\mathrm{d}T}$$

由定压过程知 $\mathrm{d}Q_p = \mathrm{d}E + p\mathrm{d}V$,所以

$$C_{p,\mathrm{m}} = \frac{\mathrm{d}E}{\mathrm{d}T} + p\frac{\mathrm{d}V}{\mathrm{d}T}$$

对于理想气体,因为 $\mathrm{d}E = C_{V,\mathrm{m}}\mathrm{d}T$ 及定压过程 $p\mathrm{d}V = R\mathrm{d}T$,所以有

$$C_{p,\mathrm{m}} = C_{V,\mathrm{m}} + R \tag{8.17}$$

式(8.17) 叫作**迈耶**(Mayer) **公式**，表示 1 mol 理想气体的定压摩尔热容比定容摩尔热容大一个恒量 R. 也就是说，在等压过程中，温度升高 1 K 时，1 mol 理想气体比在等容过程中多吸收 8.31 J 的热量，用来转化为膨胀时对外界做的功.

3. 摩尔热容比

系统的定压摩尔热容 $C_{p,\mathrm{m}}$ 与定容摩尔热容 $C_{V,\mathrm{m}}$ 的比值，称为系统的**摩尔热容比**，以 γ 表示. 工程上称它为**绝热系数**，即

$$\gamma = \frac{C_{p,\mathrm{m}}}{C_{V,\mathrm{m}}}$$

由于 $C_{p,\mathrm{m}} > C_{V,\mathrm{m}}$，所以 $\gamma > 1$.

对于理想气体，$C_{p,\mathrm{m}} = C_{V,\mathrm{m}} + R$，$C_{V,\mathrm{m}} = \frac{i}{2}R$，所以有

$$\gamma = \frac{C_{V,\mathrm{m}} + R}{C_{V,\mathrm{m}}} = \frac{\frac{i}{2}R + R}{\frac{i}{2}R} = \frac{i+2}{i} \tag{8.18}$$

式(8.18) 说明，理想气体的摩尔热容比，只与分子的自由度有关，而与气体的状态无关. 对于单原子气体，$\gamma = \frac{5}{3} = 1.67$；对于双原子(刚性) 气体，$\gamma = \frac{7}{5} = 1.40$；对于多原子(刚性) 气体，$\gamma = \frac{8}{6} = 1.33$.

从表 8.1 可以看出：① 各种气体的($C_{p,\mathrm{m}} - C_{V,\mathrm{m}}$) 值都接近于 R 值；② 室温下单原子及双原子气体的 $C_{p,\mathrm{m}}$、$C_{V,\mathrm{m}}$、γ 的实验数据与理论值相近. 这说明经典热容理论近似地反映了客观事实. 但是，对分子结构较为复杂的气体，如三原子及以上的多原子气体，其理论值与实验数据显然不等. 另外，表 8.2 给出了不同温度下双原子分子气体的定容摩尔热容的实验数据. 由表 8.2 可见，$C_{V,\mathrm{m}}$ 是温度的函数而不是定值. 这是因为经典理论只是近似理论，要用量子理论才能正确解决问题，在此不作深入讨论.

表 8.1　气体摩尔热容的实验数据(室温)

气体种类		$C_{p,\mathrm{m}}$/ ($\mathrm{J\cdot mol^{-1}\cdot K^{-1}}$)	$C_{V,\mathrm{m}}$/ ($\mathrm{J\cdot mol^{-1}\cdot K^{-1}}$)	$C_{p,\mathrm{m}} - C_{V,\mathrm{m}}$/ ($\mathrm{J\cdot mol^{-1}\cdot K^{-1}}$)	$\gamma = \frac{C_{p,\mathrm{m}}}{C_{V,\mathrm{m}}}$
单原子	氦	20.9	12.5	8.4	1.67
	氩	21.2	12.5	8.7	1.70
双原子	氢	28.8	20.4	8.4	1.41
	氮	28.6	20.4	8.2	1.40
	一氧化碳	29.0	20.7	8.3	1.40
	氧	29.4	21.0	8.4	1.40
多原子	水蒸气	36.2	27.8	8.4	1.31
	甲烷	35.6	27.2	8.4	1.31
	氯仿	72.0	63.7	8.3	1.13
	乙醇	87.5	79.2	8.3	1.10

表 8.2　不同温度下双原子气体定容摩尔热容的实验数据

气体 /K	273	373	473	773	1 473	2 273
$C_{V,\mathrm{m}}$/ ($\mathrm{J\cdot mol^{-1}\cdot K^{-1}}$)	20.3	20.3	21.0	22.4	24.1	26.0

8.4 绝热过程

8.4.1 绝热过程

在系统不与外界交换热量的条件下，系统的状态变化过程叫作**绝热过程**. 绝热过程的特征是在任意微过程中，$\mathrm{d}Q=0$. 一个被良好的绝热材料所包围的系统，或由于过程进行得很快，系统来不及和外界交换热量的过程，如内燃机中的爆炸过程等，都可近似地看作准静态绝热过程.

由于绝热过程 $\mathrm{d}Q=0$，所以根据热力学第一定律，系统对外界做的功为

$$p\mathrm{d}V=-\mathrm{d}E$$

由此可见，绝热过程中系统对外界做功是以系统内能的减少为代价的. 在气体由初态（温度为 T_1）绝热地膨胀到末态（温度为 T_2）的过程中，气体对外界做的功为

$$\int_{V_1}^{V_2}p\mathrm{d}V=-\frac{M}{M_{\mathrm{mol}}}C_{V,\mathrm{m}}(T_2-T_1) \tag{8.19}$$

从式(8.19)可看出，当气体绝热膨胀对外界做功时，气体的内能减少，温度要降低，而压强也在减小，所以绝热过程中，气体的温度、压强、体积 3 个参量同时改变. 可以证明（推导过程在下面讨论），对于理想气体的绝热准静态过程，在 p、V、T 3 个参量中，每两个量之间的关系为

$$pV^{\gamma}=\text{恒量} \tag{8.20}$$

$$TV^{\gamma-1}=\text{恒量} \tag{8.21}$$

$$p^{\gamma-1}T^{-\gamma}=\text{恒量} \tag{8.22}$$

这些方程均称为绝热过程方程，简称**绝热方程**. 式中，指数 γ 为理想气体的摩尔热容比（$C_{p,\mathrm{m}}/C_{V,\mathrm{m}}$），这也是工程上将 γ 称为绝热系数的原因. 3 个方程中的各恒量均不相同，使用时可根据实际情况选取一个公式.

在 p-V 图上的绝热曲线是根据绝热方程 $pV^{\gamma}=$ 恒量作出的. 图 8.10 中的实线为绝热线，虚线为过 A 点的同一气体的等温线. 由图 8.10 可以看出，通过同一点的绝热线比等温线陡，下面对两条曲线的交点 A 处斜率的计算，证实了这一点.

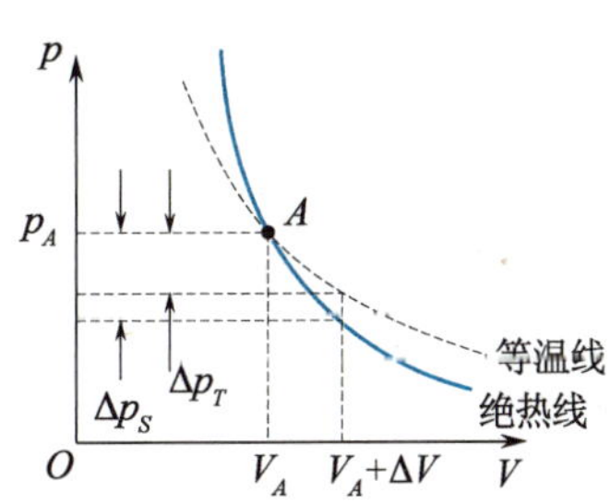

图 8.10　绝热线比等温线陡

等温线：由 $pV=C$（C 为常数），两边取微分，整理后得斜率为

$$\frac{\mathrm{d}p}{\mathrm{d}V_T}=-\frac{p}{V}$$

A 处的斜率为
$$\frac{\mathrm{d}p}{\mathrm{d}V_T}=-\frac{p_A}{V_A}$$

绝热线：由 $pV^\gamma=C$（C 为常数），两边取微分，整理后得斜率为

$$\frac{\mathrm{d}p}{\mathrm{d}V_S}=-\gamma\frac{p}{V}$$

A 处的斜率为
$$\frac{\mathrm{d}p}{\mathrm{d}V_S}=-\gamma\frac{p_A}{V_A}$$

由于 $\gamma>1$，比较两式，所以绝热线比等温线陡．究其物理原因，等温过程中压强的减小量 Δp_T，仅是体积增大所致，而在绝热过程中压强的减小量 Δp_S，是由体积增大，同时温度降低两个原因所致，所以 Δp_S 的值比 Δp_T 的值大．

*8.4.2 绝热方程的推导

根据热力学第一定律及绝热过程的特征（$\mathrm{d}Q=0$），可得

$$p\mathrm{d}V=-\frac{M}{M_{\mathrm{mol}}}C_{V,\mathrm{m}}\mathrm{d}T$$

将理想气体状态方程 $pV=\frac{M}{M_{\mathrm{mol}}}RT$ 两边取微分，得

$$p\mathrm{d}V+V\mathrm{d}p=\frac{M}{M_{\mathrm{mol}}}R\mathrm{d}T$$

将上述两个方程联立并消去 $\frac{M}{M_{\mathrm{mol}}}\mathrm{d}T$，得

$$(C_{V,\mathrm{m}}+R)p\mathrm{d}V=-C_{V,\mathrm{m}}V\mathrm{d}p$$

因为 $C_{p,\mathrm{m}}=C_{V,\mathrm{m}}+R$，$\gamma=C_{p,\mathrm{m}}/C_{V,\mathrm{m}}$，则有

$$\frac{\mathrm{d}p}{p}+\gamma\frac{\mathrm{d}V}{V}=0$$

将上式两边积分，得

$$\ln p+\gamma\ln V=\text{恒量}$$

或
$$pV^\gamma=\text{恒量}$$

这就是绝热方程(8.20)．应用 $pV=\frac{M}{M_{\mathrm{mol}}}RT$ 和上式分别消去 p 或 V 可得

$$TV^{\gamma-1}=\text{恒量}$$

$$p^{\gamma-1}T^{-\gamma}=\text{恒量}$$

例 8.1 1 mol 单原子理想气体，由状态 $a(p_1,V_1)$，先等容加热至压强增大 1 倍，再等压加热至体积增大 1 倍，最后经绝热膨胀，其温度降至初始温度，如图 8.11 所示．试求：

(1) 状态 d 的体积 V_d；

(2) 整个过程对外界做的功；

(3) 整个过程吸收的热量．

解 (1) 根据理想气体状态方程 $T_a=\frac{p_1V_1}{R}$，依题意有

$$T_d=T_a=\frac{p_1V_1}{R},\quad T_c=\frac{p_cV_c}{R}$$

$$T_c=\frac{2p_1\cdot 2V_1}{R}=\frac{4p_1V_1}{R}=4T_a$$

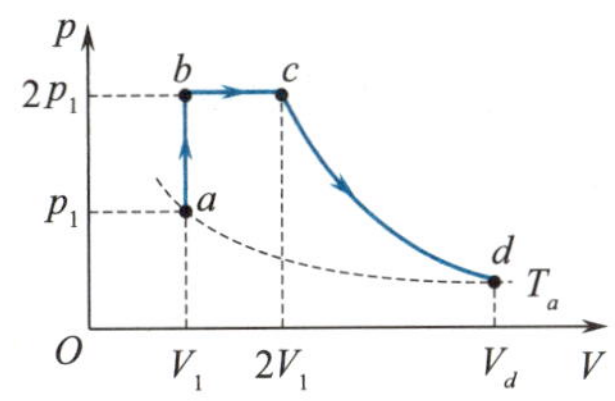

图 8.11　例 8.1 图

c 点与 d 点在同一绝热线上，由绝热方程

$$T_c V_c^{\gamma-1} = T_d V_d^{\gamma-1}$$

得

$$V_d = \left(\frac{T_c}{T_d}\right)^{\frac{1}{\gamma-1}} V_c = 4^{\frac{1}{1.67-1}} \times 2V_1 = 15.8V_1$$

(2) 先求各分过程的功，即

$$W_{ab} = 0$$

$$W_{bc} = 2p_1(2V_1 - V_1) = 2p_1V_1$$

$$W_{cd} = -\Delta E_{cd} = -C_{V,\mathrm{m}}(T_d - T_c)$$

$$= C_{V,\mathrm{m}}(T_c - T_d) = \frac{3}{2}R(4T_a - T_a)$$

$$= \frac{9}{2}RT_a = \frac{9}{2}p_1V_1$$

整个过程对外界做的总功为

$$W = W_{ab} + W_{bc} + W_{cd} = \frac{13}{2}p_1V_1$$

(3) 计算整个过程吸收的总热量有两种方法.

方法一：根据整个过程吸收的总热量等于各分过程吸收热量的和，先求各分过程吸收的热量，则

$$Q_{ab} = C_{V,\mathrm{m}}(T_b - T_a) = \frac{3}{2}R(T_b - T_a) = \frac{3}{2}p_1V_1$$

$$Q_{bc} = C_{p,\mathrm{m}}(T_c - T_b) = \frac{5}{2}R(T_c - T_b)$$

$$= \frac{5}{2}(p_cV_c - p_bV_b) = 5p_1V_1$$

$$Q_{cd} = 0$$

所以 $$Q = Q_{ab} + Q_{bc} + Q_{cd} = \frac{13}{2}p_1V_1$$

方法二：对 $abcd$ 整个过程应用热力学第一定律，得

$$Q_{abcd} = \Delta E_{ad} + W_{abcd}$$

依题意，由于 $T_a = T_d$，故 $\Delta E_{ad} = 0$，则

$$Q_{abcd} = W_{abcd} = \frac{13}{2}p_1V_1$$

例 8.2

某理想气体的 p-V 关系如图 8.12 所示，由初态 a 经准静态过程(直线 ab)变到末态 b. 已知该理想气体的定容摩尔热容 $C_{V,\mathrm{m}} = 3R$，求该理想气体在 ab 过程中的摩尔热容.

解　$a \to b$ 过程的方程为

$$\frac{p}{V} = \tan\theta(\text{恒量}) \qquad ①$$

设该过程的摩尔热容为 C_m，则对 1 mol 理想气体，有

$$C_\mathrm{m}\mathrm{d}T = C_{V,\mathrm{m}}\mathrm{d}T + p\mathrm{d}V \qquad ②$$

$$pV = RT \qquad ③$$

由式 ① 与式 ③ 联立得 $V^2\tan\theta = RT$，两边微分，得

$$2p\mathrm{d}V = R\mathrm{d}T$$

代入式 ②，有

$$C_\mathrm{m}\mathrm{d}T = C_{V,\mathrm{m}}\mathrm{d}T + \frac{1}{2}R\mathrm{d}T$$

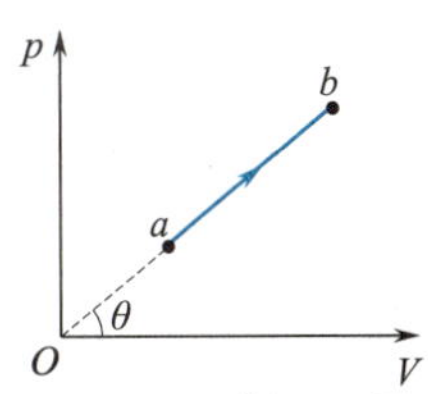

图 8.12　例 8.2 图

所以

$$C_\mathrm{m} = C_{V,\mathrm{m}} + \frac{1}{2}R = \frac{7}{2}R$$

8.5 循环过程　卡诺循环

在生产技术上需要将热量与功之间的转化持续下去，这就需要利用循环过程. 系统从某一状态出发，经过一系列状态变化过程以后，又回到原来出发时的状态，这

样的过程叫作**循环过程**，简称**循环**. 循环工作的物质叫作**工作物质**，简称**工质**.

由于工质的内能是状态的单值函数，工质经历一个循环过程回到原始状态时，内能没有改变，所以**循环过程的重要特征是** $\Delta E=0$. 若工质所经历的循环过程中各分过程都是准静态过程，则整个过程就是准静态循环过程. 在 p-V 图上即为一条闭合曲线. 图 8.13 中的曲线 $abcda$ 就表示了一个循环过程，其中箭头的方向表示过程进行的方向.

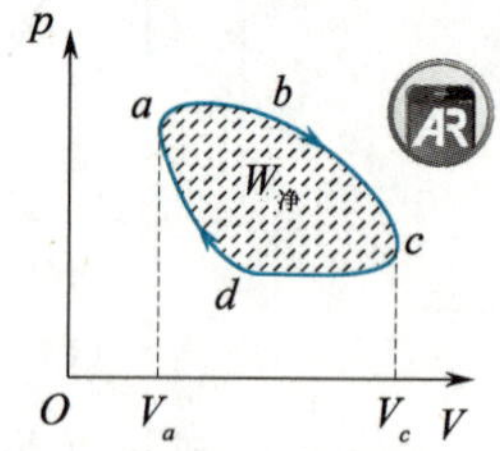

图 8.13 正循环

在 p-V 图上，若循环是沿顺时针方向进行的，则称为**正循环**；若循环是沿逆时针方向进行的，则称为**逆循环**.

对于正循环，如图 8.13 所示，在过程 abc 中，工质膨胀对外界做正功，其数值等于 $abcV_cV_aa$ 所围区域的面积；在 cda 过程中，系统对外界做负功，其数值等于 $cdaV_aV_cc$ 所围区域的面积. 因此，在一次正循环过程中，系统对外界做的净功（或总功）$W_净$，其数值为循环过程中系统正、负功的代数和，即封闭曲线 $abcda$ 所围区域的面积. 设在整个循环过程中，工质从外界吸收的热量总和为 Q_1，传递给外界的热量总和为 Q_2（绝对值），则工质吸收外界的净热量为过程中工质吸热的代数和，即$Q_净=(Q_1-Q_2)$. 由于一次循环过程中 $\Delta E=0$，将热力学第一定律应用于一次循环，可得 $Q_净=W_净$，即 $Q_1-Q_2=W_净$，且 $W_净>0$. 这表示，正循环过程中的能量转换关系是将吸收的热量 Q_1 中的一部分转化为有用功 $W_净$，将另一部分 Q_2 传递给外界. 可见，正循环是一种通过工质使热量不断转化为功的循环.

8.5.1 热机 热机效率

能完成正循环的装置叫作**热机**，或把通过工质使热量不断转化为功的机器叫作热机. 例如，蒸汽机、内燃机、汽轮机等都是常用的热机. 一台热机的效率，是指热机把吸收的热量中的多少转化为有用功，为此，定义**热机效率**为

$$\eta=\frac{\text{输出功}}{\text{吸收的热量}}=\frac{W_净}{Q_1}=1-\frac{Q_2}{Q_1} \tag{8.23}$$

式中，Q_1 为整个循环过程中吸收热量的总和，Q_2 为放出热量总和的绝对值，即式中 Q_1、Q_2 均为绝对值.

热机是实现将热能转化为机械能的主要设备，汽油机和柴油机是工程上普遍使用的两种内燃机. 内燃机的一种循环叫作**奥托**(Otto) **循环**，其工质为燃料与空气的混合物，利用燃料的燃烧热所产生的巨大压力而做功. 图 8.14 为一内燃机的结构示意图和它做奥托循环的 p-V 图. 其中，①ab 为绝热压缩过程；②bc 为电火花引起燃料爆炸瞬间的等容过程；③cd 为绝热膨胀对外界做功过程；④da 为打开排气阀瞬间的等容过程. 在 bc 过程中，工质吸收了燃料的燃烧热 Q_1，在 da 过程中排出废气带走了热量 Q_2. 奥托循环的效率取决于气缸活塞的压缩比 V_2/V_1，具体计算见后面的例题.

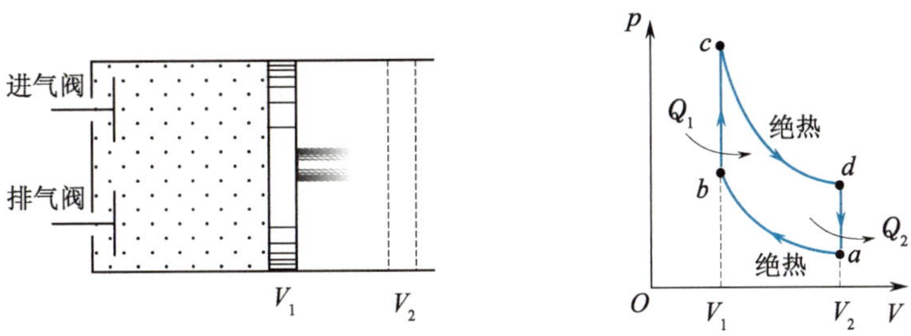

图 8.14　内燃机的结构及奥托循环

8.5.2　制冷系数

对于逆循环，如图 8.15 中沿 $abcda$ 进行，其最终结果是系统经一次循环内能不变，工质对外界做负功，$W_{净}<0$(外界对工质做净功 $-W_{净}$)，其大小等于逆循环曲线所包围的区域的面积.

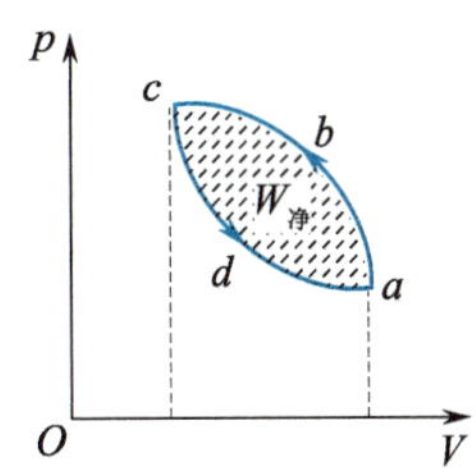

图 8.15　逆循环

设整个循环过程中工质从低温热源处吸收的热量为 Q_2，向高温热源处放出的热量大小为 Q_1. 将热力学第一定律应用于整个循环过程，注意 $\Delta E=0$，可得

$$Q_{净}=Q_2-Q_1=W_{净}$$

或

$$Q_1=Q_2-W_{净}=Q_2+(-W_{净})$$

由此可见，逆循环过程中向高温热源放出的热量大小等于工质从低温热源处吸收的热量 Q_2 和外界对工质做的功($-W_{净}$)之和. 也就是说，逆循环是在外界对工质做功的条件下，工质才能从低温热源处吸收热量，从而使低温热源的温度降低. 这就是**制冷机**的工作原理. 由于制冷机的目的是从低温热源处吸收热量，实现该目的是以外界对工质(俗称为制冷剂)做功为代价的，所以衡量制冷机的效能是外界对制冷剂做功($-W_{净}$)后，能从低温热源处吸收多大的热量 Q_2. 因此，**制冷系数**定义为

$$e=\frac{\text{从低温热源处吸收的热量}}{\text{外界对工质做净功的大小}}=\frac{Q_2}{|W_{净}|}=\frac{Q_2}{Q_1-Q_2} \tag{8.24}$$

式中，Q_1、Q_2 均为绝对值. 显然，如果从低温热源处吸收的热量 Q_2 越大，而外界对工质所做的功 $|W_{净}|$ 越小，则制冷系数 e 就越大，制冷机的制冷效率就越好.

家用电冰箱是一种制冷机(见图 8.16)，压缩机将处在低温、低压下的气态制冷剂(如氨或氟利昂等)，压缩至压强为 1 MPa(9.9 atm)，使其温度升到高于室温(AB 绝热压缩过程)；气态制冷剂进入散热器放出热量 Q_1，并逐渐液化进入储液器(BC 等压压缩过程)，再经过节流阀膨胀降温(CD 绝热膨胀过程)；最后进入冷冻器吸收电冰箱内的热量 Q_2，液态制冷剂汽化(DA 等压膨胀过程)，再度被吸入压缩机中进行下一个循环. 可见，整个制冷过程就是压缩机做功，将制冷剂由气态变成液态，放出热量 Q_1，再将制冷剂由液态变成气态，吸收热量 Q_2，这样周而复始来达到制冷降温的目的.

空调是如何工作的？

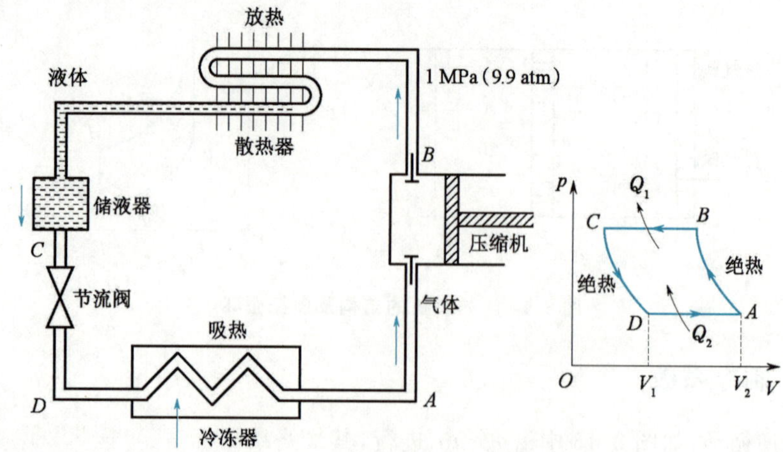

图 8.16　电冰箱制冷系统逆循环

例 8.3

内燃机的循环之一——奥托循环，如图 8.14 所示，试计算其热机效率.

解　在奥托循环中，气体主要在等容升压过程 bc 中吸热(Q_1)，在等容降压过程 da 中放热(Q_2)，Q_1 和 Q_2 的大小分别为

$$Q_1=\frac{M}{M_{\mathrm{mol}}}C_{V,\mathrm{m}}(T_c-T_b)$$

$$Q_2=\frac{M}{M_{\mathrm{mol}}}C_{V,\mathrm{m}}(T_d-T_a)$$

所以这一循环的热机效率为

$$\eta=1-\frac{Q_2}{Q_1}=1-\frac{T_d-T_a}{T_c-T_b}$$

因为 cd 和 ab 均为绝热过程，其绝热方程分别为

$$T_cV_1^{\gamma-1}=T_dV_2^{\gamma-1}$$

$$T_bV_1^{\gamma-1}=T_aV_2^{\gamma-1}$$

两式相减，得

$$(T_c-T_b)V_1^{\gamma-1}=(T_d-T_a)V_2^{\gamma-1}$$

即

$$\frac{T_c-T_b}{T_d-T_a}=\left(\frac{V_2}{V_1}\right)^{\gamma-1}$$

于是得

$$\eta=1-\frac{1}{\left(\frac{V_2}{V_1}\right)^{\gamma-1}}$$

令 $\varepsilon=\frac{V_2}{V_1}$，称为压缩比，则有

$$\eta=1-\frac{1}{\varepsilon^{\gamma-1}}$$

由此可见，奥托循环的热机效率完全由压缩比 ε 决定，并随着 ε 的增大而增大，故提高压缩比是提高内燃机的热机效率的重要途径. 但压缩比太高会产生爆震而使内燃机不能平稳工作，且增大磨损，因此压缩比一般取 5～7. 设 $\varepsilon=7$，$\gamma=1.4$，可得热机效率为

$$\eta=1-\frac{1}{7^{0.4}}\approx 54\%$$

实际上，汽油机的热机效率只有 25% 左右，柴油机的压缩比能达到 $\varepsilon=12\sim20$，实际热机效率可达 40% 左右. 由于其压缩比很大，柴油机的气缸、活塞杆等都做得很笨重，噪声也大. 故小型汽车、摩托车等都装置汽油机，拖拉机等装置柴油机.

8.5.3　卡诺循环

卡诺热机的效率

19 世纪初，蒸汽机在工业上的应用越来越广泛，但当时蒸汽机的效率很低，只有 3%～5%. 因此，如何提高热机的效率，便成为当时科学家和工程师研究的重要课题. 那时人们从实践中已认识到，要使热机有效地工作，必须具备至少两个温度不同

的热源. 那么，在两个温度一定的热源之间工作的热机所能达到的最大效率是多少呢？

1824 年，年仅 28 岁的法国青年工程师卡诺(S. Carnot) 在《论火的动力》中从理论上回答了上述问题. 他提出了一种理想的热机循环：假设工质只与两个恒温热源交换热量，在温度为 T_1 的高温热源处吸热，在温度为 T_2 的低温热源处放热，并假定所有过程都是准静态的. 由于过程是准静态的，所以工质与两个恒温热源交换热量的过程必定是等温过程，又因为只与两个恒温热源交换热量，所以工质从热源温度 T_1 变到冷源温度 T_2，或者相反的过程，只能是绝热过程. 因此，这种由两个准静态等温过程和两个准静态绝热过程组成的循环，就称为**卡诺循环**. 完成卡诺正循环的热机叫作**卡诺热机**，卡诺热机的工质可以是固体、液体或气体.

下面分析以理想气体为工质的卡诺正循环，并求出其效率. 卡诺循环在 p-V 图上是分别由温度为 T_1 和 T_2 的两条等温线和两条绝热线组成的封闭曲线，如图 8.17 所示，其各个分过程如下(图 8.18 所示为卡诺热机能流示意图).

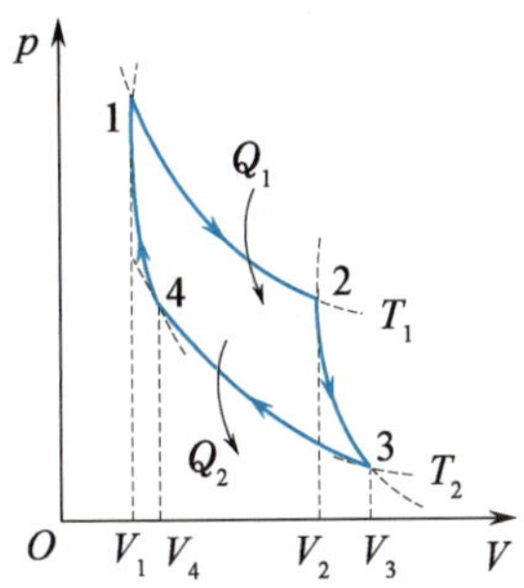

图 8.17　卡诺正循环

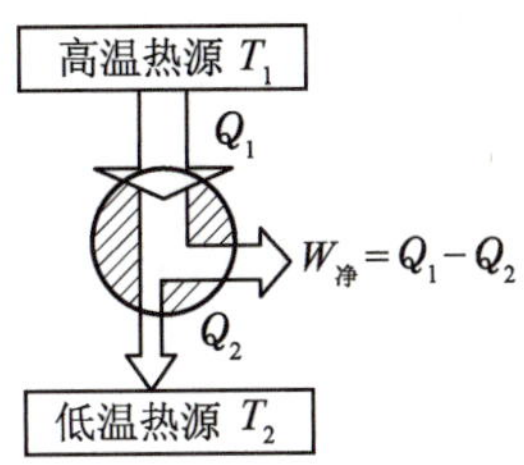

图 8.18　卡诺热机能流示意图

1 → 2：气体和温度为 T_1 的高温热源接触做等温膨胀，体积由 V_1 增大到 V_2，它从高温热源处吸收的热量为

$$Q_1 = \frac{M}{M_{\text{mol}}} RT_1 \ln \frac{V_2}{V_1}$$

2 → 3：气体和高温热源分开，做绝热膨胀，温度降到 T_2，体积增大到 V_3，过程中无热量交换，但气体对外界做功.

3 → 4：气体和低温热源接触做等温压缩，体积缩小到一适当值，使状态 4 和状态 1 位于同一条绝热线上. 过程中外界对气体做功，气体向温度为 T_2 的低温热源放热，放出的热量 Q_2 的大小为

$$Q_2 = \frac{M}{M_{\text{mol}}} RT_2 \ln \frac{V_3}{V_4}$$

4 → 1：气体和低温热源分开，经绝热压缩，回到状态 1，完成一次循环. 过程中无热量交换，但外界对气体做功.

根据热机效率的定义，可得以理想气体为工质的卡诺循环的效率为

$$\eta_{\text{卡}} = 1 - \frac{Q_2}{Q_1} = 1 - \frac{T_2 \ln \dfrac{V_3}{V_4}}{T_1 \ln \dfrac{V_2}{V_1}}$$

我国绿色能源利用

对绝热过程 $2\to3$ 和 $4\to1$ 分别应用绝热方程，有

$$T_1V_2^{\gamma-1}=T_2V_3^{\gamma-1}$$

$$T_1V_1^{\gamma-1}=T_2V_4^{\gamma-1}$$

两式相比，则有

$$\frac{V_2}{V_1}=\frac{V_3}{V_4}$$

代入卡诺循环的效率公式后，可得

$$\eta_{卡}=1-\frac{T_2}{T_1}=\frac{T_1-T_2}{T_1} \tag{8.25}$$

综上可知：

(1) 要完成一次卡诺循环必须有温度一定的高温和低温两个热源（也称为温度一定的热源和冷源）；

(2) 卡诺循环的效率只与两个热源的温度有关，高温热源的温度越高，低温热源的温度越低，卡诺循环的效率越高；

(3) 由于不能实现 $T_1=\infty$ 或 $T_2=0$（热力学第三定律），因此卡诺循环的效率总是小于1；

(4) 可以证明，在相同的高温热源和低温热源之间工作的一切热机中，卡诺热机的效率最高.

若卡诺循环按逆时针方向进行，则构成卡诺制冷机. 其 p-V 图和能量转换关系如图 8.19 所示，气体和低温热源接触，从低温热源处吸收的热量为

$$Q_2=\frac{M}{M_{\text{mol}}}RT_2\ln\frac{V_3}{V_4}$$

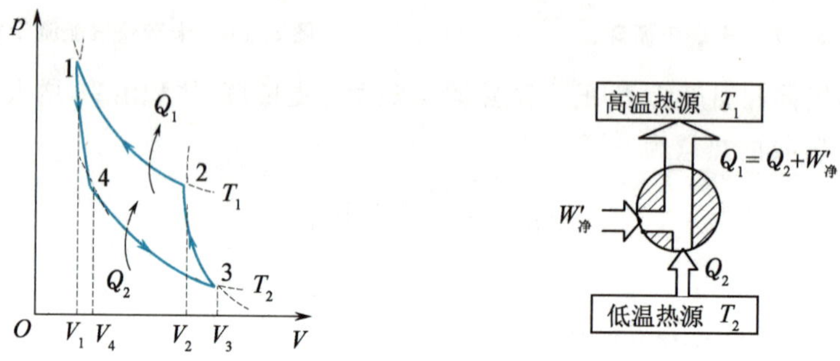

(a) 卡诺逆循环　　(b) 卡诺制冷机能流示意图

图 8.19　卡诺制冷机

气体向高温热源放出的热量大小为

$$Q_1=\frac{M}{M_{\text{mol}}}RT_1\ln\frac{V_2}{V_1}$$

一次循环中外界做的净功为

$$W'_{净}=Q_1-Q_2$$

所以卡诺制冷机的制冷系数为

$$e_{卡}=\frac{Q_2}{W'_{净}}=\frac{\dfrac{M}{M_{\text{mol}}}RT_2\ln\dfrac{V_3}{V_4}}{\dfrac{M}{M_{\text{mol}}}RT_1\ln\dfrac{V_2}{V_1}-\dfrac{M}{M_{\text{mol}}}RT_2\ln\dfrac{V_3}{V_4}}$$

同理，利用关系式$\frac{V_2}{V_1}=\frac{V_3}{V_4}$，将其代入上式后，可得

$$e_{卡}=\frac{T_2}{T_1-T_2} \tag{8.26}$$

可见，卡诺制冷机的制冷系数也只与两个热源的温度有关. 与热机效率不同的是，高温热源的温度越高，低温热源的温度越低，制冷系数越小，意味着从温度越低的冷源中吸收相同的热量Q_2，外界需要做更多的功$W'_{净}$. 制冷系数可以大于1，如一台制冷输入功率为 830 W，制冷量为 2 300 W 的空调，其制冷系数约为 2.77.

例 8.4

一卡诺制冷机从温度为 −10 ℃ 的冷库中吸收热量，向温度为 27 ℃ 的室外空气中释放热量，若制冷机消耗的功率是 1.5 kW，求：(1) 制冷机每分钟从冷库中吸收的热量；(2) 制冷机每分钟向室外空气中释放的热量.

解 (1) 根据卡诺制冷系数，有

$$e_{卡}=\frac{T_2}{T_1-T_2}=\frac{263.15}{300.15-263.15}=7.1$$

所以，制冷机每分钟从冷库中吸收的热量为

$$\begin{aligned}Q_2&=e_{卡}W'_{净}=7.1\times1.5\times10^3\times60\ \mathrm{J}\\&=6.39\times10^5\ \mathrm{J}\end{aligned}$$

(2) 制冷机每分钟向室外空气中释放的热量为

$$\begin{aligned}Q_1&=W'_{净}+Q_2\\&=1.5\times10^3\times60\ \mathrm{J}+6.39\times10^5\ \mathrm{J}\\&=7.29\times10^5\ \mathrm{J}\end{aligned}$$

根据制冷机的制冷原理制成的供热机叫作热泵. 在严寒的冬天，把空调的冷冻器放在室外，将散热器放在室内，开动空调，经电力做功，通过冷冻器从室外吸收热量，通过散热器向室内放热达到供热取暖的目的. 热泵供热获得的热量大于消耗的电功，例 8.4 中消耗的电功为

$$W'_{净}=1.5\times10^3\times60\ \mathrm{J}=9.0\times10^4\ \mathrm{J}$$

提供的热量为

$$Q_1=7.29\times10^5\ \mathrm{J}$$

$Q_1>W'_{净}$，这是最经济的供热方式. 在酷热的夏天，只需将冷冻器与散热器的位置互换，经空调做功，吸收室内热量，向室外释放热量，即达到室内降温的目的. 可见，制冷机可以制冷，也可以供热，供热时即为热泵.

8.6 热力学第二定律

热力学第一定律指出了热力学过程中的能量守恒关系. 然而，人们在研究热机的工作原理时发现，满足能量守恒的热力学过程不一定都能进行. 实际的热力学过程都只能按一定的方向进行，而热力学第一定律并没有阐述系统变化进行的方向. 热力学第二定律就是关于自然过程方向性的规律.

8.6.1 开尔文表述

热力学第一定律表明违背能量守恒定律的第一类永动机不可能制成，那么如何

在不违背热力学第一定律的条件下，尽可能地提高热机效率呢？分析热机效率公式 $\eta=1-\frac{Q_2}{Q_1}$，显然，如果向低温热源放出的热量 Q_2 越少，效率 η 就越大，当 $Q_2=0$ 时，即不需要低温热源，只存在一个单一温度的热源，其效率就可以达到 100%. 这就是说，如果在一个循环中，只从单一热源吸收热量使之全部变为功（这不违反能量守恒定律），热机效率就可达到 100%，这个结论是非常引人注目的. 有人曾作过估算，如果这种单一热源的热机可以实现，则只要使海水的温度降低 0.01 K，就能使全世界所有机器工作1 000 多年！

然而长期实践表明，循环效率达 100% 的热机是无法制成的. 在这个基础上，开尔文在 1851 年提出了一条重要规律，称为热力学第二定律. 这一定律表述为：**不可能制成一种循环动作的热机，它只从单一热源吸收热量，并使其全部变为有用功，而不引起其他变化**. 这就是**热力学第二定律**的开尔文表述.

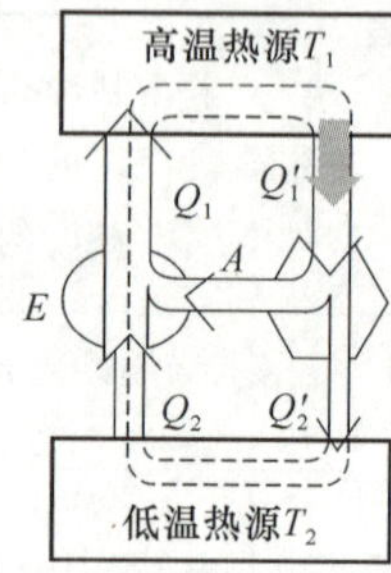

热力学第二定律

在开尔文表述中，"循环动作""单一热源""不引起其他变化" 是三个关键条件. 理想气体在等温膨胀过程中固然能把吸收的热量完全变为功，但它不是循环动作的热机，而且又产生了其他变化（如气体膨胀、活塞位置变动），并未回到初始状态. 如果热源系统内部的温度不均，有高、低温部分，就有放热出现，这与放热为零的要求不符，且相当于多个热源.

从单一热源吸热并将其全部变为功的热机通常称为**第二类永动机**，所以热力学第二定律亦可表述为：**第二类永动机是不可能实现的**.

根据热力学第二定律的开尔文表述，各个工作热机必然会排出余热，并随之排出废水、废气，形成所谓的热污染，这给环境带来威胁. 因此，在热力学第二定律允许的范围内提高热机效率，减少热机释放的余热，不仅能使有限的能源得到更充分的利用，而且对环保也具有重大的意义. 目前，热机的效率只能达到近 50%（见表 8.3），与热力学第二定律规定的极限相差甚远. 为此，在热能工程领域工作的现代科技人员，仍十分关注提高热机效率的问题，并因此形成一门独立的学科分支 —— 热力经济学.

表 8.3　几种热机的效率

热机	效率
液流涡轮机	48%
蒸汽涡轮机	46%
内燃机	37%
蒸汽机	8%

8.6.2　克劳修斯表述

克劳修斯

开尔文表述从正循环的热机效率极限问题出发，总结出热力学第二定律. 还可以从逆循环制冷机角度分析制冷系数的极限，从而得出热力学第二定律的另一种等

价表述. 由制冷系数 $e=\dfrac{Q_2}{|W_{净}|}$ 可以看出,在 Q_2 一定的情况下,外界对系统做的功越少,制冷系数越高. 取极限情况 $W_{净}\to 0, e\to\infty$,即外界不对系统做功,热量可以不断地从低温热源传到高温热源,这是否可行呢? 1850 年,德国物理学家克劳修斯在总结前人大量观察和实验的基础上提出:**热量不可能自动地由低温物体传向高温物体**. 这就是热力学第二定律的**克劳修斯表述**. 在克劳修斯表述中,"自动地"是一个关键词,意思是,不需消耗外界的能量,热量可直接从低温物体传向高温物体. 但这是不可能的,制冷机是通过外力做功才迫使热量从低温物体传向高温物体的.

热力学第二定律的这两种表述,表面上看来各自独立,但由于其内在实质的同一性,所以这两种表述是等价的. 可以采用反证法来证实,即如果这两种表述之一不成立,则另一表述亦不成立.

先证违反开尔文表述,必然违反克劳修斯表述. 假如开尔文表述不对,即可以从单一热源吸收热量 Q 并把它完全变为功 W,而不引起其他变化,则可用这个功去推动一台制冷机,现在把违反开尔文表述的机器与一台制冷机组成复合机,其最终效果是不需要消耗任何外界的功,热量 Q_2 自动地由低温热源传向高温热源,由此可知,克劳修斯表述也不对,如图 8.20 所示. 即违反开尔文表述,必然违反克劳修斯表述.

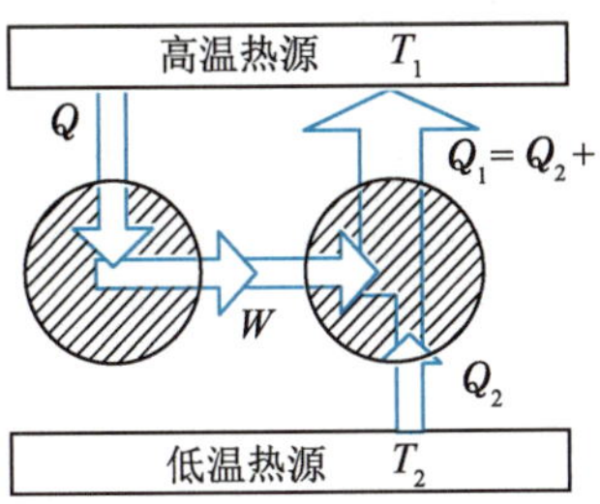

(a) 违反开尔文表述的机器+制冷机

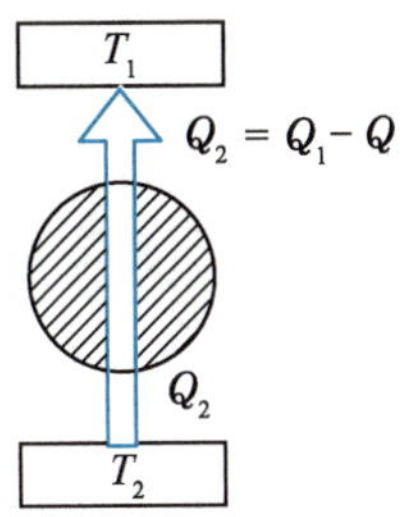

(b) 违反克劳修斯表述的机器

图 8.20 违反开尔文表述,必然违反克劳修斯表述

再证违反克劳修斯表述,必然违反开尔文表述. 假如克劳修斯表述不对,即热量能自动地由低温热源传向高温热源,而不引起其他变化. 我们把违反克劳修斯表述的机器与一台热机组成复合机,并让热机放给低温热源的热量自动传回高温热源,则最终效果为从单一高温热源吸收的热量 Q_1-Q_2 完全变为功 W,而不引起其他变化,即开尔文表述也不对,如图 8.21 所示. 这就是说违反克劳修斯表述,也必然违反开尔文表述.

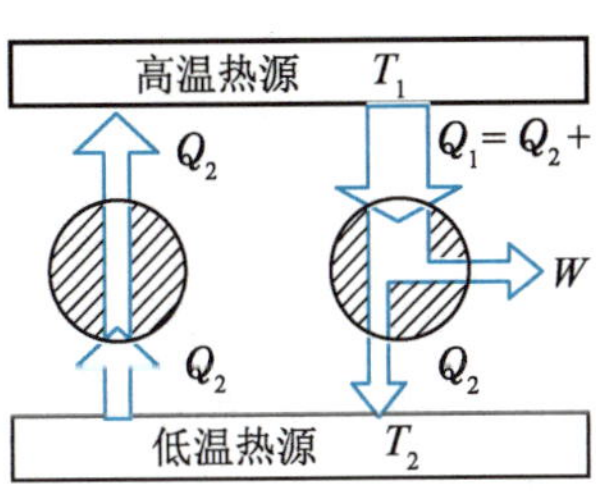

(a) 违反克劳修斯表述的机器+热机

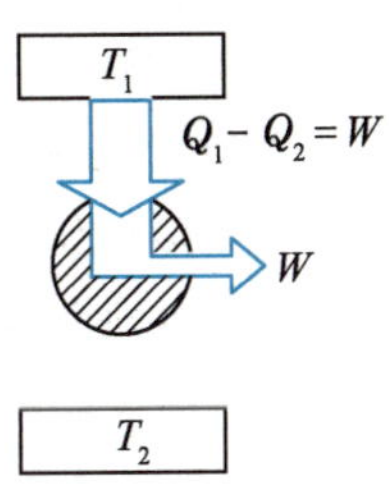

(b) 违反开尔文表述的机器

图 8.21 违反克劳修斯表述,必然违反开尔文表述

至此，我们证明了热力学第二定律的两种表述是等价的.

8.6.3 自然过程的方向性

在一个不受外界影响的孤立系统内自动进行的过程叫作**自然过程**. 热力学第二定律表明**与热现象有关的宏观自然过程都按一定的方向进行**.

开尔文表述指出，在不引起其他变化或不产生其他影响的情况下，不可能把吸收的热量全部变为有用功，但是与其相反的过程，即功全部变为热能是完全可能发生的. 例如，单摆在摆动过程中，由于空气阻力及悬点处摩擦力的作用，振幅逐渐减小，直到静止，过程中功转变为热量，机械能全部转化为内能，功变热是自动进行的. 但这种能量形式的逆向转换，即热变功却不会自动发生，虽然逆向转换不违反热力学第一定律. 这说明功热转换的过程是有方向性的.

当两个温度不同的物体相互接触时，热量总是自动地从高温物体传到低温物体，不会自动地从低温物体传到高温物体，而使高温物体的温度越来越高，低温物体的温度越来越低，尽管热量从低温物体传到高温物体的过程也不违反热力学第一定律. 这个事实说明热传导过程也具有方向性，这与克劳修斯表述一致.

将盛有气体的绝热容器与一真空绝热容器接通时，气体会自动地向真空中膨胀，但是已经膨胀到真空中的气体，不会自动退回到膨胀前的容器中，气体向真空中绝热自由膨胀的过程是自然过程，而与其相反的过程不能自动进行.

关于自然过程具有方向性的例子还有很多，如将两种不同气体注入一个容器里，它们能自发地混合，却不能自发地再度分离成两种气体；将一滴墨水滴入水中，墨水会自动进行扩散，直至达到均匀分布，而已经分布均匀的墨水，不会自动地收缩到它扩散前的状态；等等.

上面所举各例的共同特点是：系统可以从某一初态自动地过渡到某一末态，但其逆过程不能自动进行.

8.6.4 可逆过程与不可逆过程

为了分析过程的方向性，进一步从理论上研究热力学过程的规律，需引入可逆过程与不可逆过程的概念.

设一个系统，由某一状态出发，经过一过程达到另一状态，如果存在一个逆过程，该逆过程能使系统和外界同时完全复原（即系统回到原来的状态，同时消除了原来的过程对外界引起的一切影响），则原来的过程称为**可逆过程**；反之，如果逆过程不具有上述性质，也就是用任何方法都不可能使系统和外界同时完全复原，则原来的过程称为**不可逆过程**.

通过分析自然界中各种不可逆过程，人们发现，不可逆过程产生的原因是：① 系统内部出现了非平衡因素，如有限的压强差、有限的密度差、有限的温度差等，使平衡态遭到破坏；② 存在耗散效应，如摩擦、黏性、非弹性、电阻等. 因此，若一个过程是可逆过程，它必须具有下面的两个特征：一是过程中不出现非平衡因素，即过程必须是准静态的无限缓慢的过程，以保证每一中间状态均是平衡态；二是过程中无耗散效应. 可逆的热力学过程是对准静态过程的进一步理想化，是一种理想模型. 尽管如此，仍有研究可逆过程的必要. 因为实际过程在一定条件下可以近似地作为可逆过程;同时,还可以通过对可逆过程的研究来寻找实际过程的规律.

过程的不可逆性就是过程进行具有方向性.热力学第二定律的开尔文表述是关于功热转换的不可逆性,克劳修斯表述是关于热传递的不可逆性.大量事实表明,与热现象有关的实际宏观过程都是不可逆的.这是由于自然界中与热现象有关的实际宏观过程都涉及功热转换或热传导,系统由非平衡态向平衡态转化时,实际上存在各种差异和耗散,无论用何种方法,都不可能使系统和外界同时回到原来的状态.

各种不可逆过程都是互相联系的.前面证明了开尔文表述和克劳修斯表述是等价的,这表明功热转换的不可逆性与热传递的不可逆性是互相联系的.事实上,所有不可逆过程都是互相联系的.如果一种不可逆过程存在(或消失),可以证明,另一种不可逆过程也存在(或消失),总可由一种过程的不可逆性推断另一种过程的不可逆性.由于不可逆过程多种多样,相互依存,因此热力学第二定律可以有各种不同的表述,但不管其具体表述如何,其实质在于指出,**一切与热现象有关的实际宏观过程都是不可逆的**.热力学第二定律揭示了实际宏观热力学过程进行的条件和方向.

8.7 卡诺定理　克劳修斯熵

实际热力学过程的不可逆性说明自发进行的过程都将使系统的状态发生显著变化,以致系统无法通过自身的力量回到初始状态;要使系统复原,必须依靠外界的作用,但这时又给外界造成无法消除的影响.这表明不可逆过程的初态和末态之间存在着重大差异,正是这种差异决定了过程的方向.能不能找到一个描述这种差异的态函数,并根据其大小来判断过程的方向呢?克劳修斯首先通过卡诺定理找到了这个态函数,并于1865年将其定名为entropy,中文译作"熵".

8.7.1 卡诺定理

若组成循环的每一个过程都是可逆过程,则称该循环为可逆循环.做可逆循环的热机或制冷机分别称为可逆热机或可逆制冷机,否则称为不可逆机.

为了提高热机效率,卡诺从理论上进行了研究,提出了热机理论中非常重要的**卡诺定理**,它的具体内容是:

(1) **在相同的高温热源和相同的低温热源之间工作的一切可逆热机,其效率都相等,与工作物质无关;**

(2) **在相同的高温热源和相同的低温热源之间工作的一切不可逆热机,其效率都不可能大于可逆热机的效率.**

由内容(1)可知,对工作在高、低温热源 T_1 与 T_2 之间的可逆热机,有

$$\eta_{可逆}=1-\frac{Q_2}{Q_1}=1-\frac{T_2}{T_1}$$

由内容(2)可知,对不可逆热机,有

$$\eta_{不可逆}=1-\frac{Q_2}{Q_1}<1-\frac{T_2}{T_1}$$

顺便指出，由卡诺定理可知，若要提高热机效率，则应该提高高温热源的温度，降低低温热源的温度(如果要获取低于室温的低温热源，就必须用制冷机，但这是不经济的，所以实用上，只有从提高高温热源的温度着手. 例如，蒸汽机锅炉的温度约为 320 ℃，内燃机汽油爆炸时的温度约为 1 530 ℃).

8.7.2 克劳修斯不等式

克劳修斯对卡诺定理进行推广，将其应用于一个任意的循环过程，得到一个能分别描述可逆循环和不可逆循环特征的表达式，叫作克劳修斯不等式.

由卡诺定理可知，工作于高、低温热源 T_1 与 T_2 之间的热机效率为

$$\eta \leqslant 1-\frac{T_2}{T_1}$$

无论循环是否可逆，其效率均为

$$\eta = 1-\frac{Q_2}{Q_1}$$

代入上式，可得

$$1-\frac{Q_2}{Q_1} \leqslant 1-\frac{T_2}{T_1}$$

显然有

$$\frac{Q_2}{T_2} \geqslant \frac{Q_1}{T_1} \quad 或 \quad \frac{Q_1}{T_1}-\frac{Q_2}{T_2} \leqslant 0$$

式中，Q_1、Q_2 都是正的，是工作物质所吸收和放出热量的绝对值. 如果采用热力学第一定律中对热量正、负的规定，则上式应改写为

$$\frac{Q_1}{T_1}+\frac{Q_2}{T_2} \leqslant 0 \tag{8.27}$$

式中，热量 Q_1 和 Q_2 均为代数值；$\frac{Q}{T}$ 称为**热温比**或**热温商**，它是系统从某一热源吸收的热量 Q 和该热源的温度 T 之比. 式(8.27)表示，在卡诺循环中，系统热温比的总和总是小于或等于零.

如图 8.22 所示，任意一个循环过程均可看成由一系列微小卡诺循环组成，当每一个卡诺循环趋于无穷小时，由无数条等温线和绝热线组成的折线，就趋于循环曲线. 如果 $A\,\text{I}\,B\,\text{II}\,A$ 是可逆循环，则所有微小卡诺循环均为可逆卡诺循环，即 $A\,\text{I}\,B\,\text{II}\,A$ 循环可等价于所有微小卡诺循环的叠加(相邻两个卡诺循环中的绝热线都沿相反方向各经历一次，因而相互抵消). 因为对于每一个卡诺循环，式(8.27)总是成立的，所以对于任意循环 $A\,\text{I}\,B\,\text{II}\,A$，应有

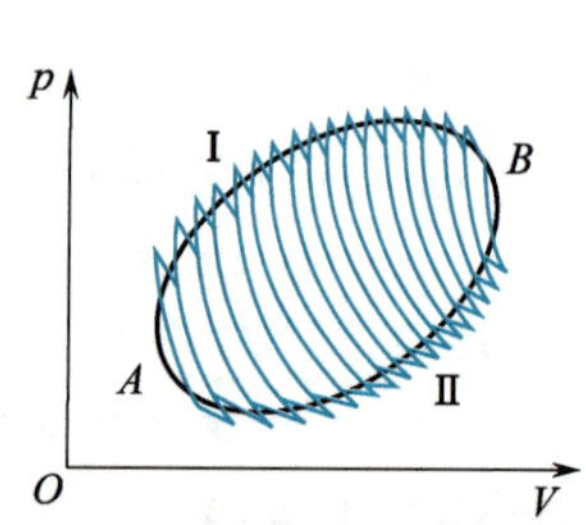

图 8.22 任意一个循环过程均可看成由一系列微小卡诺循环组成

$$\sum_{i=1}^{n}\frac{Q_i}{T_i} \leqslant 0$$

式中，Q_i 为系统从温度为 T_i 的热源吸收的热量(代数值)，n 为热源的个数. 当$n \rightarrow \infty$时，每个卡诺循环趋于无穷小，上式用积分表示，即

$$\oint \frac{dQ}{T} \leqslant 0 \tag{8.28}$$

式中，$\oint$ 表示沿循环曲线积分一周；dQ 为系统从温度为 T 的热源吸收的热量(代数值)；等号对应于可逆循环，不等号对应于不可逆循环. 式(8.28) 称为**克劳修斯不等式**. 因此，系统经历一个可逆循环过程，它的热温比总和等于零；系统经历一个不可逆循环过程，它的热温比总和小于零. 显然，式(8.28) 就是循环的可逆性和不可逆性的判别式.

8.7.3 克劳修斯熵

克劳修斯不等式指出了可逆过程和不可逆过程的特点，对于任意一个可逆循环过程，由式(8.28)，可知

$$\oint_{可逆} \frac{dQ}{T} = 0 \tag{8.29}$$

设系统由平衡态 A 经可逆过程 $A\,\mathrm{I}\,B$ 变到平衡态 B，又由状态 B 沿任意可逆过程 $B\,\mathrm{II}\,A$ 回到原状态 A，构成一个可逆循环，如图 8.23 所示. 对此可逆循环，式(8.29) 可写成

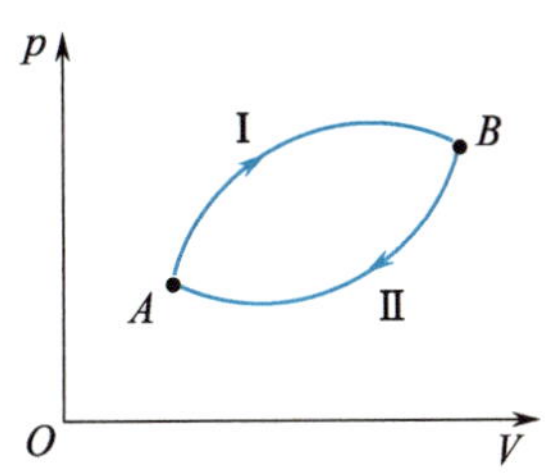

图 8.23 熵

$$\int_{A\mathrm{I}B} \frac{dQ_{可逆}}{T} + \int_{B\mathrm{II}A} \frac{dQ_{可逆}}{T} = 0$$

由于过程是可逆的，则有

$$\int_{A\mathrm{I}B} \frac{dQ_{可逆}}{T} + \int_{B\mathrm{II}A} \frac{dQ_{可逆}}{T} = \int_{A\mathrm{I}B} \frac{dQ_{可逆}}{T} - \int_{A\mathrm{II}B} \frac{dQ_{可逆}}{T} = 0$$

即

$$\int_{A\mathrm{I}B} \frac{dQ_{可逆}}{T} = \int_{A\mathrm{II}B} \frac{dQ_{可逆}}{T} \tag{8.30}$$

由式(8.30) 可见，由状态 A 沿不同的可逆过程变到同一状态 B 的热温比的积分值 $\int_A^B \frac{dQ_{可逆}}{T}$ 不变. 这就是说，热温比的积分只取决于初、末状态，与过程无关. 在力学中，保守力做功只取决于初、末位置而与其通过的具体路径无关，从而引入势能这一态函数. 在热力学中，系统完成一个循环回到原来的平衡态时，内能的变化量为零，即 $\oint dE = 0$，说明内能变化只与初、末状态有关，与过程无关，所以内能 E 是热力学平衡态的一个态函数. 现在，$\oint_{可逆} \frac{dQ}{T} = 0$，具有与上面相同的性质，这意味着热力学系统的平衡态还存在一个与内能不同的态函数，我们称这个新的态函数为**克劳修斯熵**，用符号 S 表示. 当系统由平衡态 A 变到平衡态 B 时，这个态函数就从 S_A 变到 S_B，即

$$S_B - S_A = \int_A^B dS = \int_A^B \frac{dQ_{可逆}}{T} \tag{8.31}$$

对于一个微小的可逆过程，有

$$dS = \frac{dQ_{可逆}}{T} \tag{8.32}$$

式(8.32) 表明，在可逆过程中，系统熵的微小变化等于这一微过程的“热温之商”，这也是新的态函数取名为熵的缘由.

由上面的讨论可知：① 熵是热力学系统的态函数；② 某一状态的熵值只有相对意义，与熵的零点选择有关；③ 如果过程的始末两态均为平衡态，则系统的熵变只取决于始态和末态，与过程是否可逆无关. 因此，当始末两态间经历一不可逆过程时，可以设计一个可逆过程将始末两态连接起来，然后沿此可逆过程用式(8.31) 计算熵变；④ 熵值具有可加性，因此大系统的熵变等于组成它的各子系统的熵变之和，全过程的熵变等于组成它的各子过程的熵变之和.

8.7.4 熵增加原理

引入态函数熵 S 后，热力学第二定律就可以用熵增加原理来描述.

设 $A\,\mathrm{I}\,B$ 是不可逆过程，$B\,\mathrm{II}\,A$ 是可逆过程，这两个过程构成一不可逆循环，如图 8.24 所示. 根据克劳修斯不等式 $\oint \frac{\mathrm{d}Q}{T} < 0$，有

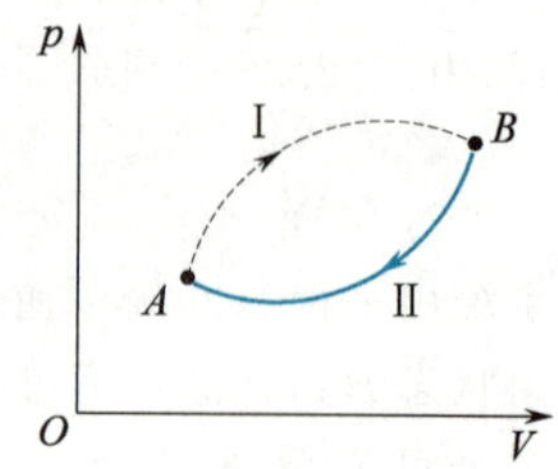

图 8.24 不可逆过程的熵变

$$\oint \frac{\mathrm{d}Q}{T} = \int_A^B \frac{\mathrm{d}Q_{\mathrm{I}}}{T} + \int_B^A \frac{\mathrm{d}Q_{\mathrm{II}}}{T} = \int_A^B \frac{\mathrm{d}Q_{\mathrm{I}}}{T} - \int_A^B \frac{\mathrm{d}Q_{\mathrm{II}}}{T} < 0$$

$$\int_A^B \frac{\mathrm{d}Q_{\mathrm{I}}}{T} < \int_A^B \frac{\mathrm{d}Q_{\mathrm{II}}}{T}$$

因为 $A\,\mathrm{II}\,B$ 是可逆过程，所以

$$\int_A^B \frac{\mathrm{d}Q_{\mathrm{II}}}{T} = S_B - S_A$$

因此

$$S_B - S_A > \int_A^B \frac{\mathrm{d}Q_{\mathrm{I}}}{T} \tag{8.33}$$

对于孤立系统（绝热系统），系统与外界无热量交换，在任一微小过程中 $\mathrm{d}Q = 0$，因此

$$\int_A^B \frac{\mathrm{d}Q_{\mathrm{I}}}{T} = 0$$

则

$$S_B - S_A > 0 \tag{8.34}$$

式(8.34) 表明在孤立系统中的不可逆过程中，其熵要增加.

对于孤立系统中的可逆过程，取等式有

$$S_B - S_A = \int_A^B \frac{\mathrm{d}Q_{\mathrm{II}}}{T} = 0 \tag{8.35}$$

综合式(8.34) 和式(8.35) 可知，对于孤立系统中的任一热力学过程，总是有

$$S_B - S_A \geqslant 0 \tag{8.36}$$

式(8.36) 就是热力学第二定律的数学表达式，表明**孤立系统中所发生的一切不可逆过程的熵总是增加，可逆过程的熵不变，这就是熵增加原理.**

因为自然界中实际发生的过程都是不可逆的，故根据熵增加原理可知：孤立系统内发生的一切实际过程都会使系统的熵增加. 这就是说，在孤立系统中，一切实际过程只能朝熵增加的方向进行，直到熵达到最大值为止.

熵增加原理初看起来像是对孤立系统来说的，实际上，它是一个十分普遍的规律，因为任何一个热过程，只要把过程所涉及的物体看作系统的一部分，那么，此系统对于该过程来说就变成了孤立系统，过程中此系统的熵变就一定满足熵增加原

耗散结构

理. 例如,有A、B两物体,其温度分别为T_1和T_2($T_1 > T_2$),相互接触后发生热量从物体A流向物体B的热传导过程. 如果单把物体A(或物体B)看成所讨论的系统,则系统是非孤立系统,如对物体B,因为吸收热量,它的熵增加;对物体A,因为放热,它的熵减少. 但是如果把物体A、B合起来作为所讨论的系统,这就成了孤立系统,对这个孤立系统来说,热传导过程一定使系统的熵增加. 注意:熵增加原理中的熵增加是指组成孤立系统的所有物体的熵之和的增加. 而对于孤立系统内的个别物体来说,热过程中它的熵增加或者减少都是可能的.

由于熵增加原理与热力学第二定律都是表述热过程自发进行的方向和条件,所以熵增加原理是热力学第二定律的数学表达式. 它为人们提供了判别一切过程进行的方向的准则.

例 8.5 1 mol 某种理想气体,从状态$a(p_a,V_a,T_a)$变到状态$b(p_b,V_b,T_b)$. 求克劳修斯熵变S_b-S_a,假如状态变化沿两条不同的可逆路径进行,一条路径是等温线,另一条路径由等容线和等压线组成,如图8.25所示.

解 沿等温线ab:

$$S_b - S_a = \int_a^b \frac{dQ}{T} = \int_a^b \frac{p\,dV}{T}$$

$$= \frac{1}{T_a} R T_a \ln\frac{V_b}{V_a} = R\ln\frac{V_b}{V_a}$$

沿acb路径:

$$S_b - S_a = \int_a^c \frac{dQ}{T} + \int_c^b \frac{dQ}{T}$$

$$= \int_a^c C_{V,m}\frac{dT}{T} + \int_c^b C_{p,m}\frac{dT}{T}$$

$$= C_{V,m}\ln\frac{T_c}{T_a} + (C_{V,m}+R)\ln\frac{T_b}{T_c}$$

$$= C_{V,m}\ln\frac{T_b}{T_a} + R\ln\frac{T_b}{T_c} = R\ln\frac{T_b}{T_c}$$

又因为等压过程有

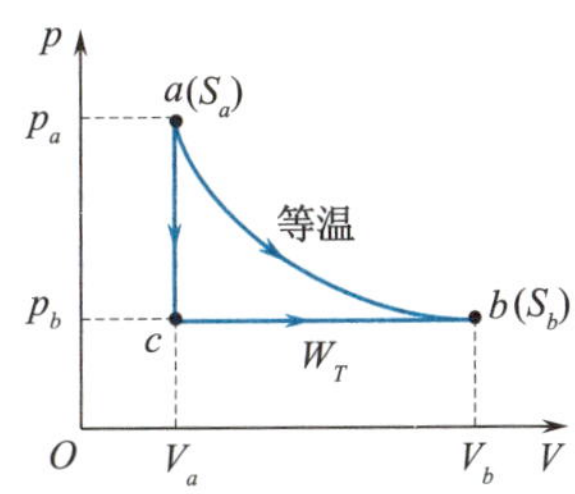

图 8.25 例 8.5 图

$$\frac{T_b}{T_c} = \frac{V_b}{V_a}$$

所以

$$S_b - S_a = R\ln\frac{V_b}{V_a}$$

这就证实了熵变取决于始末两态,与过程无关.

例 8.6 计算理想气体向真空自由膨胀过程中内能的增量及克劳修斯熵变. 如图8.26所示,设气体开始集中在容器左半部,初态体积为V_1,温度为T_1,容器右半部为真空,打开隔板后,气体均匀分布于整个容器,体积为V_2.

图 8.26 气体向真空自由膨胀

解 (1) 内能的增量.

由于膨胀迅速,可将其视为绝热过程,即系统与外界没有热量交换;系统对外也不做功(气体向真空膨胀不做功),气体向真空的自由膨胀属于不可逆过程.

依热力学第一定律可知，此过程中内能的增量为

$$\Delta E = 0$$

即 $E_末 = E_初,\quad T_末 = T_初 = T_1$

可见，理想气体自由膨胀过程的初态与末态之间的内能相等，温度相同。

(2) 熵变的计算。

因为过程不可逆，在 p-V 图上用虚线表示，以示与可逆过程的区别。要计算其熵变，必须先设计一个可逆过程，把初态 a 与末态 b 连接起来。因为已知初末两态的温度相同，故可设为可逆等温膨胀过程，如图 8.27 所示，连接 a 态和 b 态。依可逆过程中熵变与热温比的关系，有

$$S_b - S_a = \int_a^b \frac{dQ_{可逆}}{T}$$

因为等温可逆过程中

$$dQ_T = p dV$$

所以 $$S_b - S_a = \int_a^b \frac{p dV}{T}$$

及 $$p = \frac{MRT}{M_{mol}V}$$

得 $$S_b - S_a = \int_a^b \frac{p dV}{T} = \frac{M}{M_{mol}}R\int_{V_1}^{V_2} \frac{dV}{V} = \frac{M}{M_{mol}}R\ln\frac{V_2}{V_1} > 0$$

$S_b - S_a > 0$ 表明，理想气体在真空自由膨胀过程中熵增加，是一不可逆过程。

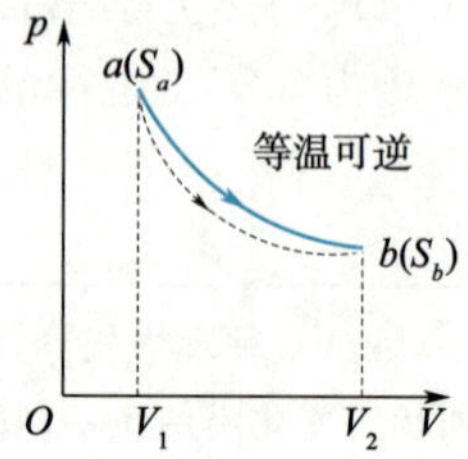

图 8.27 气体自由膨胀的熵变

例 8.7

1 kg 温度为 0 ℃ 的水与温度为 100 ℃ 的热源接触，(1) 计算水的熵变和热源的熵变；(2) 判断此过程是否可逆。

解 (1)
$$\Delta S_水 = \int_{T_1}^{T_2} \frac{dQ_1}{T} = MC\int_{T_1}^{T_2} \frac{dT}{T} = MC\ln\frac{T_2}{T_1} = 4.18\times10^3\times\ln\frac{373.15}{273.15}\ \text{J/K} = 1.30\times10^3\ \text{J/K}$$

$$\Delta S_{热源} = \frac{Q}{T} = \frac{-MC(T_2 - T_1)}{T_2} = -\frac{4.18\times10^3\times100}{373.15}\ \text{J/K} = -1.12\times10^3\ \text{J/K}$$

(2) 由水和热源组成一个大系统，则

$$\Delta S_{大系统} = \Delta S_水 + \Delta S_{热源} = (1.30 - 1.12)\times10^3\ \text{J/K} = 180\ \text{J/K}$$

大系统可以看成一孤立系统，在过程中熵增加，所以此传热过程是不可逆的，即高温热源自动传递热量给低温水的过程是不可逆过程。而水或热源是非孤立系统，其熵既可以增加，也可以减少。

8.8 热力学第二定律的统计意义　玻尔兹曼熵

热力学第二定律指出，一切与热现象有关的实际宏观过程都是不可逆的，自然过程具有方向性。我们可以从微观上来理解这条定律的意义。

8.8.1 热力学第二定律的微观意义

热力学研究的对象是包含大量原子、分子等微观粒子的系统,热力学过程就是大量分子无序运动状态的变化.下面用前面的几个自然过程实例来定性说明.

单摆在摆动过程中,功转变成热,机械能转化为内能.功可看作大量分子定向运动的结果,内能是大量分子无规则的热运动的结果.从微观上看,在功转变成热的过程中,自然过程是大量分子从有序运动状态向无序运动状态转化的过程,但其逆过程不能自动进行,即大量分子不可能由无规则的热运动自动转变为有序运动.

当两个存在一定温差的物体相互接触时,热量可以自动地从高温物体传向低温物体,最后达到相同的温度.而温度是大量分子无规则热运动平均平动动能的量度,温度高的物体,其分子无序运动的平均平动动能大,温度低的物体,其分子无序运动的平均平动动能小.虽然两物体的分子都做无序运动,但能根据分子平均平动动能区分两物体.经过一段时间后,两物体的温度相同,这时就不能按分子平均平动动能的不同来区分两物体了,这是由于大量分子无规则的热运动使得无序程度增加了.从微观上看,热传导的过程中,自然过程是大量分子从无序程度小的运动状态向无序程度大的运动状态转化的过程,其逆过程却不能自动进行.

对于气体的绝热自由膨胀过程,膨胀前气体占据的空间小,膨胀后气体占据的空间大.在气体占据的空间小时,整体上气体分子的位置不确定性小,无序性小;在气体占据的空间大时,气体分子的位置不确定性大,分子的运动状态更加无序,无序性相对比较大.因此,从微观上看,气体的绝热自由膨胀过程中,自然过程也是大量分子从无序程度小的运动状态向无序程度大的运动状态转化的过程.其逆过程也不能自动进行.

从以上分析可知,大量分子无序运动状态的变化总是向无序性增大的方向进行,即**一切宏观自然过程总是沿着无序性增大的方向进行**.这就是热力学第二定律的微观意义.必须注意的是,热力学第二定律是一统计规律,只适用于由大量分子构成的热力学系统.

8.8.2 热力学概率与玻尔兹曼熵

一个不受外界影响的孤立系统内部发生的过程,总是沿着无序性增大的方向进行,那么怎样定量描述自然过程的方向性呢?玻尔兹曼首先把态函数熵和无序性联系起来,用数学形式来表示热力学第二定律的微观本质.为了引入熵,先初步了解热力学概率的知识.

1. 热力学概率

为简单起见,以单原子理想气体为例说明.如图 8.28 所示,用隔板将容器分成容积相等的 A、B 两室,给 A 室充以某种气体,B 室为真空.设容器内只有 a、b、c、d 4 个分子,抽掉隔板,在气体自由膨胀后,A、B 两室中可能的分子分布情况,即 4 个分子的可能宏观态及相应的微观态如表 8.4 所

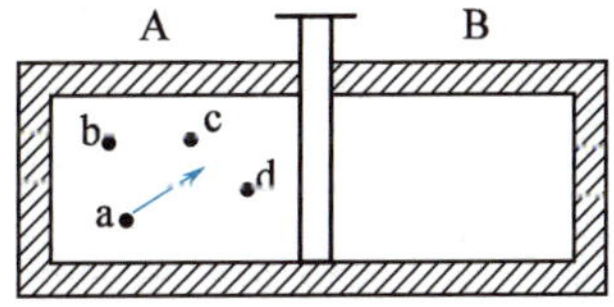

图 8.28 气体向真空中的自由膨胀

示. 对于气体的宏观热力学性质，并不需要确定每一个分子所处的微观位置和速度，只需要确定气体分子数的分布即可. 例如，A室中有3个分子，B室中有1个分子的分布，就属于一种宏观态. 因此，把每个容器中分子数的不同分布称为一种宏观态. 表8.4中第一行表示有5种宏观态(此例只考虑分子的位置，未考虑分子速度，即不将分子速度作为微观态的标志). 而对于气体的每一确定的微观态，必须指出每个分子所处的具体微观位置和速度. 对应于每一种宏观态，由于分子的微观组合不同，所以还可能包含若干种微观态. 例如，宏观态 A3B1 包含4种微观态.

表8.4　4个分子的可能宏观态及相应的微观态

宏观态		A4B0	A3B1				A2B2						A1B3				A0B4
微观态	A	a b c d	a b c	b c d	c d a	d a b	a c	a b	a d	b c	b d	c d	a	b	c	d	
	B		d	a	b	c	b d	c d	b c	a d	a c	a b	b c d	c d a	d a b	a b c	a b c d
宏观态包含的微观态数 Ω		1	4				6						4				1

统计理论认为，在孤立系统内，各微观态出现的机会是相同的，即等概率的. 在给定的宏观条件下，系统存在大量各种不同的微观态，每一宏观态可以包含许多微观态，统计物理学中定义：宏观态对应的微观态数叫作该宏观态的**热力学概率**，用Ω表示. 各宏观态包含的微观态数目是不相等的，因而各宏观态的出现就不是等概率的了. 由表8.4可知，微观态总共有$16=2^4$个. 如分子全部集中在A室或B室的宏观态，只含一个微观态，出现的概率最小，为$\frac{1}{16}=\frac{1}{2^4}$；而两室内分子均匀分布的A2B2宏观态，所含微观态数最多，为6个，出现的概率最大，为$\frac{6}{16}=\frac{6}{2^4}$. 如果上述系统有$N$个分子，同样将容器分成容积相等的A、B两室，可以推论，其总微观态数应为2^N个，对N个分子自动退回A室的宏观态，其概率仅为$1/2^N$. 由于一般热学系统包含的分子数巨大，例如，1 mol气体的分子数为6.022×10^{23}个，所以气体自由膨胀后，所有分子退回A室的概率为$\frac{1}{2^{6.022\times10^{23}}}$，这个概率如此之小，实际上根本观察不到. 而A室和B室分子各半的均匀分布以及附近的宏观态出现的概率大. 所以自由膨胀过程实际上是由包含微观态数少的宏观态向包含微观态数多的宏观态进行，或者说是由概率小的宏观态向概率大的宏观态进行. 这一结论对所有自然过程都是成立的.

前面从微观上定性地分析了一切宏观自然过程总是沿着无序性增大的方向进行，这里定量地说明了自然过程总是由热力学概率小的宏观态向热力学概率大的宏观态进行，这就是**热力学第二定律的统计意义**. 由此可知，热力学概率是分子运动无序性的一种量度.

2. 玻尔兹曼熵

熵的理解和应用

进一步分析20个分子的分布情况，如表8.5所示. 从表中可以看出，全部分布在A室或B室的宏观态的热力学概率最小，而在A室和B室各半的均匀分布的微观态的数目最多，热力学概率最大. 计算还可证明，当分子数增多时，A室和B室各半的均匀分布及其附近的微观态的数目占总微观态数的绝大部分，因此在热力学系统中处于均匀分布的平衡态及其附近的宏观态的热力学概率接近百分之百，而其他宏观态的热力学概率几乎可以忽略.

表8.5 20个分子的位置分布与熵

宏观态		微观态数(Ω)	熵 $S = k\ln\Omega$
A20；	B0	1	0
A18；	B2	190	$5.25k$
A15；	B5	15 504	$9.65k$
A11；	B9	167 960	$12.03k$
A10；	B10	184 765	$12.13k$
A9；	B11	167 960	$12.03k$
A5；	B15	15 504	$9.65k$
A2；	B18	190	$5.25k$
A0；	B20	1	0

分析说明，宏观自然过程总是往热力学概率Ω增大的方向进行，当到达Ω_{max}时，该过程就停止了. 同时也看到，一般情况下的热力学概率Ω是非常大的. 为了便于理论上处理，1877年，玻尔兹曼引入一个态函数熵，用S表示，其与热力学概率Ω的关系为

$$S = k\ln\Omega \tag{8.37}$$

称为**玻尔兹曼熵**，k称为玻尔兹曼常量，熵的单位是J/K.

对于热力学系统的每一个宏观态，都有一个热力学概率Ω值与之对应，也就有一个熵值S与之对应，故熵是系统状态函数. 热力学概率Ω是分子运动无序性的一种量度，和Ω一样，熵的微观意义是系统内分子热运动无序性的一种量度.

在一定条件下，两个子系统有热力学概率Ω_1和Ω_2，对应的状态函数分别为S_1、S_2，则在同样的条件下，根据概率的性质，整个系统的热力学概率为$\Omega = \Omega_1\Omega_2$，所以

$$S = k\ln\Omega = k\ln\Omega_1\Omega_2 = k\ln\Omega_1 + k\ln\Omega_2 = S_1 + S_2$$

也就是说，熵具有可加性，若一系统由两个子系统组成，则

$$S = S_1 + S_2$$

当引入态函数熵S后，热力学第二定律可用熵来描述，一切宏观自然过程总是沿着无序性增大的方向进行，也就是沿着熵增加的方向进行，即**在孤立系统中进行的自然过程总是沿着熵增大的方向进行，平衡态对应于熵最大的状态，这就是熵增加原理**. 其数学表达式为

$$\Delta S \geqslant 0$$

应注意，克劳修斯熵和玻尔兹曼熵的概念的引入是有区别的，克劳修斯熵只对系统的平衡态有意义，是系统平衡态的函数. 而玻尔兹曼熵对非平衡态也有意义，因为对非平衡态也有微观态数与之对应，因而也有熵值与之对应，从这个意义上说，玻尔兹曼熵更具普遍性. 由于平衡态是对应于 $\Omega_{\max}$ 的状态，可以说，克劳修斯熵是玻尔兹曼熵的最大值. 在统计物理学中，可以普遍地证明两个熵公式完全等价. 但在热力学中进行计算时多用克劳修斯熵公式.

例 8.8

用热力学概率方法计算物质的量为 ν 的理想气体向真空自由膨胀时的熵变. 设体积从 V_1 膨胀到 V_2，且初、末态均为平衡态.

解 因为绝热自由膨胀时系统的温度不变，只需考虑分子的位置分布对系统微观态数的影响. 每一分子在体积内各处的概率是相等的，则一个分子按位置分布的可能状态数应与体积成正比，即 $\Omega \propto V$. 对 νN_A 个分子，$\Omega \propto V^{\nu N_A}$，所以有

$$\frac{\Omega_2}{\Omega_1} = \left(\frac{V_2}{V_1}\right)^{\nu N_A}$$

$$\begin{aligned}\Delta S = S_2 - S_1 &= k\ln \Omega_2 - k\ln \Omega_1 \\ &= k\ln(\Omega_2/\Omega_1) \\ &= \nu N_A k\ln(V_2/V_1) \\ &= \nu R\ln(V_2/V_1)\end{aligned}$$

由于 $V_2 > V_1$，故 $\Delta S > 0$.

这里玻尔兹曼熵的计算结果与例 8.6 中用克劳修斯熵公式计算的结果相同，说明玻尔兹曼熵增加的本质也就是克劳修斯熵增加的本质.

无论微观的玻尔兹曼熵，还是宏观的克劳修斯熵，都是一致的，都与宏观态热力学概率的对数成正比，自然界过程的自发倾向总是从概率小的宏观态向概率大的宏观态过渡. 那么，这一切又有什么直观的意义呢？熵高，或者说宏观态的概率大，意味着“混乱”和“分散”；熵低，或者说宏观态的概率小，意味着“整齐”和“集中”. 用物理学的语言，前者叫作无序(disorder)，后者叫作有序(order). 例如，固体熔化为液体是熵增加的过程，固体的结晶态比液态整齐有序；液体蒸发为气体是熵增加得更多的过程，气态比液态混乱和分散得多. 自由膨胀从集中到分散，功变热从有序到无序，都是熵增加的过程.

熵与信息

状态是有序的还是无序的，有时并非一眼就能够看出. 许多字符排列成一长串，看不出什么规律，有人认为它是无序的，没有信息量，熵值很高. 但此字符串也许是用人们不理解的语言所写的一句话！果真如此，则它是有序的，传达了一定的信息，熵值较低. DNA 就是这类字符串，不能因为尚未读懂它而认为它是无序的，其实它是生命过程的中枢，高度有序，内含大量的信息，熵值非常低！

习题参考答案

习 题 8

8.1 选择题

8.1.1 关于可逆过程和不可逆过程有以下几种说法：

① 可逆过程一定是准静态过程；

② 准静态过程一定是可逆过程；

③ 不可逆过程发生后一定找不到另一过程使系统和外界同时复原；

④ 非静态过程一定是不可逆过程.

以上说法中正确的是 ( )

A. ①、②、③、④. B. ①、②、③. C. ②、③、④. D. ①、③、④.

8.1.2 热力学第一定律表明 ( )

A. 系统对外界做的功不可能大于系统从外界吸收的热量.

B. 系统内能的增量等于系统从外界吸收的热量.

C. 不可能存在这样的循环过程，在此循环过程中，外界对系统做的功不等于系统传给外界的热量.

D. 热机的效率不可能等于 1.

8.1.3 如题 8.1.3 图所示，bca 为理想气体绝热过程，$b1a$ 和 $b2a$ 是任意过程，则上述两过程中气体做功与吸收热量的情况是 ( )

A. $b1a$ 过程放热，做负功；$b2a$ 过程放热，做负功.

B. $b1a$ 过程吸热，做负功；$b2a$ 过程放热，做负功.

C. $b1a$ 过程吸热，做正功；$b2a$ 过程吸热，做负功.

D. $b1a$ 过程放热，做正功；$b2a$ 过程吸热，做正功.

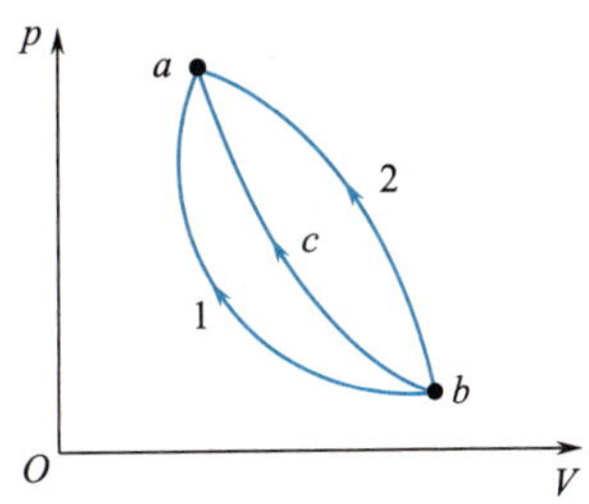

题 8.1.3 图

8.1.4 根据热力学第二定律，下列说法中正确的是 ( )

A. 功可以全部变为热，但热不能全部变为功.

B. 热量能从高温物体传到低温物体，但不能从低温物体传到高温物体.

C. 气体能够自由膨胀，但不能自动收缩.

D. 有规则运动的能量能够变为无规则运动的能量，但无规则运动的能量不能变为有规则运动的能量.

8.1.5 设有以下一些过程：

① 两种不同气体在等温下互相混合； ② 理想气体在定容下降温；

③ 液体在等温下汽化； ④ 理想气体在等温下压缩；

⑤ 理想气体绝热自由膨胀.

在这些过程中，使系统的熵增加的过程是 ( )

A. ①、②、③. B. ②、③、④. C. ③、④、⑤. D. ①、③、⑤.

8.2 填空题

8.2.1 对一定量的理想气体，从同一状态开始把其体积由 V_0 压缩到 $\frac{1}{2}V_0$，分别经历等压、等温、绝热 3 种过程. 其中：__________过程中外界对气体做的功最多；__________过程中气体内能减小最多；__________过程中气体放热最多.

8.2.2 常温常压下，一定量的某种理想气体，其分子可视为刚性分子，自由度为 i，在等压过程中吸收的热量为 Q，对外界做的功为 W，内能的增加量为 ΔE，则 $W/Q =$ ________，$\Delta E/Q =$ ________.

8.2.3 一理想卡诺热机在温度分别为 300 K 和 400 K 的两个热源之间工作. 若把高温热源的温度提高 100 K，则其效率可提高为原来的________倍；若把低温热源的温度降低 100 K，则其逆循环的制冷系数降低为原来的________.

8.2.4 绝热容器被隔板分成两半，一半是真空，另一半装有理想气体. 如果把隔板撤去，气体将进行自由膨胀，达到平衡后气体的内能________，气体的熵________.（选填“增加”“减少”或“不变”）

8.2.5 1 mol 理想气体在气缸中进行无限缓慢的膨胀，其体积由 V_1 变到 V_2. 当气缸处于绝热情况下时，理想气体熵的增量 $\Delta S =$ ________. 当气缸处于等温情况下时，理想气体熵的增量 $\Delta S =$ ________.

8.3 解答题

8.3.1 下列表述是否正确？为什么？如不正确，请将错误更正.

(1) $\Delta Q = \Delta E + \Delta W$；　(2) $Q = E + \int p\mathrm{d}V$；　(3) $\eta \neq 1 - \frac{Q_2}{Q_1}$；　(4) $\eta_{不可逆} < 1 - \frac{Q_2}{Q_1}$.

8.3.2 p-V 图上封闭曲线所包围的区域的面积表示什么？该面积越大，效率是否越高？

8.3.3 有 3 个循环过程，如题 8.3.3 图所示，$R > r$，指出每一循环过程所做的功是正的、负的，还是零，说明理由.

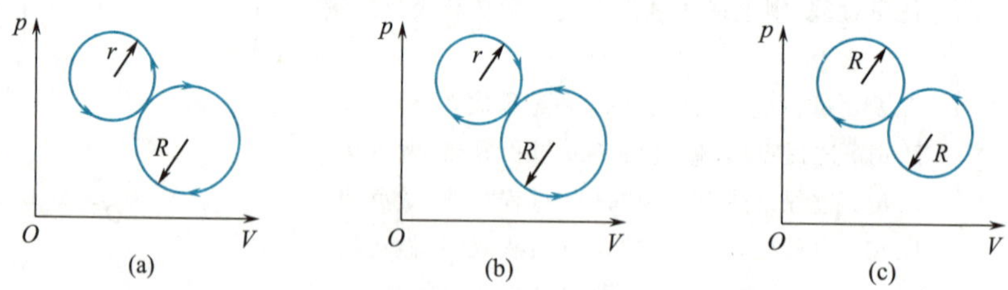

题 8.3.3 图

8.3.4 用热力学第一定律和热力学第二定律分别证明，在 p-V 图上一绝热线与一等温线不能有两个交点.

8.3.5 一循环过程如题 8.3.5 图所示.

(1) ab、bc、ca 各是什么过程？

(2) 画出对应的 p-V 图；

(3) 该循环是不是正循环？

(4) 该循环做的功是否等于直角三角形的面积？

(5) 用图中的热量 Q_{ab}、Q_{bc}、Q_{ac} 表示其热机效率或制冷系数.

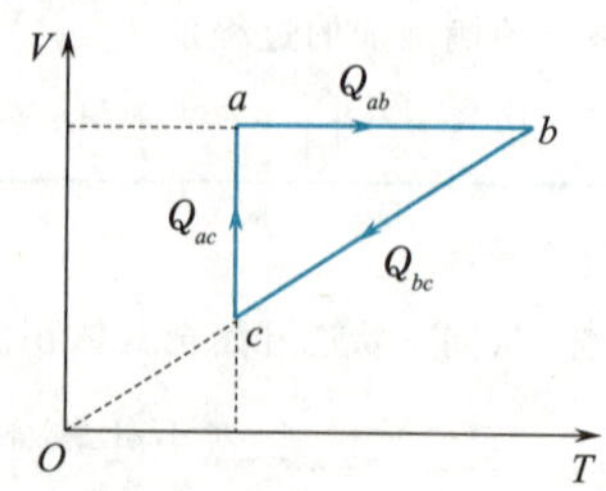

题 8.3.5 图

8.3.6 两个卡诺循环如题 8.3.6 图所示,它们的循环面积相等,试问:

(1) 它们吸热和放热的差值是否相同?

(2) 对外界做的净功是否相等?

(3) 效率是否相同?

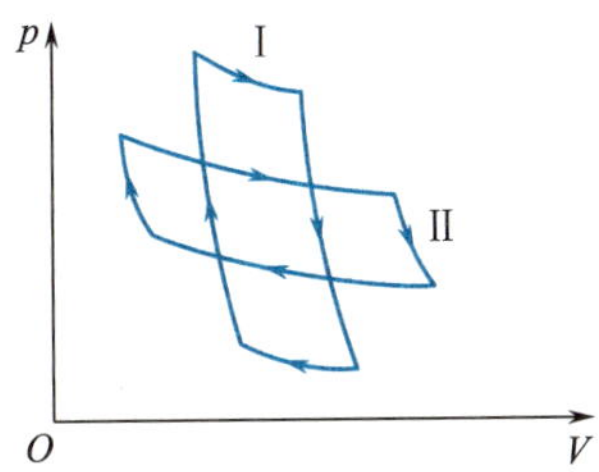

题 8.3.6 图

8.3.7 评论下述说法正确与否.

(1) 功可以完全变成热,但热不能完全变成功;

(2) 热量只能从高温物体传到低温物体,不能从低温物体传到高温物体;

(3) 可逆过程就是能沿反方向进行的过程,不可逆过程就是不能沿反方向进行的过程.

8.3.8 已知 $S_B - S_A = \int_A^B \frac{dQ_{可逆}}{T}$ 及 $S_B - S_A > \int_A^B \frac{dQ_{不可逆}}{T}$,这是否说明可逆过程的熵变大于不可逆过程的熵变?为什么?说明理由.

8.3.9 如题 8.3.9 图所示,一系统由状态 a 沿 acb 到达状态 b 的过程中,有 350 J 的热量传入系统,而系统做的功为 126 J.

(1) 若沿 adb 时,系统做的功为 42 J,则有多少热量传入系统?

(2) 若系统由状态 b 沿曲线 ba 返回状态 a 时,外界对系统做的功为 84 J,则系统是吸热还是放热?热量传递是多少?

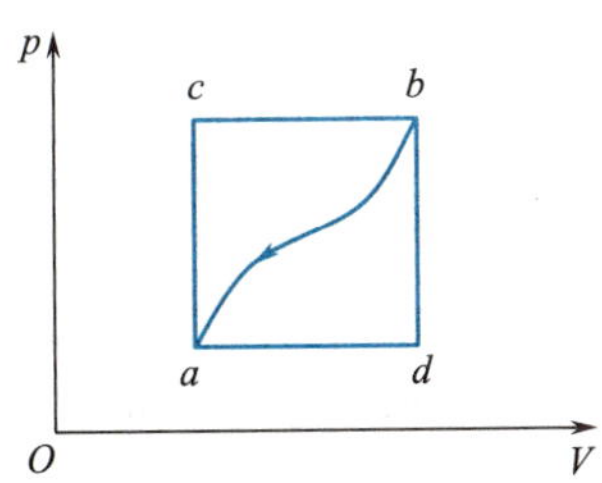

题 8.3.9 图

8.3.10 1 mol 单原子理想气体从 300 K 加热到 350 K,问在下列两过程中吸收了多少热量?增加了多少内能?对外做了多少功?

(1) 容积保持不变;

(2) 压力保持不变.

8.3.11 一个绝热容器中盛有摩尔质量为 M_{mol}、摩尔热容比为 γ 的理想气体,整个容器以速率 v 运动,若容器突然停止运动,求气体温度的升高量(设气体分子的机械能全部转化为内能).

8.3.12 0.01 m^3 氮气在温度为 300 K 时,由 0.1 MPa (1 atm) 压缩到 10 MPa. 试分别求氮气经等温及绝热压缩后的(1) 体积,(2) 温度;(3) 各过程对外界所做的功.

8.3.13 理想气体由初状态(p_1,V_1)经绝热膨胀至末状态(p_2,V_2). 试证此过程中气体所做的功为

$$W = \frac{p_1V_1 - p_2V_2}{\gamma - 1} \quad (\gamma \text{ 为气体的摩尔热容比})$$

8.3.14 1 mol 理想气体的 T-V 图如题 8.3.14 图所示，线段 ab 的反向延长线通过坐标原点 O. 求 ab 过程中气体对外界做的功.

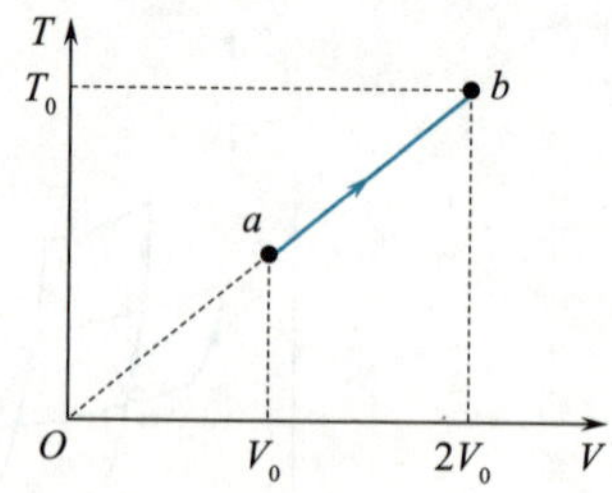

题 8.3.14 图

8.3.15 某理想气体的过程方程为 $Vp^{1/2}=a$，a 为常数，气体从 V_1 膨胀到 V_2. 求其所做的功.

8.3.16 设有一以理想气体为工质的热机循环，如题 8.3.16 图所示. 试证其循环效率为

$$\eta = 1-\gamma\frac{\dfrac{V_1}{V_2}-1}{\dfrac{p_1}{p_2}-1}$$

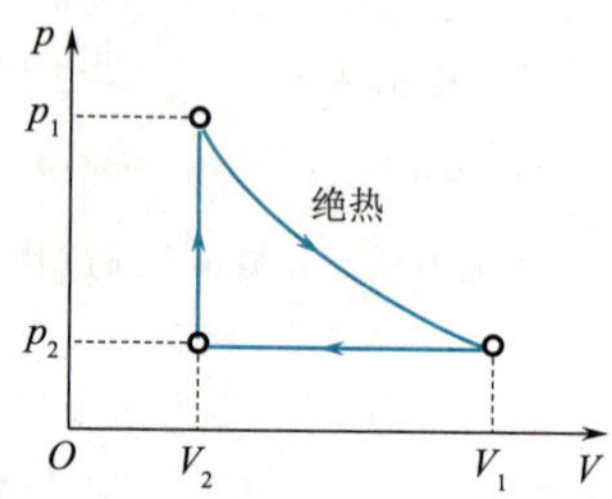

题 8.3.16 图

8.3.17 一卡诺热机在温度分别为 1 000 K 和 300 K 的两热源之间工作.

(1) 求热机效率；

(2) 若低温热源不变，要使热机效率提高到 80%，则高温热源的温度需提高多少？

(3) 若高温热源不变，要使热机效率提高到 80%，则低温热源的温度需降低多少？

8.3.18 题 8.3.18 图所示是一理想气体经历的循环过程，其中 AB 和 CD 为等压过程，BC 和 DA 为绝热过程，已知 B 点和 C 点的温度分别为 T_2 和 T_3. 求此循环效率. 这是卡诺循环吗？

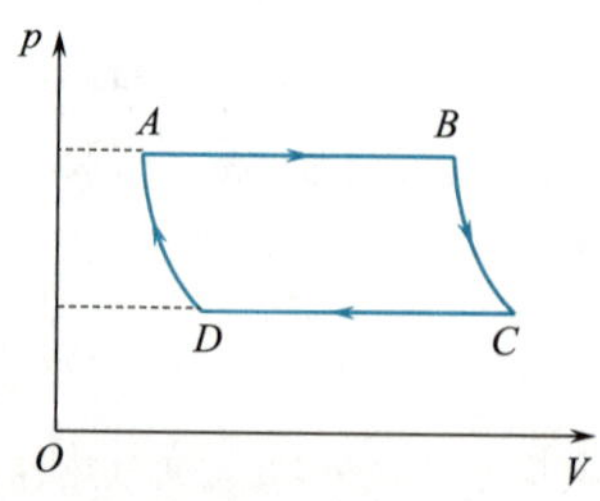

题 8.3.18 图

8.3.19 (1) 用一卡诺循环的制冷机从温度为 7 ℃ 的热源中提取 1 000 J 的热量传向温度为 27 ℃ 的热源，需要做多少功？从温度为 −173 ℃ 的热源中提取相同的热量传向温度为 27 ℃ 的热源呢？

(2) 一可逆的卡诺机，作热机使用时，如果工作的两热源的温度差愈大，则对于做功就愈有利. 作制冷机使用时，如果两热源的温度差越大，对于制冷是否也越有利？为什么？

8.3.20 如题 8.3.20 图所示，1 mol 双原子分子理想气体，从初态 $V_1 = 20$ L，$T_1 = 300$ K，经历 3 种不同的过程到达末态 $V_2 = 40$ L，$T_2 = 300$ K. 题 8.3.20 图中 $1 \to 2$ 为等温线，$1 \to 4$ 为绝热线，$4 \to 2$ 为等压线，$1 \to 3$ 为等压线，$3 \to 2$ 为等容线. 试分别沿这 3 种过程计算气体的熵变.

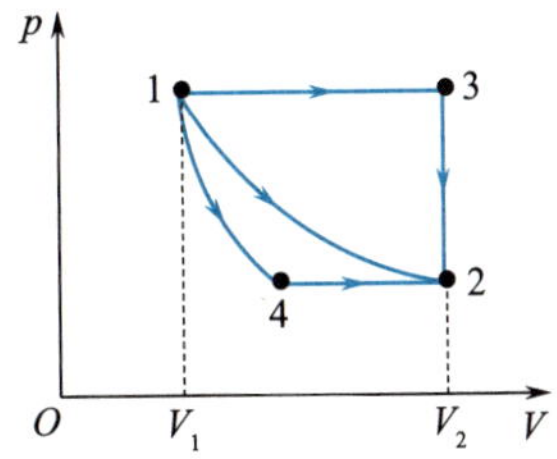

题 8.3.20 图

8.3.21 有两个相同体积的容器，分别装有 1 mol 的水，初始温度分别为 T_1 和 T_2 ($T_1 > T_2$)，令其进行接触，最后达到相同的温度 T. 求熵的变化(设水的摩尔热容为 C_m).

8.3.22 把 0 ℃、0.5 kg 的冰块加热到全部熔化成 0 ℃ 的水，问：

(1) 水的熵变如何？

(2) 若热源是温度为 20 ℃ 的庞大物体，那么热源的熵变化多大？

(3) 水和热源的总熵变有多大？是增加还是减少？(冰的熔化热 $\lambda = 334\ \mathrm{J \cdot g^{-1}}$)

附　录

附录 I 矢　量

1. 标量和矢量

在物理学中，有一类物理量，如时间、质量、功、能量、温度等，只有大小和正负，而没有方向，这类物理量称为**标量**. 另一类物理量，如位移、速度、加速度、力、动量、冲量等，既有大小又有方向，且相加、减时遵循平行四边形的运算法则，这类物理量称为**矢量**（也称为**向量**）. 通常用带箭头的字母（如$\vec{A}$）或黑体字母（如 **A**）来表示矢量，以区别于标量. 在作图时，可以在空间用一有向线段来表示矢量，如图 I.1 所示. 线段的长度表示矢量的大小，箭头的指向则表示矢量的方向.

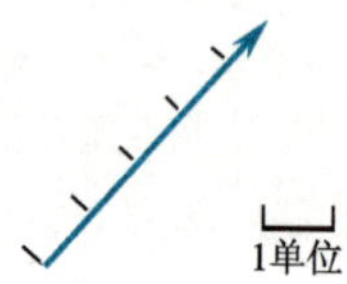

图 I.1　矢量的图示

因为矢量具有大小和方向这两个特征，所以只有大小相等、方向相同的两个矢量才相等[见图 I.2(a)]. 如果有一矢量和矢量 **A** 的大小相等而方向相反，这一矢量就称为矢量 **A** 的负矢量，用 −**A** 来表示[见图 I.2(b)].

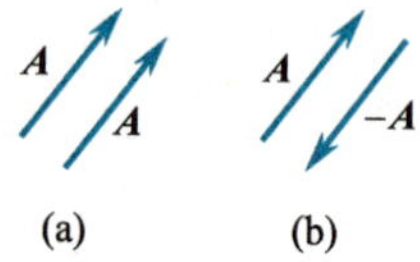

图 I.2　等矢量和负矢量

将一矢量平移后，它的大小和方向都保持不变. 这样，在考察矢量之间的关系或对它们进行运算时，往往根据需要将矢量进行平移，如图 I.3 所示.

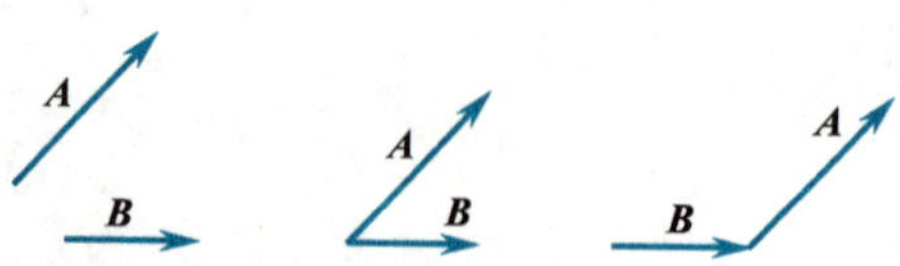

图 I.3　矢量的平移

2. 矢量的模和单位矢量

矢量的大小称为矢量的模. 矢量 **A** 的模常用符号 |**A**| 或 A 表示.

如果矢量 e_A 的模等于 1，且方向与矢量 A 的方向相同，则 e_A 称为矢量 A 方向上的单位矢量. 引进了单位矢量之后，矢量 A 可以表示为

$$\boldsymbol{A}=|\boldsymbol{A}|\boldsymbol{e}_A=A\boldsymbol{e}_A$$

这种表示方法实际上是把矢量 A 的大小和方向这两个特征分别表示出来.

对于空间直角坐标系（$Oxyz$）来说，通常用 $\boldsymbol{i}$、$\boldsymbol{j}$、$\boldsymbol{k}$ 分别表示沿 x、y、z 三个坐标轴正方向的单位矢量.

3. 矢量的加法和减法

矢量的运算不同于标量的运算. 例如，一个物体同时受到几个不同方向的力的作用时，在计算合力时，不能简单地运用代数相加的方法，而必须遵循平行四边形的运算法则. 因此矢量相加的方法常称为**平行四边形定则**.

设有两个矢量 A 和 B，如图 Ⅰ.4 所示，将它们相加时，可将两矢量平移至其起点交于一点，再以这两个矢量 A 和 B 为邻边作平行四边形，从两矢量的交点作平行四边形的对角线，此对角线即代表 A 和 B 两矢量之和，用矢量式表示为

图 Ⅰ.4 矢量的加法

$$\boldsymbol{C}=\boldsymbol{A}+\boldsymbol{B}$$

C 称为合矢量，而 A 和 B 称为合矢量 C 的分矢量.

因为平行四边形的对边平行且相等，所以两矢量合成的平行四边形定则可简化为三角形定则，即以矢量 A 的末端为起点，作矢量 B（见图 Ⅰ.5），不难看出，由 A 的起点画到 B 的末端的矢量就是合矢量 C. 同样地，如以矢量 B 的末端为起点，作矢量 A，由 B 的起点画到 A 的末端的矢量也是合矢量 C，即矢量的加法满足交换律.

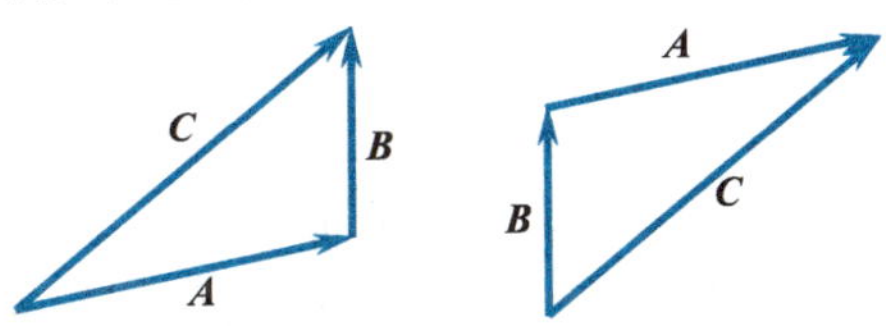

图 Ⅰ.5 矢量合成的三角形定则

对于两个以上的矢量相加，例如，求 A、B、C 和 D 的合矢量，则可根据三角形定则，先求出其中两个矢量的合矢量，然后将该合矢量与第 3 个矢量相加，求出这 3 个矢量的合矢量. 以此类推，就可以求出多个矢量的合矢量（见图 Ⅰ.6）. 从图 Ⅰ.6 中还可以看出，如果在第 1 个矢量的末端画出第 2 个矢量，再在第 2 个矢量的末端画出第 3 个矢量……即把所有相加的矢量首尾相连，然后由第 1 个矢量的起点到最后一个矢量的末端作一矢量，这个矢量就是它们的合矢量. 由于所有的分矢量与合矢量在矢量图上围成一个多边形，所以这种求合矢量的方法常称为**多边形定则**.

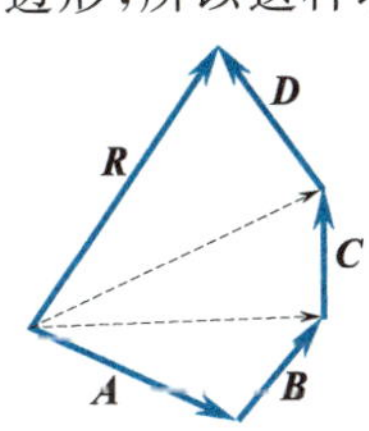

图 Ⅰ.6 多矢量的合成

合矢量的大小和方向，也可以通过计算求得. 如图 Ⅰ.7 所示，矢量 A、B 之间的夹角为 θ，那

么，合矢量 $\boldsymbol{C}$ 的大小和方向很容易从图上看出.

$$C=\sqrt{(A+B\cos\theta)^2+(B\sin\theta)^2}$$
$$=\sqrt{A^2+B^2+2AB\cos\theta}$$
$$\varphi=\arctan\frac{B\sin\theta}{A+B\cos\theta}$$

矢量的减法是按矢量加法的逆运算来定义的. 例如，问 $\boldsymbol{A}$、$\boldsymbol{B}$ 两矢量之差 $\boldsymbol{A}-\boldsymbol{B}$ 为何？它是另一个矢量 $\boldsymbol{D}$，记作 $\boldsymbol{D}=\boldsymbol{A}-\boldsymbol{B}$，如果把 $\boldsymbol{D}$、$\boldsymbol{B}$ 相加，就应该得到 $\boldsymbol{A}$. 由图 Ⅰ.8(a)还可以看出，$\boldsymbol{A}-\boldsymbol{B}$ 也等于 $\boldsymbol{A}$ 和 $-\boldsymbol{B}$ 的合矢量，即

$$\boldsymbol{A}-\boldsymbol{B}=\boldsymbol{A}+(-\boldsymbol{B})$$

所以求矢量差 $\boldsymbol{A}-\boldsymbol{B}$ 时可按图 Ⅰ.8(a)所示的平行四边形定则或三角形定则进行运算.

用同样的方法可以知道，矢量差 $\boldsymbol{B}-\boldsymbol{A}$ 等于由 $\boldsymbol{A}$ 的末端指向 $\boldsymbol{B}$ 的末端的矢量[见图 Ⅰ.8(b)]，它的大小与 $\boldsymbol{A}-\boldsymbol{B}$ 的大小相等，但方向相反.

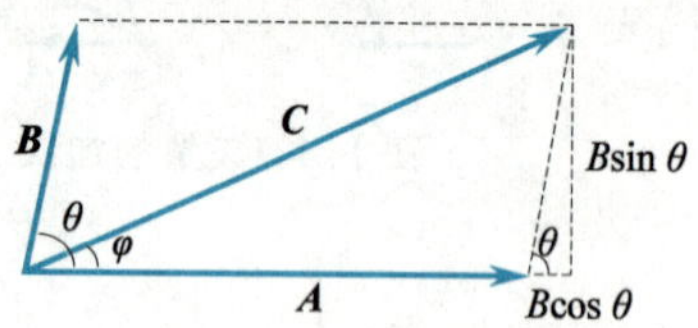

图 Ⅰ.7 两矢量合成的计算

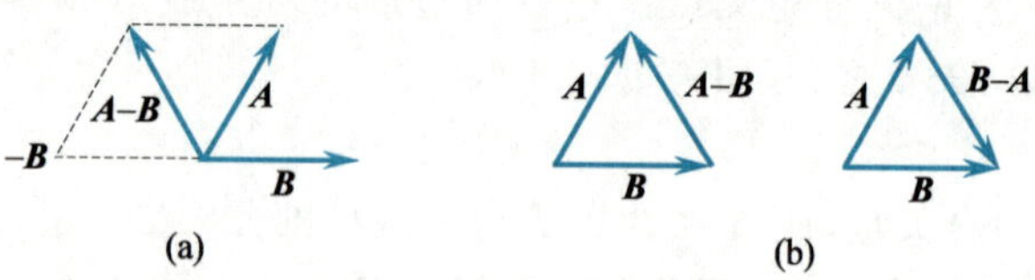

图 Ⅰ.8 矢量的减法

4. 矢量合成的解析法

两个或两个以上的矢量可以合成一个矢量. 同样，一个矢量也可以分解为两个或两个以上的分矢量. 但是，一个矢量分解为两个分矢量时，有无限多组解答(见图 Ⅰ.9). 若先限定了两个分矢量的方向，则解答是唯一的. 常将一矢量沿直角坐标系的坐标轴分解. 由于坐标轴的方向已确定，所以任一矢量分解在各坐标轴上的分矢量只需用带正号或负号的数值表示即可，这些分矢量的量值都是标量，一般叫作分量. 如图 Ⅰ.10 所示，矢量 $\boldsymbol{A}$ 在 x 轴和 y 轴上的分量分别为

$$A_x=A\cos\theta$$
$$A_y=A\sin\theta$$

显然，矢量 $\boldsymbol{A}$ 的模与分量 A_x、A_y 之间的关系为 $|\boldsymbol{A}|=\sqrt{A_x^2+A_y^2}$，矢量 $\boldsymbol{A}$ 的方向可用与 x 轴的夹角 θ 来表示，即

$$\theta=\arctan\frac{A_y}{A_x}$$

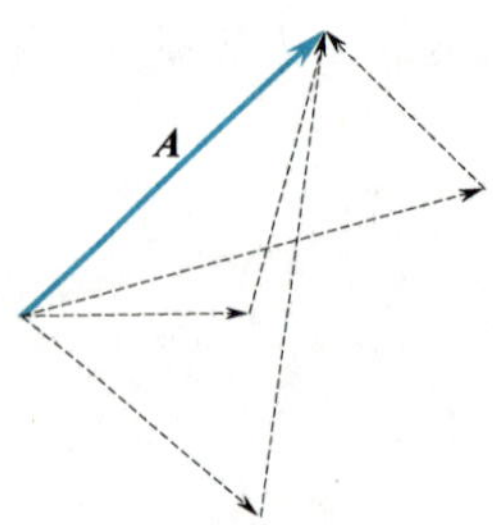

图 Ⅰ.9 矢量的分解

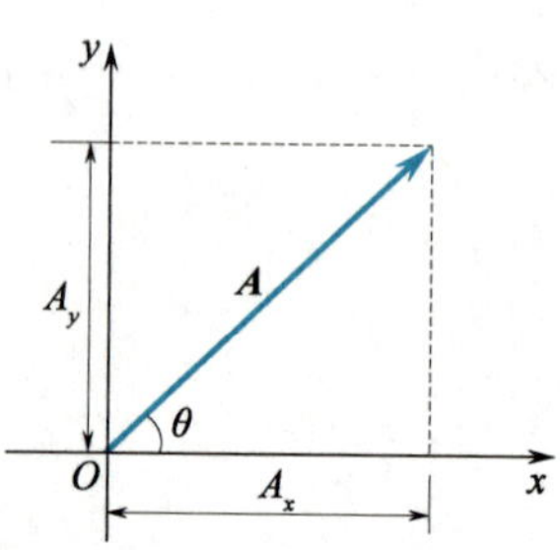

图 Ⅰ.10 矢量的正交分解

运用矢量的分量表示法，可以使矢量的加减运算得到简化. 如图Ⅰ.11所示，设有两矢量 $\boldsymbol{A}$ 和 $\boldsymbol{B}$，其合矢量 $\boldsymbol{C}$ 可由平行四边形定则求出. 如矢量 $\boldsymbol{A}$ 和 $\boldsymbol{B}$ 在坐标轴上的分量分别为 A_x、A_y 和 B_x、B_y. 由图Ⅰ.11很容易得出，合矢量 $\boldsymbol{C}$ 在坐标轴上的分量满足关系式

$$C_x = A_x + B_x$$
$$C_y = A_y + B_y$$

也就是说，合矢量在任一直角坐标系的坐标轴上的分量等于分矢量在同一坐标轴上各分量的代数和. 这样，通过分矢量在坐标轴上的分量就可以求得合矢量的大小和方向.

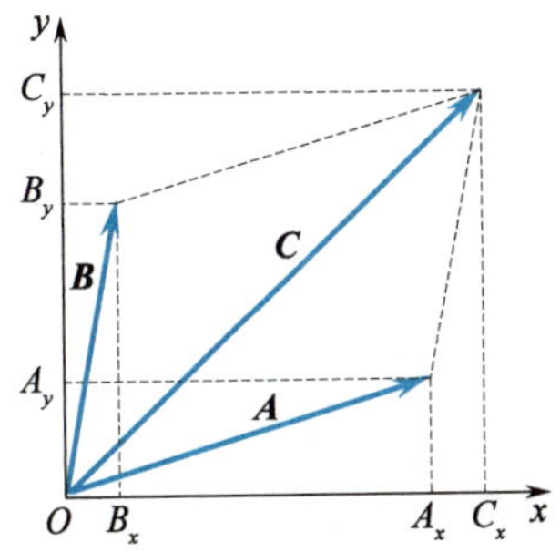

图Ⅰ.11　矢量合成的解析法

5. 矢量的数乘

一个数 m 和矢量 $\boldsymbol{A}$ 相乘，得到另一个矢量 $m\boldsymbol{A}$，其大小是 mA. 若 $m>0$，则其方向与 $\boldsymbol{A}$ 的方向相同；若 $m<0$，则其方向与 $\boldsymbol{A}$ 的方向相反.

6. 矢量的坐标表示

矢量的合成与分解是具有密切联系的. 在空间直角坐标系中，任一矢量 $\boldsymbol{A}$ 都可沿坐标轴方向分解为3个分矢量(见图Ⅰ.12)，即

$$\overrightarrow{Ox} = A_x\boldsymbol{i},\quad \overrightarrow{Oy} = A_y\boldsymbol{j},\quad \overrightarrow{Oz} = A_z\boldsymbol{k}$$

由矢量合成的三角形定则不难得到

$$\boldsymbol{A} = A_x\boldsymbol{i} + A_y\boldsymbol{j} + A_z\boldsymbol{k}$$

式中，A_x、A_y、A_z 分别为矢量 $\boldsymbol{A}$ 在各坐标轴上的分量. 上式即为矢量的坐标表示. 于是矢量 $\boldsymbol{A}$ 的模为

$$|\boldsymbol{A}| = \sqrt{A_x^2 + A_y^2 + A_z^2}$$

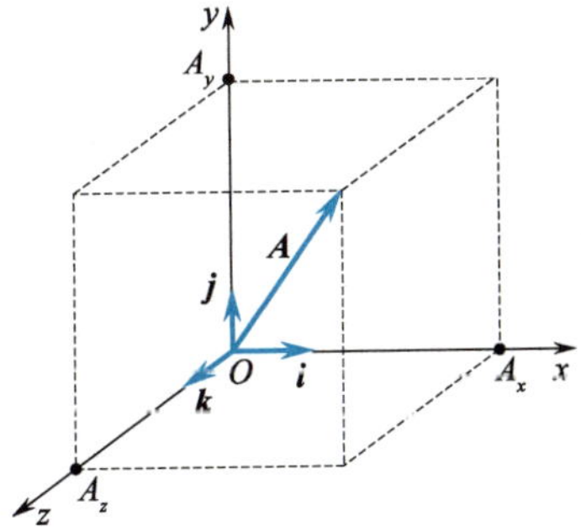

图Ⅰ.12　矢量的坐标表示

矢量 $\boldsymbol{A}$ 的方向由该矢量与各坐标轴的夹角 α、β、γ 来确定：

$$\cos\alpha=\frac{A_x}{|\boldsymbol{A}|},\quad \cos\beta=\frac{A_y}{|\boldsymbol{A}|},\quad \cos\gamma=\frac{A_z}{|\boldsymbol{A}|}$$

由此，又可得到矢量加减法的坐标表达式. 设 $\boldsymbol{A}$ 和 $\boldsymbol{B}$ 两矢量的坐标表达式分别为

$$\boldsymbol{A}=A_x\boldsymbol{i}+A_y\boldsymbol{j}+A_z\boldsymbol{k}$$

$$\boldsymbol{B}=B_x\boldsymbol{i}+B_y\boldsymbol{j}+B_z\boldsymbol{k}$$

于是

$$\boldsymbol{A}\pm\boldsymbol{B}=(A_x\pm B_x)\boldsymbol{i}+(A_y\pm B_y)\boldsymbol{j}+(A_z\pm B_z)\boldsymbol{k}$$

7. 矢量的标积和矢积

在物理学中，我们常常遇到两个矢量相乘的情形. 例如，功 W 与力 $\boldsymbol{F}$ 和位移 $\boldsymbol{s}$ 的关系为

$$W=Fs\cos\theta$$

式中，θ 是力与位移之间的夹角. 力 $\boldsymbol{F}$ 和位移 $\boldsymbol{s}$ 都是矢量，而功 W 是只有大小与正负、没有方向的量，即标量. 又如，力矩 $\boldsymbol{M}$ 的大小为

$$M=Fd=Fr\sin\theta$$

式中，d 是力臂，$\boldsymbol{r}$ 是力的作用点的位置矢量，θ 是 $\boldsymbol{r}$ 和 $\boldsymbol{F}$ 之间的夹角. $\boldsymbol{r}$ 和 $\boldsymbol{F}$ 都是矢量，而力矩 $\boldsymbol{M}$ 也是矢量. 由此可知，两矢量相乘有两种结果：两矢量相乘得到一个标量的叫作**标积**（或**点积**）；两矢量相乘得到一个矢量的叫作**矢积**（或**叉积**）.

设 $\boldsymbol{A}$、$\boldsymbol{B}$ 为任意两个矢量，它们的夹角为 θ，则它们的标积通常用 $\boldsymbol{A}\cdot\boldsymbol{B}$ 来表示，定义为

$$\boldsymbol{A}\cdot\boldsymbol{B}=AB\cos\theta$$

上式说明，标积 $\boldsymbol{A}\cdot\boldsymbol{B}$ 等于矢量 $\boldsymbol{A}$ 在矢量 $\boldsymbol{B}$ 方向上的投影 $A\cos\theta$ 与矢量 $\boldsymbol{B}$ 的模的乘积[见图 Ⅰ.13(a)]，也等于矢量 $\boldsymbol{B}$ 在矢量 $\boldsymbol{A}$ 方向上的投影 $B\cos\theta$ 与矢量 $\boldsymbol{A}$ 的模的乘积[见图 Ⅰ.13(b)].

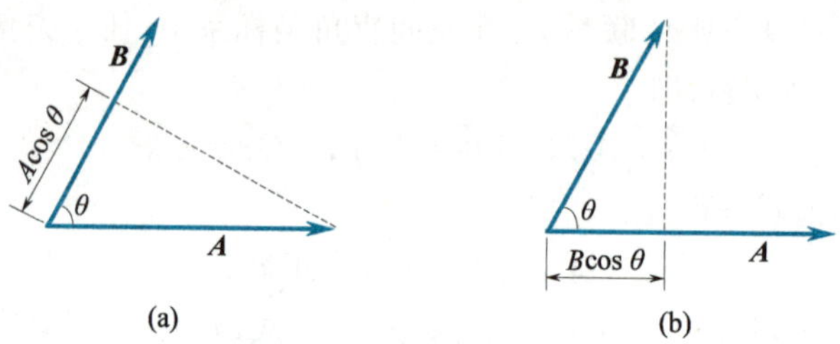

图 Ⅰ.13　矢量的标积

引进了矢量的标积以后，功就可以用力和位移的标积来表示，即

$$W=\boldsymbol{F}\cdot\boldsymbol{s}$$

根据标积的定义，可以得出下列结论.

(1) 当 $\theta=0$，即 $\boldsymbol{A}$、$\boldsymbol{B}$ 两矢量平行时，$\cos\theta=1$，所以 $\boldsymbol{A}\cdot\boldsymbol{B}=AB$. 当 A 和 B 相等时，$\boldsymbol{A}\cdot\boldsymbol{A}=A^2$.

(2) 当 $\theta=\frac{\pi}{2}$，即 $\boldsymbol{A}$、$\boldsymbol{B}$ 两矢量垂直时，$\cos\theta=0$，所以 $\boldsymbol{A}\cdot\boldsymbol{B}=0$.

(3) 根据以上两点结论可知，直角坐标系的单位矢量 $\boldsymbol{i}$、$\boldsymbol{j}$、$\boldsymbol{k}$ 具有正交性，即

$$\boldsymbol{i}\cdot\boldsymbol{i}=\boldsymbol{j}\cdot\boldsymbol{j}=\boldsymbol{k}\cdot\boldsymbol{k}=1$$

$$\boldsymbol{i}\cdot\boldsymbol{j}=\boldsymbol{j}\cdot\boldsymbol{k}=\boldsymbol{k}\cdot\boldsymbol{i}=0$$

利用上述性质，对 $\boldsymbol{A}$、$\boldsymbol{B}$ 两矢量求标积，有

$$\boldsymbol{A}\cdot\boldsymbol{B}=(A_x\boldsymbol{i}+A_y\boldsymbol{j}+A_z\boldsymbol{k})\cdot(B_x\boldsymbol{i}+B_y\boldsymbol{j}+B_z\boldsymbol{k})=A_xB_x+A_yB_y+A_zB_z$$

矢量 $\boldsymbol{A}$ 和 $\boldsymbol{B}$ 的矢积 $\boldsymbol{A}\times\boldsymbol{B}$ 是另一矢量 $\boldsymbol{C}$,其定义如下:

$$\boldsymbol{C}=\boldsymbol{A}\times\boldsymbol{B}$$

矢量 $\boldsymbol{C}$ 的大小为

$$C=AB\sin\theta$$

式中,θ 为 $\boldsymbol{A}$、$\boldsymbol{B}$ 两矢量间的夹角.矢量 $\boldsymbol{C}$ 的方向垂直于 $\boldsymbol{A}$、$\boldsymbol{B}$ 两矢量确定的平面,指向由右手螺旋定则确定,即从 $\boldsymbol{A}$ 经由小于 180°的角转向 $\boldsymbol{B}$ 时大拇指伸直所指的方向为矢量 $\boldsymbol{C}$ 的方向(见图Ⅰ.14).

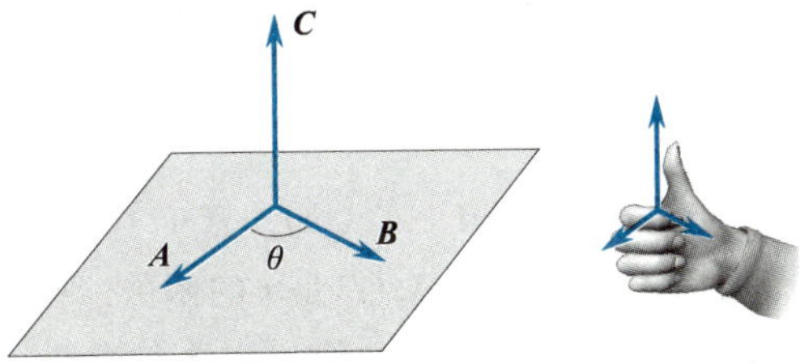

图Ⅰ.14 矢量的矢积

引进了矢量的矢积以后,力矩就可以用力作用点的位置矢量 $\boldsymbol{r}$ 与力 $\boldsymbol{F}$ 的矢积来表示,即

$$\boldsymbol{M}=\boldsymbol{r}\times\boldsymbol{F}$$

根据矢量矢积的定义,可以得出下列结论.

(1)当 $\theta=0$,即 $\boldsymbol{A}$、$\boldsymbol{B}$ 两矢量平行时,$\sin\theta=0$,所以 $\boldsymbol{A}\times\boldsymbol{B}=\boldsymbol{0}$.

(2)当 $\theta=\dfrac{\pi}{2}$,即 $\boldsymbol{A}$、$\boldsymbol{B}$ 两矢量垂直时,$\sin\theta=1$,矢积 $\boldsymbol{A}\times\boldsymbol{B}$ 有最大值,它的大小为 AB.

(3)$\boldsymbol{A}$、$\boldsymbol{B}$ 两矢量的矢积的方向与它们的次序有关.$\boldsymbol{A}\times\boldsymbol{B}$ 与 $\boldsymbol{B}\times\boldsymbol{A}$ 所表示的矢量的方向正好相反,即

$$\boldsymbol{A}\times\boldsymbol{B}=-(\boldsymbol{B}\times\boldsymbol{A})$$

(4)在直角坐标系中,单位矢量之间的矢积为

$$\boldsymbol{i}\times\boldsymbol{i}=\boldsymbol{j}\times\boldsymbol{j}=\boldsymbol{k}\times\boldsymbol{k}=\boldsymbol{0}$$

$$\boldsymbol{i}\times\boldsymbol{j}=\boldsymbol{k},\quad \boldsymbol{j}\times\boldsymbol{k}=\boldsymbol{i},\quad \boldsymbol{k}\times\boldsymbol{i}=\boldsymbol{j}$$

利用上述性质,对 $\boldsymbol{A}$、$\boldsymbol{B}$ 两矢量求矢积,有

$$\begin{aligned}\boldsymbol{A}\times\boldsymbol{B}&=(A_x\boldsymbol{i}+A_y\boldsymbol{j}+A_z\boldsymbol{k})\times(B_x\boldsymbol{i}+B_y\boldsymbol{j}+B_z\boldsymbol{k})\\&=(A_yB_z-A_zB_y)\boldsymbol{i}+(A_zB_x-A_xB_z)\boldsymbol{j}+(A_xB_y-A_yB_x)\boldsymbol{k}\end{aligned}$$

利用行列式的表达式,上式可写成

$$\boldsymbol{A}\times\boldsymbol{B}=\begin{vmatrix}\boldsymbol{i}&\boldsymbol{j}&\boldsymbol{k}\\A_x&A_y&A_z\\B_x&B_y&B_z\end{vmatrix}$$

矢量计算中,有时会遇到 3 个矢量所构成的乘积,如 $\boldsymbol{A}\cdot(\boldsymbol{B}\times\boldsymbol{C})$ 和 $\boldsymbol{A}\times(\boldsymbol{B}\times\boldsymbol{C})$.前者是求两矢量 $\boldsymbol{A}$ 和 $\boldsymbol{B}\times\boldsymbol{C}$ 的标积,结果是一标量;后者是求两矢量 $\boldsymbol{A}$ 和 $\boldsymbol{B}\times\boldsymbol{C}$ 的矢积,结果是一矢量.不难证明:

(1)
$$\begin{aligned}\boldsymbol{A}\cdot(\boldsymbol{B}\times\boldsymbol{C})&=A_x(B_yC_z-B_zC_y)+A_y(B_zC_x-B_xC_z)+A_z(B_xC_y-B_yC_x)\\&=\begin{vmatrix}A_x&A_y&A_z\\B_x&B_y&B_z\\C_x&C_y&C_z\end{vmatrix}.\end{aligned}$$

此式在数值上恰好等于以 $\boldsymbol{A}$、$\boldsymbol{B}$、$\boldsymbol{C}$ 3 个矢量为棱边的平行六面体的体积.

(2)$\boldsymbol{A}\cdot(\boldsymbol{B}\times\boldsymbol{C})=\boldsymbol{B}\cdot(\boldsymbol{C}\times\boldsymbol{A})=\boldsymbol{C}\cdot(\boldsymbol{A}\times\boldsymbol{B})$.

(3)$\boldsymbol{A}\times(\boldsymbol{B}\times\boldsymbol{C})=\boldsymbol{B}(\boldsymbol{A}\cdot\boldsymbol{C})-\boldsymbol{C}(\boldsymbol{A}\cdot\boldsymbol{B})$.

(4)$\boldsymbol{A}\times(\boldsymbol{B}\times\boldsymbol{C})=-\boldsymbol{A}\times(\boldsymbol{C}\times\boldsymbol{B})=(\boldsymbol{C}\times\boldsymbol{B})\times\boldsymbol{A}=-(\boldsymbol{B}\times\boldsymbol{C})\times\boldsymbol{A}$.

8. 矢量函数的导数

在物理学中遇见的矢量常常是参量 t(时间)的函数,因而写作 $\boldsymbol{A}(t)$、$\boldsymbol{B}(t)$ 等,这是一元函数的情况.下面只介绍一元函数的求导方法.一般来说,若某一矢量是标量变量(如空间坐标 x、y、z 和时间 t)的函数,则是多元函数的情况.多元函数的求导比较复杂,可由一元函数的求导作推广,这里不作介绍.

矢量函数 $\boldsymbol{A}(t)$ 可表示为

$$\boldsymbol{A}(t)=A_x(t)\boldsymbol{i}+A_y(t)\boldsymbol{j}+A_z(t)\boldsymbol{k}$$

这里要注意:$\boldsymbol{i}$、$\boldsymbol{j}$、$\boldsymbol{k}$ 是常矢量,而 $A_x(t)$、$A_y(t)$、$A_z(t)$ 是 t 的函数.现假定这 3 个函数都是可导的,当自变量 t 变为 $t+\Delta t$ 时,$\boldsymbol{A}$ 和 $A_x(t)$、$A_y(t)$、$A_z(t)$ 便相应地有增量:

$$\Delta\boldsymbol{A}=\boldsymbol{A}(t+\Delta t)-\boldsymbol{A}(t)$$

$$\Delta A_x=A_x(t+\Delta t)-A_x(t)$$

$$\Delta A_y=A_y(t+\Delta t)-A_y(t)$$

$$\Delta A_z=A_z(t+\Delta t)-A_z(t)$$

于是

$$\Delta\boldsymbol{A}=\Delta A_x\boldsymbol{i}+\Delta A_y\boldsymbol{j}+\Delta A_z\boldsymbol{k}$$

以 Δt 相除,并令 $\Delta t\to 0$,求极限,便得

$$\lim_{\Delta t\to 0}\frac{\Delta\boldsymbol{A}}{\Delta t}=\lim_{\Delta t\to 0}\frac{\Delta A_x}{\Delta t}\boldsymbol{i}+\lim_{\Delta t\to 0}\frac{\Delta A_y}{\Delta t}\boldsymbol{j}+\lim_{\Delta t\to 0}\frac{\Delta A_z}{\Delta t}\boldsymbol{k}$$

即

$$\frac{\mathrm{d}\boldsymbol{A}}{\mathrm{d}t}=\frac{\mathrm{d}A_x}{\mathrm{d}t}\boldsymbol{i}+\frac{\mathrm{d}A_y}{\mathrm{d}t}\boldsymbol{j}+\frac{\mathrm{d}A_z}{\mathrm{d}t}\boldsymbol{k}$$

高阶导数的概念也可应用到矢量函数上,例如,$\boldsymbol{A}(t)$ 的二阶导数可写作

$$\frac{\mathrm{d}^2\boldsymbol{A}}{\mathrm{d}t^2}=\frac{\mathrm{d}^2A_x}{\mathrm{d}t^2}\boldsymbol{i}+\frac{\mathrm{d}^2A_y}{\mathrm{d}t^2}\boldsymbol{j}+\frac{\mathrm{d}^2A_z}{\mathrm{d}t^2}\boldsymbol{k}$$

下面列出一些有关矢量函数的导数的简单公式:

(1)$\dfrac{\mathrm{d}}{\mathrm{d}t}(\boldsymbol{A}+\boldsymbol{B})=\dfrac{\mathrm{d}\boldsymbol{A}}{\mathrm{d}t}+\dfrac{\mathrm{d}\boldsymbol{B}}{\mathrm{d}t}$.

(2)若 C 是常量,则 $\dfrac{\mathrm{d}}{\mathrm{d}t}(C\boldsymbol{A})=C\dfrac{\mathrm{d}\boldsymbol{A}}{\mathrm{d}t}$.

(3)若 $f(t)$ 是 t 的可微函数,则 $\dfrac{\mathrm{d}}{\mathrm{d}t}[f(t)\boldsymbol{A}(t)]=f(t)\dfrac{\mathrm{d}\boldsymbol{A}}{\mathrm{d}t}+\dfrac{\mathrm{d}f(t)}{\mathrm{d}t}\boldsymbol{A}$.

(4)$\dfrac{\mathrm{d}}{\mathrm{d}t}(\boldsymbol{A}\cdot\boldsymbol{B})=\boldsymbol{A}\cdot\dfrac{\mathrm{d}\boldsymbol{B}}{\mathrm{d}t}+\dfrac{\mathrm{d}\boldsymbol{A}}{\mathrm{d}t}\cdot\boldsymbol{B}$.

(5)$\dfrac{\mathrm{d}}{\mathrm{d}t}(\boldsymbol{A}\times\boldsymbol{B})=\boldsymbol{A}\times\dfrac{\mathrm{d}\boldsymbol{B}}{\mathrm{d}t}+\dfrac{\mathrm{d}\boldsymbol{A}}{\mathrm{d}t}\times\boldsymbol{B}$.

这些公式的证明是很简单的,这里不再一一加以证明.例如,公式(4)的证明如下:令

$$u(t)=\boldsymbol{A}(t)\cdot\boldsymbol{B}(t)$$

这里 $u(t)$ 是两矢量 $\boldsymbol{A}$ 和 $\boldsymbol{B}$ 的标积，是 t 的标量函数. 令

$$u(t+\Delta t)=u(t)+\Delta u(t)$$

$$\boldsymbol{A}(t+\Delta t)=\boldsymbol{A}(t)+\Delta\boldsymbol{A}(t),\quad \boldsymbol{B}(t+\Delta t)=\boldsymbol{B}(t)+\Delta\boldsymbol{B}(t)$$

于是　$\Delta u=(\boldsymbol{A}+\Delta\boldsymbol{A})\cdot(\boldsymbol{B}+\Delta\boldsymbol{B})-\boldsymbol{A}\cdot\boldsymbol{B}=\Delta\boldsymbol{A}\cdot\boldsymbol{B}+\boldsymbol{A}\cdot\Delta\boldsymbol{B}+\Delta\boldsymbol{A}\cdot\Delta\boldsymbol{B}$

$$\frac{\Delta u}{\Delta t}=\frac{\Delta\boldsymbol{A}}{\Delta t}\cdot\boldsymbol{B}+\boldsymbol{A}\cdot\frac{\Delta\boldsymbol{B}}{\Delta t}+\Delta\boldsymbol{A}\cdot\frac{\Delta\boldsymbol{B}}{\Delta t}$$

当 $\Delta t\to 0$ 时，$\Delta\boldsymbol{A}\to\boldsymbol{0}$，所以

$$\frac{\mathrm{d}u}{\mathrm{d}t}=\frac{\mathrm{d}\boldsymbol{A}}{\mathrm{d}t}\cdot\boldsymbol{B}+\boldsymbol{A}\cdot\frac{\mathrm{d}\boldsymbol{B}}{\mathrm{d}t}$$

矢量函数的导数在物理学中有很多应用，首先是用于计算质点运动的瞬时速度和瞬时加速度. 如图Ⅰ.15 所示，一质点在一曲线上运动，其位置 M 可用位置矢量 $\overrightarrow{OM}=\boldsymbol{r}$ 来表示：

$$\boldsymbol{r}=x\boldsymbol{i}+y\boldsymbol{j}+z\boldsymbol{k}$$

当质点沿曲线移动时，其坐标 x、y、z 将是时间 t 的函数：

$$x=x(t)$$

$$y=y(t)$$

$$z=z(t)$$

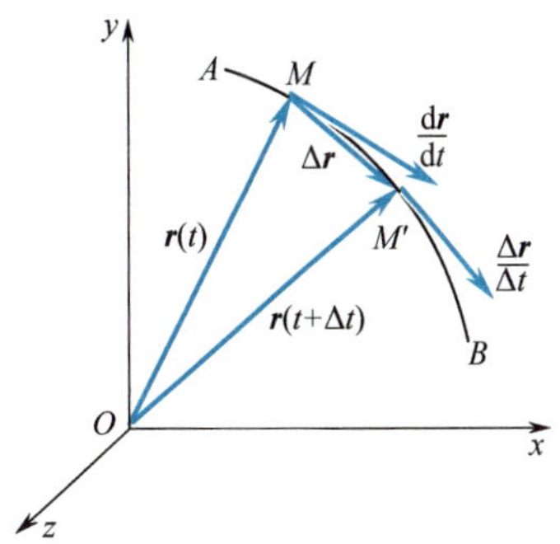

图Ⅰ.15　位置矢量的导数

因而

$$\boldsymbol{r}=\boldsymbol{r}(t)=x(t)\boldsymbol{i}+y(t)\boldsymbol{j}+z(t)\boldsymbol{k}$$

此式是质点运动的运动方程. 将上式对时间 t 求导，得

$$\frac{\mathrm{d}\boldsymbol{r}}{\mathrm{d}t}=\frac{\mathrm{d}x}{\mathrm{d}t}\boldsymbol{i}+\frac{\mathrm{d}y}{\mathrm{d}t}\boldsymbol{j}+\frac{\mathrm{d}z}{\mathrm{d}t}\boldsymbol{k}$$

从导数的定义和图Ⅰ.15 可以看到，质点在 M 点的瞬时速度为

$$\frac{\mathrm{d}\boldsymbol{r}}{\mathrm{d}t}=\lim_{\Delta t\to 0}\frac{\boldsymbol{r}(t+\Delta t)-\boldsymbol{r}(t)}{\Delta t}=\lim_{\Delta t\to 0}\frac{\Delta\boldsymbol{r}}{\Delta t}$$

$$=\lim_{\Delta t\to 0}\frac{\overrightarrow{MM'}}{\Delta t}$$

用 $\boldsymbol{v}$ 表示瞬时速度，于是

$$\boldsymbol{v}=\boldsymbol{v}(t)=\frac{\mathrm{d}\boldsymbol{r}}{\mathrm{d}t}=\frac{\mathrm{d}x}{\mathrm{d}t}\boldsymbol{i}+\frac{\mathrm{d}y}{\mathrm{d}t}\boldsymbol{j}+\frac{\mathrm{d}z}{\mathrm{d}t}\boldsymbol{k}$$

一般地说，对矢量函数 $\boldsymbol{A}(t)$ 而言，$\frac{\mathrm{d}\boldsymbol{A}}{\mathrm{d}t}$ 表示该矢量在各瞬时的时间变化率，它包含 3 个分矢量：$\frac{\mathrm{d}A_x}{\mathrm{d}t}\boldsymbol{i}$、$\frac{\mathrm{d}A_y}{\mathrm{d}t}\boldsymbol{j}$、$\frac{\mathrm{d}A_z}{\mathrm{d}t}\boldsymbol{k}$. 以上述质点的位置矢量 $\boldsymbol{r}(t)$ 来说，位置矢量 $\boldsymbol{r}$ 对时间的变化率 $\frac{\mathrm{d}\boldsymbol{r}}{\mathrm{d}t}$ 等于质点的瞬时速度 $\boldsymbol{v}$，而瞬时速度 $\boldsymbol{v}$ 对时间的变化率 $\frac{\mathrm{d}\boldsymbol{v}}{\mathrm{d}t}$ 等于质点的瞬时加速度 $\boldsymbol{a}$.

9. 矢量函数的积分

这里先说明上述导数的逆问题. 也就是，当某矢量函数 $\boldsymbol{A}(t)$ 的导数 $\frac{\mathrm{d}\boldsymbol{A}}{\mathrm{d}t}$ 已知时，如何求得这个原函数 $\boldsymbol{A}(t)$. 我们把 $\frac{\mathrm{d}\boldsymbol{A}}{\mathrm{d}t}$ 记作矢量函数 $\boldsymbol{B}(t)$，即已知

$$\frac{\mathrm{d}\boldsymbol{A}}{\mathrm{d}t}=\boldsymbol{B}(t)=B_x(t)\boldsymbol{i}+B_y(t)\boldsymbol{j}+B_z(t)\boldsymbol{k}$$

这里 3 个标量函数 $B_x(t)$、$B_y(t)$、$B_z(t)$ 分别代表 $\frac{dA_x}{dt}$、$\frac{dA_y}{dt}$、$\frac{dA_z}{dt}$. 所以，将 $\boldsymbol{B}(t)$ 对时间 t 求积分，可变为将 $B_x(t)$、$B_y(t)$、$B_z(t)$ 分别对时间 t 求积分，即

$$\boldsymbol{A} = \int \boldsymbol{B}\mathrm{d}t = A_x\boldsymbol{i} + A_y\boldsymbol{j} + A_z\boldsymbol{k}$$

式中，A_x、A_y、A_z 分别为

$$A_x = \int B_x(t)\mathrm{d}t, \quad A_y = \int B_y(t)\mathrm{d}t, \quad A_z = \int B_z(t)\mathrm{d}t.$$

例如，质点在空间运动时的速度设为

$$\boldsymbol{v}(t) = v_x(t)\boldsymbol{i} + v_y(t)\boldsymbol{j} + v_z(t)\boldsymbol{k}$$

将速度函数 $\boldsymbol{v}(t)$ 对时间 t 求定积分，便可求得质点在空间的位移和位置，其位移（从 0 时刻到 t 时刻）是

$$\int_0^t \boldsymbol{v}(t)\mathrm{d}t = \left[\int_0^t v_x(t)\mathrm{d}t\right]\boldsymbol{i} + \left[\int_0^t v_y(t)\mathrm{d}t\right]\boldsymbol{j} + \left[\int_0^t v_z(t)\mathrm{d}t\right]\boldsymbol{k}$$

其位置矢量 $\boldsymbol{r}$ 为

$$\boldsymbol{r}(t) = \int_0^t \boldsymbol{v}(t)\mathrm{d}t + \boldsymbol{r}_0$$

式中，$\boldsymbol{r}_0$ 是一个由初始条件决定的常矢量，即 $t=0$ 时刻质点的位置矢量. 又如，质点所受的变力 $\boldsymbol{F}(t)$ 设为

$$\boldsymbol{F}(t) = F_x(t)\boldsymbol{i} + F_y(t)\boldsymbol{j} + F_z(t)\boldsymbol{k}$$

将 $\boldsymbol{F}(t)$ 对时间 t 求定积分，便可求得质点所受到的冲量为

$$\boldsymbol{I} = \int_0^t \boldsymbol{F}(t)\mathrm{d}t = \left[\int_0^t F_x(t)\mathrm{d}t\right]\boldsymbol{i} + \left[\int_0^t F_y(t)\mathrm{d}t\right]\boldsymbol{j} + \left[\int_0^t F_z(t)\mathrm{d}t\right]\boldsymbol{k}$$

式中，3 个标量积分分别是冲量 $\boldsymbol{I}$ 的 3 个分量，即 I_x、I_y 和 I_z.

关于矢量函数的积分，尤其是当这个函数是空间坐标 x、y、z 的多元函数时，还有如线积分、面积分、体积分等其他较复杂的积分计算（要按不同的定义式进行）. 例如，功的计算就是对一个矢量函数求线积分的问题. 我们知道，当力 $\boldsymbol{F}$ 作用在一个质点上，在力的作用下质点移动一个微小位移 $\mathrm{d}\boldsymbol{s}$ 时（见图 Ⅰ.16），该力 $\boldsymbol{F}$ 所做的元功 $\mathrm{d}W = \boldsymbol{F}\cdot\mathrm{d}\boldsymbol{s}$. 所以，当质点移动一段路程 ab 时，该力 $\boldsymbol{F}$ 所做的总功应为

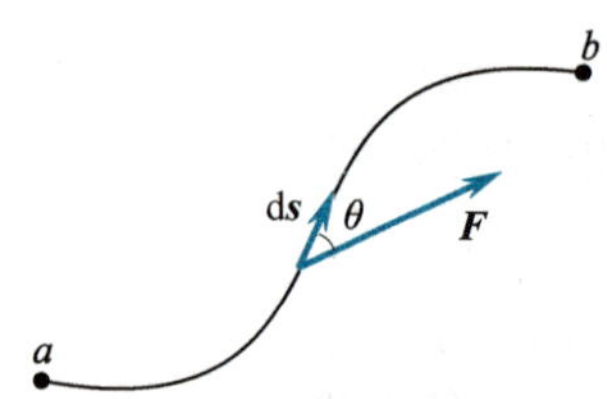

图 Ⅰ.16　矢量函数的线积分

$$W = \int_a^b \boldsymbol{F}\cdot\mathrm{d}\boldsymbol{s} = \int_a^b F\cos\theta\mathrm{d}s = \int_a^b F_s\mathrm{d}s$$

式中，θ 是力 $\boldsymbol{F}$ 和位移 $\mathrm{d}\boldsymbol{s}$ 之间的夹角，F_s 是 $\boldsymbol{F}$ 沿 $\mathrm{d}\boldsymbol{s}$ 方向的分量. 这种形式的积分叫作 $\boldsymbol{F}$ 沿曲线 ab 的线积分. 如果此积分沿着封闭曲线进行（从 a 点出发仍旧回到 a 点），则此积分可写为 $\oint \boldsymbol{F}\cdot\mathrm{d}\boldsymbol{s}$.

一般地说，对一矢量函数 $\boldsymbol{B}(x,y,z)$ 沿某一曲线 C（起点 a，终点 b）求线积分，可写作

$$\int_{C_{ab}} \boldsymbol{B}\cdot\mathrm{d}\boldsymbol{s}$$

由于

$$\boldsymbol{B} = B_x\boldsymbol{i} + B_y\boldsymbol{j} + B_z\boldsymbol{k}$$

$$\mathrm{d}\boldsymbol{s} = \mathrm{d}x\,\boldsymbol{i} + \mathrm{d}y\,\boldsymbol{j} + \mathrm{d}z\,\boldsymbol{k}$$

$$\boldsymbol{B}\cdot\mathrm{d}\boldsymbol{s} = B_x\mathrm{d}x + B_y\mathrm{d}y + B_z\mathrm{d}z$$

所以
$$\int_{C_{ab}} \boldsymbol{B} \cdot \mathrm{d}\boldsymbol{s} = \int_{C_{ab}} B_x \mathrm{d}x + \int_{C_{ab}} B_y \mathrm{d}y + \int_{C_{ab}} B_z \mathrm{d}z$$
即化为计算 3 个标量函数的积分的总和. 对于力 $\boldsymbol{F}$ 而言，这样 3 个积分式 $\int_{C_{ab}} F_x \mathrm{d}x$、$\int_{C_{ab}} F_y \mathrm{d}y$ 和 $\int_{C_{ab}} F_z \mathrm{d}z$ 就是分力 $\boldsymbol{F}_x$、$\boldsymbol{F}_y$ 和 $\boldsymbol{F}_z$ 所做的功.

10. 梯度

1）标量场和矢量场

任何物质的运动，或者任何一个物理过程，总是在一定的空间和时间内发生的. 如果空间（或者它的某一部分）的每一点都对应某个物理量的确定值，便称此空间为该物理量的**场**. 如果该物理量仅是数量性质的，便称相应的场为**标量场**；如果该物理量是矢量性质的，便称相应的场为**矢量场**. 例如，温度和大气压强等都是数量性质的，这些物理量有确定值的空间便称为温度场、压强场等，都是标量场；而空气的流速或地磁场的磁感应强度所构成的场便是矢量场. 所以，要注意到这里所谓的场只具有数学上的意义，意思是指空间位置的函数. 因此，标量场只是指一个空间位置的标量函数，如 $\Phi(x,y,z)$；而矢量场就是指一个空间位置的矢量函数，如 $\boldsymbol{A}(x,y,z)$.

若我们所研究的物理量在空间内每一点的值不随时间变化，则这种场称为**稳定场**（或**恒定场**），否则便是**不稳定场**. 静电场、重力场、温度分布恒定的场，都是稳定场.

2）等值面

设某一物理量，如静电场的势（电势），在空间内形成稳定的标量场，以 $U(x,y,z)$ 表示. 假定 $U(x,y,z)$ 是 x、y、z 的单值连续函数，而且有连续的一阶偏导数，则函数 $U(x,y,z)$ 在空间内具有同一数值的各点所组成的曲面称为**等值面**或**等势面**，即
$$U(x,y,z) = C \quad (C\text{ 为常量})$$
不同的 C 值对应于不同的等值面.

3）梯度

为了研究标量场中某一点 P 附近标量函数 $\Phi(x,y,z)$ 的变化情况，设想从 P 点经无限小的位移元 $\mathrm{d}\boldsymbol{l}(\mathrm{d}\boldsymbol{l} = \mathrm{d}x\,\boldsymbol{i} + \mathrm{d}y\,\boldsymbol{j} + \mathrm{d}z\,\boldsymbol{k})$ 到达 P' 点时，Φ 值的增量为 $\mathrm{d}\Phi$. 由于已经假设 $\Phi(x,y,z)$ 是 x、y、z 的单值连续函数，而且有连续的一阶偏导数，所以
$$\mathrm{d}\Phi = \frac{\partial \Phi}{\partial x}\mathrm{d}x + \frac{\partial \Phi}{\partial y}\mathrm{d}y + \frac{\partial \Phi}{\partial z}\mathrm{d}z \tag{Ⅰ.1}$$
考察式（Ⅰ.1）之后，可以引进一个新的矢量，它在 3 个坐标轴上的分量分别为 $\frac{\partial \Phi}{\partial x}$、$\frac{\partial \Phi}{\partial y}$、$\frac{\partial \Phi}{\partial z}$，并以 $\mathbf{grad}\ \Phi$ 来表示该矢量
$$\mathbf{grad}\ \Phi = \frac{\partial \Phi}{\partial x}\boldsymbol{i} + \frac{\partial \Phi}{\partial y}\boldsymbol{j} + \frac{\partial \Phi}{\partial z}\boldsymbol{k} \tag{Ⅰ.2}$$
那么 $\mathrm{d}\Phi$ 便可写成两矢量 $\mathbf{grad}\ \Phi$ 和 $\mathrm{d}\boldsymbol{l}$ 的标积形式（按标积的公式 $\boldsymbol{A} \cdot \boldsymbol{B} = A_x B_x + A_y B_y + A_z B_z$），即
$$\mathrm{d}\Phi = \mathbf{grad}\ \Phi \cdot \mathrm{d}\boldsymbol{l} \tag{Ⅰ.3}$$
新定义的矢量 $\mathbf{grad}\ \Phi$ 称为 Φ 的梯度，它反映函数 Φ 在空间内的变化情况. 从定义式（Ⅰ.2）可知，$\mathbf{grad}\ \Phi$ 的 3 个分量
$$\frac{\partial \Phi}{\partial x},\quad \frac{\partial \Phi}{\partial y},\quad \frac{\partial \Phi}{\partial z}$$
分别反映函数 Φ 沿 x、y、z 3 个坐标轴方向的变化情况. 可是，矢量 $\mathbf{grad}\ \Phi$ 本身究竟是什么意义

呢？当把矢量 $\mathbf{grad}\,\Phi$ 和 Φ 的等值面联系起来考察时，就看得比较清楚了. 根据式（Ⅰ.3），考虑到标积的公式 $\boldsymbol{A}\cdot\boldsymbol{B}=|\boldsymbol{A}|\cdot|\boldsymbol{B}|\cos\theta$（$\theta$ 为 $\boldsymbol{A}$ 和 $\boldsymbol{B}$ 的夹角），可知

$$\mathrm{d}\Phi=|\mathbf{grad}\,\Phi|\cos\theta\mathrm{d}l$$

故

$$\frac{\mathrm{d}\Phi}{\mathrm{d}\boldsymbol{l}}=|\mathbf{grad}\,\Phi|\cos\theta \tag{Ⅰ.4}$$

式中，$|\mathbf{grad}\,\Phi|$ 是矢量 $\mathbf{grad}\,\Phi$ 的大小，θ 是矢量 $\mathbf{grad}\,\Phi$ 和 $\mathrm{d}\boldsymbol{l}$ 之间的夹角，$|\mathbf{grad}\,\Phi|\cos\theta$ 则表示矢量 $\mathbf{grad}\,\Phi$ 沿 $\mathrm{d}\boldsymbol{l}$ 方向的分量，$\frac{\mathrm{d}\Phi}{\mathrm{d}\boldsymbol{l}}$ 表示函数 Φ 沿 $\mathrm{d}\boldsymbol{l}$ 方向的变化率，叫作函数 Φ 的方向导数. 如图Ⅰ.17所示，曲面Ⅰ表示通过 P 点的等值面，显然，当位移元 $\mathrm{d}\boldsymbol{l}$ 所取的方向不相同时，方向导数 $\frac{\mathrm{d}\Phi}{\mathrm{d}\boldsymbol{l}}$ 也不相同. 例如，当 $\mathrm{d}\boldsymbol{l}$ 取在 P 点的等值面上时，Φ 值没有变化，$\frac{\mathrm{d}\Phi}{\mathrm{d}\boldsymbol{l}}=0$；当 $\mathrm{d}\boldsymbol{l}$ 取在 P 点的等值面上的法向单位矢量 $\boldsymbol{n}_0$（$\boldsymbol{n}_0$ 指向 Φ 值增大的一边）的方向时，$\frac{\mathrm{d}\Phi}{\mathrm{d}\boldsymbol{l}}$ 有最大值. $\frac{\mathrm{d}\Phi}{\mathrm{d}\boldsymbol{l}}$ 的最大值等于多少呢？观察式（Ⅰ.4）就清楚了：当 $\theta=0$ 时，$\frac{\mathrm{d}\Phi}{\mathrm{d}\boldsymbol{l}}$ 的值最大，等于 $|\mathbf{grad}\,\Phi|$. 如上所说，θ 表示矢量 $\mathbf{grad}\,\Phi$ 和 $\mathrm{d}\boldsymbol{l}$ 之间的夹角，现在 $\mathrm{d}\boldsymbol{l}$ 取在 $\boldsymbol{n}_0$ 方向，所以 $\theta=0$ 这一结果表明矢量 $\mathbf{grad}\,\Phi$ 的方向和 $\boldsymbol{n}_0$ 的方向一致. 式（Ⅰ.4）表示，在 P 点处函数 Φ 沿任一 $\mathrm{d}\boldsymbol{l}$ 方向的方向导数 $\frac{\mathrm{d}\Phi}{\mathrm{d}\boldsymbol{l}}$ 等于该点处的 Φ 的梯度（$\mathbf{grad}\,\Phi$）沿 $\mathrm{d}\boldsymbol{l}$ 的分量. 总之，在 P 点处 Φ 的梯度（$\mathbf{grad}\,\Phi$）方向沿着通过 P 点的等值面的法线方向，而指向 Φ 值增大的一边，Φ 的梯度的量值则反映了 Φ 值沿其梯度的方向的增加率. 或者说，Φ 的梯度表示了函数 Φ 在该点的变化率最大的方向和最大变化率的值. Φ 在其他方向上的变化率（方向导数）等于 $\mathbf{grad}\,\Phi$ 在该方向上的分量.

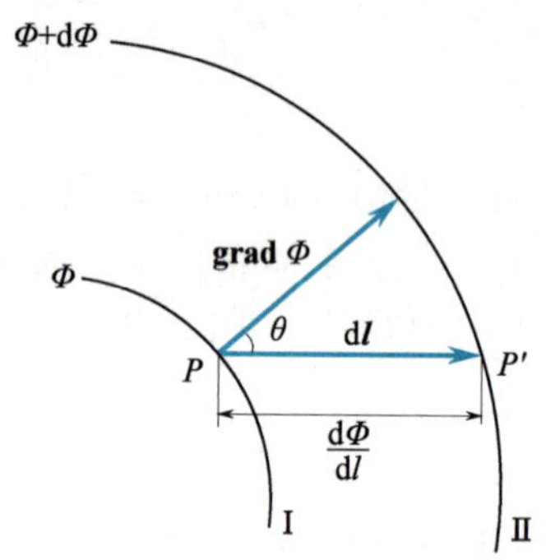

图Ⅰ.17　在 P 点处，$\mathbf{grad}\,\Phi$ 的方向垂直于通过 P 点的等值面，指向 Φ 值增大的一边

我们知道，在静电场中移动单位正电荷时，反抗电场力所做的功等于电势的增加，即

$$\mathrm{d}U=-\boldsymbol{E}\cdot\mathrm{d}\boldsymbol{l}$$

与式（Ⅰ.3）进行比较，可得

$$\boldsymbol{E}=-\mathbf{grad}\,U$$

上式表明电场强度 $\boldsymbol{E}$ 等于电势梯度 $\mathbf{grad}\,U$ 的负值. 电场强度 $\boldsymbol{E}$ 的大小等于电势梯度，即等于该处等势面上沿法线方向的单位长度上电势的变化量，电场强度 $\boldsymbol{E}$ 的方向与电势增加的方向相反，即指向电势降低的方向.

常用算符 ∇ 来表示 $\frac{\partial}{\partial x}\boldsymbol{i}+\frac{\partial}{\partial y}\boldsymbol{j}+\frac{\partial}{\partial z}\boldsymbol{k}$，即

$$\nabla = \frac{\partial}{\partial x}\boldsymbol{i} + \frac{\partial}{\partial y}\boldsymbol{j} + \frac{\partial}{\partial z}\boldsymbol{k} \tag{Ⅰ.5}$$

这个算符叫作哈密顿算子，用∇将梯度简记为

$$\mathbf{grad}\ \Phi = \nabla \Phi$$

∇是矢量微分算符，它具有矢量和微分运算的双重特性，把∇用在矢量或标量函数上时，要特别加以注意.

4）梯度的线积分和保守场

一般情况下，任一单值连续可导的标量场的势函数 $\Phi(x,y,z)$ 总是与一定的场强 $\boldsymbol{e}$ 相关联，其关系如下：

$$\boldsymbol{e} = -\ \mathbf{grad}\ \Phi$$

所以，只要各点的势函数确定，该场中各点的场强也就唯一确定了. 因为

$$\int_A^B \boldsymbol{e} \cdot \mathrm{d}\boldsymbol{l} = -\int_A^B \mathbf{grad}\ \Phi \cdot \mathrm{d}\boldsymbol{l} = -\int_A^B \mathrm{d}\Phi = \Phi_A - \Phi_B$$

这说明任意 A、B 两点间矢量 $\boldsymbol{e}$ 的线积分，与连接这两点的路线的形状无关.

因此，矢量 $\boldsymbol{e}$ 沿任一闭合路径 L 的线积分就必然为零.

$$\oint_L \boldsymbol{e} \cdot \mathrm{d}\boldsymbol{l} = -\oint \mathrm{d}\Phi = 0$$

凡是具有上述性质的场均称为**保守场**. 静电场是一保守场. 反之，若有一力 $\boldsymbol{F}$ 绕任一闭合曲线的线积分为零，则必然存在一个与 $\boldsymbol{F}$ 相联系的保守场.

附录Ⅱ 常用基本物理常量表

物理量	符号	数值	不确定度($\times10^{-6}$)
真空中光速	c	299 792 458 m/s	(精确)
真空磁导率	μ_0	$4\pi\times10^{-7}$ N/A^2	
		$1.256\ 637\ 062\ 12\times10^{-6}$ N/A^2	(精确)
真空介电常量	ε_0	$8.854\ 187\ 812\ 8\times10^{-12}$ F/m	(精确)
引力常量	G	$6.674\ 30(15)\times10^{-11}$ m^3/(kg·s^2)	22
普朗克常量	h	$6.626\ 070\ 15\times10^{-34}$ J·s	(精确)
	$\hbar=h/2\pi$	$1.054\ 571\ 817\times10^{-34}$ J·s	(精确)
阿伏伽德罗常量	N_A	$6.022\ 140\ 76\times10^{23}$ mol^{-1}	(精确)
普适气体常量	R	8.314 462 618 J/(mol·K)	(精确)
玻尔兹曼常量	k	$1.380\ 649\times10^{-23}$ J/K	(精确)
斯特藩-玻尔兹曼常量	σ	$5.670\ 374\ 419\times10^{-8}$ W/(m^2·K^4)	(精确)
摩尔体积(理想气体,$T=273.15$ K,$p=101\ 325$ Pa)	V_m	0.022 414 10(19) m^3/mol	8.4
维恩常数	b	$2.897\ 771\ 955\times10^{-3}$ m·K	(精确)
基本电荷	e	$1.602\ 176\ 634\times10^{-19}$ C	(精确)
电子静质量	m_e	$9.109\ 383\ 701\ 5(28)\times10^{-31}$ kg	0.000 30
质子静质量	m_p	$1.672\ 621\ 923\ 69(51)\times10^{-27}$ kg	0.000 31
中子静质量	m_n	$1.674\ 928\ 6(10)\times10^{-27}$ kg	0.59
电子荷质比	e/m	$1.758\ 819\ 62(53)\times10^{-11}$ C/kg	0.30
电子磁矩	μ_e	$9.284\ 770\ 1(31)\times10^{-24}$ A·m^2	0.34
质子磁矩	μ_p	$1.410\ 607\ 61(47)\times10^{-26}$ A·m^2	0.34
中子磁矩	μ_n	$0.966\ 237\ 07(40)\times10^{-26}$ A·m^2	0.41
康普顿波长	λ_C	$2.426\ 310\ 58(22)\times10^{-12}$ m	0.089
磁通量子,$h/2e$	Φ	$2.067\ 833\ 848\times10^{-15}$ Wb	(精确)
玻尔磁子,$e\hbar/2m_e$	μ_B	$9.274\ 015\ 4(31)\times10^{-24}$ A·m^2	0.34
核磁子,$e\hbar/2m_p$	μ_N	$5.050\ 786\ 6(17)\times10^{-27}$ A·m^2	0.34
里德伯常量	R_∞	10 973 731.534(13) m^{-1}	0.001 2
原子质量常量	m_u	$1.660\ 539\ 066\ 60(50)\times10^{-27}$ kg	0.000 30

附录Ⅲ

其他常用参考资料

国际单位制（SI）

物理量的名称、符号和单位（SI）一览表

空气、水、地球、太阳系的一些常用数据

历年诺贝尔物理学奖获得者